Die Methode
der Greenschen Funktionen
in der Festkörperphysik

K. ELK · W. GASSER

Die Methode der Greenschen Funktionen in der Festkörperphysik

Mit 22 Abbildungen

AKADEMIE-VERLAG · BERLIN
1979

Autoren:

Professor Dr. sc. nat. Klaus Elk,
Hochschule für Verkehrswesen „Friedrich List" Dresden,
Wissenschaftsbereich Physik

Dr. rer. nat. Wilmut Gasser,
Technische Universität Dresden,
Wissenschaftsbereich Theoretische Physik

Erschienen im Akademie-Verlag, 108 Berlin, Leipziger Str. 3—4
Lektor: Renate Trautmann

Lizenznummer: 202 · 100/442/78
Gesamtherstellung: VEB Druckerei „Thomas Müntzer", 582 Bad Langensalza
Bestellnummer: 762 501 6 (6454) · LSV 1184
Umschlag: Rolf Kunze
Printed in GDR
DDR 32,— M

Vorwort

Das vorliegende Buch über GREENsche Funktionen ist aus Vorlesungen hervorgegangen, die die Autoren im Rahmen der Spezialausbildung „Festkörperphysik“ in den Jahren 1971 bis 1976 an der Technischen Universität Dresden gehalten haben. Zu der für die Beschreibung des Festkörpers wichtigen Methode der GREENschen Funktionen existiert bisher keine zusammenfassende Darstellung, so daß der Studierende gezwungen ist, auf viele verschiedene Lehrbücher und Monographien zurückzugreifen, die zum Teil schwer zugänglich sind. So erschien es angebracht, die vielfältigen Anwendungsmöglichkeiten GREENscher Funktionen in der Festkörperphysik umfassend und in einheitlicher Form darzustellen.

Der Umfang des Buches entspricht etwa dem einer zweisemestrigen Vorlesung für Diplomanden und Forschungsstudenten. Es werden vom Leser Kenntnisse der Quantenphysik vorausgesetzt, wie sie im Rahmen einer üblichen Grundvorlesung geboten werden. Daneben sind einige Kenntnisse über das Verhalten wechselwirkungsfreier Vielteilchensysteme sowie der Theorie komplexer Funktionen wünschenswert.

Die theoretischen und methodischen Grundlagen werden stets im Zusammenhang mit konkreten Anwendungen formuliert. Der physikalische Sachverhalt steht dabei im Vordergrund; auf mathematische Probleme wird nur soweit eingegangen, wie es zur Lösung bestimmter Aufgaben unbedingt erforderlich ist. Selbstverständlich können bei dem bewußt angestrebten begrenzten Umfang des Buches nicht alle im Zusammenhang mit GREENschen Funktionen auftretenden Fragen ausführlich behandelt werden. Es wird aber versucht, die für die Festkörperphysik wichtigen Eigenschaften und Anwendungen möglichst umfassend und in einer solchen Weise darzustellen, daß dem Leser die selbständige Übertragung der Methode auf andere Probleme möglich ist.

In der vorliegenden Form wendet sich das Buch in erster Linie an Studenten und Forschungsstudenten der Spezialisierungsrichtung Festkörperphysik. Es soll jedoch auch dem in der Praxis arbeitenden Physiker die Möglichkeit geben, seine Kenntnisse zu vervollständigen, und ihm den Zugang zu den auf den verschiedensten Gebieten der Festkörperphysik erscheinenden Originalarbeiten erleichtern. Dabei werden sowohl vorwiegend theoretisch als auch überwiegend experimentell arbeitende Physiker angesprochen.

Beim Erarbeiten des Manuskriptes wurden die Autoren von einer Reihe von Fachkollegen unterstützt. Genannt seien Dr. K. HANDRICH, Professor P. ZIESCHE und Dr. W. JOHN. Besonderer Dank gilt Dr. V. CHRISTOPH für die kritische Durchsicht des gesamten Manuskripts, woraus sich viele nützliche Hinweise ergaben. Frau D. MAGISTER und Frau I. ABEL sei für das sorgfältige Schreiben des fertigen Manuskripts bzw. das Anfertigen der Abbildungsvorlagen sehr herzlich gedankt. Auch dem Akademie-Verlag gebührt herzlicher Dank für das bereitwillige Entgegenkommen bei den verschiedensten Wünschen der Autoren.

Zwischen Abschluß des Manuskripts und Fertigstellung des vorliegenden Buches sind (ohne Verschulden der Verfasser) über zwei Jahre vergangen. In dieser Zeit hat die Methode der GREENschen Funktionen bei einer sehr großen Zahl unterschiedlichster Probleme der Festkörperphysik eine vielseitige Anwendung gefunden und dabei ihre Leistungsfähigkeit bewiesen. Es zeigte sich, daß der gesamte Formalismus offenbar bereits einen sehr hohen Entwicklungsstand erreicht hat, da die methodischen Grundlagen in dieser relativ langen Zeit keine wesentlichen Änderungen mehr erfahren haben. Jedoch wurde in verschiedenen Veröffentlichungen aufmerksamer als bisher das Verhalten der GREENschen Funktionen im Grenzfall verschwindender Frequenzen betrachtet, und es wurden interessante Konsequenzen für eine Vielfalt von Meßgrößen abgeleitet. Diesem Umstand wurde durch eine Reihe nachträglicher Änderungen des fertigen Manuskripts (vor allem im Kapitel 3.) Rechnung getragen, so daß dem Leser auch bei dieser bisher wenig beachteten Problematik eine prinzipielle Orientierung gegeben wird. Dem Verlag sei dafür gedankt, daß er die Berücksichtigung dieser Ergänzungen ermöglichte.

Abschließend sei allen den Kollegen gedankt, die uns beim Lesen der Korrektur unterstützten, insbesondere Herrn Dr. J. RICHTER.

Dresden, im November 1978

KLAUS ELK
WILMUT GASSER

Inhaltsverzeichnis

1. Einleitung

Die großen Erfolge der Theoretischen Festkörperphysik in den letzten zwanzig Jahren beruhen vor allem auf dem Verständnis der komplizierten Gesetzmäßigkeiten, die die Wechselwirkung der Bausteine der Materie im atomaren Bereich bestimmen. So gelang es einerseits, durch verbesserte Beschreibung von Ein-Teilchen-Effekten detaillierte Informationen über die Energiespektren der Elektronen vieler Metalle, Halbleiter und Isolatoren aus ersten Prinzipien abzuleiten. Andererseits wurde mehr und mehr die entscheidende Bedeutung der Viel-Teilchen-Wechselwirkung erkannt. Die Berücksichtigung dieser Effekte gestattete die Erklärung bisher unverstandener Erscheinungen, z. B. der Supraleitung. Jedoch traten bei allen Viel-Teilchen-Theorien erhebliche methodische Schwierigkeiten auf, so daß es notwendig wurde, neue und für die Beschreibung vieler wechselwirkender Teilchen geeignete Formulierungen und Verfahren zu konzipieren.

Ein Viel-Teilchen-System wird — abgesehen von wenigen trivialen Ausnahmen — durch ein System von Bewegungsgleichungen beschrieben, das praktisch unlösbar ist. Dies kann schon daran erkannt werden, daß in einem Volumen der Größe 1 cm^3 einer beliebigen festen Substanz größenordnungsmäßig 10^{23} Atome enthalten sind. Dadurch ergeben sich bereits in der klassischen Physik $3 \cdot 10^{23}$ miteinander gekoppelte Bewegungsgleichungen, die nicht aufgelöst werden können. Weiterhin wäre zur Angabe der Lösung dieses Gleichungssystems die genaue Kenntnis der Anfangsbedingungen aller 10^{23} Atome (bzw. der entsprechenden quantenmechanischen Wahrscheinlichkeitsverteilungen zum Anfangszeitpunkt) erforderlich. Selbst wenn wir jedoch unterstellen, daß die Anfangsbedingungen irgendwie gemessen worden seien und ein Computer in der Lage wäre, das Gleichungssystem zu lösen, würden sich kaum verwertbare Informationen ergeben. Man denke nur an das Problem, 10^{23} Zahlen abrufbereit zu speichern, wobei diese Zahlenmenge nur einem Momentanzustand des Systems entspräche! Vor allem aber ist die Kenntnis aller Bewegungsgrößen jedes einzelnen Bestandteiles zur Bestimmung makroskopischer Eigenschaften in der Regel völlig uninteressant. Der Zustand eines Festkörpers wird gekennzeichnet durch Temperatur, Druck, Energie, Teilchendichte usw. Zur Bestimmung dieser Größen ist es nicht notwendig, den Bewegungszustand eines einzelnen Atoms zu kennen. Die tatsächlich entstehende Aufgabe ist, aus den 10^{23} (unlösbaren) Bewegungsgleichungen des Systems zielgerichtet diejenigen Informationen zu gewinnen, die für die Beschreibung eines Festkörpers von praktischem Interesse sind. Hierfür sind verschiedene Methoden entwickelt worden. Ein möglicher Zugang, der sich als besonders zweckmäßig erwiesen hat, ist der Formalismus der GREENschen Funktionen, dessen Beherrschung daher jedem Festkörperphysiker, unabhängig davon, ob er mit experimentellen oder theoretischen Untersuchungen beschäftigt ist, eine große Hilfe bedeutet.

Wie bereits erwähnt, ist es nicht möglich, exakte Lösungen für ein wechselwirkendes Viel-Teilchen-System anzugeben. Dies trifft auch für das System von Bestimmungsgleichungen der GREENschen Funktionen zu. Doch können oft Näherungsverfahren entwickelt werden, die für eine begrenzte Fragestellung befriedigende Aussagen liefern. Es ist dabei in der Regel so, daß das Näherungsverfahren nur in einem bestimmten Grenzfall angewendet werden darf oder daß bestimmte Eigenschaften der Systemparameter vorausgesetzt werden. Daher ist bei Anwendung eines Verfahrens stets zu prüfen, ob die zugrunde gelegten Annahmen auch tatsächlich erfüllt sind. Kann dieser Nachweis nicht geführt werden, muß die Richtigkeit der gewonnenen Ergebnisse angezweifelt werden. Jedoch ist man in besonders komplizierten Fällen mitunter gezwungen, über diese Zweifel vorläufig hinwegzusehen, bis besser begründete Verfahren entwickelt worden sind.

Reale Festkörper sind außerordentlich komplexe Systeme, in denen eine Vielzahl von Bestandteilen und Wechselwirkungen auftritt. Bei begrenzten Fragestellungen ist es oft zulässig, die Untersuchungen auf eine Untermenge von Bestandteilen und Wechselwirkungen, z. B. auf das Elektronensystem, das Spinsystem usw., zu beschränken. Solche Beschränkungen sind nur dann sinnvoll, wenn bestimmte Voraussetzungen erfüllt sind. Soll z. B. die Spin-Dynamik in einem System außer acht gelassen werden, so wird man fordern, daß experimentell keine magnetischen Momente nachzuweisen sind. Statt der realen Systeme werden somit Modelle untersucht, die vereinfachte Abbildungen der Realität darstellen. Beispiele hierfür sind das HUBBARD-Modell, das HEISENBERG-Modell u. a. Jedoch sind auch diese Modelle zumeist Viel-Teilchen-Systeme, so daß für sie ebenfalls keine exakten Lösungen angegeben werden können.

Durch die Einführung von Modell-Systemen erfolgt die Untersuchung von Festkörpern in zwei Schritten. Der erste Schritt ist das Aufstellen eines Modells, das alle für die interessierende Problematik wesentlichen Eigenschaften des realen Systems enthält, von allen unwesentlichen dagegen abstrahiert. Der zweite Schritt besteht darin, unter Verwendung eines geeigneten Näherungsverfahrens eine Lösung des Modells anzugeben. Diese Aufgabe ist weitgehend unabhängig vom ersten Schritt, da für die Lösung eines Modells dessen Zusammenhang mit dem realen Festkörper nicht entscheidend ist. Zahlreiche theoretische Arbeiten sind daher ausschließlich der Untersuchung von Eigenschaften spezieller Modelle gewidmet. Natürlich sind beim Vergleich von Aussagen eines Modells mit experimentellen Ergebnissen die Voraussetzungen zu beachten, die zur Ableitung des Modells führten.

Die interessierenden Eigenschaften eines Systems werden durch Meßgrößen beschrieben. Diese lassen sich in drei Gruppen einteilen:

a) Gleichgewichtsgrößen: Hierunter sind Größen zu verstehen, die den thermodynamischen Zustand des Systems beschreiben. Dies sind vor allem die thermodynamischen Potentiale, z. B. die Freie Energie. Daneben interessieren Teilchendichte, Verteilung der magnetischen Momente, Größe und Form des FERMI-Körpers (für Elektronensysteme) usw.
b) Reaktionen auf äußere Störungen: Beim Anlegen äußerer Felder ändern sich die Systemgrößen in charakteristischer Weise. So bilden oder ordnen sich magnetische Momente, wenn ein Magnetfeld eingeschaltet wird. Diese Veränderungen werden durch Meßgrößen wie magnetische Suszeptibilität, elektriche Leitfähigkeit u. a. beschrieben.
c) Eine dritte Gruppe von Meßgrößen charakterisiert die Stabilität eines Systemzustandes gegenüber den unterschiedlichen Möglichkeiten, in andere Zustände überzugehen. Hierzu gehören Zerfallswahrscheinlichkeiten, Wirkungsquerschnitte bei Beschuß mit Teilchenstrahlen (z. B. Neutronen) und anderes.

Da sich diese drei Gruppen von Meßgrößen von der Problemstellung her unterscheiden, sind die zu ihrer Bestimmung benötigten Verfahren unterschiedlich. Es wird jedoch in den späteren Kapiteln gezeigt werden, daß der Formalismus der GREENschen Funktionen bei der Berechnung beliebiger Meßgrößen vorteilhaft verwendet werden kann. Dabei werden wir die GREENschen Funktionen zunächst über die Untersuchung von Meßgrößen der zweiten Gruppe einführen. Es wird sich erweisen, daß spezielle GREENsche Funktionen direkt proportional zu bestimmten Meßgrößen sind. Jedoch können auch die Meßgrößen der anderen beiden Gruppen aus geeigneten GREENschen Funktionen berechnet werden. Die Methode der GREENschen Funktionen gestattet somit eine einheitliche Berechnung aller Meßgrößen.

Der Formalismus der GREENschen Funktionen wurde bereits vor längerer Zeit in die Physik eingeführt, wobei es eine Reihe von Parallel-Entwicklungen gab. Eine umfangreiche Anwendung GREENscher Funktionen in der Theoretischen Physik erfolgte zunächst besonders in der Quantenfeldtheorie, in der bestimmte Elemente der Theorie der partiellen Differentialgleichungen, z. B. die GREENschen Funktionen linearer Differentialgleichungen, verallgemeinert wurden. Diese Methode wurde in den Jahren zwischen 1955 und 1965 sehr stark weiterentwickelt, wobei insbesondere die Untersuchung nichtrelativistischer Viel-Teilchen-Systeme rasch vorangetrieben wurde. Es sei aber ausdrücklich betont, daß in der Regel auch andere Verfahren (z. B. Bewegungsgleichungen für Operatoren, genäherte 2. Quantisierung, Störungstheorie u. a.) eine analoge Lösung der auftretenden Probleme gestatten, so daß die Methode der GREENschen Funktionen nicht als „Allheilmittel“ angesehen werden kann. Dieser Formalismus hat sich jedoch als besonders bequem in der Handhabung erwiesen. Dies hat seine Ursache darin, daß keine Operatoren, sondern komplexe Funktionen betrachtet werden, die überdies einfache analytische Eigenschaften besitzen. Die Lösung der entstehenden Gleichungen kann daher durch Anwendung der Funktionentheorie erfolgen. Der Hauptvorteil dieses Formalismus ist jedoch, daß er eine einheitliche Lösung der gesamten quantenstatistischen Problematik von Viel-Teilchen-Systemen gestattet, so daß nicht für jede Fragestellung ein gesondertes Verfahren entwickelt werden muß.

GREENsche Funktionen können auf verschiedene Weise definiert werden. In der vorliegenden Darstellung wird die Methode der zweizeitigen GREENschen Funktionen beschrieben und auf eine Vielzahl konkreter Beispiele angewendet. Die Beziehungen zu anderen Möglichkeiten, GREENsche Funktionen einzuführen, werden in verschiedenen Kapiteln untersucht. Da leider die Bezeichnungsweisen in der Standard-Literatur recht uneinheitlich sind, wird hier eine solche Bezeichnung verwendet, die einen möglichst einfachen Übergang zu anderen Formen ermöglicht. Das Maßsystem wird zweckmäßigerweise so festgelegt, daß das PLANCKsche Wirkungsquantum den Wert $\hbar = 1$ besitzt. Die Transformation in ein beliebiges anderes Maßsystem erfolgt dann einfach durch Einfügung geeigneter Potenzen $\hbar^\alpha$, wobei α so zu wählen ist, daß die geforderte Dimension entsteht. Alle übrigen Naturkonstanten bleiben unverändert; es ist jedoch zu beachten, daß in einigen anderen Abhandlungen über GREENsche Funktionen $4\pi\varepsilon_0 = 1$ gesetzt wird, was zu zusätzlichen Faktoren $(4\pi)^\alpha$ führt. Die Elementarladung e wird positiv gewählt; die Ladung des Elektrons besitzt dann den Wert $(-e)$.

Im folgenden Kapitel werden Störungen eines Systems durch äußere Felder betrachtet, d. h. Meßgrößen der zweiten Gruppe untersucht. Dabei werden die GREENschen Funktionen als zweckmäßiger Formalismus zur Beschreibung von Systemeigenschaften eingeführt und der allgemeine Zusammenhang zwischen diesen Meßgrößen und den zweizeitigen GREENschen Funktionen dargestellt. Die Kenntnis dieses Zusammenhangs ermöglicht es, einen interessierenden physikalischen Sachverhalt im Formalismus der GREENschen Funktionen zu beschreiben. Kapitel 3. enthält die Ableitung der formalen Eigenschaften der GREENschen Funktionen, insbesondere die Untersuchung ihres analytischen Verhaltens. Die Kenntnis dieser Eigenschaften ermöglicht die zweckmäßige Anwendung der Methode der GREENschen Funktionen, liefert also die Basis für die Untersuchung physikalischer Systeme. In diesem Kapitel werden bestimmte Aussagen der Funktionentheorie als bekannt vorausgesetzt. Jedoch sind die Beweisführungen des Kapitels 3. zum Verständnis der folgenden Kapitel nicht unbedingt erforderlich. Für die Anwendung GREENscher Funktionen auf konkrete Systeme werden lediglich einige Folgerungen aus den im Kapitel 3. abgeleiteten allgemeinen Eigenschaften benötigt.

Der Hauptteil des vorliegenden Buches ist der Untersuchung verschiedener physikalischer Modelle gewidmet. In den Kapiteln 4. bis 9. werden Elektronensysteme, in den Kapiteln 10. bis 12. Spinsysteme und im Kapitel 13. Phononensysteme betrachtet. Dabei wird jeweils so vorgegangen, daß, ausgehend von der experimentellen Situation, zunächst ein spezielles Modell begründet wird, für welches dann die entsprechenden GREENschen Funktionen eingeführt und diese mit angepaßten Näherungsverfahren berechnet werden. Anschließend erfolgt der Vergleich der Ergebnisse mit Experimenten.

In den Kapiteln 14. bis 16. wird die Störungstheorie als spezielle Methode zur Berechnung GREENscher Funktionen dargestellt. Die abschließenden Kapitel 17. und 18. enthalten einige spezielle Anwendungen GREENscher Funktionen sowie die detaillierte Darstellung verschiedener formaler Grundlagen bzw. einiger Methoden, die mit dem Formalismus der GREENschen Funktionen eng verwandt sind.

2. Der Kubo-Formalismus

2.1. Reaktionen auf kleine äußere Störungen

In diesem Kapitel wird, ausgehend von einer konkreten physikalischen Fragestellung, eine Begründung für die Einführung GREENscher Funktionen gegeben. Dabei werden solche Meßgrößen betrachtet, die die Reaktion eines Systems auf äußere Einwirkungen beschreiben. Als Beispiele hierfür werden magnetische Suszeptibilität und elektrische Leitfähigkeit ausführlich diskutiert. Zunächst wird jedoch ein allgemeiner Formalismus hergeleitet, der den Einfluß von Störungen auf ein vorgegebenes System zu berechnen gestattet, wobei nur kleine Störungen untersucht werden sollen.

Wir betrachten ein System, das im Gleichgewicht durch den zeitunabhängigen HAMILTON-Operator H beschrieben wird. Auf dieses System soll eine zeitabhängige Störung, charakterisiert durch den Operator W_t, einwirken. Die explizite Zeitabhängigkeit der Störung soll hier zweckmäßigerweise durch den Index t angegeben werden, um sie von später benutzten Zeitabhängigkeiten zu unterscheiden, die durch Übergang zur HEISENBERG- oder Wechselwirkungsdarstellung entstehen. Beispiele für derartige Störungen sind Einwirkungen äußerer magnetischer oder elektrischer Felder.

Für die Zeitabhängigkeit der Störung wird der spezielle Ansatz

$$W_t = \int \frac{\mathrm{d}\omega}{2\pi} W(\omega)\, \mathrm{e}^{-i(\omega + i\delta)t} \tag{2.1.1}$$

gewählt, wobei $\delta > 0$ eine infinitesimal kleine Größe ist. Damit erfüllt W_t die Bedingung

$$W_{-\infty} = 0\,. \tag{2.1.2}$$

Wir setzen demnach voraus, daß sich das System für $t \to -\infty$ im ungestörten Gleichgewichtszustand befindet („adiabatisches Einschalten" der Störung). Die Größen $W(\omega)$ (im allgemeinen Operatoren) genügen der Bedingung

$$W(\omega)^+ = W(-\omega), \tag{2.1.3}$$

die sich aus der Forderung, daß (2.1.1) selbstadjungiert ist, ergibt.

Sollen nun über das Verhalten von Meßgrößen des Systems Aussagen gemacht werden, dann sind die Mittelwerte der entsprechenden quantenmechanischen Operatoren zu berechnen. Hierzu wird der statistische Operator ϱ_t benötigt, der die Mittelwerte beliebiger Operatoren A liefert:

$$\langle A \rangle_t = \mathrm{Sp}\{\varrho_t A\}\,. \tag{2.1.4}$$

Da die Störung zeitabhängig ist, werden sowohl der statistische Operator als auch die entsprechenden Mittelwerte im allgemeinen zeitabhängig sein, was durch den Index t gekennzeichnet wird.

Der statistische Operator ϱ_t genügt der VON-NEUMANN-Gleichung (quantenmechanische Form der LIOUVILLE-Gleichung), die die Gestalt

$$i\frac{\partial \varrho_t}{\partial t} = [(\mathscr{H} + W_t), \varrho_t]_-, \qquad \mathscr{H} \equiv H - \mu \check{N}, \qquad [A, B]_- \equiv AB - BA \tag{2.1.5}$$

besitzt. Hierbei wurde $\hbar = 1$ gesetzt (siehe Kapitel 1.), μ ist das chemische Potential und $\check{N}$ der Operator der Gesamtteilchenzahl (großkanonische Gesamtheit). ϱ_t muß wegen (2.1.2) die Anfangsbedingung

$$\varrho_{-\infty} = \varrho \equiv \frac{1}{Q} \mathrm{e}^{-\beta\mathscr{H}}, \qquad \beta \equiv \frac{1}{k_B T}, \tag{2.1.6}$$

erfüllen, wobei ϱ der statistische Operator des ungestörten Systems ist. In (2.1.6) bedeuten T die Temperatur, k_B die BOLTZMANN-Konstante und Q die großkanonische Zustandssumme des ungestörten Systems:

$$Q = \mathrm{Sp}\, \mathrm{e}^{-\beta\mathscr{H}} = \mathrm{Sp}\, \mathrm{e}^{-\beta(H - \mu\check{N})}. \tag{2.1.7}$$

Es sei ausdrücklich darauf hingewiesen, daß (2.1.5) nicht mit der Bewegungsgleichung

$$i\frac{\partial A}{\partial t} = [A, \mathscr{H}]_- \tag{2.1.8}$$

für Operatoren im HEISENBERG-Bild (vgl. (2.1.21)) verwechselt werden darf; man beachte unter anderem das unterschiedliche Vorzeichen!

Zur Lösung von (2.1.5) ist es zweckmäßig, ϱ_t in der Form

$$\varrho_t = \mathrm{e}^{-i\mathscr{H}t} \varrho_t(t)\, \mathrm{e}^{i\mathscr{H}t} \tag{2.1.9}$$

darzustellen. Durch Zeitableitung von (2.1.9) entsteht

$$i\frac{\partial \varrho_t}{\partial t} = [\mathscr{H}, \varrho_t]_- + \mathrm{e}^{-i\mathscr{H}t}\, i\frac{\partial \varrho_t(t)}{\partial t}\, \mathrm{e}^{i\mathscr{H}t}. \tag{2.1.10}$$

Durch Vergleich mit (2.1.5) folgt

$$\mathrm{e}^{-i\mathscr{H}t}\, i\frac{\partial \varrho_t(t)}{\partial t}\, \mathrm{e}^{i\mathscr{H}t} = [W_t, \varrho_t]_- \tag{2.1.11}$$

oder

$$i\frac{\partial \varrho_t(t)}{\partial t} = [W_t(t), \varrho_t(t)]_-, \tag{2.1.12}$$

wobei

$$W_t(t) = e^{i\mathscr{H}t}\, W_t\, e^{-i\mathscr{H}t} \tag{2.1.13}$$

eingeführt wurde. Die Darstellung (2.1.12) hat den formalen Vorteil, daß der Operator H des ungestörten Systems nicht mehr explizit auftritt. Wegen (2.1.6) genügt $\varrho_t(t)$ der Anfangsbedingung

$$\lim_{t \to -\infty} \varrho_t(t) = \varrho\,, \tag{2.1.14}$$

da der ungestörte Dichteoperator ϱ mit H kommutiert.

Um zu einer Lösung von (2.1.12) zu gelangen, führen wir auf beiden Seiten der Gleichung eine Zeitintegration durch. Die Differentialgleichung geht dabei in die Integralgleichung

$$\varrho_t(t) = \varrho - i \int_{-\infty}^{t} dt' \, [W_{t'}(t'), \varrho_{t'}(t')]_- \tag{2.1.15}$$

über, wobei die Anfangsbedingung (2.1.14) bereits berücksichtigt wurde. Unter Benutzung von (2.1.9) und (2.1.13) ergibt sich

$$\varrho_t = \varrho - i \int_{-\infty}^{t} dt' \, e^{-i\mathscr{H}(t-t')} [W_{t'}, \varrho_{t'}]_- \, e^{i\mathscr{H}(t-t')}\,. \tag{2.1.16}$$

Da die äußere Störung als schwach vorausgesetzt wurde, kann angenommen werden, daß sich das System nur wenig vom ungestörten Gleichgewicht entfernt und demzufolge ϱ_t sich nur wenig von ϱ unterscheidet. Das berechtigt uns, (2.1.16) durch Iteration — beginnend mit ϱ — zu lösen. Die nullte Ordnung lautet

$$\varrho_t^{(0)} = \varrho\,. \tag{2.1.17}$$

Hieraus erhalten wir in erster Ordnung

$$\varrho_t^{(1)} = \varrho - i \int_{-\infty}^{t} dt' \, [W_{t'}(t' - t), \varrho]_- \tag{2.1.18}$$

und schließlich durch fortlaufendes Einsetzen

$$\varrho_t = \varrho + \sum_{n=1}^{\infty} (-i)^n \int_{-\infty}^{t} dt_1 \int_{-\infty}^{t_1} dt_2 \ldots \int_{-\infty}^{t_{n-1}} dt_n \, e^{-i\mathscr{H}t} \tag{2.1.19}$$

$$[W_{t_1}(t_1), [W_{t_2}(t_2), [\ldots, [W_{t_n}(t_n), \varrho]_- \ldots]_-]_-]_- \, e^{i\mathscr{H}t}\,.$$

Für hinreichend kleine äußere Störungen genügt die Berücksichtigung der ersten Ordnung, die die Berechnung von Mittelwerten in linearer Näherung hinsichtlich der Störung W_t gestattet (gewöhnlich als „linear response“ bezeichnet). Für die Mittelwerte folgt durch Einsetzen von (2.1.18) in (2.1.4)

$$\langle A\rangle_t = \mathrm{Sp}\{\varrho A\} - i\,\mathrm{Sp}\left\{\int\limits_{-\infty}^{t} \mathrm{d}t'\, \mathrm{e}^{-i\mathscr{H}t}[W_{t'}(t'),\varrho]_-\, \mathrm{e}^{i\mathscr{H}t} A\right\}$$

$$= \langle A\rangle - i\int\limits_{-\infty}^{t} \mathrm{d}t'\, \mathrm{Sp}\{[W_{t'}(t'),\varrho]_-\, A(t)\}. \qquad (2.1.20)$$

Dabei bedeutet $\langle A\rangle$ den Mittelwert von A im ungestörten Zustand, d. h. $\langle A\rangle = \mathrm{Sp}\{\varrho A\}$;

$$A(t) = \mathrm{e}^{i\mathscr{H}t}\, A\, \mathrm{e}^{-i\mathscr{H}t} \qquad (2.1.21)$$

ist die HEISENBERG-Darstellung des Operators A. Da die Spur über Produkte von Operatoren invariant gegen zyklische Vertauschungen der Operatoren ist, kann der letzte Term in (2.1.20) umgeformt werden, und es entsteht

$$\langle A\rangle_t = \langle A\rangle - i\int\limits_{-\infty}^{t} \mathrm{d}t' \langle [A(t), W_{t'}(t')]_-\rangle. \qquad (2.1.22)$$

Durch Definition einer Funktion

$$\langle\langle A(t); W_{t'}(t')\rangle\rangle = -i\,\theta(t-t')\,\langle [A(t), W_{t'}(t')]_-\rangle \qquad (2.1.23)$$

ergibt sich die Darstellung

$$\langle A\rangle_t = \langle A\rangle + \int\limits_{-\infty}^{+\infty} \mathrm{d}t'\, \langle\langle A(t); W_{t'}(t')\rangle\rangle \qquad (2.1.24)$$

für den Mittelwert A bei Einwirkung einer äußeren Störung W_t. (2.1.23) wird als zweizeitige retardierte GREENsche Funktion der Operatoren A und W_t bezeichnet. Dieser Begriff wurde von BOGOLJUBOW und TJABLIKOW in den Formalismus der Quantenstatistik eingeführt. Die Bezeichnung „retardiert" weist darauf hin, daß infolge der θ-Funktion nur Störungen zu Zeiten $t' < t$ beitragen.

Bisher wurden im vorliegenden Abschnitt allgemeine äußere Störungen W_t betrachtet. Bei physikalischen Fragestellungen werden diese Störungen durch zeitabhängige Felder F_t hervorgerufen. Die Störung ist proportional zu F_t, wobei F_t eine gewöhnliche Zeitfunktion ist (kein Operator). Diese Felder müssen nun in irgendeiner Weise an das System angekoppelt sein, um eine Wirkung hervorrufen zu können. Diese Ankopplung kann in Analogie zum klassischen Fall diskutiert werden. Bei Einwirkung eines elektrischen Feldes $\boldsymbol{E}_t$ auf einen Dipol $\boldsymbol{p}$ lautet die Wechselwirkungsenergie

$$E_W = -\boldsymbol{p}\boldsymbol{E}_t\,. \qquad (2.1.25)$$

Entsprechend gilt für ein magnetisches Feld $\boldsymbol{H}_t$ die klassische Wechselwirkungsenergie

$$E_W = -\boldsymbol{m}\boldsymbol{H}_t\,, \qquad (2.1.26)$$

wobei $\boldsymbol{m}$ das magnetische Moment ist. Im quantenmechanischen Fall müssen $\boldsymbol{p}$ und $\boldsymbol{m}$ durch zeitunabhängige Operatoren ausgedrückt werden (siehe die folgenden Abschnitte), so daß die Störung in Verallgemeinerung dieser Beispiele die Gestalt

$$W_t = -BF_t \tag{2.1.27}$$

besitzt. B bedeutet dabei den quantenmechanischen Operator, über den das äußere Feld F_t an das System angekoppelt ist.

Durch Einsetzen von (2.1.27) in (2.1.24) entsteht die sogenannte KUBO-Formel

$$\langle A \rangle_t = \langle A \rangle - \int_{-\infty}^{+\infty} \mathrm{d}t' \langle\langle A(t); B(t') \rangle\rangle F_t \tag{2.1.28}$$

mit

$$\langle\langle A(t); B(t') \rangle\rangle = -i\theta(t - t') \langle [A(t), B(t')] \rangle \tag{2.1.29}$$

als der retardierten zweizeitigen GREENschen Funktion der Operatoren A und B. Die Kenntnis dieser Funktion gestattet nach (2.1.28) unmittelbar die Berechnung des Mittelwertes der Observablen A, wenn über den Operator B ein äußeres Feld F auf das System einwirkt.

Damit haben wir den Begriff der GREENschen Funktionen über die spezielle Problematik der linearen Reaktion eines Systems auf eine äußere Störung eingeführt. Um den physikalischen Inhalt der Formel (2.1.28) zu erläutern, wenden wir sie auf die Spezialfälle der Reaktion eines Systems auf ein äußeres magnetisches bzw. ein äußeres elektrisches Feld an.

Die durch (2.1.29) definierte GREENsche Funktion kann übrigens noch in einer anderen, oft benutzten Form dargestellt werden. Wir beweisen zunächst die Beziehung

$$[O(t), \varrho]_- = -i\varrho \int_0^\beta \mathrm{d}\lambda\, \dot{O}(t - i\lambda), \tag{2.1.30}$$

die als KUBO-Identität bezeichnet wird. Es gilt nach (2.1.21) und (2.1.8)

$$\begin{aligned}
\int_0^\beta \mathrm{d}\lambda\, \dot{O}(t - i\lambda) &= \int_0^\beta \mathrm{d}\lambda\, e^{\lambda\mathscr{H}} \dot{O}(t)\, e^{-\lambda\mathscr{H}} = -i \int_0^\beta \mathrm{d}\lambda\, e^{\lambda\mathscr{H}} [O(t), \mathscr{H}]_-\, e^{-\lambda\mathscr{H}} \\
&= -i \int_0^\beta \mathrm{d}\lambda\, e^{\lambda\mathscr{H}} \{O(t)\mathscr{H} e^{-\lambda\mathscr{H}} - \mathscr{H} O(t)\, e^{-\lambda\mathscr{H}} + \mathscr{H} e^{-\lambda\mathscr{H}} O(t) - \mathscr{H} e^{-\lambda\mathscr{H}} O(t)\} \\
&= +i \int_0^\beta \mathrm{d}\lambda\, e^{\lambda\mathscr{H}} \{\mathscr{H}[O(t), e^{-\lambda\mathscr{H}}]_- - [O(t), \mathscr{H} e^{-\lambda\mathscr{H}}]_-\} \\
&= i \int_0^\beta \mathrm{d}\lambda \frac{\partial}{\partial\lambda} \{e^{\lambda\mathscr{H}} [O(t), e^{-\lambda\mathscr{H}}]_-\} = i\, e^{\beta\mathscr{H}} [O(t), e^{-\beta\mathscr{H}}]_-,
\end{aligned} \tag{2.1.31}$$

woraus mit (2.1.6) sofort (2.1.30) folgt. Wegen

$$\langle [A(t), B(t')]_- \rangle = \mathrm{Sp}\{\varrho [A(t), B(t')]_-\} = \mathrm{Sp}\{[B(t'), \varrho]_- A(t)\}$$

ergibt sich nunmehr

$$\langle [A(t), B(t')]_- \rangle = -i\,\mathrm{Sp}\left\{\varrho \int_0^\beta \mathrm{d}\lambda\, \dot{B}(t' - i\lambda)\, A(t)\right\} \tag{2.1.33}$$

und somit die zu (2.1.29) äquivalente Darstellung

$$\langle\langle A(t); B(t') \rangle\rangle = -\Theta(t - t') \int_0^\beta \mathrm{d}\lambda\, \langle \dot{B}(t' - i\lambda)\, A(t) \rangle\,. \tag{2.1.34}$$

In dieser Form treten keine Kommutatoren auf, was für bestimmte Anwendungen vorteilhaft ist. Der physikalische Gehalt sowie die mathematischen Eigenschaften der GREENschen Funktion werden bei dieser Umformung natürlich nicht verändert.

2.2. Die magnetische Suszeptibilität

Wir betrachten ein System, das der Einwirkung eines räumlich homogenen, aber zeitlich periodisch veränderlichen Magnetfeldes

$$\boldsymbol{H}_t = \boldsymbol{H}_0\, \mathrm{e}^{-i(\omega + i\delta)t} \tag{2.2.1}$$

ausgesetzt ist. Die Reaktion dieses Systems ist dann offenbar durch den Mittelwert des Magnetisierungsoperators $\boldsymbol{M}$ gegeben, den wir für nicht zu starke Felder in linearer Näherung aus (2.1.24) bzw. (2.1.28) berechnen können.

In Verallgemeinerung der Wechselwirkungsenergie (2.1.26) eines einzelnen Dipols auf ein System magnetischer Momente lautet der Operator für die zeitabhängige Störung

$$W_t = -\boldsymbol{M}\boldsymbol{H}_t = -\sum_\alpha M^\alpha H_0^\alpha\, \mathrm{e}^{-i(\omega + i\delta)t}\,. \tag{2.2.2}$$

α bezeichnet dabei die Raum-Komponente der entsprechenden Vektorgrößen. Mit der Substitution von B und F durch $\boldsymbol{M}$ und $\boldsymbol{H}$ folgt aus (2.1.28)

$$\langle M^\alpha \rangle_t = \langle M^\alpha \rangle - \sum_\beta \int_{-\infty}^{+\infty} \mathrm{d}t'\, \langle\langle M^\alpha(t);\; M^\beta(t') \rangle\rangle\, H_0^\beta\, \mathrm{e}^{-i(\omega + i\delta)t'} \tag{2.2.3}$$

für den Mittelwert der Magnetisierung. Die Übereinstimmung der Operatoren A und B im betrachteten Fall ist ohne prinzipielle Bedeutung; sie folgt aus der speziellen Ankopplung (2.2.2).

In Kapitel 3. wird gezeigt werden, daß die GREENsche Funktion (2.1.29) nur von der Differenz der Zeitkoordinaten abhängt. Unter Berücksichtigung dieser

Tatsache entsteht

$$\langle M^\alpha \rangle_t = \langle M^\alpha \rangle - \sum_\beta \int_{-\infty}^{+\infty} dt' \langle\langle M^\alpha ; M^\beta(t'-t) \rangle\rangle H_0^\beta \, e^{-i(\omega+i\delta)(t'-t)} \, e^{-i(\omega+i\delta)t}$$

$$= \langle M^\alpha \rangle - \sum_\beta \int_{-\infty}^{+\infty} dt' \langle\langle M^\alpha ; M^\beta(t') \rangle\rangle \, e^{-i(\omega+i\delta)t'} \, H_t^\beta \,. \tag{2.2.4}$$

$\langle M^\alpha \rangle$ ist dabei der feldunabhängige Anteil der Magnetisierung, der z. B. für ferromagnetische Systeme wichtig ist. Der zweite Anteil beschreibt die Magnetisierung des Systems, die durch Wirkung des äußeren Magnetfeldes entsteht. Dieser Anteil ist proportional zu $\boldsymbol{H}_t$; die Proportionalitätskonstante wird in Analogie zur klassischen Elektrodynamik als Tensor der magnetischen Suszeptibilität χ bezeichnet, wobei χ von der Frequenz ω des angelegten Feldes (2.2.1) abhängt:

$$\langle M^\alpha \rangle_t = \langle M^\alpha \rangle + \sum_\beta \chi^{\alpha\beta}(\omega) \, H_t^\beta \,. \tag{2.2.5}$$

Der Vergleich von (2.2.5) und (2.2.4) liefert

$$\chi^{\alpha\beta}(\omega) = - \int_{-\infty}^{+\infty} dt \, e^{-i(\omega+i\delta)t} \langle\langle M^\alpha ; M^\beta(t) \rangle\rangle \equiv - \langle\langle M^\alpha ; M^\beta \rangle\rangle_{\omega+i\delta} \,. \tag{2.2.6}$$

$\chi^{\alpha\beta}(\omega)$ ist also unmittelbar durch die FOURIER-Transformierte der retardierten zweizeitigen GREENschen Funktion der Operatoren M^α und M^β gegeben.

2.3. Die elektrische Leitfähigkeit

In diesem Abschnitt leiten wir einen zu (2.2.6) analogen Ausdruck für die elektrische Leitfähigkeit her. Vereinfachend wird angenommen, daß das äußere elektrische Feld mit dem mittleren Feld in der Probe identifiziert werden kann:

$$\boldsymbol{E}_t^{\text{äuß}} = \boldsymbol{E}_t = \boldsymbol{E}_0 \, e^{-i(\omega+i\delta)t} \,. \tag{2.3.1}$$

Weiterhin nehmen wir an, daß das Feld im Bereich der Probe homogen ist. Der Wechselwirkungsoperator W_t hat dann in Analogie zum klassischen Fall (2.1.25) die Gestalt

$$W_t = - \boldsymbol{P}\boldsymbol{E}_t = - \sum_\alpha P^\alpha E_0^\alpha \, e^{-i(\omega+i\delta)t} \,. \tag{2.3.2}$$

Da wir ausschließlich Elektronen betrachten (Ladung $-e$), ist die Polarisation durch

$$\boldsymbol{P} = - e \sum_i \boldsymbol{R}_i \tag{2.3.3}$$

gegeben, wobei die Summation in (2.3.3) über alle Elektronenorte $\boldsymbol{R}_i$ läuft. Durch Einsetzen in (2.1.28) ergibt sich als Mittelwert für den Stromdichteoperator $\boldsymbol{j}$

$$\langle j^\alpha \rangle_t = - \sum_\beta \int_{-\infty}^{+\infty} dt' \, \langle\langle j^\alpha(t);\; P^\beta(t') \rangle\rangle \, E_0^\beta \, e^{-i(\omega + i\delta) t'} . \tag{2.3.4}$$

Hierbei wurde berücksichtigt, daß bei Abwesenheit eines äußeren Feldes kein Strom fließt, also $\langle j^\alpha \rangle = 0$ gilt. Durch analoge Umformungen wie im Falle der magnetischen Suszeptibilität entsteht

$$\langle j^\alpha \rangle_t = \sum_\beta \sigma^{\alpha\beta}(\omega) \, E_t^\beta . \tag{2.3.5}$$

$\sigma^{\alpha\beta}(\omega)$ ist der frequenzabhängige Leitfähigkeitstensor. Für diesen folgt

$$\sigma^{\alpha\beta}(\omega) = - \int_{-\infty}^{+\infty} dt \, e^{-i(\omega + i\delta) t} \, \langle\langle j^\alpha;\; P^\beta(t) \rangle\rangle \equiv - \langle\langle j^\alpha;\; P^\beta \rangle\rangle_{\omega + i\delta} . \tag{2.3.6}$$

$\sigma^{\alpha\beta}(\omega)$ ist also durch die FOURIER-Transformierte der retardierten zweizeitigen GREENschen Funktion der Operatoren j^α und P^β gegeben.

Häufig wird $\sigma^{\alpha\beta}(\omega)$ unter Verwendung der KUBO-Identität umgeformt. Wegen (2.1.34) gilt

$$\langle\langle j^\alpha;\; P^\beta(t) \rangle\rangle = -\theta(-t) \int_0^\beta d\lambda \, \langle \dot{P}^\beta(t - i\lambda) \, j^\alpha \rangle , \tag{2.3.7}$$

woraus, mit $\dot{\boldsymbol{P}} = \boldsymbol{j}\mathcal{V}$ ($\mathcal{V}$ = Systemvolumen), die Darstellung

$$\begin{aligned} \sigma^{\alpha\beta}(\omega) &= \mathcal{V} \int_0^\beta d\lambda \int_{-\infty}^{0} dt \, e^{-i(\omega + i\delta) t} \, \langle j^\beta(t - i\lambda) \, j^\alpha \rangle \\ &= \mathcal{V} \int_0^\beta d\lambda \int_0^{\infty} dt \, e^{i(\omega + i\delta) t} \, \langle j^\beta j^\alpha(t + i\lambda) \rangle \end{aligned} \tag{2.3.8}$$

entsteht. Bei der letzten Umformung wurde berücksichtigt, daß, wie in Kapitel 3. bewiesen werden wird, die Korrelationsfunktionen nur von Zeitdifferenzen abhängen. In der Form (2.3.8) wird die Leitfähigkeit durch die Strom-Strom-Korrelationsfunktion bestimmt.

Wie die hier behandelten Beispiele zeigen, können diejenigen Meßgrößen, die die Reaktion eines Systems auf äußere Felder beschreiben, unmittelbar über spezielle GREENsche Funktionen berechnet werden. Spezielle Fälle sind (2.2.6) und (2.3.6). Darüber hinaus existieren jedoch noch weitergehende Anwendungsbereiche dieser Funktionen. Unter anderem lassen sich auch Gleichgewichtseigenschaften in diesem Formalismus beschreiben, wie in späteren Kapiteln gezeigt werden wird. Insgesamt kann daher gesagt werden, daß die Methode der GREENschen Funktionen eine zweckmäßige Form zur Berechnung der Eigenschaften quantenmechanischer Systeme darstellt.

3. Mathematische Eigenschaften der Greenschen Funktionen

3.1. Bewegungsgleichungen

In Kapitel 2. haben wir die retardierte GREENsche Funktion kennengelernt und als Spezialfälle derselben die Leitfähigkeit $\sigma(\omega)$ und die Suszeptibilität $\chi(\omega)$ diskutiert. Zum Aufbau des vollen Apparates der GREENschen Funktionen ist jedoch die retardierte GREENsche Funktion allein nicht ausreichend. Wir definieren daher noch die avancierte und die kausale GREENsche Funktion und untersuchen in diesem Kapitel die mathematische Struktur aller drei Typen, ohne auf eine spezielle physikalische Fragestellung Bezug zu nehmen.

Die Definitionen der retardierten, avancierten und kausalen GREENschen Funktionen lauten:

$$\begin{aligned} G^r(t, t') &= \langle\langle A(t); B(t')\rangle\rangle^r = -i\theta(t - t')\,\langle[A(t), B(t')]_\eta\rangle\,, \\ G^a(t, t') &= \langle\langle A(t); B(t')\rangle\rangle^a = i\theta(t' - t)\,\langle[A(t), B(t')]_\eta\rangle\,, \\ G^k(t, t') &= \langle\langle A(t); B(t')\rangle\rangle^k = -i\langle T_\eta A(t)\, B(t')\rangle\,, \end{aligned} \tag{3.1.1}$$

wobei

$$\theta(x) = \begin{cases} 1 & \text{für} \quad x > 0\,, \\ 0 & \text{für} \quad x < 0\,. \end{cases} \tag{3.1.2}$$

Mit $\langle\ldots\rangle$ bezeichnen wir den thermodynamischen Mittelwert bezüglich der großkanonischen Gesamtheit (siehe 2.1.6):

$$\langle\ldots\rangle = Q^{-1}\,\mathrm{Sp}\{e^{-\beta\mathscr{H}}\ldots\}, \quad Q = \mathrm{Sp}\{e^{-\beta\mathscr{H}}\}, \quad \beta = 1/k_B T\,, \tag{3.1.3}$$

und es ist

$$\mathscr{H} = H - \mu\check{N}\,. \tag{3.1.4}$$

H ist der HAMILTON-Operator unseres Systems, μ ist das chemische Potential und $\check{N}$ der Gesamtteilchenzahloperator. $A(t)$ ist die HEISENBERG-Darstellung des Operators A, die wir aus Gründen der Zweckmäßigkeit mit Hilfe des Operators $\mathscr{H}$ definieren:

$$A(t) = e^{i\mathscr{H}t} A\, e^{-i\mathscr{H}t}\,, \qquad A(0) = A. \tag{3.1.5}$$

Der Ausdruck $\langle A(t)\, B(t')\rangle$ wird zweizeitige Korrelationsfunktion der Operatoren A und B genannt; falls $A = B$ ist, sprechen wir von einer Autokorrelationsfunktion. Weiterhin ist

$$[A, B]_\eta \equiv AB - \eta BA \equiv [A, B]_\mp \quad \text{für} \quad \eta = \pm 1\,. \tag{3.1.6}$$

Es sei ausdrücklich bemerkt, daß η nach Bedarf, also aus rechentechnischen Gründen heraus, festgesetzt wird; es besteht kein Zwang, im Falle von BOSE-Operatoren etwa $\eta = 1$ zu wählen oder -1 für FERMI-Operatoren, obwohl das in vielen Fällen günstig sein mag (siehe hierzu Abschnitt 4.2.).

Schließlich haben wir noch mit T_η den WICKschen Zeitordnungsoperator bezeichnet:

$$\mathrm{T}_\eta A(t)\, B(t') = \theta(t - t')\, A(t)\, B(t') + \eta\theta(t' - t)\, B(t')\, A(t)\,. \tag{3.1.7}$$

Da die Definitionen für G^a, G^r und G^k die θ-Funktion enthalten, sind diese Funktionen für zusammenfallende Zeitargumente nicht erklärt. An späterer Stelle (Abschnitt 3.5.) werden wir zeigen, daß eine konsistente Erweiterung auch auf diesen Fall möglich ist.

Hinsichtlich der Abhängigkeit von den Zeitargumenten t und t' überzeugen wir uns noch von der wichtigen Eigenschaft der GREENschen Funktionen, daß lediglich eine Abhängigkeit von der Differenz $(t - t')$ der zeitlichen Koordinaten besteht. Offenbar genügt es, den Nachweis nur für die Korrelationsfunktionen zu führen. Aus der Invarianz der Spurbildung gegenüber zyklischen Vertauschungen

$$\mathrm{Sp}\{ABC\} = \mathrm{Sp}\{CAB\} \tag{3.1.8}$$

folgt nämlich

$$\begin{aligned}\langle A(t)\, B(t')\rangle &= Q^{-1}\,\mathrm{Sp}\{\mathrm{e}^{-\beta\mathcal{H}} A(t)\, B(t')\} \\ &= Q^{-1}\,\mathrm{Sp}\{\mathrm{e}^{-\beta\mathcal{H}}\, \mathrm{e}^{i\mathcal{H}t} A\, \mathrm{e}^{-i\mathcal{H}t}\, \mathrm{e}^{i\mathcal{H}t'} B\, \mathrm{e}^{-i\mathcal{H}t'}\} \\ &= Q^{-1}\,\mathrm{Sp}\{\mathrm{e}^{-i\mathcal{H}t'}\, \mathrm{e}^{-\beta\mathcal{H}}\, \mathrm{e}^{i\mathcal{H}t} A\, \mathrm{e}^{-i\mathcal{H}(t-t')} B\} \\ &= Q^{-1}\,\mathrm{Sp}\{\mathrm{e}^{-\beta\mathcal{H}} A(t - t')\, B(0)\} \\ &= \langle A(t - t')\, B(0)\rangle = \langle A(0)\, B(t' - t)\rangle\,.\end{aligned} \tag{3.1.9}$$

Wir weisen darauf hin, daß für die GREENschen Funktionen in der Literatur keineswegs einheitlich die Definitionen (3.1.1) verwendet werden. Unsere Definition unterscheidet sich z. B. von der TJABLIKOWschen um einen Vorfaktor i. Die Definitionen (3.1.1) stimmen mit jenen von ZUBAREW überein und ergeben im Fall freier Elektronen dieselben Ausdrücke wie für die GREENschen Funktionen der SCHRÖDINGER-Gleichung (s. Abschnitt 4.2.).

Von grundsätzlicher Bedeutung für die praktische Berechnung der GREENschen Funktionen und für die Untersuchung der mathematischen Struktur derselben sind die Bewegungsgleichungen, denen wir uns jetzt zuwenden wollen. G^j möge eine retardierte, avancierte oder kausale GREENsche Funktion bezeichnen. Dann bilden wir

$$i\frac{\partial}{\partial t} G^j(t - t') = i\frac{\partial}{\partial t} \langle\langle A(t);\, B(t')\rangle\rangle^j$$

$$= \frac{\partial}{\partial t}\begin{cases} \theta(t - t')\,\langle[A(t),\, B(t')]_\eta\rangle\,, \\ -\theta(t' - t)\,\langle[A(t),\, B(t')]_\eta\rangle\,, \\ \theta(t - t')\,\langle A(t)\, B(t')\rangle + \eta\theta(t' - t)\,\langle B(t')\, A(t)\rangle\,. \end{cases} \tag{3.1.10}$$

Die Differentiation wird nach der Produktregel ausgeführt, wobei wir die aus

$$\theta(t) = \int_{-\infty}^{t} \mathrm{d}t' \; \delta(t') \tag{3.1.11}$$

folgende Relation

$$\frac{\partial}{\partial t} \theta(t - t') = \delta(t - t') \quad \text{bzw.} \quad \frac{\partial}{\partial t} \theta(t' - t) = -\delta(t - t') \tag{3.1.12}$$

verwenden:

$$\begin{aligned} i \frac{\partial}{\partial t} G^j(t - t') &= \delta(t - t') \langle [A(t), B(t')]_\eta \rangle \\ &\quad + \left\langle\!\!\left\langle i \frac{\partial}{\partial t} A(t); B(t') \right\rangle\!\!\right\rangle^j . \end{aligned} \tag{3.1.13}$$

Unter Benutzung der zu (3.1.5) äquivalenten Differentialgleichung

$$i \frac{\partial}{\partial t} A(t) = [A(t), \mathscr{H}]_- \tag{3.1.14}$$

und mit Hilfe von (3.1.9) ergibt sich schließlich

$$i \frac{\partial}{\partial t} G^j(t - t') = \delta(t - t') \langle [A, B]_\eta \rangle + \langle\!\langle [A(t), \mathscr{H}]_- ; B(t') \rangle\!\rangle . \tag{3.1.15}$$

In dieser Gleichung stellt $\langle\!\langle [A(t), \mathscr{H}]; B(t') \rangle\!\rangle$ eine neue — im allgemeinen komplizierte — GREENsche Funktion dar, deren Kenntnis für die Lösung erforderlich ist. Für diese kompliziertere GREENsche Funktion gilt eine analoge Bewegungsgleichung, die noch kompliziertere GREENsche Funktionen enthalten wird, die wieder Bewegungsgleichungen obigen Typs genügen usw. Man erhält so eine Gleichungskette, die in den nichttrivialen Fällen — ganz entscheidend wirkt sich hier die Struktur des HAMILTON-Operators aus — von sehr hoher Ordnung sein wird, so daß man bei der praktischen Berechnung der gesuchten GREENschen Funktion ohne die Verwendung von Näherungsverfahren nicht auskommt. Weiterhin bemerken wir, daß die GREENschen Funktionen durch die Bewegungsgleichungen allein nicht bestimmt werden. Dieser Umstand ist schon daraus ersichtlich, daß die Gleichungen (3.1.15) für alle drei Typen (retardierte, avancierte und kausale GREENsche Funktion) gleichlautend sind. Man muß also an die Lösungen der Bewegungsgleichungen noch Nebenbedingungen stellen:

$$\begin{aligned} G^r(t) &= 0 \quad \text{für} \quad t < 0 , \\ G^a(t) &= 0 \quad \text{für} \quad t > 0 , \\ G^k(t) &= \begin{cases} -i \langle A(t) B \rangle & \text{für} \quad t > 0 , \\ -i\eta \langle B A(t) \rangle & \text{für} \quad t < 0 . \end{cases} \end{aligned} \tag{3.1.16}$$

Wir führen jetzt noch die sogenannte Energie- oder Frequenzdarstellung der GREENschen Funktionen ein, deren große physikalische Bedeutung der Leser bereits in Kapitel 2. am Beispiel der retardierten GREENschen Funktion kennengelernt hat. Diese Darstellung wird aber auch für den mathematischen Aufbau der Theorie der GREENschen Funktionen und für deren praktische Berechnung von grundlegender Wichtigkeit sein. Die Energiedarstellung definieren wir mit Hilfe der FOURIER-Transformation

$$G^j(t-t') = \frac{1}{2\pi} \int_{-\infty}^{\infty} G^j(\omega)\, e^{-i\omega(t-t')}\, d\omega . \tag{3.1.17}$$

oder

$$G^j(\omega) \equiv \langle\langle A; B\rangle\rangle^j_\omega = \int_{-\infty}^{\infty} G^j(t)\, e^{i\omega t}\, dt . \tag{3.1.18}$$

Die den Differentialgleichungen (3.1.15) entsprechenden Bewegungsgleichungen für die GREENschen Funktionen in der Energiedarstellung lassen sich unter Verwendung von (3.1.17) und (3.1.18) leicht gewinnen. Es ist

$$\begin{aligned} i\frac{\partial}{\partial t} G^j(t) &= i\frac{\partial}{\partial t}\frac{1}{2\pi}\int_{-\infty}^{\infty} e^{-i\omega t}\, G^j(\omega)\, d\omega \\ &= \frac{1}{2\pi}\int_{-\infty}^{\infty} \omega\, e^{-i\omega t}\, G^j(\omega)\, d\omega . \end{aligned} \tag{3.1.19}$$

Durch Einsetzen in (3.1.15) ergibt sich

$$\frac{1}{2\pi}\int_{-\infty}^{\infty} \bar{\omega}\, e^{-i\bar{\omega} t}\, G^j(\bar{\omega})\, d\bar{\omega} = \delta(t)\,\langle [A, B]_\eta\rangle + \langle\langle [A(t); \mathscr{H}]_-; B\rangle\rangle^j \tag{3.1.20}$$

und nach Multiplikation mit $e^{i\omega t}$ und zeitlicher Integration

$$\frac{1}{2\pi}\int dt \int_{-\infty}^{\infty} d\bar{\omega}\, \bar{\omega}\, e^{i(\omega-\bar{\omega})t}\, G^j(\bar{\omega}) = \langle [A, B]_\eta\rangle + \int e^{i\omega t} \langle\langle [A(t), \mathscr{H}]_-; B\rangle\rangle^j\, dt . \tag{3.1.21}$$

Nun beachten wir noch, daß

$$\frac{1}{2\pi}\int e^{i(\omega-\bar{\omega})t}\, dt = \delta(\omega - \bar{\omega}) \tag{3.1.22}$$

ist, und es folgt

$$\omega\langle\langle A; B\rangle\rangle^j_\omega = \langle [A, B]_\eta\rangle + \langle\langle [A, \mathscr{H}]_-; B\rangle\rangle^j_\omega . \tag{3.1.23}$$

Hier liegt eine algebraische Gleichung bzw. das erste Glied einer im allgemeinen unendlichen algebraischen Gleichungskette zur Bestimmung von $\langle\langle A; B\rangle\rangle_\omega^j$ vor. Der Übergang von Differentialgleichungen zu algebraischen Gleichungen stellt in den meisten Fällen zwar eine Vereinfachung dar, die prinzipielle Schwierigkeit aber, die in der Auflösung eines Gleichungssystems sehr hoher Ordnung besteht, ist jedoch keineswegs überwunden. Auch im Falle der mit (3.1.23) beginnenden Gleichungskette ist man gezwungen, sich geeigneter Näherungsverfahren zu bedienen. Schließlich sei noch die wichtige Tatsache hervorgehoben, daß (3.1.23) für die retardierte, die avancierte und die kausale GREENsche Funktion dieselbe Gestalt hat. Die Nebenbedingungen (3.1.16) müssen also noch in geeigneter Weise für die GREENschen Funktionen in der Energiedarstellung aufgeschrieben werden. In Abschnitt 3.3. werden wir zeigen, daß diesen Nebenbedingungen Aussagen über das analytische Verhalten der GREENschen Funktionen in der komplexen ω-Ebene entsprechen. Dazu ist jedoch noch einige Vorarbeit zu leisten.

3.2. Spektraldarstellung der Korrelationsfunktionen

Zunächst betrachten wir den Fall $T \neq 0$ und untersuchen die in den Definitionen der GREENschen Funktionen (3.1.1) auftretenden Korrelationsfunktionen

$$\langle A(t)\, B(t')\rangle \tag{3.2.1}$$

und

$$\langle B(t')\, A(t)\rangle\,. \tag{3.2.2}$$

Die Ableitung der Spektraldarstellungen beruht ganz wesentlich auf der Vollständigkeit des Systems $\{\Phi_l\}$ der Eigenfunktionen des Operators $\mathscr{H}$. Bezeichnen wir die zu den Φ_l gehörenden Eigenwerte von $\mathscr{H}$ mit E_l, dann können wir die Korrelationsfunktion $\langle B(t')\, A(t)\rangle$ wie folgt ausdrücken:

$$\begin{aligned}\langle B(t')\, A(t)\rangle &= Q^{-1}\,\mathrm{Sp}\,\{\mathrm{e}^{-\beta\mathscr{H}}\, B(t')\, A(t)\}\\ &= Q^{-1}\sum_l\,(\Phi_l, \mathrm{e}^{-\beta\mathscr{H}}\, B(t')\, A(t)\, \Phi_l)\end{aligned} \tag{3.2.3}$$

oder, da die Eigenwerte von Funktionen eines Operators gleich den Funktionen der Eigenwerte dieses Operators sind,

$$\langle B(t')\, A(t)\rangle = Q^{-1}\sum_l\,(\Phi_l, B(t')\, A(t)\, \Phi_l)\,\mathrm{e}^{-\beta E_l}\,. \tag{3.2.4}$$

Unter Zuhilfenahme der Vollständigkeit des Systems der Eigenfunktionen entsteht

$$\begin{aligned}\langle B(t')\, A(t)\rangle &= Q^{-1}\sum_{l,m}\,(\Phi_l, B(t')\,\Phi_m)\,(\Phi_m, A(t)\,\Phi_l)\,\mathrm{e}^{-\beta E_l}\\ &= Q^{-1}\sum_{l,m}\,(\Phi_l, \mathrm{e}^{i\mathscr{H}t'}\, B\,\mathrm{e}^{-i\mathscr{H}t'}\,\Phi_m)\,(\Phi_m, \mathrm{e}^{i\mathscr{H}t}\, A\,\mathrm{e}^{-i\mathscr{H}t}\,\Phi_l)\,\mathrm{e}^{-\beta E_l}\end{aligned} \tag{3.2.5}$$

oder

$$\langle B(t')\,A(t)\rangle = Q^{-1}\sum_{l,m}(\Phi_l, B\Phi_m)(\Phi_m, A\Phi_l)\,\mathrm{e}^{-i(t'-t)(E_m-E_l)-\beta E_l}. \tag{3.2.6}$$

Entsprechend ergibt sich durch Vertauschung von A und B sowie t und t':

$$\langle A(t)\,B(t')\rangle = Q^{-1}\sum_{l,m}(\Phi_l, A\Phi_m)(\Phi_m, B\Phi_l)\,\mathrm{e}^{i(t'-t)(E_m-E_l)-\beta E_l}. \tag{3.2.7}$$

Die Ausdrücke (3.2.6) und (3.2.7) schreiben wir zusammenfassend in der Form

$$\langle B(t')\,A(t)\rangle = \frac{1}{2\pi}\int\limits_{-\infty}^{\infty} J_{BA}(\omega)\,\mathrm{e}^{-i\omega(t-t')}\,\mathrm{d}\omega \tag{3.2.8}$$

und

$$\langle A(t)\,B(t')\rangle = \frac{1}{2\pi}\int\limits_{-\infty}^{\infty} J_{BA}(\omega)\,\mathrm{e}^{\beta\omega}\,\mathrm{e}^{-i\omega(t-t')}\,\mathrm{d}\omega \tag{3.2.9}$$

mit der gemeinsamen Definition

$$J_{BA}(\omega) = 2\pi Q^{-1}\sum_{l,m}(\Phi_m, B\Phi_l)(\Phi_l, A\Phi_m)\,\mathrm{e}^{-\beta E_m}\,\delta(E_m - E_l - \omega). \tag{3.2.10}$$

Die Formeln (3.2.8) und 3.2.9) sind die Spektraldarstellungen der Korrelationsfunktionen. $J_{BA}(\omega)$ heißt Spektralfunktion oder Spektralintensität. Diese Funktion wird uns auch bei der Ableitung der Spektraldarstellungen der GREENschen Funktionen im Abschnitt 3.3. dienlich sein und die Formulierung eines wichtigen Zusammenhangs der GREENschen Funktionen mit den Korrelationsfunktionen gestatten.

Aus (3.2.8) und (3.2.9) liest man durch Vergleich noch folgende Eigenschaft der Spektralfunktion ab:

$$J_{BA}(\omega)\,\mathrm{e}^{\beta\omega} = J_{AB}(-\omega). \tag{3.2.11}$$

Wir wenden uns nun dem Fall $T = 0$ zu. Offenbar erhalten wir die Spektraldarstellungen der Korrelationsfunktionen für $T = 0$ aus (3.2.8) und (3.2.9), wenn uns die Grenzwerte

$$\lim_{T\to 0} J_{BA}(\omega) = \lim_{\beta\to\infty} 2\pi Q^{-1}\sum_{l,m}(\Phi_m, B\Phi_l)(\Phi_l, A\Phi_m)\,\mathrm{e}^{-\beta E_m}\,\delta(E_m - E_l - \omega) \tag{3.2.12}$$

und

$$\lim_{T\to 0} J_{BA}(\omega)\,\mathrm{e}^{\beta\omega} = \lim_{T\to 0} J_{AB}(-\omega) = \lim_{\beta\to\infty} 2\pi Q^{-1}\sum_{l,m}(\Phi_m, A\Phi_l)(\Phi_l, B\Phi_m)\,\mathrm{e}^{-\beta E_m}\,\delta(E_m - E_l + \omega) \tag{3.2.13}$$

bekannt sind. Bei der Durchführung der Grenzübergänge muß man beachten, daß die Eigenfunktionen Φ_l und Eigenwerte E_l des Operators $\mathcal{H} = H - \mu\check{N}$ infolge der Temperaturabhängigkeit des chemischen Potentials μ ebenfalls Funktionen der Temperatur sind. Im Ergebnis der Grenzwertbildung $T \to 0$ nehmen diese Funktionen die Werte $\Phi_l(T = 0) \equiv \Phi_l^0$ bzw. $E_l(T = 0) \equiv E_l^0$ an. Weiterhin kann die Energieskala stets so gewählt werden, daß der niedrigste Eigenwert E_l^{0g} von $\mathcal{H}$ Null ist. Die zu diesem Eigenwert gehörenden Eigenfunktionen bezeichnen wir mit Φ_l^{0g}:

$$\mathcal{H}\Phi_l^{0g} = 0\,. \tag{3.2.14}$$

Mit diesen Festlegungen lassen sich die Grenzübergänge leicht ausführen. In der Doppelsumme auf der rechten Seite von (3.2.12) verschwinden alle Terme, in denen ein gegen Null konvergierender Faktor $e^{-\beta E_m^0}$ auftritt, so daß die Summation über m nur über die Eigenzustände Φ_m^{0g} läuft und wir

$$\lim_{T\to 0} J_{BA}(\omega) = 2\pi Q_0^{-1} \sum_{l,m} (\Phi_m^{0g}, B\Phi_l^0)(\Phi_l^0, A\Phi_m^{0g})\,\delta(\omega + E_l^0) \tag{3.2.15}$$

schreiben können, wobei $Q_0 = Q(T = 0)$ ist. Analog ergibt sich

$$\lim_{T\to 0} J_{AB}(-\omega) = 2\pi Q_0^{-1} \sum_{l,m} (\Phi_m^{0g}, A\Phi_l^0)(\Phi_l^0, B\Phi_m^{0g})\,\delta(\omega - E_l^0)\,. \tag{3.2.16}$$

Da $E_l^0 \geqq 0$ war, ist $J_{BA}(\omega)|_{T=0}$ nur für negative Frequenzen ω und $J_{AB}(-\omega)|_{T=0}$ nur für positive ω von Null verschieden. Deshalb können wir definieren

$$J_{BA}(\omega)|_{T=0} = \theta(-\omega)\, J_{BA}^0(\omega) \tag{3.2.17}$$

und

$$J_{AB}(-\omega)|_{T=0} = J_{BA}(\omega)\, e^{\beta\omega}|_{T=0} = \theta(\omega)\, J_{BA}^0(\omega) \tag{3.2.18}$$

mit

$$J_{BA}^0(\omega) = \begin{cases} 2\pi Q_0^{-1} \sum\limits_{l,m} (\Phi_m^{0g}, B\Phi_l^0)(\Phi_l^0, A\Phi_m^{0g})\,\delta(\omega + E_l^0) & \text{für} \quad \omega < 0\,, \\ 2\pi Q_0^{-1} \sum\limits_{l,m} (\Phi_m^{0g}, A\Phi_l^0)(\Phi_l^0, B\Phi_m^{0g})\,\delta(\omega - E_l^0) & \text{für} \quad \omega > 0\,. \end{cases} \tag{3.2.19}$$

Die beiden Zweige von $J_{BA}^0(\omega)$ schließen sich im Nullpunkt stetig aneinander an:

$$J_{BA}^0(-0) = J_{BA}^0(+0)\,. \tag{3.2.20}$$

Mit diesen Resultaten können nun die Spektraldarstellungen der Korrelationsfunktionen für $T = 0$ formuliert werden:

$$\langle B(t')\, A(t)\rangle = \frac{1}{2\pi} \int_{-\infty}^{0} J_{BA}^0(\omega)\, e^{-i\omega(t-t')}\, d\omega\,, \tag{3.2.21}$$

$$\langle A(t)\, B(t')\rangle = \frac{1}{2\pi} \int_{0}^{\infty} J_{BA}^0(\omega)\, e^{-i\omega(t-t')}\, d\omega\,. \tag{3.2.22}$$

Diese Ausdrücke und die Formeln (3.2.8) und (3.2.9) bilden die Grundlage für die im nächsten Abschnitt abzuleitenden Spektraldarstellungen der GREENschen Funktionen und für das Spektraltheorem.

3.3. Analytische Eigenschaften und Spektraltheorem

Wie im vorangegangenen Abschnitt ist es auch hier günstig, die Fälle $T \neq 0$ und $T = 0$ getrennt zu betrachten. Wir beginnen mit der Ableitung der Spektraldarstellungen für von Null verschiedene Temperaturen.

Die Energiedarstellung der retardierten GREENschen Funktion kann entsprechend (3.1.18) in der Form

$$\begin{aligned} G^r(\omega) &= \int_{-\infty}^{\infty} G^r(t-t')\, e^{i\omega(t-t')}\, dt \\ &= \int_{-\infty}^{\infty} (-i)\, \theta(t-t')\, \{\langle A(t)\, B(t')\rangle - \eta \langle B(t')\, A(t)\rangle\}\, e^{i\omega(t-t')}\, dt \end{aligned} \tag{3.3.1}$$

geschrieben werden. Mit Hilfe der Spektraldarstellungen der Korrelationsfunktionen (3.2.8) und (3.2.9) ergibt sich

$$G^r(\omega) = \frac{1}{2\pi} \int_{-\infty}^{\infty} d\bar{\omega}\, J_{BA}(\bar{\omega})\, \{e^{\beta\bar{\omega}} - \eta\}\, \frac{1}{i} \int_{-\infty}^{\infty} e^{i(\omega-\bar{\omega})t}\, \theta(t)\, dt\,. \tag{3.3.2}$$

Zur weiteren Auswertung benutzen wir die folgende wichtige Hilfsformel, die im Anschluß an die Herleitung der Spektraldarstellungen der retardierten, avancierten und kausalen GREENschen Funktionen bewiesen wird:

$$\theta(t) = \lim_{\delta \to 0+} \frac{i}{2\pi} \int_{-\infty}^{\infty} \frac{e^{-ixt}}{x + i\delta}\, dx\,. \tag{3.3.3}$$

Hiermit ist

$$-i \int_{-\infty}^{\infty} e^{i(\omega-\bar{\omega})t}\, \theta(t)\, dt = \frac{1}{2\pi} \int_{-\infty}^{\infty} dt \int_{-\infty}^{\infty} dx\, \frac{e^{i(\omega-\bar{\omega})t}\, e^{-ixt}}{x + i\delta}\,, \tag{3.3.4}$$

und da

$$\frac{1}{2\pi} \int_{-\infty}^{\infty} e^{i(\omega-\bar{\omega}-x)t}\, dt = \delta(\omega - \bar{\omega} - x) \tag{3.3.5}$$

ist, folgt

$$-i \int_{-\infty}^{\infty} e^{i(\omega-\bar{\omega})t}\, \theta(t)\, dt = \int_{-\infty}^{\infty} \frac{\delta(\omega - \bar{\omega} - x)}{x + i\delta}\, dx = \frac{1}{\omega - \bar{\omega} + i\delta} \tag{3.3.6}$$

und nach Einsetzen in (3.3.2)

$$G^r(\omega) = \lim_{\delta \to 0+} \frac{1}{2\pi} \int_{-\infty}^{\infty} \{e^{\beta\bar{\omega}} - \eta\}\, J_{BA}(\bar{\omega})\, \frac{1}{\omega - \bar{\omega} + i\delta}\, d\bar{\omega}\,. \tag{3.3.7}$$

Dieser Ausdruck ist die gesuchte Spektraldarstellung der retardierten GREENschen Funktion.

Die Ableitung der Spektraldarstellung der avancierten GREENschen Funktion geschieht auf dieselbe Weise:

$$\begin{aligned} G^a(\omega) &= \int_{-\infty}^{\infty} G^a(t - t')\, e^{i\omega(t-t')}\, dt \\ &= \int_{-\infty}^{\infty} i\theta(-t)\, \{\langle A(t)\, B\rangle - \eta\langle B A(t)\rangle\}\, e^{i\omega t}\, dt \\ &= \lim_{\delta \to 0+} \int_{-\infty}^{\infty} dt\, \frac{1}{2\pi} \int_{-\infty}^{\infty} d\bar{\omega}\, J_{BA}(\bar{\omega})\, \{e^{\beta\bar{\omega}} - \eta\}\, e^{i(\omega-\bar{\omega})t}\, \frac{(-1)}{2\pi} \int_{-\infty}^{\infty} \frac{e^{ixt}}{x + i\delta}\, dx \end{aligned} \tag{3.3.8}$$

oder

$$G^a(\omega) = \lim_{\delta \to 0+} \frac{1}{2\pi} \int_{-\infty}^{\infty} J_{BA}(\bar{\omega})\, \{e^{\beta\bar{\omega}} - \eta\}\, \frac{1}{\omega - \bar{\omega} - i\delta}\, d\bar{\omega} \tag{3.3.9}$$

für die Spektraldarstellung der avancierten GREENschen Funktion.

Der ganze, aber sehr wesentliche Unterschied zwischen der Spektraldarstellung der retardierten GREENschen Funktion (3.3.7) und der der avancierten GREENschen Funktion (3.3.9) besteht im Vorzeichen vor der positiven infinitesimalen Größe δ im Energienenner. Diese Gestalt der Spektraldarstellungen legt es nahe, die Größen ω und $i\delta$ zu einer komplexen Veränderlichen zusammenzufassen, die wir — wie in der Literatur üblich — auch wieder ω nennen. Damit läßt sich eine Funktion $G(\omega)$ definieren, die für $\operatorname{Im} \omega > 0$ in die retardierte GREENsche Funktion und für $\operatorname{Im} \omega < 0$ in die avancierte GREENsche Funktion übergeht:

$$G(\omega) = \frac{1}{2\pi} \int_{-\infty}^{\infty} d\bar{\omega}\, J_{BA}(\bar{\omega})\, \{e^{\beta\bar{\omega}} - \eta\}\, \frac{1}{\omega - \bar{\omega}} = \begin{cases} G^r(\omega) & \text{für} \quad \operatorname{Im} \omega > 0\,, \\ G^a(\omega) & \text{für} \quad \operatorname{Im} \omega < 0\,. \end{cases} \tag{3.3.10}$$

Mit anderen Worten, G^r und G^a können als die Zweige einer einheitlichen GREENschen Funktion in der komplexen ω-Ebene aufgefaßt werden. Aus diesem Grunde werden die Indizes r und a der retardierten und avancierten GREENschen Funktionen in der Energiedarstellung zumeist weggelassen; in dieser Darstellung verfahren wir ebenso und werden die Indizierung nur noch an jenen Stellen vornehmen, an denen uns aus didaktischen oder physikalischen Gründen eine besondere Kennzeichnung wichtig erscheint.

Die Spektraldarstellung der kausalen GREENschen Funktion ergibt sich mit Hilfe derselben Operationen wie oben zu

$$G^k(\omega) = \lim_{\delta \to 0+} \frac{1}{2\pi} \int_{-\infty}^{\infty} d\bar{\omega}\, J_{BA}(\bar{\omega}) \left\{ \frac{e^{\beta\bar{\omega}}}{\omega - \bar{\omega} + i\delta} - \frac{\eta}{\omega - \bar{\omega} - i\delta} \right\}. \tag{3.3.11}$$

Im Falle dieser GREENschen Funktion ist die Zusammenfassung von ω und $i\delta$ zu einer einheitlichen komplexen Variablen offensichtlich nicht möglich.

Die Formeln (3.3.10) und (3.3.11) erlauben es, den Grenzübergang $T \to 0$ in einfacher Weise vorzunehmen, da uns die die Grenzwerte der Spektralfunktion $J_{BA}(\omega)$ und der Funktion $J_{BA}(\omega)\, e^{\beta\omega}$ bereits aus Abschnitt (3.2) bekannt sind. Setzen wir (3.2.17) und (3.2.18) in (3.3.10) ein, so ergibt sich die Spektraldarstellung der retardierten bzw. avancierten GREENschen Funktion für $T = 0$:

$$G(\omega) = \frac{1}{2\pi} \int_{-\infty}^{\infty} \frac{\theta(\bar{\omega}) - \eta\theta(-\bar{\omega})}{\omega - \bar{\omega}}\, J^0_{BA}(\bar{\omega})\, d\bar{\omega} = \begin{cases} G^r(\omega) & \text{für} \quad \mathrm{Im}\,\omega > 0\,, \\ G^a(\omega) & \text{für} \quad \mathrm{Im}\,\omega < 0\,. \end{cases} \tag{3.3.12}$$

Unter nochmaliger Verwendung von (3.2.17) und (3.2.18) ergibt sich aus (3.3.11) die Spektraldarstellung der kausalen GREENschen Funktion für $T = 0$:

$$G^k(\omega) = \lim_{\delta \to 0+} \frac{1}{2\pi} \int_{-\infty}^{\infty} d\bar{\omega}\, J^0_{BA}(\bar{\omega}) \left\{ \frac{\theta(\bar{\omega})}{\omega - \bar{\omega} + i\delta} - \eta\, \frac{\theta(-\bar{\omega})}{\omega - \bar{\omega} - i\delta} \right\} \tag{3.3.13}$$

oder

$$G^k(\omega) = \lim_{\delta \to 0+} \frac{1}{2\pi} \int_{-\infty}^{\infty} d\bar{\omega}\, J^0_{BA}(\bar{\omega})\, \frac{\theta(\bar{\omega}) - \eta\theta(-\bar{\omega})}{\omega - \bar{\omega} + i\delta(\theta(\bar{\omega}) - \theta(-\bar{\omega}))}. \tag{3.3.14}$$

Aus dieser Formel geht hervor, daß für $T = 0$ auch in der kausalen GREENschen Funktion ω und $i\delta$ zu einer komplexen Veränderlichen zusammengefaßt werden können.

Wir tragen nun den Beweis der Formel (3.3.3) für die Darstellung der θ-Funktion nach, die für die Ableitung der Spektraldarstellungen der GREENschen Funktionen von großer Wichtigkeit war:

$$\theta(t) = \lim_{\delta \to 0+} \frac{i}{2\pi} \int_{-\infty}^{\infty} \frac{e^{-ixt}}{x + i\delta} dx . \tag{3.3.15}$$

Zunächst sei $t > 0$ vorausgesetzt. Für diese t-Werte kann die Integration in (3.3.15) zu einem Konturintegral in der komplexen x-Ebene ergänzt werden, das in der unteren Halbebene geschlossen wird (vgl. Abb. 3.3.1):

$$\lim_{\delta \to 0+} \frac{i}{2\pi} \int_{-\infty}^{\infty} \frac{e^{-ixt}}{x + i\delta} dx = \lim_{\delta \to 0+} \frac{i}{2\pi} \oint \frac{e^{-ixt}}{x + i\delta} dx . \tag{3.3.16}$$

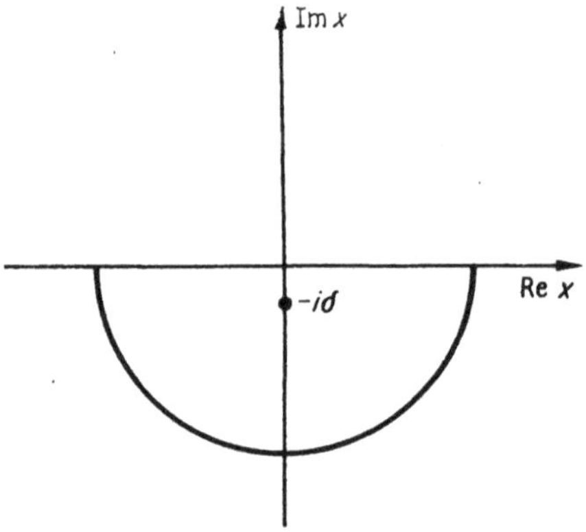

Abb. 3.3.1. Integrationsweg in der komplexen ω-Ebene im Falle $t > 0$

Die Umwandlung in ein Linienintegral längs des in Abb. 3.3.1 skizzierten Weges ändert den Wert des Integrales (3.3.15) nicht, weil der Integrand auf dem unteren Halbbogen verschwindet, denn mit $x = x' + ix''$, $x' = \operatorname{Re} x$, $x'' = \operatorname{Im} x$ und $e^{-ixt} = e^{-ix't + x''t}$ konvergiert $e^{x''t}$ gegen Null für $x'' \to -\infty$, und damit ist $e^{-ixt} = 0$ auf dem betrachteten Halbbogen. Die rechte Seite von (3.3.16) läßt sich nun leicht mit Hilfe des Residuensatzes auswerten:

$$\oint f(x)\, dx = 2\pi i \sum \text{(Residuen innerhalb der Kontur)} , \tag{3.3.17}$$

wobei die Integration im Gegenuhrzeigersinne vorgenommen werden muß. Das Residuum a_{-1} einer Funktion $f(x)$, die an der Stelle $x = x_0$ einen Pol erster Ordnung hat, wird mit Hilfe der Formel

$$a_{-1} = \lim_{x \to x_0} (x - x_0) f(x) \tag{3.3.18}$$

berechnet. Die Anwendung auf unseren Fall ergibt:

$$a_{-1} = \lim_{x \to -i\delta} \frac{x + i\delta}{x + i\delta} e^{-ixt} = e^{-\delta t} \to 1 \quad \text{für} \quad \delta \to 0 . \tag{3.3.19}$$

Dieses Resultat in (3.3.16) eingesetzt, ergibt unter Beachtung der Richtung des Integrationsweges den Wert 1 für diesen Ausdruck.

Es sei nun $t < 0$. Jetzt ist das Integral in der oberen Halbebene zu schließen, weil $e^{x''t}$ nun für $x'' \to +\infty$ verschwindet. Bei dieser Wahl des Integrationsweges (Abb. 3.3.2) können wir also

$$\lim_{\delta \to 0+} \frac{i}{2\pi} \int_{-\infty}^{\infty} \frac{e^{-ixt}}{x + i\delta} dx = \lim_{\delta \to 0+} \frac{i}{2\pi} \oint \frac{e^{-ixt}}{x + i\delta} dx \tag{3.3.20}$$

schreiben. Nach dem CAUCHYschen Integralsatz ist aber der Wert des Integrals auf der rechten Seite von (3.3.20) gleich Null, weil das vom Integrationsweg begrenzte Gebiet keine Singularität des Integranden enthält. Fassen wir dieses Resultat mit dem für $t > 0$ zusammen, so ergibt sich die Richtigkeit der Formel (3.3.15) bzw. (3.3.3).

Im folgenden diskutieren wir die schon mehrfach erwähnten analytischen Eigenschaften der GREENschen Funktionen. Gemeint sind hiermit Aussagen über die Analytizität der GREENschen Funktionen in der komplexen ω-Ebene.

Zunächst waren die Funktionen $G^j(\omega)$ vermöge (3.1.17) nur für reelle Werte von ω definiert worden. Die Spektraldarstellungen der retardierten und der avancierten GREENschen Funktion (3.3.7) und (3.3.9) bzw. (3.3.12) boten jedoch eine Fortsetzung in die komplexe ω-Ebene geradezu an. Dagegen zeigt die Spektraldarstellung der kausalen GREENschen Funktion für von Null verschiedene Temperaturen (3.3.11), daß eine solche Fortsetzung für diese Funktion im allgemeinen nicht möglich ist.

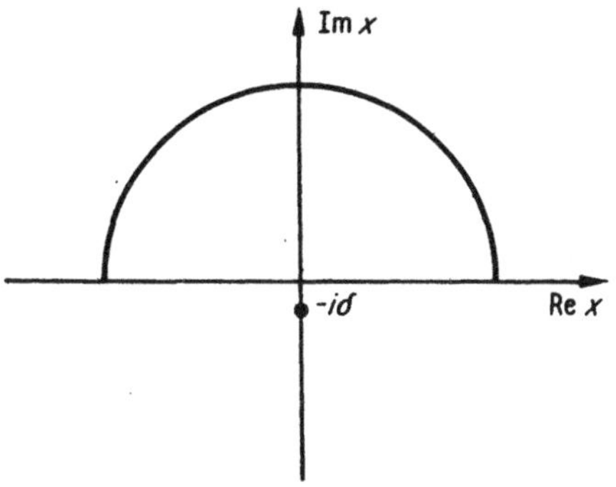

Abb. 3.3.2. Integrationsweg in der komplexen ω-Ebene im Falle $t < 0$

Für die retardierte und die avancierte GREENsche Funktion läßt sich darüberhinaus zeigen, daß die Fortsetzung nicht nur schlechthin existiert, sondern daß dieselbe auch analytisch ist, und zwar für die retardierte GREENsche Funktion in der oberen Halbebene und für die avancierte in der unteren Halbebene. Um diese Behauptung einzusehen, betrachten wir nochmals die Definition (3.1.18)

$$G^j(\omega) = \int G^j(t)\, e^{i\omega t}\, dt \tag{3.3.21}$$

und zerlegen ω in Real- und Imaginärteil:

$$\omega = \omega' + i\omega'' . \tag{3.3.22}$$

Dann ist wegen

$$e^{i\omega t} = e^{i\omega' t - \omega'' t} \tag{3.3.23}$$

eine analytische Fortsetzung in die komplexe ω-Ebene möglich, wenn für $\omega'' > 0$ nur positive Werte von t zugelassen werden und wenn für $\omega'' < 0$ nur negative Werte von t erlaubt sind, da unter diesen Bedingungen $e^{-\omega'' t}$ als Abschneidefaktor die Konvergenz des Integrals (3.3.21) und seiner Ableitungen nach ω (in beliebig hoher Ordnung) für eine große Klasse von Funktionen $G^j(t)$ sichert. Nun ist ja die retardierte GREENsche Funktion nur für $t > 0$ von Null verschieden und die avancierte GREENsche Funktion nur für $t < 0$, so daß die Konvergenzbedingungen erfüllt sind und demzufolge die retardierte GREENsche Funktion analytisch in die obere Halbebene und die avancierte GREENsche Funktion analytisch in die untere Halbebene fortgesetzt werden kann. Die kausale GREENsche Funktion gestattet im allgemeinen keine analytische Fortsetzung, da sich sowohl für $\omega'' > 0$ als auch für $\omega'' < 0$ Divergenzen ergeben würden. Aus diesem Grunde sind die retardierten bzw. avancierten GREENschen Funktionen bei vielen Anwendungen vorteilhafter.

Eine genauere Formulierung der Analytizitätsbedingungen findet sich in dem 1956 von BOGOLJUBOW und PARASJUK bewiesenen Theorem: Eine verallgemeinerte komplexe Funktion $G(\omega)$ besitzt dann und nur dann eine analytische Fortsetzung in die obere (untere) Halbebene der komplexen Veränderlichen ω, wenn ihre FOURIER-Transformierte $G(t)$ für $t < 0$ (>0) verschwindet.

Abschließend sei noch eine wichtige Relation zwischen der Korrelationsfunktion $\langle BA(t)\rangle$ und den GREENschen Funktionen $\langle\langle A; B\rangle\rangle_\omega^{r;a}$ mit $\eta = +1$ („Kommutatorfunktion") oder $\eta = -1$ („Antikommutatorfunktion") angegeben, die unter der Bezeichnung Spektraltheorem bekannt ist. Aus der Spektraldarstellung der retardierten bzw. avancierten GREENschen Funktion (3.3.10) ergibt sich unmittelbar

$$G(\omega + i\delta) - G(\omega - i\delta) =$$

$$\frac{1}{2\pi}\int_{-\infty}^{\infty} J_{BA}(\bar{\omega})\,(e^{\beta\bar{\omega}} - \eta)\left\{\frac{1}{\omega - \bar{\omega} + i\delta} - \frac{1}{\omega - \bar{\omega} - i\delta}\right\} d\bar{\omega} . \tag{3.3.24}$$

Die Auswertung dieser Gleichung geschieht mit Hilfe der DIRAC-Formel

$$\lim_{\delta\to 0+} \int \frac{f(x)}{x \pm i\delta}\,dx = P\int \frac{f(x)}{x}\,dx \mp i\pi f(0)\,. \tag{3.3.25}$$

Für diese Formel findet man meist die symbolische Schreibweise

$$\frac{1}{x \pm i\delta} = P\frac{1}{x} \mp i\pi\delta(x)\,, \tag{3.3.26}$$

wobei die Deutung durch (3.3.25) gegeben ist. P heißt, daß der Hauptwert des Integrals zu nehmen ist. Die DIRAC-Formel ist der Spezialfall eines allgemeineren Theorems, das der Leser in den üblichen Lehrbüchern der Funktionentheorie findet, so daß der Beweis hier übergangen werden kann. Durch Einsetzen von (3.3.25) oder (3.3.26) in (3.3.24) erhalten wir

$$\lim_{\delta\to 0+} \{G(\omega + i\delta) - G(\omega - i\delta)\} = -\,iJ_{BA}(\omega)\,\{e^{\beta\omega} - \eta\}\,. \tag{3.3.27}$$

Zur Berechnung der Korrelationsfunktionen (3.2.8) und (3.2.9) wird $J_{BA}(\omega)$ benötigt. Bei der Auflösung von (3.3.27) bereitet jedoch der Fall $\eta = +1$ in der Grenze $\omega = 0$ gewisse Schwierigkeiten, da hierfür in (3.3.27) neben $J_{BA}(\omega)$ ein Faktor Null auftritt. Es ergibt sich streng

$$J_{BA}(\omega) = \lim_{\delta\to 0+} \frac{i\{G(\omega + i\delta) - G(\omega - i\delta)\}}{e^{\beta\omega} - \eta} + \frac{1}{2}(\eta + 1)\,C\delta(\omega) \tag{3.3.28}$$

mit

$$C = \frac{2\pi}{Q} \sum_{\substack{l,m \\ (E_l = E_m)}} (\Phi_m, B\Phi_l)\,(\Phi_l, A\Phi_m)\,e^{-\beta E_m} = \lim_{\omega\to 0} \pi\omega\,\langle\!\langle A; B\rangle\!\rangle_{\omega}^{\eta=-1}\,, \tag{3.3.29}$$

wobei der Grenzübergang $\omega \to 0$ in der komplexen Ebene vorzunehmen ist.

Zum Beweis dieser Formel zerlegen wir die Spektralfunktion $J_{BA}(\omega)$ in einen „diagonalen" und einen „nichtdiagonalen" Anteil:

$$J_{BA}(\omega) = J'_{BA}(\omega) + C\delta(\omega)\,. \tag{3.3.30}$$

Nach (3.2.10) ergibt sich die Größe C unmittelbar so, wie im ersten Teil von (3.3.29) angegeben wurde, während

$$J'_{BA}(\omega) = \frac{2\pi}{Q} \sum_{\substack{l,m \\ (E_l \neq E_m)}} (\Phi_m, B\Phi_l)\,(\Phi_l, A\Phi_m)\,e^{-\beta E_m}\,\delta(E_m - E_l - \omega) \tag{3.3.31}$$

gilt. $J'_{BA}(\omega)$ enthält keinen zu $\delta(\omega)$ proportionalen Anteil. Weiterhin ist gemäß (3.2.10) und (3.3.10)

$$G(\omega) = Q^{-1} \sum_{l,m} (\Phi_m, B\Phi_l)\,(\Phi_l, A\Phi_m)\,\frac{e^{-\beta E_l} - \eta\,e^{-\beta E_m}}{\omega - E_m + E_l}\,. \tag{3.3.32}$$

Wir multiplizieren diese Gleichung mit ω (Im $\omega \neq 0$) und vollziehen den Grenzübergang $\omega \to 0$ in der komplexen ω-Ebene. Da

$$\lim_{\omega \to 0} \frac{\omega}{\omega - E_m + E_l} = \begin{cases} 0 & \text{für } E_m \neq E_l , \\ 1 & \text{für } E_m = E_l , \end{cases} \tag{3.3.33}$$

folgt

$$\lim_{\omega \to 0} \omega G(\omega) = (1 - \eta) Q^{-1} \sum_{\substack{l,\, m \\ (E_l = E_m)}} (\Phi_m, B\Phi_l)(\Phi_l, A\Phi_m) \, e^{-\beta E_m} = (1 - \eta) \frac{C}{2\pi} . \tag{3.3.34}$$

Dieses Resultat enthält die in (3.3.29) angegebene Formel für die Größe C und darüberhinaus eine wesentliche Aussage für das Verhalten der GREENschen Funktionen beim Grenzübergang $\omega \to 0$ in der komplexen ω-Ebene: Die retardierte bzw. avancierte GREENsche Kommutatorfunktion ($\eta = +1$) besitzt bei $\omega = 0$ keinen Pol, da an dieser Stelle (3.3.34) Null liefert.

Zum Beweis von (3.3.28) setzen wir die Zerlegung (3.3.30) der Spektralfunktion in (3.3.27) ein:

$$\begin{aligned} \lim_{\delta \to 0+} \{G(\omega + i\delta) - G(\omega - i\delta)\} &= -i\{J'_{BA}(\omega) + C\delta(\omega)\}\{e^{\beta\omega} - \eta\} \\ &= -iJ'_{BA}(\omega)(e^{\beta\omega} - \eta) - i(1 - \eta) C\delta(\omega) . \end{aligned} \tag{3.3.35}$$

Für $\eta = +1$ entfällt der zu $\delta(\omega)$ proportionale Anteil, und es wird nur $J'_{BA}(\omega)$ geliefert. Daher muß gemäß (3.3.28) der Betrag $C\delta(\omega)$ zusätzlich berücksichtigt werden, um die gesamte Spektralfunktion $J_{BA}(\omega)$ zu erhalten. Für $\eta = -1$ ergibt sich dagegen sofort die vollständige Funktion $J_{BA}(\omega)$, in Übereinstimmung mit (3.3.28).

Die Relationen (3.3.35) bzw. (3.3.28) gestatten in Verbindung mit (3.3.29) die Berechnung der Spektralfunktion $J_{BA}(\omega)$ aus den GREENschen Funktionen $\langle\langle A; B\rangle\rangle_\omega^{\eta=-1}$ und $\langle\langle A; B\rangle\rangle_\omega^{\eta=1}$. Offenbar ist es für viele Rechnungen günstiger, von der GREENschen Antikommutatorfunktion ($\eta = -1$) auszugehen, weil diese nach (3.3.28) unmittelbar zur Bestimmung der Spektralfunktion $J_{BA}(\omega)$ im gesamten Frequenzbereich führt, während die GREENsche Kommutatorfunktion nur die Differenz $J_{BA}(\omega) - C\delta(\omega)$ liefert[3.1].

Für die Korrelationsfunktion $\langle BA(t)\rangle$ ergibt sich durch Vergleich von (3.3.28) und (3.2.8)

$$\langle BA(t)\rangle = \lim_{\delta \to 0+} \frac{i}{2\pi} \int_{-\infty}^{\infty} d\omega \frac{G(\omega + i\delta) - G(\omega - i\delta)}{e^{\beta\omega} - \eta} e^{-i\omega t} + \frac{(\eta + 1) C}{4\pi} . \tag{3.3.36}$$

[3.1] Die hier diskutierte Problematik wurde lange Zeit nicht beachtet und findet auch in den meisten Lehrbüchern keine Erwähnung. Eine wesentliche Aufklärung erfuhr dieser Sachverhalt durch die Arbeit von J. R. RAMOS und A. A. GOMES, Nuovo Cimento 3A, 441 (1971).

Diese Beziehung wird als Spektraltheorem bezeichnet. Für alle Anwendungen der Theorie der GREENschen Funktionen ist das Spektraltheorem von größter Bedeutung, weil es die direkte Berechnung von Korrelationsfunktionen auf einem verhältnismäßig einfachen Weg aus GREENschen Funktionen gestattet. Insbesondere erlaubt es, die in den Gleichungsketten (3.1.23) auftretenden Korrelationsfunktionen selbstkonsistent zusammen mit den GREENschen Funktionen zu berechnen. Man beachte dabei, daß bei gleichzeitigen Korrelationsfunktionen, die Produkte höherer Ordnung in den Erzeugungs- und Vernichtungsoperatoren enthalten, im allgemeinen mehrere verschiedene GREENsche Funktionen zur Berechnung dieser Korrelationsfunktionen in Frage kommen.

Die Aussagekraft des Spektraltheorems sei noch an folgendem Beispiel illustriert: Wir setzen $A = c_\nu$, $B = c_\nu^+$ und $G_\nu = \langle\langle c_\nu; c_\nu^+ \rangle\rangle_\omega$, wobei c_ν und c_ν^+ Vernichtungs- und Erzeugungsoperatoren irgendwelcher Teilchen oder Quasiteilchen im Zustand ν sein sollen. Dann ist offenbar

$$\sum_\nu \langle c_\nu^+ c_\nu \rangle = \frac{i}{2\pi} \lim_{\delta\to 0+} \int_{-\infty}^{\infty} d\omega \frac{\sum_\nu [G_\nu(\omega + i\delta) - G_\nu(\omega - i\delta)]}{e^{\beta\omega} - \eta} + \frac{1}{4\pi}(\eta + 1) \sum_\nu C_\nu$$

$$= \frac{i}{2\pi} \lim_{\delta\to 0+} \int_{-\infty}^{\infty} d\omega \frac{\sum_\nu [G_\nu(\omega - \mu + i\delta) - G_\nu(\omega - \mu - i\delta)]}{e^{\beta[\omega-\mu]} - \eta} + \frac{1}{4\pi}(\eta + 1) \sum_\nu C_\nu \tag{3.3.37}$$

die mittlere Zahl der Teilchen oder Quasiteilchen im System. C_ν wird durch (3.3.29) bestimmt. Die Größe

$$D(\omega) \equiv \lim_{\delta\to 0+} \frac{i}{2\pi} \sum_\nu [G_\nu(\omega - \mu + i\delta) - G_\nu(\omega - \mu - i\delta)] \tag{3.3.38}$$

kann als Zustandsdichte interpretiert werden, weil der in (3.3.37) neben $D(\omega)$ stehende Faktor unter dem Integralzeichen die Struktur einer BOSE- oder FERMI-Verteilungsfunktion besitzt. Dieser Sachverhalt ist in den Anwendungen (siehe z. B. Abschnitt 5.3.) von großer Wichtigkeit.

3.4. Dispersionsrelationen

In diesem Abschnitt leiten wir einige Beziehungen zwischen Real- und Imaginärteil der GREENschen Funktionen her, die allgemein als Dispersionsrelationen oder KRAMERS-KRONIG-Relationen bezeichnet werden. Dabei werden wir uns ganz wesentlich auf die Spektraldarstellungen und die analytischen Eigenschaften der GREENschen Funktionen stützen.

Wir beginnen mit der retardierten und der avancierten GREENschen Funktion, hier gemeinsam mit G^j bezeichnet. Mit Hilfe der DIRAC-Formel (3.3.26) gewinnen wir aus den Spektraldarstellungen (3.3.7) und (3.3.9) dieser Funktionen folgende Ausdrücke für reelle Werte von ω:

$$G^j(\omega) = \frac{1}{2\pi} \mathrm{P} \int_{-\infty}^{\infty} J_{BA}(\bar{\omega}) \{e^{\beta\bar{\omega}} - \eta\} \frac{1}{\omega - \bar{\omega}} d\bar{\omega} \mp \frac{i}{2} \{e^{\beta\omega} - \eta\} J_{BA}(\omega) . \quad (3.4.1)$$

Zunächst nehmen wir an, daß $J_{BA}(\omega)$ reell ist (vgl. Abschnitt 3.5.). Dann stellt (3.4.1) eine Zerlegung von $G^j(\omega)$ in Real- und Imaginärteil dar. Den Integranden des Hauptwertintegrals können wir durch den Imaginärteil ausdrücken:

$$\mathrm{Re}\, G^j(\omega) = \frac{\mp 1}{\pi} \mathrm{P} \int_{-\infty}^{\infty} \frac{\mathrm{Im}\, G^j(\bar{\omega})}{\omega - \bar{\omega}} d\bar{\omega} . \quad (3.4.2)$$

Diese Ausdrücke sind die Dispersionsrelationen für die retardierte (oberes Vorzeichen) und die avancierte (unteres Vorzeichen) GREENsche Funktion.

Für die kausale GREENsche Funktion ergibt sich aus der Spektraldarstellung (3.3.11):

$$G^k(\omega) = + \frac{1}{2\pi} \mathrm{P} \int_{-\infty}^{\infty} J_{BA}(\bar{\omega}) \{e^{\beta\bar{\omega}} - \eta\} \frac{1}{\omega - \bar{\omega}} d\bar{\omega} - \frac{i}{2} J_{BA}(\omega) \{e^{\beta\omega} + \eta\} \quad (3.4.3)$$

und, indem wir wieder den Imaginärteil in das Integral einsetzen,

$$\mathrm{Re}\, G^k(\omega) = - \frac{1}{\pi} \mathrm{P} \int_{-\infty}^{\infty} d\bar{\omega} \frac{\mathrm{Im}\, G^k(\bar{\omega})}{\omega - \bar{\omega}} \frac{e^{\beta\bar{\omega}} - \eta}{e^{\beta\bar{\omega}} + \eta}, \quad (3.4.4)$$

womit die Dispersionsrelation für die kausale GREENsche Funktion gewonnen wäre.

Im Grunde genommen stellen alle diese Beziehungen die GREENschen Funktionen (retardierte, avancierte und kausale) als Funktionale der Spektralfunktion $J_{BA}(\omega)$ dar. Andererseits ist $J_{BA}(\omega)$ durch jede dieser Funktionen vollständig bestimmt, so daß stets die Kenntnis einer GREENschen Funktion genügt, um die beiden anderen zu bestimmen. Damit sind die drei Typen GREENscher Funktionen hinsichtlich ihres Informationsgehaltes als gleichwertig anzusehen, obwohl ihre mathematischen Eigenschaften unterschiedlich sind.

Es sei nochmals bemerkt, daß bei der Ableitung der Formeln (3.4.2) und (3.4.4) die Reellität der Spektralfunktion $J_{BA}(\omega)$ vorausgesetzt wurde. Für die Gültigkeit der Gleichung (3.4.2) muß diese Forderung jedoch nicht notwendig erfüllt sein; es genügt, daß die Funktionen $G^j(\omega)$ in der oberen bzw. unteren Halbebene der komplexen ω-Ebene analytisch sind. Zum Beweis gehen wir von der Darstellung der Funktionen $G^j(\omega)$ durch die CAUCHYsche Integralformel aus:

$$G^j(\omega) = - \frac{1}{2\pi i} \oint_{C^j} \frac{G^j(\bar{\omega})}{\omega - \bar{\omega}} d\bar{\omega} . \quad (3.4.5)$$

Die geschlossenen Wege C^j liegen vorerst noch in der oberen bzw. unteren Halbebene, und der Punkt ω befindet sich im Inneren des von der jeweiligen Kurve C^j berandeten Gebietes. Wegen der Analytizität der G^j können wir die Wege auch in die infinitesimale Nachbarschaft der reellen Achse legen und die Kontur im Unendlichen schließen:

$$G^j(\omega) = \frac{\mp 1}{2\pi i} \int_{-\infty \pm i\varepsilon}^{\infty \pm i\varepsilon} \frac{G^j(\bar{\omega})}{\omega - \bar{\omega}} \, d\bar{\omega}, \qquad \operatorname{Im} \omega > \varepsilon > 0, \tag{3.4.6}$$

wobei die oberen Vorzeichen für die retardierte GREENsche Funktion und die unteren für die avancierte GREENsche Funktion gelten. Die Integrale über die Halbbögen verschwinden, da für $\omega \to \infty$ die $G^j(\omega)$ mindestens mit $1/\omega$ abklingen (siehe (3.5.35)). In der Grenze $\varepsilon \to 0$ erhalten wir aus (3.4.6)[3.2]

$$G^j(\omega) = \frac{\mp 1}{2\pi i} \int_{-\infty}^{\infty} \frac{G^j(\bar{\omega})}{\omega - \bar{\omega}} \, d\bar{\omega}. \tag{3.4.7}$$

In dieser Gleichung ist noch $\operatorname{Im} \omega \neq 0$. Wir setzen daher $\omega = \omega' + i\delta$ und betrachten den Grenzübergang $\delta \to 0$, dann ergibt sich unter Benutzung der DIRAC-Formel (3.3.26)

$$G^j(\omega') = \mp \frac{1}{2\pi i} \, \mathrm{P} \int \frac{G^j(\bar{\omega})}{\omega' - \bar{\omega}} \, d\bar{\omega} + \frac{1}{2} G^j(\omega'). \tag{3.4.8}$$

Nach Auflösung und Zerlegung in Real- und Imaginärteil folgen schließlich die Relationen (3.4.2).

Abschließend sei erwähnt, daß die Bedeutung der Dispersionsrelationen nicht nur in den obigen Aussagen über die mathematische Struktur der GREENschen Funktionen besteht; die Anwendung dieser Relationen auf Transportkoeffizienten bzw. verallgemeinerte Suszeptibilitäten führt unmittelbar zu Voraussagen über das Verhalten meßbarer Größen.

3.5. Summenregeln

Wie schon des öfteren betont wurde, ist man bei der praktischen Berechnung von GREENschen Funktionen in nichttrivialen Fällen gezwungen, Näherungsverfahren zu verwenden. Es ist daher von großer Wichtigkeit, über einige Aus-

[3.2] Die Richtigkeit von (3.4.7) folgt nicht trivial aus (3.4.6). Die genauere funktionentheoretische Begründung beruht auf einem Theorem von TITCHMARSH (siehe E. C. TITCHMARSH, „The Theory of Fourier Integrals", University Press, Oxford 1960).

sagen zu verfügen, die exakt gültig sind und somit zur Beurteilung der Qualität der Näherungen herangezogen werden können. Diese im folgenden abzuleitenden Beziehungen — hier pauschal Summenregeln genannt — lassen sich in vielen Fällen auch physikalisch interpretieren und stellen vor allem für die Theorie der verallgemeinerten Suszeptibilitäten ein wirksames Hilfsmittel dar.

Zu Beginn beweisen wir fünf grundlegende Symmetrieeigenschaften der GREENschen Funktionen:

1. $$\langle\langle A(t); B(t')\rangle\rangle^r = \eta\langle\langle B(t'); A(t)\rangle\rangle^a . \tag{3.5.1}$$

Aus der Definition (3.1.1) liest man unmittelbar ab

$$\begin{aligned}\langle\langle A(t); B(t')\rangle\rangle^r &= -i\theta(t-t')\,\langle A(t)\,B(t') - \eta B(t')\,A(t)\rangle\\ &= i\eta\theta(t-t')\,\langle B(t')\,A(t) - \eta A(t)\,B(t')\rangle\\ &= \eta\langle\langle B(t'); A(t)\rangle\rangle^a .\end{aligned} \tag{3.5.2}$$

2. $$\langle\langle B; A\rangle\rangle^a_\omega = \eta\langle\langle A; B\rangle\rangle^r_{-\omega} . \tag{3.5.3}$$

Wir bilden die FOURIER-Transformation von (3.5.1)

$$\begin{aligned}\int\langle\langle B; A\rangle\rangle^a_\omega\, e^{-i\omega(t'-t)}d\omega &= \int\eta\langle\langle A; B\rangle\rangle^r_\omega\, e^{-i\omega(t-t')}d\omega\\ &= \int\eta\langle\langle A; B\rangle\rangle^r_{-\omega}\, e^{-i\omega(t'-t)}d\omega .\end{aligned} \tag{3.5.4}$$

Die Behauptung (3.5.3) ergibt sich hieraus durch Vergleich des ersten mit dem letzten Ausdruck.

Für komplexe ω ergibt sich aus den analytischen Eigenschaften der retardierten und der avancierten GREENschen Funktion

$$\langle\langle B; A\rangle\rangle_\omega = \eta\langle\langle A; B\rangle\rangle_{-\omega} . \tag{3.5.5}$$

3. Für retardierte und avancierte GREENsche Funktionen gilt:

$$\langle\langle A(t); B(t')\rangle\rangle^* = \eta\langle\langle A^+(t); B^+(t')\rangle\rangle . \tag{3.5.6}$$

Diese Beziehung ist leicht einzusehen, wenn wir die Definitionen (3.1.1) mit Hilfe der Eigenwertgleichung $\mathcal{H}\Phi_l = E_l\Phi_l$ ausführlich ausschreiben:

$$\begin{aligned}\langle\langle A(t); B(t')\rangle\rangle^* &= \pm\, i\theta(\pm t \mp t')\sum_l (\Phi_l, [A(t), B(t')]_\eta\, \Phi_l)^*\, e^{-\beta E_l}\\ &= \pm\, i\theta(\pm t \mp t')\sum_l ([A(t), B(t')]_\eta\, \Phi_l, \Phi_l)\, e^{-\beta E_l}\\ &= \mp\, i\eta\theta(\pm t \mp t')\sum_l (\Phi_l, [A^+(t), B^+(t')]_\eta\, \Phi_l)\, e^{-\beta E_l}\\ &= \eta\,\langle\langle A^+(t); B^+(t')\rangle\rangle .\end{aligned} \tag{3.5.7}$$

4. Für selbstadjungierte Operatoren $A = A^+$ und $B = B^+$ und $\eta = +1$ folgt aus (3.5.6), daß die retardierte und die avancierte GREENsche Funktion in der

Zeitdarstellung reell sind:

$$\langle\!\langle A(t); B(t')\rangle\!\rangle^* = \langle\!\langle A(t); B(t')\rangle\!\rangle . \tag{3.5.8}$$

5. Wir setzen voraus, daß die Bewegungsgleichungen für die Operatoren $A(t)$ und $B(t')$ gegenüber der Transformation

$$t \to -t, \quad t' \to -t', \quad i \to -i \tag{3.5.9}$$

invariant sind. Die Operatoren $A(t)$ und $B(t')$ gehen dann in $e_A A(t)$ und $e_B B(t')$ über, wobei $e_A, e_B = \pm 1$ ist, und für die Spektralfunktion $J_{BA}(\omega)$ ergibt sich die Beziehung

$$J_{BA}(\omega) = e_A e_B J^*_{BA}(\omega) . \tag{3.5.10}$$

Insbesondere ist

$$J_{BA}(\omega) = J^*_{BA}(\omega) \quad \text{für} \quad e_A e_B = 1 . \tag{3.5.11}$$

Hiermit haben wir also ein Kriterium für die Reellität der Spektralfunktion gewonnen: $J_{BA}(\omega)$ ist reell, wenn die Operatoren $A(t)$ und $B(t')$ dieselbe Parität besitzen. Außerdem folgt aus (3.5.11)

$$\langle\!\langle A(t); B(t')\rangle\!\rangle^{r,a,k} = \langle\!\langle B^+(t); A^+(t')\rangle\!\rangle^{r,a,k} \tag{3.5.12}$$

und

$$\langle\!\langle A; B\rangle\!\rangle^{r,a,k}_\omega = \langle\!\langle B^+; A^+\rangle\!\rangle^{r,a,k}_\omega . \tag{3.5.13}$$

Zunächst überzeugen wir uns von der Richtigkeit von (3.5.10). Aus der Spektraldarstellung der Korrelationsfunktion

$$\langle B(t')\, A(t)\rangle = \frac{1}{2\pi} \int_{-\infty}^{\infty} J_{BA}(\omega)\, \mathrm{e}^{-i\omega(t-t')}\, \mathrm{d}\omega \tag{3.5.14}$$

erhalten wir nach Ausführung der Transformation (3.5.9)

$$e_A e_B \langle B(t')\, A(t)\rangle = \frac{1}{2\pi} \int_{-\infty}^{\infty} J^*_{BA}(\omega)\, \mathrm{e}^{-i\omega(t-t')}\, \mathrm{d}\omega \tag{3.5.15}$$

und durch Vergleich mit (3.5.14) die Behauptung (3.5.10).

Um (3.5.12) einzusehen, betrachten wir den konjugiert komplexen Wert der Korrelationsfunktion $\langle B(t')\, A(t)\rangle$:

$$\langle B(t')\, A(t)\rangle^* = \langle A^+(t)\, B^+(t')\rangle = \frac{1}{2\pi} \int_{-\infty}^{\infty} J^*_{BA}(\omega)\, \mathrm{e}^{i\omega(t-t')}\, \mathrm{d}\omega \tag{3.5.16}$$

oder, falls $J^*_{BA}(\omega) = J_{BA}(\omega)$ ist,

$$\langle A^+(t)\, B^+(t')\rangle = \frac{1}{2\pi} \int_{-\infty}^{\infty} J_{BA}(\omega)\, e^{i\omega(t-t')} d\omega \,. \tag{3.5.17}$$

Vertauschen wir t und t', so ist

$$\langle A^+(t')\, B^+(t)\rangle = \frac{1}{2\pi} \int_{-\infty}^{\infty} J_{BA}(\omega)\, e^{-i\omega(t-t')} d\omega = \langle B(t')\, A(t)\rangle \tag{3.5.18}$$

und analog

$$\langle B^+(t)\, A^+(t')\rangle = \langle A(t)\, B(t')\rangle \,. \tag{3.5.19}$$

Wenn die Bezeichnungen (3.5.18) und (3.5.19) in die Definitionen der GREENschen Funktionen (3.1.1) eingesetzt werden, ergibt sich der behauptete Zusammenhang (3.5.12) und damit auch (3.5.13).

Es sei darauf hingewiesen, daß beim Vorhandensein eines Magnetfeldes in die Transformation (3.5.9) die Umkehrung der Richtung dieses Magnetfeldes einbezogen werden muß:

$$t \to -t, \quad t' \to -t', \quad i \to -i, \quad \boldsymbol{H} \to -\boldsymbol{H} \,. \tag{3.5.20}$$

Die Relation (3.5.10) ist nun zu ersetzen durch

$$J_{BA,\boldsymbol{H}}(\omega) = J^*_{BA,-\boldsymbol{H}}(\omega)\, e_A e_B \,, \tag{3.5.21}$$

und (3.5.12) geht über in

$$\langle\!\langle A(t);\, B(t')\rangle\!\rangle^{r,a,k}_{\boldsymbol{H}} = \langle\!\langle B^+(t);\, A^+(t')\rangle\!\rangle^{r,a,k}_{-\boldsymbol{H}} \tag{3.5.22}$$

bzw. (3.5.13) in

$$\langle\!\langle A;\, B\rangle\!\rangle^{r,a,k}_{\omega,\boldsymbol{H}} = \langle\!\langle B^+;\, A^+\rangle\!\rangle^{r,a,k}_{\omega,-\boldsymbol{H}} \,. \tag{3.5.23}$$

Hier wurde wieder die gleiche Parität für die Operatoren A und B vorausgesetzt.

Im folgenden leiten wir drei Typen von Summenregeln ab, die sich durch Integrationen aus den GREENschen Funktionen ergeben.

1. Typ: Die retardierte GREENsche Funktion erfüllt die Gleichung

$$\int_{-\infty}^{\infty} \langle\!\langle A;\, B\rangle\!\rangle^r_\omega \, d\omega = -i\pi\langle[A, B]_\eta\rangle = 2\pi G^r(t, t) \,. \tag{3.5.24}$$

Wir erhalten nämlich aus der Definition (3.1.18)

$$\langle\!\langle A;\, B\rangle\!\rangle^r_\omega = \int_{-\infty}^{\infty} \langle\!\langle A(t);\, B\rangle\!\rangle\, e^{i\omega t}\, dt \tag{3.5.25}$$

durch Integration über ω,

$$\int_{-\infty}^{\infty} \langle\langle A; B\rangle\rangle_\omega^r \, d\omega = \int_{-\infty}^{\infty} d\omega \int_{-\infty}^{\infty} dt \, \langle\langle A(t); B\rangle\rangle \, e^{i\omega t}$$

$$= -i \int_{-\infty}^{\infty} d\omega \int_{0}^{\infty} dt \langle [A(t), B]_\eta \rangle \, e^{i\omega t}$$

$$= -i \int_{0}^{\infty} 2\pi\delta(t) \langle [A(t), B]_\eta \rangle \, e^{i\omega t} \, dt \,, \tag{3.5.26}$$

und mit

$$\int_{0}^{\infty} f(x)\, \delta(x) \, dx = \frac{1}{2} f(0) \tag{3.5.27}$$

die oben behauptete Formel.

Entsprechende Rechnungen ergeben für die avancierte GREENsche Funktion

$$\int_{-\infty}^{\infty} \langle\langle A; B\rangle\rangle_\omega^a \, d\omega = +i\pi \langle [A, B]_\eta \rangle = 2\pi G^a(t, t) \tag{3.5.28}$$

und für die kausale GREENsche Funktion

$$\int_{-\infty}^{\infty} \langle\langle A; B\rangle\rangle_\omega^k \, d\omega = -i\pi\{\langle AB\rangle + \eta\langle BA\rangle\} = 2\pi G^k(t, t) \,. \tag{3.5.29}$$

2. Typ: Es gilt für die retardierte GREENsche Funktion

$$\int_{-\infty}^{\infty} \{\omega \langle\langle A; B\rangle\rangle_\omega^r - \langle [A, B]_\eta \rangle\} \, d\omega = \pi \left\langle \left[\frac{\partial A(t)}{\partial t}, B \right]_\eta \right\rangle_{t=0} \tag{3.5.30}$$

Zur Bestätigung gehen wir von der Bewegungsgleichung (3.1.23) für die GREENschen Funktionen in der Frequenzdarstellung aus:

$$\omega \langle\langle A; B\rangle\rangle_\omega^j = \langle [A, B]_\eta \rangle + \langle\langle [A, \mathcal{H}]_- ; B\rangle\rangle_\omega^j \,. \tag{3.5.31}$$

Folglich ist

$$\int_{-\infty}^{\infty} \{\omega \langle\langle A; B\rangle\rangle_\omega^r - \langle [A, B]_\eta \rangle\} \, d\omega = \int_{-\infty}^{\infty} d\omega \int_{-\infty}^{\infty} dt \, \langle\langle [A(t), \mathcal{H}]_- ; B\rangle\rangle^r \, e^{i\omega t}$$

$$= -i \int_{0}^{\infty} dt \; 2\pi \cdot \delta(t) \, \langle [[A(t), \mathcal{H}]_-, B]_\eta \rangle$$

$$= -i\pi \langle [[A(t), \mathcal{H}]_-, B]_\eta \rangle_{t=0}$$

$$= \pi \left\langle \left[\frac{\partial A(t)}{\partial t}, B \right]_\eta \right\rangle_{t=0} , \tag{3.5.32}$$

was zu zeigen war.

Ähnlich bestätigt man

$$\int_{-\infty}^{\infty} \{\omega \langle\langle A; B \rangle\rangle_\omega^a - \langle [A, B]_\eta \rangle\} \, d\omega = -\pi \left\langle \left[\frac{\partial A(t)}{\partial t}, B \right]_\eta \right\rangle_{t=0} \tag{3.5.33}$$

und

$$\int_{-\infty}^{\infty} \{\omega \langle\langle A; B \rangle\rangle_\omega^k - \langle [A, B]_\eta \rangle\} \, d\omega = \pi \left\{ \left\langle \frac{\partial A(t)}{\partial t} B \right\rangle + \eta \left\langle B \frac{\partial A(t)}{\partial t} \right\rangle \right\}_{t=0} . \tag{3.5.34}$$

Da die rechten Seiten in den Summenformeln (3.5.30) und (3.5.33) endliche Ausdrücke sind, müssen die Integranden der linken Seiten für $\omega \to \infty$ verschwinden. Aus dieser Eigenschaft ergibt sich das Grenzwertverhalten der retardierten und der avancierten GREENschen Funktion:

$$\lim_{\omega \to \infty} \langle\langle A; B \rangle\rangle_\omega^{r, a} \approx \frac{1}{\omega} \langle [A, B]_\eta \rangle . \tag{3.5.35}$$

Diese Beziehung gestattet es, in einfacher Weise die Hochfrequenzeigenschaften solcher Größen wie der Leitfähigkeit $\sigma(\omega)$, der Suszeptibilität $\chi(\omega)$ o. ä. zu bestimmen. Falls der Kommutator auf der rechten Seite von (3.5.35) verschwindet, konvergieren die GREENschen Funktionen mit einer höheren Potenz von $1/\omega$ für $\omega \to \infty$ gegen Null.

Wir können leicht noch eine verallgemeinerte Form der Summenregeln (3.5.30) oder (3.5.33) ableiten, wenn wir die in (3.5.31) auftretende höhere GREENsche Funktion $\langle\langle [A, \mathscr{H}]_-; B \rangle\rangle_\omega$ wieder mit Hilfe der Bewegungsgleichung ausdrükken und in (3.5.31) einsetzen. Wiederholen wir diese Prozedur n-mal, dann ergibt sich nach Auflösung und Integration

$$\int_{-\infty}^{\infty} \left\{ \langle\langle A; B \rangle\rangle_\omega^r - \frac{1}{\omega} \left\{ \langle [A, B]_\eta \rangle + \sum_{k=1}^{n} \left\langle \left[\frac{\partial^k A(t)}{\partial t^k}, B \right]_\eta \right\rangle_{t=0} \left(\frac{i}{\omega} \right)^k \right\} \right\} \omega^{n+1} \, d\omega$$

$$= i^n \pi \left\langle \left[\frac{\partial^{n+1} A(t)}{\partial t^{n+1}}, B \right]_\eta \right\rangle_{t=0} . \tag{3.5.36}$$

Die entsprechende Summenregel für die avancierte GREENsche Funktion unterscheidet sich von (3.5.36) nur im Vorzeichen vor dem Ausdruck auf der rechten Seite.

3. Typ: Wenn die Spektralfunktion $J_{BA}(\omega)$ reell ist, besteht zwischen dem Realteil und dem Imaginärteil der retardierten GREENschen Funktion der Zusammenhang

$$\frac{1}{\pi} \int_{-\infty}^{\infty} \operatorname{Im} \langle\langle A; B \rangle\rangle_\omega^r \, d\omega = - \lim_{\omega \to \infty} \omega \operatorname{Re} \langle\langle A; B \rangle\rangle_\omega^r = - \langle [A, B]_\eta \rangle . \tag{3.5.37}$$

Aus der Spektraldarstellung der retardierten GREENschen Funktion (3.3.7)

$$\langle\langle A; B\rangle\rangle_\omega^r = \lim_{\delta\to 0+} \frac{1}{2\pi} \int_{-\infty}^{\infty} J_{BA}(\bar{\omega}) \{e^{\beta\bar{\omega}} - \eta\} \frac{1}{\omega - \bar{\omega} + i\delta} d\bar{\omega} \tag{3.5.38}$$

erhalten wir wegen der vorausgesetzen Reellität der Spektralfunktion Real- und Imaginärteil der retardierten GREENschen Funktion in der Gestalt

$$\operatorname{Re} \langle\langle A; B\rangle\rangle_\omega^r = \frac{1}{2\pi} \mathrm{P} \int J_{BA}(\bar{\omega}) \{e^{\beta\bar{\omega}} - \eta\} \frac{1}{\omega - \bar{\omega}} d\bar{\omega} \tag{3.5.39}$$

sowie

$$\operatorname{Im} \langle\langle A; B\rangle\rangle_\omega^r = -\frac{1}{2} J_{BA}(\omega) \{e^{\beta\omega} - \eta\}. \tag{3.5.40}$$

Damit können wir weiter schreiben

$$\lim_{\omega\to\infty} \omega \operatorname{Re} \langle\langle A; B\rangle\rangle_\omega^r = \frac{1}{2\pi} \int_{-\infty}^{\infty} J_{BA}(\bar{\omega}) \{e^{\beta\bar{\omega}} - \eta\} d\bar{\omega} = \langle [A, B]_\eta \rangle, \tag{3.5.41}$$

wobei wir noch (3.2.8) und (3.2.9) benutzt haben. Das Integral über den Imaginärteil liefert

$$\int_{-\infty}^{\infty} \operatorname{Im} \langle\langle A; B\rangle\rangle_\omega^r d\omega = -\frac{1}{2} \int_{-\infty}^{\infty} J_{BA}(\omega) \{e^{\beta\omega} - \eta\} d\omega = -\pi \langle [A, B]_\eta \rangle. \tag{3.5.42}$$

Die Gleichungen (3.5.41) und (3.5.42) ergeben zusammen die Relation (3.5.37). Eine analoge Rechnung für die avancierte GREENsche Funktion führt auf das Resultat

$$\frac{1}{\pi} \int_{-\infty}^{\infty} \operatorname{Im} \langle\langle A; B\rangle\rangle_\omega^a d\omega = \lim_{\omega\to\infty} \omega \operatorname{Re} \langle\langle A; B\rangle\rangle_\omega^a. \tag{3.5.43}$$

Nun geben wir einige exakt gültige Beziehungen an, die den Summenregeln des ersten und zweiten Typs nahe verwandt sind, gegenüber diesen aber den Vorzug größerer Einfachheit besitzen. Zunächst erklären wir die Funktion

$$A_{AB}(\omega) = \lim_{\delta\to 0+} \frac{i}{2\pi} \{G(\omega + i\delta) - G(\omega - i\delta)\}. \tag{3.5.44}$$

$A_{AB}(\omega)$ wird Spektraldichte genannt. Definieren wir weiterhin das Moment n-ter Ordnung $M^{(n)}$ von $A_{AB}(\omega)$ vermöge

$$M^{(n)} = \int_{-\infty}^{\infty} A_{AB}(\omega)\, \omega^n d\omega, \tag{3.5.45}$$

dann gilt

$$M^{(0)} = \langle [A, B]_\eta \rangle \, , \tag{3.5.46}$$

$$M^{(1)} = \langle [[A, \mathscr{H}]_-, B]_\eta \rangle \tag{3.5.47}$$

und

$$M^{(n)} = \langle [[\ldots [[A, \mathscr{H}]_-, \mathscr{H}]_-, \ldots , \mathscr{H}]_-, B]_\eta \rangle \, . \tag{3.5.48}$$

Die Richtigkeit dieser Formeln folgt unmittelbar aus den Summenregeln (3.5.24), (3.5.28), (3.5.30), (3.5.33) und (3.5.36). So bestätigt man z. B. Formel (3.5.47), indem man die Differenz von (3.5.30) und (3.5.33) bildet und mit $i/2\pi$ multipliziert.

Es sei erwähnt, daß die Momente der Spektraldichte die Grundlage für ein verbreitetes Näherungsverfahren bilden, das unter der Bezeichnung „Momentenmethode“ bekannt ist (siehe Abschnitt 8.4.).

Abschließend weisen wir noch auf das Verhalten der GREENschen Funktionen in der Grenze $\omega \to 0$ hin. Es gilt

$$\lim_{\omega \to 0} \omega G(\omega) = \begin{cases} 0 \\ C/\pi \end{cases} \quad \text{für} \quad \eta = \pm 1 \tag{3.5.49}$$

mit C aus (3.3.29). Der Grenzübergang $\omega \to 0$ ist in der komplexen Ebene durchzuführen. Der Beweis dieses Verhaltens wurde bereits in Abschnitt 3.3. angegeben.

4. Wechselwirkungsfreie Elektronen

4.1. Beschreibung des Modells

In diesem Kapitel sollen die grundlegenden Eigenschaften der GREENschen Funktionen an einem besonders einfachen Beispiel untersucht werden. Es wird sich dabei herausstellen, daß praktisch alle interessierenden Größen im Formalismus der GREENschen Funktionen dargestellt werden können. Allerdings ist im wechselwirkungsfreien Fall noch nicht zu erkennen, warum diese Darstellung besonders vorteilhaft ist, da hier alle Größen auch auf anderem Wege berechenbar sind. Jedoch wird bereits das nächste Kapitel über wechselwirkende Elektronen zeigen, daß dieser Formalismus auch für diesen Fall anwendbar ist und einen Zugang zur Lösung der dort auftretenden, wesentlich schwierigeren Probleme liefert. Daneben dient das vorliegende Kapitel der Einführung bestimmter oft benötigter Begriffe.

Das hier behandelte Modell näherungsweise freier Elektronen (NFE — nearly free electrons) hat übrigens auch eine unmittelbare praktische Bedeutung. Viele Experimente weisen darauf hin, daß in einer wichtigen Gruppe von Metallen, den sogenannten einfachen Metallen wie Al, Mg, Na u. a., die äußeren Elektronen, d. h. die Elektronen in den Valenz- und Leitfähigkeitsbändern, in guter Näherung als wechselwirkungsfrei angesehen werden können. Die Ursache für ein solches Verhalten liegt in der Abschirmung der COULOMB-Kräfte durch die Polarisation der elektrischen Ladungsdichte. Eine tiefergehende Begründung ergibt sich aus dem von LANDAU eingeführten Konzept unabhängiger Quasi-Teilchen (siehe auch Abschnitt 5.2.). Zur Berechnung der Bandstruktur derartiger Metalle sowie zur Interpretation entsprechender Experimente wird praktisch ausnahmslos von dieser Vorstellung ausgegangen. Natürlich beschreibt dieses Modell nur eine besonders stark vereinfachte Situation. Für die Übergangsmetalle wie Fe, Cr, Mn u. a. stellt es bereits eine wesentlich gröbere Näherung dar; Verbesserungen dieses Modells werden in den nächsten Kapiteln besprochen.

Der HAMILTON-Operator des NFE-Modells besitzt im Formalismus der 2. Quantisierung (siehe Kapitel 18.) die Gestalt

$$H = \sum_{\sigma} \int \mathrm{d}\boldsymbol{r}\, \psi_\sigma^+(\boldsymbol{r})\, h(\boldsymbol{r})\, \psi_\sigma(\boldsymbol{r})\,. \tag{4.1.1}$$

$\psi_\sigma^+(\boldsymbol{r})$ ist der Erzeugungsoperator eines Elektrons mit dem Spin σ am Ort $\boldsymbol{r}$, $\psi_\sigma^-(\boldsymbol{r})$ der entsprechende Vernichtungsoperator. Da die Elektronen der FERMI-Statistik genügen, gilt

$$[\psi_\sigma(\boldsymbol{r}), \psi_{\sigma'}^+(\boldsymbol{r}')]_+ = \delta(\boldsymbol{r} - \boldsymbol{r}')\, \delta_{\sigma\sigma'}, \quad [\psi_\sigma(\boldsymbol{r}), \psi_{\sigma'}(\boldsymbol{r}')]_+ = 0\,. \tag{4.1.2}$$

$h(\boldsymbol{r})$ in (4.1.1) ist der Ein-Teilchen-HAMILTON-Operator eines Elektrons in Ortsdarstellung, d. h. (mit $\hbar = 1$)

$$h(\boldsymbol{r}) = -\frac{1}{2m}\Delta + u(\boldsymbol{r}), \tag{4.1.3}$$

wobei Δ den LAPLACE-Operator und $u(\boldsymbol{r})$ das periodische Gitterpotential bedeuten.

Die konkrete Form des Potentials $u(\boldsymbol{r})$ wird bei den Betrachtungen dieses Kapitels nicht benötigt; ebenso ist die tatsächliche Kristallstruktur hier nicht wesentlich. (Auf die Berücksichtigung der Kristallsymmetrie im Formalismus der GREENschen Funktion wird in Kapitel 17. eingegangen.) Für die weiteren Überlegungen ist lediglich von Bedeutung, daß ein vollständiger Satz $\{\varphi_{\boldsymbol{k}}^{\nu}(\boldsymbol{r})\}$ orthonormierter Wellenfunktionen mit den Eigenschaften

$$h(\boldsymbol{r})\,\varphi_{\boldsymbol{k}}^{\nu}(\boldsymbol{r}) = \varphi_{\boldsymbol{k}}^{\nu}(\boldsymbol{r})\,\varepsilon_{\boldsymbol{k}}^{\nu}, \tag{4.1.4}$$

$$\int d\boldsymbol{r}\,\varphi_{\boldsymbol{k}}^{\nu*}(\boldsymbol{r})\,\varphi_{\boldsymbol{k}'}^{\nu'}(\boldsymbol{r}) = \delta_{\boldsymbol{k}\boldsymbol{k}'}\delta_{\nu\nu'}, \qquad \sum_{\boldsymbol{k}\nu}\varphi_{\boldsymbol{k}}^{\nu}(\boldsymbol{r})\,\varphi_{\boldsymbol{k}}^{\nu*}(\boldsymbol{r}') = \delta(\boldsymbol{r}-\boldsymbol{r}') \tag{4.1.5}$$

eingeführt werden kann. Diese Funktionen werden als BLOCH-Funktionen bezeichnet. Für verschwindendes Potential $u(\boldsymbol{r})$ gehen sie in ebene Wellen über. $\boldsymbol{k}$ bezeichnet den Quasi-Impuls, der innerhalb der 1. BRILLOUIN-Zone liegen soll, ν ist der Bandindex.[4.1]

Es ist nun möglich, die Erzeugungs- und Vernichtungsoperatoren $\psi_\sigma^+(\boldsymbol{r})$ bzw. $\psi_\sigma(\boldsymbol{r})$ nach diesem Funktionensystem zu entwickeln:

$$\psi_\sigma^+(\boldsymbol{r}) = \sum_{\boldsymbol{k}\nu}\varphi_{\boldsymbol{k}}^{\nu*}(\boldsymbol{r})\,c_{\boldsymbol{k}\nu\sigma}^+, \qquad \psi_\sigma(\boldsymbol{r}) = \sum_{\boldsymbol{k}\nu}\varphi_{\boldsymbol{k}}^{\nu}(\boldsymbol{r})\,c_{\boldsymbol{k}\nu\sigma}. \tag{4.1.6}$$

Darin sind $c_{\boldsymbol{k}\nu\sigma}^+$ bzw. $c_{\boldsymbol{k}\nu\sigma}$ Erzeugungs- und Vernichtungsoperatoren von Elektronen in entsprechenden BLOCH-Zuständen. Es gelten die Vertauschungsrelationen

$$[c_{\boldsymbol{k}\nu\sigma}, c_{\boldsymbol{k}'\nu'\sigma'}^+]_+ = \delta_{\boldsymbol{k}\boldsymbol{k}'}\delta_{\nu\nu'}\delta_{\sigma\sigma'}, \qquad [c_{\boldsymbol{k}\nu\sigma}, c_{\boldsymbol{k}'\nu'\sigma'}]_+ = 0. \tag{4.1.7}$$

Für den HAMILTON-Operator (4.1.1) folgt dann sofort

$$H = \sum_{\boldsymbol{k}\nu\sigma}\varepsilon_{\boldsymbol{k}}^{\nu}c_{\boldsymbol{k}\nu\sigma}^+c_{\boldsymbol{k}\nu\sigma} \equiv \sum_{\boldsymbol{k}\nu\sigma}\varepsilon_{\boldsymbol{k}}^{\nu}n_{\boldsymbol{k}\nu\sigma}, \tag{4.1.8}$$

wobei $n_{\boldsymbol{k}\nu\sigma}$ der Teilchenzahloperator im Zustand $(\boldsymbol{k}, \nu, \sigma)$ ist. $\varepsilon_{\boldsymbol{k}}^{\nu}$ wird als Bandenergie bezeichnet. Für viele Fälle ist eine Beschränkung auf ein einzelnes Band

[4.1] Eine genauere Untersuchung der Eigenschaften dieser Funktionen ist nicht Gegenstand dieser Abhandlung, vielmehr werden einfache Grundkenntnisse darüber vorausgesetzt. (Siehe z. B. J. M. ZIMAN, „Prinzipien der Festkörpertheorie", Akademie-Verlag, Berlin 1974, oder W. BRAUER, „Elektronentheorie der Metalle", Geest und Portig, Leipzig 1972.) Der $\boldsymbol{k}$-Raum wird als diskret angesehen, d. h., es werden Summationen anstelle von Integrationen benutzt.

möglich, d. h., der Index ν sowie die entsprechenden Summationen können weggelassen werden. Der HAMILTON-Operator nimmt dann die einfachere Gestalt

$$H = \sum_{k\sigma} \varepsilon_k c^+_{k\sigma} c_{k\sigma} \equiv \sum_{k\sigma} \varepsilon_k n_{k\sigma} \tag{4.1.9}$$

an. Diese Form soll in den weiteren Untersuchungen vorwiegend benutzt werden.

Eine Beschreibung auf der Basis der BLOCH-Funktionen ist dann zweckmäßig, wenn das Potential $u(\boldsymbol{r})$ relativ schwach ist (d. h. nur geringe Variationen der Potentialfunktion sowie ihrer Ortsableitung auftreten). Im entgegengesetzten Fall ist es günstiger, die sogenannten WANNIER-Funktionen zu benutzen, die aus den Funktionen $\varphi^\nu_k(\boldsymbol{r})$ durch FOURIER-Transformation hervorgehen:

$$\varphi^\nu_k(\boldsymbol{r}) = \frac{1}{\sqrt{N}} \sum_j e^{+ik\boldsymbol{R}_j} \Phi^\nu_j(\boldsymbol{r}) . \tag{4.1.10}$$

$\Phi^\nu_j(\boldsymbol{r})$ bedeutet dann eine WANNIER-Funktion im Band ν, die ihr Zentrum am Gitterplatz $\boldsymbol{R}_j$ besitzt. Da für diese WANNIER-Funktionen analoge Relationen gelten wie für die BLOCH-Funktionen, folgt

$$H = \sum_{ij\nu\sigma} t^\nu_{ij} c^+_{i\nu\sigma} c_{j\nu\sigma} \tag{4.1.11}$$

mit

$$t^\nu_{ij} = \frac{1}{N} \sum_k \varepsilon^\nu_k e^{ik(\boldsymbol{R}_i - \boldsymbol{R}_j)} \tag{4.1.12}$$

sowie

$$c^+_{j\nu\sigma} = \frac{1}{\sqrt{N}} \sum_k e^{-ik\boldsymbol{R}_j} c^+_{k\nu\sigma} . \tag{4.1.13}$$

t^ν_{ij} wird als hopping-Integral bezeichnet, da es in der Form

$$t^\nu_{ij} = \int d\boldsymbol{r}\, \Phi^{\nu *}_i(\boldsymbol{r})\, h(\boldsymbol{r})\, \Phi^\nu_j(\boldsymbol{r}) \tag{4.1.14}$$

dargestellt werden kann und somit das Matrixelement für den Elektronenübergang vom WANNIER-Platz j zum Platz i ist. Mitunter interpretiert man t^ν_{ij} als Matrixelement des Übergangs zwischen den Gitterplätzen j und i; jedoch werden dabei die Unterschiede zwischen Atomwellenfunktionen und WANNIER-Funktionen vernachlässigt. Im übrigen ist auch hier mitunter die Beschränkung auf ein einzelnes Band möglich:

$$H = \sum_{ij\sigma} t_{ij} c^+_{i\sigma} c_{j\sigma} . \tag{4.1.15}$$

Zum Abschluß sollen noch einige besonders einfache Fälle besprochen werden. Werden nur Elektronenübergänge zwischen nächsten Nachbarn berücksichtigt, dann gilt

$$t_{ij} = \begin{cases} -t , & \text{falls } i \text{ und } j \text{ nächste Nachbarn,} \\ 0 & \text{sonst} \end{cases} \tag{4.1.16}$$

sowie

$$\varepsilon_{\boldsymbol{k}} = -\frac{t}{N}\sum_{\langle ij\rangle} \mathrm{e}^{-i\boldsymbol{k}(\boldsymbol{R}_i-\boldsymbol{R}_j)} = -t\sum_{i}^{(z)} \mathrm{e}^{-i\boldsymbol{k}\boldsymbol{R}_i}. \tag{4.1.17}$$

Die Bezeichnung $\langle ij\rangle$ bedeutet, daß nur Beiträge berücksichtigt werden, bei denen i und j nächste Nachbarn sind; durch die Kennzeichnung (z) wird die Summation auf die z nächsten Nachbarn des Gitterplatzes $\boldsymbol{R}_0 = 0$ beschränkt. Speziell für ein kubisch-primitives Gitter (Gitterkonstante a) entsteht

$$\varepsilon_k = -2t(\cos k_x a + \cos k_y a + \cos k_z a)\,. \tag{4.1.18}$$

Bänder der Gestalt (4.1.17) werden als „tight-binding"-Bänder bezeichnet. Im Grenzfall kleiner Quasi-Impulse $|\boldsymbol{k}| \to 0$ folgt

$$\varepsilon_{\boldsymbol{k}} \approx -6t + ta^2k^2 \equiv -6t + \frac{k^2}{2m^*} \tag{4.1.19}$$

mit

$$m^* = \frac{1}{2ta^2}\,. \tag{4.1.20}$$

In (4.1.19) besitzt $\varepsilon_{\boldsymbol{k}}$ die gleiche Abhängigkeit von $\boldsymbol{k}$ wie bei völlig freien Elektronen, deren kinetische Energie durch

$$\varepsilon_{\boldsymbol{k}} = \frac{k^2}{2m} \tag{4.1.21}$$

gegeben ist. In Analogie hierzu wird m^* als effektive Masse bezeichnet. Die Beziehung (4.1.20) für m^* gilt für alle kubischen Gitter.

4.2. Greensche Ein-Teilchen-Funktionen

Auf das Modell des vorigen Abschnitts wird nun der Formalismus der Greenschen Funktionen angewendet. Wir betrachten die Funktion

$$G_{AB}(\omega) = \langle\langle A; B\rangle\rangle_\omega \tag{4.2.1}$$

im komplexen ω-Raum, die nach Abschnitt 3.3. für $\operatorname{Im}\omega > 0$ mit der retardierten Greenschen Funktion, für $\operatorname{Im}\omega < 0$ dagegen mit der avancierten zusammenfällt. Für die Operatoren A und B wählen wir

$$A = c_{\boldsymbol{k}\sigma}\,, \quad B = c_{\boldsymbol{k}\sigma}^+\,, \tag{4.2.2}$$

so daß

$$G_{\boldsymbol{k}\sigma}(\omega) \equiv \langle\langle c_{\boldsymbol{k}\sigma}; c_{\boldsymbol{k}\sigma}^+\rangle\rangle_\omega \tag{4.2.3}$$

entsteht. Diese Funktion wird als Greensche Ein-Teilchen-Funktion bezeichnet, da sie die Eigenschaften eines durch $c^+_{k\sigma}$ erzeugten zusätzlichen Elektrons in einem Viel-Teilchen-System beschreibt. Eine solche Fragestellung ist natürlich auch für Systeme mit Wechsclwirkung sinnvoll; die Betrachtung der Ein-Teilchen-Funktion hat daher prinzipiell nichts mit einer Beschränkung auf Modelle unabhängiger Teilchen (sogenannte Ein-Teilchen-Modelle) zu tun. Im Gegenteil wird in Kapitel 5. gezeigt werden, daß (4.2.3) eine Vielzahl physikalischer Größen exakt beschreibt, unabhängig von der Art der Wechselwirkung im System. Gerade diese Unabhängigkeit von der Wahl konkreter Modelle stellt einen wesentlichen Vorteil des hier behandelten Formalismus dar.

Die Bewegungsgleichung für die Funktion (4.2.3) lautet nach (3.1.23) mit $\eta = -1$ und H aus (4.1.9)

$$\begin{aligned}\omega\langle\langle c_{k\sigma}; c^+_{k\sigma}\rangle\rangle_\omega &= \langle[c_{k\sigma}, c^+_{k\sigma}]_+\rangle + \langle\langle[c_{k\sigma}, \mathscr{H}]_-; c^+_{k\sigma}\rangle\rangle_\omega \\ &= 1 + (\varepsilon_k - \mu)\,\langle\langle c_{k\sigma}; c^+_{k\sigma}\rangle\rangle_\omega .\end{aligned} \tag{4.2.4}$$

Hierin ist $\mathscr{H} = H - \mu\check{N}$, wobei μ das chemische Potential und $\check{N}$ den Teilchenzahloperator bedeuten. Für dieses einfache Modell kann die Lösung von (4.2.4) sofort angegeben werden. Sie besitzt die Form

$$G_{k\sigma}(\omega) = \frac{1}{\omega - \varepsilon_k + \mu} . \tag{4.2.5}$$

Die einfache Gestalt dieser Lösung ermöglicht die Überprüfung des in Kapitel 3. abgeleiteten analytischen Verhaltens durch Einsetzen von (4.2.5) in die entsprechenden Ausdrücke. Weiterhin kann explizit die Behauptung von Abschnitt 3.1. überprüft werden, daß die Wahl von η keine eigentliche physikalische Bedeutung besitzt, sondern lediglich zur Vereinfachung der Formeln führt. Wird nämlich hier $\eta = +1$ gewählt, dann ändert sich lediglich der erste Term der rechten Seite von (4.2.4), die „Inhomogenität", und es ergibt sich

$$\langle[c_{k\sigma}, c^+_{k\sigma}]_-\rangle = 1 - 2\langle n_{k\sigma}\rangle , \tag{4.2.6}$$

was zu einem entsprechenden Zähler in (4.2.5) anstelle von 1 führt. Der Nenner, der die wesentlichen Eigenschaften enthält, bleibt dagegen unverändert. Bei der Wahl $\eta = +1$ ist besonders nachteilig, daß $\langle n_{k\sigma}\rangle$ auftritt, was zunächst noch nicht bekannt ist, sondern erst, wie im nächsten Abschnitt gezeigt werden wird, aus $G_{k\sigma}(\omega)$ zu berechnen ist, so daß ein wesentlich komplizierteres Gleichungssystem entsteht. Diese Schwierigkeit kann jedoch gerade mit der angepaßten Wahl $\eta = -1$ in vielen Fällen vermieden werden, so daß diese Wahl in den weiteren Untersuchungen für Fermionen-Systeme vorrangig verwendet wird.

Die WANNIER-Darstellung

$$G_{ij\sigma}(\omega) \equiv \langle\langle c_{i\sigma}; c^+_{j\sigma}\rangle\rangle_\omega \tag{4.2.7}$$

folgt aus (4.2.5) durch FOURIER-Transformation:

$$G_{ij\sigma}(\omega) = \frac{1}{N}\sum_{\boldsymbol{k}} \frac{\mathrm{e}^{i\boldsymbol{k}(\boldsymbol{R}_i - \boldsymbol{R}_j)}}{\omega - \varepsilon_{\boldsymbol{k}} + \mu}. \tag{4.2.8}$$

Hierbei wurde berücksichtigt, daß

$$\langle\langle c_{\boldsymbol{k}\sigma};\ c^+_{\boldsymbol{k}'\sigma'}\rangle\rangle_\omega \sim \delta_{\boldsymbol{k}\boldsymbol{k}'}\delta_{\sigma\sigma'} \tag{4.2.9}$$

gilt, da der inhomogene Term in der Bewegungsgleichung infolge der Vertauschungsrelationen (4.1.7) entsprechende Eigenschaften besitzt. (4.2.9) stellt eine spezielle Formulierung der Erhaltungssätze für Impuls und Spin dar.

Durch FOURIER-Transformation kann zur Zeitdarstellung übergegangen werden. Wegen

$$G^r_{ij\sigma}(t, t') = \int \frac{\mathrm{d}\omega}{2\pi}\, \mathrm{e}^{-i\omega(t-t')}\, G_{ij\sigma}(\omega + i\delta) \tag{4.2.10}$$

folgt für die retardierte Funktion

$$\begin{aligned} G^r_{ij\sigma}(t, t') &= \lim_{\delta\to 0^+} \int \frac{\mathrm{d}\omega}{2\pi}\, \mathrm{e}^{-i\omega(t-t')}\, \frac{1}{N}\sum_{\boldsymbol{k}} \frac{\mathrm{e}^{i\boldsymbol{k}(\boldsymbol{R}_i - \boldsymbol{R}_j)}}{\omega - \varepsilon_{\boldsymbol{k}} + \mu + i\delta} \\ &= -\, i\theta(t - t')\, \frac{1}{N}\sum_{\boldsymbol{k}} \mathrm{e}^{i\boldsymbol{k}(\boldsymbol{R}_i - \boldsymbol{R}_j)}\, \mathrm{e}^{-i(\varepsilon_{\boldsymbol{k}} - \mu)(t-t')}, \end{aligned} \tag{4.2.11}$$

wobei die Darstellung der θ-Funktion von Abschnitt 3.3. benutzt wurde. Schließlich soll auch die Ortsdarstellung angegeben werden, die durch

$$G_\sigma(\boldsymbol{r}, \boldsymbol{r}'; \omega) \equiv \langle\langle \psi_\sigma(\boldsymbol{r});\ \psi^+_\sigma(\boldsymbol{r}')\rangle\rangle_\omega \tag{4.2.12}$$

definiert ist. Wegen (4.1.6) und (4.2.9) ergibt sich

$$G_\sigma(\boldsymbol{r}, \boldsymbol{r}'; \omega) = \sum_{\boldsymbol{k}} \varphi_{\boldsymbol{k}}(\boldsymbol{r})\, \varphi^*_{\boldsymbol{k}}(\boldsymbol{r}')\, G_{\boldsymbol{k}\sigma}(\omega) = \sum_{\boldsymbol{k}} \frac{\varphi_{\boldsymbol{k}}(\boldsymbol{r})\, \varphi^*_{\boldsymbol{k}}(\boldsymbol{r}')}{\omega - \varepsilon_{\boldsymbol{k}} + \mu} \tag{4.2.13}$$

bzw.

$$G^r_\sigma(\boldsymbol{r}, \boldsymbol{r}'; t, t') = -i\theta(t - t')\sum_{\boldsymbol{k}} \varphi_{\boldsymbol{k}}(\boldsymbol{r})\, \varphi^*_{\boldsymbol{k}}(\boldsymbol{r}')\, \mathrm{e}^{-i(\varepsilon_{\boldsymbol{k}} - \mu)(t-t')}. \tag{4.2.14}$$

Die letzte Darstellung läßt übrigens die Herkunft der Bezeichnung GREENsche Funktionen erkennen (siehe auch Abschnitt 17.1.). Infolge (4.1.4) sowie wegen der speziellen Eigenschaften der θ-Funktion folgt, wie man durch Einsetzen der Lösung (4.2.14) sofort beweist,

$$\left[i\frac{\partial}{\partial t} - h(\boldsymbol{r}) + \mu\right] G^r_\sigma(\boldsymbol{r}, \boldsymbol{r}'; t, t') = \delta(t - t')\, \delta(\boldsymbol{r} - \boldsymbol{r}'), \tag{4.2.15}$$

wobei die Vollständigkeitsrelation (4.1.5) benutzt wurde. Zusätzlich existiert für die retardierte Funktion die Randbedingung

$$G^r_\sigma(\boldsymbol{r}, \boldsymbol{r}'; t, t') = 0 \quad \text{für} \quad t < t' . \tag{4.2.16}$$

Außerdem gilt wegen der Vollständigkeitsrelation (4.1.5)

$$\lim_{\delta \to 0^+} G^r_\sigma(\boldsymbol{r}, \boldsymbol{r}'; t_0 + \delta, t_0) = -i\delta(\boldsymbol{r} - \boldsymbol{r}') . \tag{4.2.17}$$

Infolge dieser Eigenschaften kann $G^r_\sigma(\boldsymbol{r}, \boldsymbol{r}'; t, t')$ zur Konstruktion spezieller Lösungen der SCHRÖDINGER-Gleichung

$$i \frac{\partial}{\partial t} \psi(\boldsymbol{r}, t) = (h(\boldsymbol{r}) - \mu)\, \psi(\boldsymbol{r}, t) \tag{4.2.18}$$

herangezogen werden. Wie man sich durch Einsetzen leicht überzeugt, ist

$$\psi(\boldsymbol{r}, t) = i \int \mathrm{d}\boldsymbol{r}'\, G^r_\sigma(\boldsymbol{r}, \boldsymbol{r}'; t, t_0)\, \chi(\boldsymbol{r}') \tag{4.2.19}$$

für $t > t_0$ eine Lösung von (4.2.18) mit der speziellen Anfangsbedingung

$$\psi(\boldsymbol{r}, t_0) = \chi(\boldsymbol{r}) . \tag{4.2.20}$$

Derartige Integralkerne wie in (4.2.19) werden in der Theorie der Differentialgleichungen als GREENsche Funktionen bezeichnet. Jedoch ist ihre Anwendung in diesem Zusammenhang auf lineare Differentialgleichungen beschränkt, während in der Physik bei wechselwirkenden Systemen auch nichtlineare Gleichungen auftreten. In dieser Hinsicht stellen die GREENschen Funktionen der Physik sinnvolle Erweiterungen entsprechender mathematischer Formalismen dar. Die analogen Eigenschaften der kausalen GREENschen Funktion werden in Abschnitt 14.1. untersucht werden.

4.3. Physikalische Aussagen der Ein-Teilchen-Funktion

Aus der Kenntnis der Lösung (4.2.5) für die GREENsche Ein-Teilchen-Funktion folgt nun eine Reihe von Aussagen über die Eigenschaften des Modells (4.1.9). Für die Besetzungsfunktion $\langle n_{\boldsymbol{k}\sigma} \rangle$ kann

$$\langle n_{\boldsymbol{k}\sigma} \rangle = \langle c^+_{\boldsymbol{k}\sigma} c_{\boldsymbol{k}\sigma} \rangle = \langle c^+_{\boldsymbol{k}\sigma} c_{\boldsymbol{k}\sigma}(0) \rangle \tag{4.3.1}$$

geschrieben werden, wodurch die Beziehung (3.3.36) mit $t = 0$ und $\eta = -1$ anwendbar ist. Es folgt

$$\begin{aligned}
\langle n_{\boldsymbol{k}\sigma} \rangle &= -\frac{1}{2\pi i} \lim_{\delta \to 0^+} \int \mathrm{d}\omega \frac{1}{e^{\beta\omega} - \eta} [G_{\boldsymbol{k}\sigma}(\omega + i\delta) - G_{\boldsymbol{k}\sigma}(\omega - i\delta)] \\
&= -\frac{1}{2\pi i} \lim_{\delta \to 0^+} \int \frac{\mathrm{d}\omega}{e^{\beta\omega} + 1} \left[\frac{1}{\omega - \varepsilon_{\boldsymbol{k}} + \mu + i\delta} - \frac{1}{\omega - \varepsilon_{\boldsymbol{k}} + \mu - i\delta} \right] \\
&= -\frac{1}{2\pi i} \int \frac{\mathrm{d}\omega}{e^{\beta\omega} + 1} (-2\pi i)\, \delta(\omega - \varepsilon_{\boldsymbol{k}} + \mu)
\end{aligned} \tag{4.3.2}$$

und somit sehr leicht das bekannte Resultat der Quantenstatistik

$$\langle n_{k\sigma}\rangle = \frac{1}{e^{\beta(\varepsilon_k-\mu)}+1}. \tag{4.3.3}$$

Auch hier würde übrigens eine andere Wahl von η zum gleichen Ergebnis führen. Infolge (4.2.6) entstünde für $\eta = +1$ die Beziehung

$$\langle n_{k\sigma}\rangle = \frac{1-2\langle n_{k\sigma}\rangle}{e^{\beta(\varepsilon_k-\mu)}-1}, \tag{4.3.4}$$

die nach Auflösung nach $\langle n_{k\sigma}\rangle$ mit (4.3.3) übereinstimmt, wobei $c_{k\sigma}$ aus (3.3.29) verschwindet. Die „angepaßte" Wahl von η bedeutet daher eine Vereinfachung der Rechnung, wie bereits im vorigen Abschnitt diskutiert wurde.

Als nächstes wird die Zustandsdichte betrachtet. In einem Intervall $d\omega$ existieren

$$dN = \sum_{\nu} \delta(\omega - E_\nu)\, d\omega \equiv N D(\omega)\, d\omega \tag{4.3.5}$$

Zustände, wenn ν den Eigenzustand von H mit dem Energie-Eigenwert E_ν charakterisiert. Im Modell (4.1.9) sind diese Eigenwerte durch ε_k gegeben. Somit folgt für das hier betrachtete Ein-Band-Modell

$$D(\omega) = \frac{1}{N}\sum_{k\sigma} \delta(\omega - \varepsilon_k) = \frac{2}{N}\sum_{k} \delta(\omega - \varepsilon_k), \quad \int d\omega\, D(\omega) = 2. \tag{4.3.6}$$

Die Zustandsdichte ist zweckmäßigerweise auf 2 normiert, da jeder Zustand im k-Raum mit zwei Elektronen verschiedener Spinrichtung besetzt werden kann. Ausgehend von der Zustandsdichte können auf bequeme Weise alle solche Eigenschaften ausgedrückt werden, die lediglich von der Bandstruktur abhängen. Für eine beliebige Funktion $f(\varepsilon_k)$ gilt

$$\frac{2}{N}\sum_{k} f(\varepsilon_k) = \int d\omega\, D(\omega)\, f(\omega). \tag{4.3.7}$$

Infolge (4.2.5) kann nun $D(\omega)$ (siehe auch (3.3.38)) durch

$$D(\omega) = -\frac{1}{2\pi i N}\sum_{k\sigma} \lim_{\delta\to 0^+} \left[G_{k\sigma}(\omega-\mu+i\delta) - G_{k\sigma}(\omega-\mu-i\delta)\right] \tag{4.3.8}$$

bzw. mit (4.2.8) durch

$$D(\omega) = -\frac{1}{2\pi i N}\sum_{i\sigma} \lim_{\delta\to 0^+} \left[G_{ii\sigma}(\omega-\mu+i\delta) - G_{ii\sigma}(\omega-\mu-i\delta)\right] \tag{4.3.9}$$

dargestellt werden. Diese beiden Ausdrücke lassen sich zu der darstellungsunabhängigen Beziehung

$$D(\omega) = -\frac{1}{2\pi i N} \lim_{\delta\to 0^+} \mathrm{Sp}\left[G(\omega-\mu+i\delta) - G(\omega-\mu-i\delta)\right] \tag{4.3.10}$$

zusammenfassen. Vielfach wird auch die Schreibweise

$$D(\omega) = -\frac{1}{\pi N} \lim_{\delta \to 0^+} \operatorname{Im} \operatorname{Sp} G(\omega - \mu + i\delta) \tag{4.3.11}$$

verwendet. Nach Abschnitt 3.5. ist dies jedoch nur richtig, falls die Spektralfunktion reell ist, ansonsten ist (4.3.11) im Sinne von (4.3.10) aufzufassen, d. h., die Bildung des Imaginärteils bezieht sich nur auf die Abhängigkeit von komplexen ω-Werten. Die notwendige Grenzwertbildung $\delta \to 0^+$ wird ebenfalls nicht immer explizit angegeben.

Auch die innere Energie E des Systems folgt sofort aus $G_{k\sigma}(\omega)$. Wegen

$$E = \langle H \rangle = \sum_{k\sigma} \varepsilon_k \langle n_{k\sigma} \rangle = \sum_{k\sigma} \frac{\varepsilon_k}{e^{\beta(\varepsilon_k - \mu)} + 1} \tag{4.3.12}$$

kann zunächst

$$E = -\frac{1}{2\pi i} \sum_{k\sigma} \varepsilon_k \int \frac{d\omega}{e^{\beta\omega} + 1} \lim_{\delta \to 0^+} [G_{k\sigma}(\omega + i\delta) - G_{k\sigma}(\omega - i\delta)] \tag{4.3.13}$$

geschrieben werden. Infolge der speziellen Form (4.2.5) kann dies leicht in

$$E = -\frac{1}{4\pi i} \sum_{k\sigma} \int \frac{d\omega}{e^{\beta\omega} + 1} (\varepsilon_k + \omega + \mu) \lim_{\delta \to 0^+} [G_{k\sigma}(\omega + i\delta) - G_{k\sigma}(\omega - i\delta)] \tag{4.3.14}$$

umgeformt werden. In dieser Gestalt ist diese Beziehung auch für Systeme mit Wechselwirkung gültig, wie in Kapitel 5. gezeigt werden wird.

In den Beziehungen (4.3.2), (4.3.8) und (4.3.14) für $\langle n_{k\sigma} \rangle$, $D(\omega)$ und E benötigen wir nicht die gesamte GREENsche Funktion $G_{k\sigma}(\omega)$, sondern jeweils nur eine bestimmte Kombination in Verbindung mit einem Grenzübergang. Es ist daher sinnvoll, analog zu (3.5.44) die Größe

$$A_{k\sigma}(\omega) = -\frac{1}{2\pi i} \lim_{\delta \to 0^+} [G_{k\sigma}(\omega + i\delta) - G_{k\sigma}(\omega - i\delta)] \tag{4.3.15}$$

einzuführen, die als Spektraldichte bezeichnet wird. Hierin ist der tatsächlich benötigte Informationsgehalt der Ein-Teilchen-Funktion $G_{k\sigma}(\omega)$ vollständig enthalten. Im übrigen zeigen die KRAMERS-KRONIG-Relationen (3.4.2), daß auch die anderen Eigenschaften von $G_{k\sigma}(\omega)$ über $A_{k\sigma}(\omega)$ gewonnen werden können.

Unter Verwendung von (4.3.15) folgt nun für die physikalisch interessierenden Größen

$$\langle n_{k\sigma} \rangle = \int \frac{d\omega}{e^{\beta\omega} + 1} A_{k\sigma}(\omega), \tag{4.3.16}$$

$$D(\omega) = \frac{1}{N} \sum_{k\sigma} A_{k\sigma}(\omega - \mu) \tag{4.3.17}$$

und

$$E = \frac{1}{2} \sum_{k\sigma} \int \frac{d\omega}{e^{\beta\omega} + 1} (\varepsilon_k + \omega + \mu) A_{k\sigma}(\omega). \tag{4.3.18}$$

Auch die Spektralfunktion (3.3.28) kann leicht durch $A_{k\sigma}(\omega)$ ausgedrückt werden:

$$J_{k\sigma}(\omega) = \frac{2\pi}{e^{\beta\omega} + 1} A_{k\sigma}(\omega). \tag{4.3.19}$$

Die Momente der Spektraldichte lauten nach (3.5.45)

$$M_{k\sigma}^{(n)} = \int d\omega\, \omega^n A_{k\sigma}(\omega). \tag{4.3.20}$$

Wie in Abschnitt 3.5. gezeigt wurde, ergeben sich dafür mit (4.2.2) die Beziehungen

$$M_{k\sigma}^{(n)} = \langle [[\ldots[c_{k\sigma}, \mathscr{H}]_- \ldots, \mathscr{H}]_-, c_{k\sigma}^+]_{\eta} \rangle. \tag{4.3.21}$$

Für den speziellen Modell-Operator (4.1.9) folgt

$$A_{k\sigma}(\omega) = \delta(\omega - \varepsilon_k + \mu), \tag{4.3.22}$$

in Übereinstimmung mit (4.3.3), (4.3.6) und (4.3.12), sowie

$$M_{k\sigma}^{(n)} = (\varepsilon_k - \mu)^n. \tag{4.3.23}$$

4.4. Ein-Teilchen-Anregungen

Den Grundzustand des betrachteten Modells erhalten wir durch den Übergang $\beta \to \infty$ $(T \to 0)$. Wegen

$$\lim_{\beta\to\infty} \frac{1}{e^{-\beta x} + 1} = \theta(x) = \begin{cases} 1 & \text{für } x > 0 \\ 0 & \text{für } x < 0 \end{cases} \tag{4.4.1}$$

ergibt sich für den Grundzustand

$$\langle n_{k\sigma} \rangle = \theta(\varepsilon_F - \varepsilon_k), \tag{4.4.2}$$

wobei die Fermi-Energie ε_F die Bedeutung des chemischen Potentials μ für $T = 0$ besitzt. Im Grundzustand sind daher alle Zustände $\boldsymbol{k}$ besetzt, deren Energie ε_k kleiner als ε_F ist; Zustände mit $\varepsilon_k > \varepsilon_F$ sind unbesetzt. Entsprechende Folgerungen ergeben sich auch für alle weiteren Modelleigenschaften; z. B. wird die Grundzustandsenergie durch

$$E^\circ = \sum_{k\sigma}^{(\varepsilon_k < \varepsilon_F)} \varepsilon_k \tag{4.4.3}$$

gegeben.

Es interessiert nun die Frage, wie die niedrigsten Anregungszustände dieses Modells beschaffen sind. Einen Zustand, dessen Gesamtenergie größer als die Grundzustandsenergie ist, erhält man, wenn ein Elektron aus einem besetzten Niveau auf ein unbesetztes Niveau angehoben wird. Anschaulich wird dieser Prozeß in Abbildung 4.4.1 dargestellt, wo ein kugelsymmetrischer FERMI-Körper angenommen wurde, wie er sich bei Band-Energien $\varepsilon_{\boldsymbol{k}}$ ergibt, die nur von $|\boldsymbol{k}|$ abhängen, also z. B. für

$$\varepsilon_{\boldsymbol{k}} = \frac{\boldsymbol{k}^2}{2m^*}. \tag{4.4.4}$$

Abb. 4.4.1. Schematischer Verlauf einer Ein-Teilchen-Anregung

Für den Elektronenübergang vom Niveau $\boldsymbol{k}$ mit $\varepsilon_{\boldsymbol{k}} < \varepsilon_F$ zum Niveau $(\boldsymbol{k} + \boldsymbol{q})$ mit $\varepsilon_{\boldsymbol{k}+\boldsymbol{q}} > \varepsilon_F$ ist eine Anregungsenergie

$$\omega_{\boldsymbol{k}}(\boldsymbol{q}) = \varepsilon_{\boldsymbol{k}+\boldsymbol{q}} - \varepsilon_{\boldsymbol{k}} \tag{4.4.5}$$

erforderlich. Diese Anregungsenergie ist genau dann gleich Null, wenn Anfangs- und Endniveau auf der Oberfläche der FERMI-Kugel liegen, d. h. die entsprechenden Energien gerade gleich der FERMI-Energie

$$\varepsilon_F \equiv \frac{k_F^2}{2m^*} \tag{4.4.6}$$

sind. In allen anderen Fällen ergeben sich positive Werte der Anregungsenergien, die ein Kontinuum bilden, das in Abbildung 4.4.2 dargestellt ist (schraffierter Bereich).

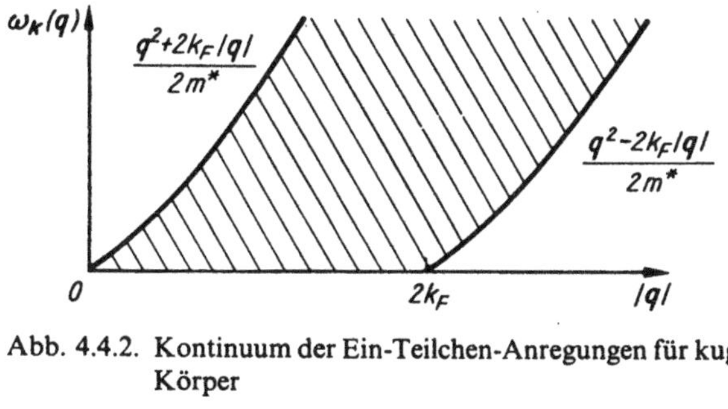

Abb. 4.4.2. Kontinuum der Ein-Teilchen-Anregungen für kugelsymmetrischen FERMI-Körper

Diese Ein-Teilchen-Anregungen können nun ebenfalls im Formalismus der GREENschen Funktionen dargestellt werden. Dies ist vor allem deshalb von besonderem Interesse, da auch die kollektiven Anregungen wechselwirkender Systeme auf analoge Weise gewonnen werden können, wie in den nächsten Kapiteln gezeigt werden wird. Als Ausgangspunkt wird der Operator

$$A_{\boldsymbol{k}}^{\sigma\sigma'}(\boldsymbol{q}) = c_{\boldsymbol{k}+\boldsymbol{q}\sigma'}^{+} c_{\boldsymbol{k}\sigma} \tag{4.4.7}$$

betrachtet, der offenbar gerade einen solchen Elektronen-Übergang vom Niveau $(\boldsymbol{k}, \sigma)$ zum Niveau $(\boldsymbol{k} + \boldsymbol{q}, \sigma')$ beschreibt. Es muß nun eine GREENsche Funktion konstruiert werden, die derartige Operatoren enthält. Die einfachste Möglichkeit ist

$$G_{\boldsymbol{k}}^{\sigma\sigma'}(\boldsymbol{q}, \omega) \equiv \langle\langle A_{\boldsymbol{k}}^{\sigma\sigma'}(\boldsymbol{q})^{+} ; A_{\boldsymbol{k}}^{\sigma\sigma'}(\boldsymbol{q}) \rangle\rangle_{\omega} , \tag{4.4.8}$$

d. h.

$$G_{\boldsymbol{k}}^{\sigma\sigma'}(\boldsymbol{q}, \omega) = \langle\langle c_{\boldsymbol{k}\sigma}^{+} c_{\boldsymbol{k}+\boldsymbol{q}\sigma'} ; c_{\boldsymbol{k}+\boldsymbol{q}\sigma'}^{+} c_{\boldsymbol{k}\sigma} \rangle\rangle_{\omega} . \tag{4.4.9}$$

Die Bewegungsgleichung für diese Funktion lautet (mit der zweckmäßigen Wahl $\eta = +1$)

$$\begin{aligned} \omega G_{\boldsymbol{k}}^{\sigma\sigma'}(\boldsymbol{q}, \omega) &= \langle [c_{\boldsymbol{k}\sigma}^{+} c_{\boldsymbol{k}+\boldsymbol{q}\sigma'}, c_{\boldsymbol{k}+\boldsymbol{q}\sigma'}^{+} c_{\boldsymbol{k}\sigma}]_{-} \rangle + \langle\langle [c_{\boldsymbol{k}\sigma}^{+} c_{\boldsymbol{k}+\boldsymbol{q}\sigma'}, \mathcal{H}]_{-} ; c_{\boldsymbol{k}+\boldsymbol{q}\sigma'}^{+} c_{\boldsymbol{k}\sigma} \rangle\rangle_{\omega} \\ &= \langle n_{\boldsymbol{k}\sigma} \rangle - \langle n_{\boldsymbol{k}+\boldsymbol{q}\sigma'} \rangle + (\varepsilon_{\boldsymbol{k}+\boldsymbol{q}} - \varepsilon_{\boldsymbol{k}}) \, G_{\boldsymbol{k}}^{\sigma\sigma'}(\boldsymbol{q}, \omega) \end{aligned} \tag{4.4.10}$$

und ergibt die Lösung

$$G_{\boldsymbol{k}}^{\sigma\sigma'}(\boldsymbol{q}, \omega) = \frac{\langle n_{\boldsymbol{k}\sigma} \rangle - \langle n_{\boldsymbol{k}+\boldsymbol{q}\sigma'} \rangle}{\omega - \omega_{\boldsymbol{k}}(\boldsymbol{q})} , \tag{4.4.11}$$

wobei $\omega_{\boldsymbol{k}}(\boldsymbol{q}) = \varepsilon_{\boldsymbol{k}+\boldsymbol{q}} - \varepsilon_{\boldsymbol{k}}$ mit (4.4.5) übereinstimmt. Die Polstellen dieser speziellen GREENschen Funktion (4.4.8) liefern also gerade die Anregungsenergien des betrachteten Modells.

Die hier gewonnene Erkenntnis kann nun in folgender Weise verallgemeinert werden. Wenn irgendein Operator A existiert, der Anregungszustände eines bestimmten Modells erzeugt, dann können die zugehörigen Anregungsenergien ω_A aus der GREENschen Funktion

$$G_A(\omega) = \langle\langle A^{+} ; A \rangle\rangle_{\omega} \sim \frac{1}{\omega - \omega_A} \tag{4.4.12}$$

gewonnen werden. Kriterium dafür, daß $G_A(\omega)$ tatsächlich diese Eigenschaft besitzt, ist offenbar die exakt oder zumindest in guter Näherung erfüllte Bedingung

$$[A, \mathcal{H}]_{-} \sim A , \tag{4.4.13}$$

denn nur dann ist die entsprechende Bewegungsgleichung exakt oder näherungsweise abgeschlossen. Ein spezielles Beispiel eines solchen Operators ist (4.4.7); die zugehörigen Anregungszustände sind die Ein-Teilchen-Anregungen.

5. Elektronensysteme mit Wechselwirkung

5.1. Elektron-Elektron-Wechselwirkung

In vielen Fällen ist es nicht möglich, die Elektronen wie in Kapitel 4. als wechselwirkungsfrei anzusehen. Die Berücksichtigung der Elektron-Elektron-Wechselwirkung ist vor allem dann von Bedeutung, wenn Phänomene wie Plasma-Schwingungen, Spinwellen oder Supraleitung untersucht werden sollen, die in einem wechselwirkungsfreien System nicht existieren. Derartige Erscheinungen werden als kollektive Anregungen bezeichnet, da das Viel-Teilchen-System als Ganzes für diese Eigenschaften verantwortlich ist. Die Bestandteile eines Systems können jedoch nur dann im oben erwähnten Sinne kollektiv wirksam werden, wenn sie miteinander wechselwirken.

Bei Berücksichtigung einer Wechselwirkung zwischen den Elektronen erhält der HAMILTON-Operator die Gestalt

$$H = \sum_{\sigma} \int \mathrm{d}\boldsymbol{r}\, \psi_{\sigma}^{+}(\boldsymbol{r})\, h(\boldsymbol{r})\, \psi_{\sigma}(\boldsymbol{r}) + \frac{1}{2} \sum_{\sigma\sigma'} \int \mathrm{d}\boldsymbol{r}\, \mathrm{d}\boldsymbol{r}'\, \psi_{\sigma}^{+}(\boldsymbol{r})\, \psi_{\sigma'}^{+}(\boldsymbol{r}')\, v(\boldsymbol{r}, \boldsymbol{r}')\, \psi_{\sigma'}(\boldsymbol{r}')\, \psi_{\sigma}(\boldsymbol{r}) \tag{5.1.1}$$

anstelle von (4.1.1). Dabei wurde angenommen, daß zwischen zwei Elektronen an den Orten $\boldsymbol{r}$ und $\boldsymbol{r}'$ die Wechselwirkung $v(\boldsymbol{r}, \boldsymbol{r}')$ auftritt, die bei reiner COULOMB-Abstoßung durch

$$v(\boldsymbol{r}, \boldsymbol{r}') = \frac{e^2}{4\pi\varepsilon_0 |\boldsymbol{r} - \boldsymbol{r}'|} \tag{5.1.2}$$

gegeben ist. Im allgemeinen werden infolge von Abschirmeffekten sowie weiteren Einflüssen Abweichungen von dieser Form auftreten; einige Beispiele werden in Abschnitt 5.5. angegeben. Drei- und Mehr-Teilchen-Kräfte sollen nicht betrachtet werden. Dagegen bereiten geschwindigkeitsabhängige Potentiale keine zusätzlichen Schwierigkeiten; in BLOCH- und WANNIER-Darstellung treten nur Terme gleicher Gestalt wie bei rein ortsabhängigen Potentialen auf. Wichtig ist jedoch, daß v reell, symmetrisch und translationsinvariant ist, d. h. den Bedingungen

$$v(\boldsymbol{r}, \boldsymbol{r}') = v^*(\boldsymbol{r}, \boldsymbol{r}') = v(\boldsymbol{r}', \boldsymbol{r}) = v(\boldsymbol{r} - \boldsymbol{a}, \boldsymbol{r}' - \boldsymbol{a}) \tag{5.1.3}$$

genügt ($\boldsymbol{a}$ — beliebiger Vektor).

Bei Entwicklung nach WANNIER-Funktionen (siehe Abschnitt 4.1.) und Beschränkung auf ein Band entsteht

$$H = \sum_{ij\sigma} t_{ij} c_{i\sigma}^{+} c_{j\sigma} + \frac{1}{2} \sum_{\substack{ijlm \\ \sigma\sigma'}} v_{ijlm} c_{i\sigma}^{+} c_{j\sigma'}^{+} c_{l\sigma'} c_{m\sigma} \tag{5.1.4}$$

mit

$$v_{ijlm} = \int \mathrm{d}\boldsymbol{r}\, \mathrm{d}\boldsymbol{r}' \Phi_i^*(\boldsymbol{r})\, \Phi_j^*(\boldsymbol{r}')\, v(\boldsymbol{r}, \boldsymbol{r}')\, \Phi_l(\boldsymbol{r}')\, \Phi_m(\boldsymbol{r})\,. \tag{5.1.5}$$

Wegen (5.1.3) folgen für diese Matrix-Elemente die Eigenschaften

$$v_{ijlm} = v_{mlji}^* = v_{jiml} = v_{i+n,\, j+n,\, l+n,\, m+n}\,. \tag{5.1.6}$$

Durch FOURIER-Transformation kann entsprechend (4.1.13) zur BLOCH-Darstellung übergegangen werden. Bei Berücksichtigung der Translationssymmetrie folgt

$$H = \sum_{\boldsymbol{k}\sigma} \varepsilon_{\boldsymbol{k}} c_{\boldsymbol{k}\sigma}^+ c_{\boldsymbol{k}\sigma} + \frac{1}{2} \sum_{\boldsymbol{k}\boldsymbol{k}'\boldsymbol{q}\sigma\sigma'} v_{\boldsymbol{k}\boldsymbol{k}'}(\boldsymbol{q})\, c_{\boldsymbol{k}\sigma}^+ c_{\boldsymbol{k}'\sigma'}^+ c_{\boldsymbol{k}'+\boldsymbol{q}\sigma'} c_{\boldsymbol{k}-\boldsymbol{q}\sigma} \tag{5.1.7}$$

mit

$$v_{\boldsymbol{k}\boldsymbol{k}'}(\boldsymbol{q}) = \frac{1}{N^2} \sum_{ijlm} v_{ijlm}\, \mathrm{e}^{-i[\boldsymbol{k}\boldsymbol{R}_i + \boldsymbol{k}'\boldsymbol{R}_j - (\boldsymbol{k}'+\boldsymbol{q})\boldsymbol{R}_l - (\boldsymbol{k}-\boldsymbol{q})\boldsymbol{R}_m]} \tag{5.1.8}$$

sowie

$$v_{\boldsymbol{k}\boldsymbol{k}'}(\boldsymbol{q}) = v_{\boldsymbol{k}-\boldsymbol{q},\, \boldsymbol{k}'+\boldsymbol{q}}^*(-\boldsymbol{q}) = v_{\boldsymbol{k}'\boldsymbol{k}}(-\boldsymbol{q})\,. \tag{5.1.9}$$

Viele wichtige Gitterstrukturen (z. B. alle kubischen Gitter) besitzen eine spezielle Eigenschaft, die als Inversionssymmetrie bezeichnet wird. Hierbei handelt es sich um Strukturen, bei denen das Kristallpotential invariant gegen Spiegelung am Koordinatenursprung, d. h. gegen die Transformation $\boldsymbol{r} \to -\boldsymbol{r}$, ist. Hieraus ergeben sich für die Wechselwirkungspotentiale die Relationen

$$v(\boldsymbol{r}, \boldsymbol{r}') = v(-\boldsymbol{r}, -\boldsymbol{r}'),\; v_{ijlm} = v_{ijlm}^*,\; v_{\boldsymbol{k},\boldsymbol{k}'}(\boldsymbol{q}) = v_{-\boldsymbol{k},\,-\boldsymbol{k}'}^*(-\boldsymbol{q})\,, \tag{5.1.10}$$

die zusätzlich zu den Beziehungen (5.1.3), (5.1.6) und (5.1.9) gelten. Für Gitter mit diesen Eigenschaften ergeben sich mitunter wesentliche Vereinfachungen bei der Darstellung physikalischer Sachverhalte.

Das Auftreten des Wechselwirkungspotentials im HAMILTON-Operator führt zu Zusatztermen in der Bewegungsgleichung der Ein-Teilchen-Funktion $G_{\boldsymbol{k}\sigma}(\omega)$ (sowie natürlich auch aller anderen GREENschen Funktionen). Wegen

$$[c_{\boldsymbol{k}\sigma}, \mathscr{H}]_- = (\varepsilon_{\boldsymbol{k}} - \mu)\, c_{\boldsymbol{k}\sigma} + \sum_{\boldsymbol{k}'\boldsymbol{q}\sigma'} v_{\boldsymbol{k}\boldsymbol{k}'}(\boldsymbol{q})\, c_{\boldsymbol{k}'\sigma'}^+ c_{\boldsymbol{k}'+\boldsymbol{q}\sigma'} c_{\boldsymbol{k}-\boldsymbol{q}\sigma} \tag{5.1.11}$$

folgt (mit $\eta = -1$)

$$(\omega - \varepsilon_{\boldsymbol{k}} + \mu) \langle\langle c_{\boldsymbol{k}\sigma}; c_{\boldsymbol{k}\sigma}^+ \rangle\rangle_\omega = 1 + \sum_{\boldsymbol{k}'\boldsymbol{q}\sigma'} v_{\boldsymbol{k}\boldsymbol{k}'}(\boldsymbol{q}) \langle\langle c_{\boldsymbol{k}'\sigma'}^+ c_{\boldsymbol{k}'+\boldsymbol{q}\sigma'} c_{\boldsymbol{k}-\boldsymbol{q}\sigma}; c_{\boldsymbol{k}\sigma}^+ \rangle\rangle_\omega\,. \tag{5.1.12}$$

In der WANNIER-Darstellung lautet die entsprechende Gleichung

$$(\omega + \mu) \langle\langle c_{i\sigma}; c_{j\sigma}^+ \rangle\rangle_\omega = \delta_{ij} + \sum_l t_{il} \langle\langle c_{l\sigma}; c_{j\sigma}^+ \rangle\rangle_\omega + \sum_{lmn\sigma'} v_{inlm} \langle\langle c_{n\sigma'}^+ c_{l\sigma'} c_{m\sigma}; c_{j\sigma}^+ \rangle\rangle_\omega\,. \tag{5.1.13}$$

An diesen beiden Bewegungsgleichungen ist die in Abschnitt 3.1. diskutierte prinzipielle Problematik deutlich sichtbar. Durch die Wechselwirkung des betrachteten Teilchens mit anderen Teilchen des Systems entstehen in der Bewegungsgleichung GREENsche Funktionen mit einer größeren Zahl von Teilchenoperatoren als in der Ausgangsfunktion. Dadurch stellt die Bewegungsgleichung keine abgeschlossene Gleichung mehr dar, sondern es entsteht eine Gleichungshierarchie. Lediglich im wechselwirkungsfreien System wird diese Hierarchie vermieden, so daß die Lösung sofort angegeben werden kann. In allen anderen Fällen sind dagegen Näherungen erforderlich, um die Hierarchie der Bewegungsgleichungen abzubrechen. Auf die wichtigsten Möglichkeiten hierfür wird in späteren Kapiteln eingegangen werden.

5.2. Selbst-Energie

In (5.1.12) und (5.1.13) treten höhere GREENsche Funktionen auf, die durch das Wechselwirkungspotential verursacht werden. Anstelle dieser Funktionen kann auch die Größe $M_{k\sigma}(\omega)$ durch

$$M_{k\sigma}(\omega) \langle\langle c_{k\sigma}; c_{k\sigma}^{+} \rangle\rangle_{\omega} \equiv \sum_{k'q\sigma'} v_{kk'}(q) \langle\langle c_{k'\sigma'}^{+} c_{k'+q\sigma'} c_{k-q\sigma}; c_{k\sigma}^{+} \rangle\rangle_{\omega} \tag{5.2.1}$$

eingeführt werden. $M_{k\sigma}(\omega)$ wird als Massenoperator oder Selbst-Energie bezeichnet; eine Begründung für diese Bezeichnungen wird weiter unten gegeben.

Unter Verwendung von (5.2.1) erhält die Bewegungsgleichung (5.1.12) die Gestalt

$$(\omega - \varepsilon_k + \mu)\, G_{k\sigma}(\omega) = 1 + M_{k\sigma}(\omega)\, G_{k\sigma}(\omega) \tag{5.2.2}$$

und ist damit formal abgeschlossen. Die Lösung lautet

$$G_{k\sigma}(\omega) = \frac{1}{\omega - \varepsilon_k - M_{k\sigma}(\omega) + \mu}. \tag{5.2.3}$$

$M_{k\sigma}(\omega)$ ist nach (5.2.1) ein Funktional der Wechselwirkung $v_{kk'}(q)$. Für wechselwirkungsfreie Systeme ist $M_{k\sigma}(\omega) = 0$, und (5.2.3) geht in die „ungestörte" Lösung (4.2.5) über, die hier als $G_{k\sigma}^{0}(\omega)$ bezeichnet werden soll:

$$G_{k\sigma}^{0}(\omega) = \frac{1}{\omega - \varepsilon_k + \mu}. \tag{5.2.4}$$

Aus dem Vergleich von (5.2.3) und (5.2.4) folgt

$$\frac{1}{G_{k\sigma}(\omega)} = \frac{1}{G_{k\sigma}^{0}(\omega)} - M_{k\sigma}(\omega). \tag{5.2.5}$$

Durch Multiplikation dieser Gleichung von links mit $G^0_{k\sigma}(\omega)$, von rechts mit $G_{k\sigma}(\omega)$ erhält man die sogenannte DYSON-Gleichung

$$G_{k\sigma}(\omega) = G^0_{k\sigma}(\omega) + G^0_{k\sigma}(\omega)\, M_{k\sigma}(\omega)\, G_{k\sigma}(\omega)\,. \tag{5.2.6}$$

Die entsprechende Beziehung im WANNIER-Raum erhält man durch FOURIER-Transformation:

$$G_{ij\sigma}(\omega) = G^0_{ij\sigma}(\omega) + \sum_{lm} G^0_{il\sigma}(\omega)\, M_{lm\sigma}(\omega)\, G_{mj\sigma}(\omega)\,. \tag{5.2.7}$$

Alle in diesem Abschnitt angegebenen Darstellungen von $G_{k\sigma}(\omega)$ setzen voraus, daß die Auflösung von (5.2.1) nach $M_{k\sigma}(\omega)$ möglich ist. Dies läßt sich jedoch in allgemeiner Form nicht beweisen. Für praktisch interessierende Fälle, wie sie z. B. in den nächsten Kapiteln untersucht werden, zeigt sich aber, daß die Einführung von $M_{k\sigma}(\omega)$ sinnvoll ist. Speziell für die Ein-Teilchen-Funktion reduziert sich gemäß (5.2.1) die Aufgabe, die Hierarchie der Bewegungsgleichungen zu lösen, darauf, $M_{k\sigma}(\omega)$ zu berechnen, wofür in den nächsten Kapiteln geeignete Methoden angegeben werden sollen.

Aus der formalen Lösung (5.2.3) für $G_{k\sigma}(\omega)$ läßt sich eine sehr wichtige Eigenschaft der GREENschen Funktionen ableiten. Im wechselwirkungsfreien Fall $v = 0$ besitzt $G_{k\sigma}(\omega)$ nach (5.2.4) Polstellen für

$$\omega = \varepsilon_k - \mu\,. \tag{5.2.8}$$

Die Polstellen werden also durch die Ein-Teilchen-Energien ε_k des zugehörigen HAMILTON-Operators (4.1.9) bestimmt. Bei nichtverschwindender Wechselwirkung sind die Polstellen von $G_{k\sigma}(\omega)$ dagegen durch

$$\omega = \varepsilon_k + M_{k\sigma}(\omega) - \mu \tag{5.2.9}$$

gegeben. Die — im allgemeinen komplexen — Lösungen dieser Beziehung wollen wir mit

$$\omega = e_\sigma(k) = e'_\sigma(k) - ie''_\sigma(k) \tag{5.2.10}$$

bezeichnen. Für $v = 0$ gilt $e'_\sigma(k) = (\varepsilon_k - \mu)$ sowie $e''_\sigma(k) = 0$; im Falle hinreichend schwacher Wechselwirkung wird sich $e'_\sigma(k)$ nur wenig von $(\varepsilon_k - \mu)$ unterscheiden, $e''_\sigma(k)$ ist klein.

(Eine genauere Definition des Begriffs „hinreichend schwache Wechselwirkung“ kann nicht in allgemeiner Form gegeben werden. Bei der Behandlung konkreter Systeme wird diese Bezeichnung jedoch verständlich werden. Eine Diskussion dieses Begriffs ist auch in Kapitel 14. enthalten.)

Es liegt somit nahe, $e_\sigma(k)$ als effektive Ein-Teilchen-Energien eines wechselwirkenden Systems zu interpretieren. Hierfür wird die Bezeichnung Quasi-Teilchen-Spektrum verwendet. Der Realteil $e'_\sigma(k)$ beschreibt dann die effektive

Bandstruktur, der Imaginärteil $-e''_\sigma(\boldsymbol{k})$ hat wegen

$$e^{-ie_\sigma(\boldsymbol{k})t} = e^{-ie'_\sigma(\boldsymbol{k})t}\, e^{-e''_\sigma(\boldsymbol{k})t} \tag{5.2.11}$$

die Bedeutung einer Dämpfung. Eine derartige Interpretation folgt auch daraus, daß ein effektiver Operator der Gestalt

$$\tilde{\mathscr{H}} = \sum_{\boldsymbol{k}\sigma} e_\sigma(\boldsymbol{k})\, n_{\boldsymbol{k}\sigma} \tag{5.2.12}$$

die Lösung

$$\tilde{G}_{\boldsymbol{k}\sigma}(\omega) = \frac{1}{\omega - e_\sigma(\boldsymbol{k})} \tag{5.2.13}$$

ergäbe, die die gleichen Polstellen besitzt, wie sie aus (5.2.9) folgen. Dies gilt nicht nur für die Ein-Teilchen-Funktion, sondern auch für kompliziertere GREENsche Funktionen (siehe z. B. Abschnitt 4.4.).

Hier muß jedoch sofort eine wesentliche Einschränkung gemacht werden. Die Deutung von $e_\sigma(\boldsymbol{k})$ als Quasi-Teilchen-Spektrum setzt voraus, daß der Imaginärteil hinreichend klein ist, d. h., daß

$$|e''_\sigma(\boldsymbol{k})| \ll |e'_\sigma(\boldsymbol{k})| \tag{5.2.14}$$

gilt. Dies muß gefordert werden, da der Ausgangs-Operator (5.1.1) selbstadjungiert ist und somit seine Energie-Eigenwerte reell sein müssen. Der effektive Operator (5.2.12) besitzt diese Eigenschaft jedoch nur im Grenzfall verschwindender Dämpfung. Andererseits werden die physikalisch interessierenden Meßgrößen (z. B. Suszeptibilität, Wirkungsquerschnitte und Teilchendichte) nach Kapitel 2. sowie den Abschnitten 5.3. und 5.4. durch spezielle GREENsche Funktionen gegeben und nicht durch die Eigenwerte des HAMILTON-Operators. Die komplexen Pole dieser GREENschen Funktionen haben daher in jedem Fall eine konkrete physikalische Bedeutung, indem sie Resonanzfrequenz und Resonanzbreite bestimmen. Dies ist unabhängig von der oben diskutierten Deutung als Quasi-Teilchen-Spektrum und gilt für beliebige Stärke der Wechselwirkung. Zusammenfassend kann also gesagt werden, daß die Polstellen einer beliebigen GREENschen Funktion ganz entscheidend das Verhalten der mit dieser Funktion zusammenhängenden physikalischen Eigenschaften des Systems bestimmen; bei Gültigkeit der Beziehung (5.2.14) sind diese Polstellen als Quasi-Teilchen-Energien interpretierbar, die durch einen effektiven HAMILTON-Operator der Gestalt (5.2.12) dargestellt werden können. Konkrete Beispiele für dieses allgemeine Verhalten werden in den folgenden Kapiteln ausführlich untersucht werden.

5.3. Informationsgehalt der Ein-Teilchen-Funktion

In Kapitel 2. wurden die GREENschen Funktionen eingeführt, indem die Reaktion eines Systems auf äußere Störungen betrachtet wurde. Dadurch sind verschiedene Funktionen direkt mit speziellen Meßgrößen verknüpft. Als Beispiele wurden Leitfähigkeit und Suszeptibilität besprochen. Dagegen liefert die durch (4.2.3) definierte GREENsche Ein-Teilchen-Funktion

$$G_{k\sigma}(\omega) = \langle\langle c_{k\sigma};\, c^+_{k\sigma}\rangle\rangle_\omega \tag{5.3.1}$$

keine derartigen Meßgrößen. Ziel des vorliegenden Abschnitts ist es nun, den Informationsgehalt dieser Funktion zu untersuchen, wobei zweckmäßig $\eta = -1$ gewählt wird.

Wir betrachten zunächst die innere Energie eines wechselwirkenden Elektronensystems, beschrieben durch den HAMILTON-Operator

$$H = \sum_{k\sigma} \varepsilon_k c^+_{k\sigma} c_{k\sigma} + \frac{1}{2} \sum_{kk'q\sigma\sigma'} v_{kk'}(q)\, c^+_{k\sigma} c^+_{k'\sigma'} c_{k'+q\sigma'} c_{k-q\sigma}. \tag{5.3.2}$$

Für die Energie gilt

$$E = \langle H\rangle = \sum_{k\sigma} \varepsilon_k \langle c^+_{k\sigma} c_{k\sigma}\rangle + \frac{1}{2} \sum_{kk'q\sigma\sigma'} v_{kk'}(q)\, \langle c^+_{k\sigma} c^+_{k'\sigma'} c_{k'+q\sigma'} c_{k-q\sigma}\rangle\,. \tag{5.3.3}$$

Die hierin auftretenden Erwartungswerte können unter Verwendung des Spektraltheorems (3.3.36) durch GREENsche Funktionen ausgedrückt werden:

$$\begin{aligned} E = &-\frac{1}{2\pi i} \lim_{\delta\to 0^+} \int \frac{d\omega}{e^{\beta\omega}+1} \Big\{\sum_{k\sigma} \varepsilon_k [\langle\langle c_{k\sigma};\, c^+_{k\sigma}\rangle\rangle_{\omega+i\delta} - \langle\langle c_{k\sigma};\, c^+_{k\sigma}\rangle\rangle_{\omega-i\delta}] \\ &+ \frac{1}{2} \sum_{kk'q\sigma\sigma'} v_{kk'}(q) [\langle\langle c^+_{k'\sigma'} c_{k'+q\sigma'} c_{k-q\sigma};\, c^+_{k\sigma}\rangle\rangle_{\omega+i\delta} \\ &- \langle\langle c^+_{k'\sigma'} c_{k'+q\sigma'} c_{k-q\sigma};\, c^+_{k\sigma}\rangle\rangle_{\omega-i\delta}]\Big\}\,. \end{aligned} \tag{5.3.4}$$

Die in der zweiten Zeile auftretende GREENsche Zwei-Teilchen-Funktion kann nun mittels der Bewegungsgleichung (5.1.12) durch die Ein-Teilchen-Funktion dargestellt werden:

$$\begin{aligned} &\sum_{kk'q\sigma\sigma'} v_{kk'}(q) \langle\langle c^+_{k'\sigma'} c_{k'+q\sigma'} c_{k-q\sigma};\, c^+_{k\sigma}\rangle\rangle_\omega \\ &= \sum_{k\sigma} [-1 + (\omega - \varepsilon_k + \mu) \langle\langle c_{k\sigma};\, c^+_{k\sigma}\rangle\rangle_\omega]\,. \end{aligned} \tag{5.3.5}$$

Dadurch erhält (5.3.4) die Gestalt

$$\begin{aligned} E = &-\frac{1}{2\pi i} \lim_{\delta\to 0^+} \int \frac{d\omega}{e^{\beta\omega}+1} \Big\{\sum_{k\sigma} \varepsilon_k [\langle\langle c_{k\sigma};\, c^+_{k\sigma}\rangle\rangle_{\omega+i\delta} - \langle\langle c_{k\sigma};\, c^+_{k\sigma}\rangle\rangle_{\omega-i\delta}] \\ &+ \frac{1}{2} \sum_{k\sigma} (\omega - \varepsilon_k + \mu) [\langle\langle c_{k\sigma};\, c^+_{k\sigma}\rangle\rangle_{\omega+i\delta} - \langle\langle c_{k\sigma};\, c^+_{k\sigma}\rangle\rangle_{\omega-i\delta}]\Big\} \end{aligned} \tag{5.3.6}$$

bzw. nach Zusammenfassung

$$E = -\frac{1}{4\pi i}\sum_{k\sigma}\int \frac{d\omega}{e^{\beta\omega}+1}(\varepsilon_k + \omega + \mu)\lim_{\delta\to 0^+}\left[G_{k\sigma}(\omega + i\delta) - G_{k\sigma}(\omega - i\delta)\right]. \tag{5.3.7}$$

Dies ist gerade das von (4.3.14) her bekannte Ergebnis, das also, wie dort behauptet wurde, auch für Systeme mit Wechselwirkung gilt. Ein analoges Resultat folgt auch bei beliebiger Wahl von η; für Fermionensysteme ist jedoch die Festlegung $\eta = -1$ zweckmäßig.

Da durch (5.3.7) die innere Energie für beliebige Temperaturen T berechnet werden kann, liefert die GREENsche Ein-Teilchen-Funktion das gesamte thermodynamische Verhalten des betrachteten Systems. Aus dem II. Hauptsatz der Thermodynamik folgt die Beziehung

$$E(T) = -T^2\frac{\partial}{\partial T}\left(\frac{F(T)}{T}\right). \tag{5.3.8}$$

Um hieraus die freie Energie $F(T)$ berechnen zu können, wird das Verhalten für $T \to 0$ benötigt. Hierfür gilt nach dem III. Hauptsatz

$$\lim_{T\to 0}\left(\frac{E(T) - F(T)}{T}\right) = 0, \qquad \lim_{T\to 0}\left(\frac{\partial E(T)}{\partial T}\right) = 0. \tag{5.3.9}$$

Hieraus folgt

$$F(T) = E(0) - T\int_0^T dT'\,\frac{E(T') - E(0)}{T'^2}, \tag{5.3.10}$$

so daß bei Kenntnis der inneren Energie E für beliebige Temperaturen das thermodynamische Potential $F(T)$ erhalten wird.

Für $T = 0$ liefert (5.3.7) die Grundzustandsenergie. Unter Berücksichtigung von (4.4.1) entsteht hierfür

$$E = -\frac{1}{4\pi i}\sum_{k\sigma}\int_{-\infty}^{0} d\omega\,(\varepsilon_k + \omega + \varepsilon_F)\lim_{\delta\to 0^+}\left[G_{k\sigma}(\omega + i\delta) - G_{k\sigma}(\omega - i\delta)\right], \tag{5.3.11}$$

wofür sich durch Änderung der Integrationsvariablen der bekanntere Ausdruck

$$E = -\frac{1}{4\pi i}\sum_{k\sigma}\int_{-\infty}^{\varepsilon_F} d\omega\,(\varepsilon_k + \omega)\lim_{\delta\to 0^+}\left[G_{k\sigma}(\omega - \varepsilon_F + i\delta) - G_{k\sigma}(\omega - \varepsilon_F - i\delta)\right] \tag{5.3.12}$$

schreiben läßt. ε_F ist hierin das chemische Potential für $T = 0$ und wird als FERMI-Energie bezeichnet.

Schließlich kann in Analogie zum wechselwirkungsfreien System die Spektraldichte

$$A_{k\sigma}(\omega) = -\frac{1}{2\pi i}\lim_{\delta\to 0^+}\left[G_{k\sigma}(\omega + i\delta) - G_{k\sigma}(\omega - i\delta)\right] \tag{5.3.13}$$

eingeführt werden. Hieraus folgen Besetzungsfunktion

$$\langle n_{k\sigma}\rangle = \int \frac{d\omega}{e^{\beta\omega} + 1} A_{k\sigma}(\omega) \tag{5.3.14}$$

und Zustandsdichte

$$D(\omega) = \frac{1}{N}\sum_{k\sigma} A_{k\sigma}(\omega - \mu)$$

$$= -\frac{1}{2\pi i N}\lim_{\delta\to 0^+}\left[\mathrm{Sp}\, G(\omega - \mu + i\delta) - \mathrm{Sp}\, G(\omega - \mu - i\delta)\right]. \tag{5.3.15}$$

Damit werden durch die Ein-Teilchen-Funktion $G_{k\sigma}(\omega)$ alle Größen geliefert, die das Viel-Teilchen-System im Gleichgewicht, d. h. ohne Einwirkung äußerer Störungen, beschreiben. Selbstverständlich ist dieses Verhalten wesentlich von der Wechselwirkung abhängig, die über die Bewegungsgleichung (5.1.12) in $G_{k\sigma}(\omega)$ eingeht.

5.4. Mehr-Teilchen-Funktionen

Im vorigen Abschnitt wurde die GREENsche Ein-Teilchen-Funktion betrachtet. Es konnte gezeigt werden, daß diese Funktion einen großen Informationsgehalt besitzt. Jedoch sind aus $G_{k\sigma}(\omega)$ nicht alle Eigenschaften des Systems zu gewinnen. Daher werden weitere GREENsche Funktionen benötigt, von denen einige Beispiele im vorliegenden Abschnitt besprochen werden sollen.

Bei der Darstellung des Leitfähigkeitstensors σ wurde in Abschnitt 2.3. die GREENsche Funktion

$$\sigma^{\mu\nu}(\omega) = -\langle\langle j^\mu; P^\nu\rangle\rangle_\omega \tag{5.4.1}$$

eingeführt. In einem Elektronensystem können j^μ und P^ν durch Elektronenoperatoren ausgedrückt werden. Die Polarisation P^ν ist durch die Verteilung der Ladungsträger im System gegeben. In Verallgemeinerung der Beziehung

$$\boldsymbol{P} = -e\boldsymbol{r}\varrho(\boldsymbol{r}) \tag{5.4.2}$$

der klassischen Elektrodynamik ($-e\varrho(\boldsymbol{r})$ = Ladungsdichte) gilt für inversionssymmetrische Gitter und ein Ein-Band-Modell

$$P^\mu = -e\sum_{l\sigma} R_l^\mu n_{l\sigma}, \qquad n_{l\sigma} = c_{l\sigma}^+ c_{l\sigma}. \tag{5.4.3}$$

(Für Gitter ohne Inversionssymmetrie ist P^μ im WANNIER-Raum nichtdiagonal.) Für die Stromdichte erhält man in Analogie zur klassischen Beziehung

$$j = -ev/\mathscr{V} \tag{5.4.4}$$

die Darstellung

$$j = -\frac{e}{\mathscr{V}} \sum_{k\sigma} v_k c_{k\sigma}^+ c_{k\sigma} , \tag{5.4.5}$$

wobei

$$v_k = \frac{\partial \varepsilon_k}{\partial k} \tag{5.4.6}$$

die Gruppengeschwindigkeit bedeutet. FOURIER-Transformation liefert schließlich

$$j^\mu = +\frac{ie}{\mathscr{V}} \sum_{ij\sigma} t_{ij}(R_i^\mu - R_j^\mu)\, c_{i\sigma}^+ c_{j\sigma} . \tag{5.4.7}$$

Der Leitfähigkeitstensor ist somit durch den Ausdruck

$$\sigma^{\mu\nu}(\omega) = \frac{ie^2}{\mathscr{V}} \sum_{ijl\sigma\sigma'} t_{ij}(R_i^\mu - R_j^\mu)\, R_l^\nu \langle\langle c_{i\sigma}^+ c_{j\sigma} ; c_{l\sigma'}^+ c_{l\sigma'} \rangle\rangle_\omega \tag{5.4.8}$$

gegeben, in dem eine spezielle Zwei-Teilchen-Funktion auftritt.

Obwohl v in (5.4.8) nicht explizit enthalten ist, ergibt sich natürlich eine Abhängigkeit der Leitfähigkeit von der Elektron-Elektron-Wechselwirkung. In der Bewegungsgleichung für die in (5.4.8) auftretende GREENsche Funktion wird diese — in Analogie zur Bewegungsgleichung (5.1.13) für die Ein-Teilchen-Funktion — über den Wechselwirkungsterm mit komplizierteren Funktionen verknüpft und somit eine Hierarchie aufgebaut. Dadurch werden die Lösung für diese Funktion und das Ergebnis für den Leitfähigkeitstensor durch v wesentlich beeinflußt.

Während die Leitfähigkeit eine Reaktion des Systems auf ein äußeres elektrisches Feld beschreibt, wird die Reaktion auf ein Magnetfeld durch die Suszeptibilität χ dargestellt. Nach Abschnitt 2.2. gilt

$$\chi_{ij}^{\mu\nu}(\omega) = -\langle\langle M_i^\mu ; M_j^\nu \rangle\rangle_\omega = -g^2 \mu_B^2 \langle\langle S_i^\mu ; S_j^\nu \rangle\rangle_\omega , \tag{5.4.9}$$

wobei der Operator $\boldsymbol{M}_i$ des magnetischen Moments durch den Spin-Operator $\boldsymbol{S}_i$ dargestellt wurde (g — gyromagnetischer Faktor, μ_B — BOHRsches Magneton). Physikalisch sind dabei vor allem die longitudinale Suszeptibilität

$$\chi_{ij}^{zz}(\omega) = -g^2 \mu_B^2 \langle\langle S_i^z ; S_j^z \rangle\rangle_\omega \tag{5.4.10}$$

und die transversale Suszeptibilität

$$\chi_{ij}^{+-}(\omega) = -g^2 \mu_B^2 \langle\langle S_i^+ ; S_j^- \rangle\rangle_\omega , \quad S_i^\pm = S_i^x \pm i S_i^y \tag{5.4.11}$$

von Interesse. Für ein Elektronensystem können die Operatoren S_i^z, S_i^+, S_i^- durch Erzeugungs- und Vernichtungs-Operatoren für Elektronen ausgedrückt werden:

$$S_i^z = \frac{1}{2}(n_{i\uparrow} - n_{i\downarrow}), \quad S_i^+ = c_{i\uparrow}^+ c_{i\downarrow}, \quad S_i^- = c_{i\downarrow}^+ c_{i\uparrow}. \tag{5.4.12}$$

Damit entstehen die Beziehungen

$$\chi_{ij}^{zz}(\omega) = -\frac{1}{4} g^2 \mu_B^2 \sum_{\sigma\sigma'} (2\delta_{\sigma\sigma'} - 1) \langle\langle n_{i\sigma}; n_{j\sigma'} \rangle\rangle_\omega \tag{5.4.13}$$

und

$$\chi_{ij}^{+-}(\omega) = -g^2 \mu_B^2 \langle\langle c_{i\uparrow}^+ c_{i\downarrow}; c_{j\downarrow}^+ c_{j\uparrow} \rangle\rangle_\omega, \tag{5.4.14}$$

in denen wiederum spezielle Zwei-Teilchen-Funktionen auftreten.

Schließlich soll noch die dielektrische Funktion ε betrachtet werden, der den Zusammenhang zwischen den Verschiebungen der elektrischen Ladungen eines Systems und den einwirkenden äußeren Feldern herstellt. Die klassische Elektrodynamik beschreibt dies durch die MAXWELLschen Gleichungen

$$\frac{\partial}{\partial \boldsymbol{r}} \boldsymbol{D}(\boldsymbol{r}, t) = -e\varrho_0(\boldsymbol{r}, t), \quad \varepsilon_0 \frac{\partial}{\partial \boldsymbol{r}} \boldsymbol{E}(\boldsymbol{r}, t) = -e\varrho(\boldsymbol{r}, t) \tag{5.4.15}$$

sowie die Beziehung

$$\boldsymbol{D}(\boldsymbol{r}, t) = \int d\boldsymbol{r}' \, dt' \, \varepsilon(\boldsymbol{r} - \boldsymbol{r}', t - t') \, \varepsilon_0 \boldsymbol{E}(\boldsymbol{r}', t'). \tag{5.4.16}$$

Hierin ist $-e\varrho_0(\boldsymbol{r}, t)$ diejenige Ladungsdichte, die das elektrostatische Potential $\varphi_0(\boldsymbol{r}, t)$ erzeugt:

$$-\varepsilon_0 \Delta\varphi_0(\boldsymbol{r}, t) = -e\varrho_0(\boldsymbol{r}, t). \tag{5.4.17}$$

$-e\varrho(\boldsymbol{r}, t)$ ist die durch Polarisation des Mediums veränderte Ladungsdichte. Durch FOURIER-Transformation der Gleichungen (5.4.15), (5.4.16) und (5.4.17) entstehen die Beziehungen

$$i\boldsymbol{k}\boldsymbol{D}(\boldsymbol{k}, \omega) = -e\varrho_0(\boldsymbol{k}, \omega), \; i\boldsymbol{k}\varepsilon_0\boldsymbol{E}(\boldsymbol{k}, \omega) = -e\varrho(\boldsymbol{k}, \omega), \tag{5.4.18}$$

$$\boldsymbol{D}(\boldsymbol{k}, \omega) = \varepsilon_0 \varepsilon(\boldsymbol{k}, \omega) \, \boldsymbol{E}(\boldsymbol{k}, \omega) \tag{5.4.19}$$

und

$$\varepsilon_0 \boldsymbol{k}^2 \varphi_0(\boldsymbol{k}, \omega) = -e\varrho_0(\boldsymbol{k}, \omega). \tag{5.4.20}$$

Nunmehr kann die Änderung der elektrischen Ladungsdichte durch $\varepsilon(\boldsymbol{k}, \omega)$ ausgedrückt werden. Aus (5.4.18) und (5.4.19) entsteht

$$\Delta\varrho(\boldsymbol{k}, \omega) \equiv \varrho(\boldsymbol{k}, \omega) - \varrho_0(\boldsymbol{k}, \omega) = \left(\frac{1}{\varepsilon(\boldsymbol{k}, \omega)} - 1\right) \varrho_0(\boldsymbol{k}, \omega). \tag{5.4.21}$$

Die klassischen Beziehungen (5.4.15) bis (5.4.21) müssen nun auf ein quantenmechanisches System übertragen werden. Entsprechend den Überlegungen von Kapitel 2. wirkt die äußere Störung über den Wechselwirkungsterm

$$W_t = + \int \mathrm{d}\boldsymbol{r}\, e\varrho(\boldsymbol{r})\, \varphi_0(\boldsymbol{r}, t) = \frac{e}{\mathscr{V}} \sum_{\boldsymbol{q}} \varrho_{-\boldsymbol{q}} \varphi_0(\boldsymbol{q}, t) \tag{5.4.22}$$

auf das System. $\varphi_0(\boldsymbol{r}, t)$ ist wieder das elektrostatische Potential, während $\varrho(\boldsymbol{r})$ den quantenmechanischen Dichteoperator (mit ebenen Wellen anstelle von BLOCH-Funktionen)

$$\varrho(\boldsymbol{r}) = \sum_{\sigma} \psi_\sigma^+(\boldsymbol{r})\, \psi_\sigma(\boldsymbol{r}) = \frac{1}{\mathscr{V}} \sum_{\boldsymbol{q}} \varrho_{\boldsymbol{q}}\, \mathrm{e}^{i\boldsymbol{q}\boldsymbol{r}}, \; \varrho_{\boldsymbol{q}} = \sum_{\boldsymbol{k}\sigma} c_{\boldsymbol{k}\sigma}^+ c_{\boldsymbol{k}+\boldsymbol{q}\sigma} \tag{5.4.23}$$

darstellt. Damit ergibt sich analog zu (2.1.28)

$$\begin{aligned} \Delta\varrho(\boldsymbol{k}, \omega) &= \langle \varrho_{\boldsymbol{k}} \rangle - \varrho_0(\boldsymbol{k}, \omega) = - \langle\!\langle \varrho_{\boldsymbol{k}}; \varrho_{-\boldsymbol{k}} \rangle\!\rangle_\omega \frac{e}{\mathscr{V}} \varphi_0(\boldsymbol{k}, \omega) \\ &= + \frac{e^2}{\varepsilon_0 \boldsymbol{k}^2 \mathscr{V}} \langle\!\langle \varrho_{\boldsymbol{k}}; \varrho_{-\boldsymbol{k}} \rangle\!\rangle_\omega\, \varrho_0(\boldsymbol{k}, \omega)\,. \end{aligned} \tag{5.4.24}$$

Der Vergleich mit (5.4.21) liefert

$$\frac{1}{\varepsilon(\boldsymbol{k}, \omega)} = 1 + \frac{e^2}{\varepsilon_0 \mathscr{V} \boldsymbol{k}^2} \langle\!\langle \varrho_{\boldsymbol{k}}; \varrho_{-\boldsymbol{k}} \rangle\!\rangle_\omega \tag{5.4.25}$$

als Bestimmungsgleichung für den reziproken dielektrischen Tensor, worin ebenfalls eine spezielle Zwei-Teilchen-Funktion auftritt.

Zusammenfassend kann damit gesagt werden, daß die Gleichgewichtseigenschaften eines wechselwirkenden Elektronensystems häufig durch die GREENsche Ein-Teilchen-Funktion beschrieben werden, die Reaktion des Systems auf äußere Felder dagegen durch spezielle Zwei-Teilchen-Funktionen. Höhere GREENsche Funktionen treten in den zugehörigen Bewegungsgleichungen auf.

5.5. Einfache Modelle wechselwirkender Systeme

Die bisherigen Betrachtungen dieses Kapitels wurden für allgemeine Zwei-Teilchen-Wechselwirkungen $v(\boldsymbol{r}, \boldsymbol{r}')$ durchgeführt. Zur Untersuchung spezieller Fragen ist jedoch oft die Berücksichtigung allgemeinster Wechselwirkungen nicht erforderlich. Häufig ist es möglich, einfache Ansätze zu benutzen, die es gestatten, die jeweils interessierende experimentelle oder theoretische Problematik zu untersuchen, aber gleichzeitig unnötige mathematische Schwierigkeiten zu vermeiden. Derartige Vereinfachungen werden durch Modellvorstellungen realisiert, über deren prinzipielle Bedeutung bereits in Kapitel 1. gesprochen wurde. Einige besonders einfache Modelle, die jedoch noch eine echte Wechselwirkung enthalten, sollen im vorliegenden Abschnitt kurz vorgestellt werden.

Zur Untersuchung des prinzipiellen Einflusses der Zwei-Teilchen-Wechselwirkung auf elektronische Eigenschaften wird häufig das sogenannte HUBBARD-Modell benutzt. Darin wird nur eine Wechselwirkung zwischen Elektronen, die sich in WANNIER-Zuständen zum gleichen Gitterplatz befinden, berücksichtigt; Wechselwirkungen zwischen verschiedenen WANNIER-Zuständen werden dagegen vernachlässigt:

$$v_{ijlm} = U\,\delta_{ij}\delta_{il}\delta_{im}\,. \tag{5.5.1}$$

In einem Ein-Band-Modell gibt es zu jedem Gitterplatz nur zwei Zustände, die sich durch den Spin σ unterscheiden. Der HAMILTON-Operator (5.1.4) erhält dadurch die Gestalt

$$H = \sum_{ij\sigma} t_{ij} c^+_{i\sigma} c_{j\sigma} + U \sum_i n_{i\uparrow} n_{i\downarrow}\,, \quad n_{i\sigma} = c^+_{i\sigma} c_{i\sigma} \tag{5.5.2}$$

bzw. nach FOURIER-Transformation

$$H = \sum_{k\sigma} \varepsilon_k n_{k\sigma} + \frac{U}{N} \sum_{kk'q} c^+_{k\uparrow} c_{k-q\uparrow} c^+_{k'\downarrow} c_{k'+q\downarrow}\,, \quad n_{k\sigma} = c^+_{k\sigma} c_{k\sigma}\,. \tag{5.5.3}$$

Mitunter wird auch eine „gemischte“ Darstellung

$$H = \sum_{k\sigma} \varepsilon_k n_{k\sigma} + U \sum_i n_{i\uparrow} n_{i\downarrow} \tag{5.5.4}$$

benutzt. Dieses Modell wird als einfache Beschreibungsmöglichkeit für Oxide und Chalcogenide von Übergangsmetallen verwendet; auch magnetische Eigenschaften von Übergangsmetallen und Seltenen Erden werden im Rahmen dieses Modells beschrieben. In diesen Systemen ist der interatomare Abstand der Metall-Ionen relativ groß gegen die Ausdehnung ihrer d-Schalen, so daß die Abnahme (5.5.1) einigermaßen gerechtfertigt erscheint. Darüber hinaus enthält das Modell jedoch noch weitere wesentliche Vernachlässigungen, insbesondere die Beschränkung auf ein einzelnes Band. Weiterhin sei bemerkt, daß das HUBBARD-Modell trotz seiner relativ einfachen Gestalt ein echtes Viel-Teilchen-System mit allen diesbezüglichen Schwierigkeiten (siehe Kapitel 1.) ist. Insbesondere existieren einige singuläre Eigenschaften, die die Behandlung dieses Modells erschweren, andererseits aber zu intensiven Untersuchungen führen.

Ein anderes einfaches Modell ist der BCS-Operator (nach BARDEEN, COOPER und SCHRIEFFER, siehe auch Abschnitt 7.4.), der in der Theorie der Supraleitung verwendet wird. Ausgangspunkt ist die Beobachtung, daß infolge der Elektron-Phonon-Kopplung die effektive Wechselwirkung der Elektronen in einem schmalen Bereich der Breite $2\bar{\omega}$ in der Nähe der FERMI-Oberfläche anziehend werden kann, wobei eine besonders starke Anziehung für Elektronen mit entgegengesetztem Impuls und Spin auftritt. Je zwei solcher Elektronen bilden dann ein COOPER-Paar, dessen Bindungsenergie für die supraleitenden Eigenschaften von großer Bedeutung ist. Im BCS-Operator wird nun diese effektive Wechselwirkung berücksichtigt, dagegen von allen anderen Einflüssen abgesehen. Der Ansatz für die Wechselwirkung lautet

$$v_{kk'}(q) = \begin{cases} -\dfrac{\gamma}{N}\,\delta_{k',\,-k}\delta_{\sigma',\,-\sigma} & \text{für} \quad \varepsilon_F - \bar{\omega} \leqq \varepsilon_k, \varepsilon_{k'} \leqq \varepsilon_F + \bar{\omega}\,, \\ 0 \quad \text{sonst}\,. \end{cases} \tag{5.5.5}$$

Der Modell-Operator erhält damit die Gestalt

$$H = \sum_{k\sigma} \varepsilon_k n_{k\sigma} - \frac{\gamma}{2N} \sum_{kq\sigma}^{(\bar{\omega})} c_{k\sigma}^+ c_{-k-\sigma}^+ c_{-k+q-\sigma} c_{k-q\sigma} \tag{5.5.6}$$

bzw. nach Umbenennung der Summationsindices

$$H = \sum_{k\sigma} \varepsilon_k n_{k\sigma} - \frac{\gamma}{N} \sum_{kk'}^{(\bar{\omega})} c_{k\uparrow}^+ c_{-k\downarrow}^+ c_{-k'\downarrow} c_{k'\uparrow}\,. \tag{5.5.7}$$

Das Symbol $(\bar{\omega})$ bedeutet, daß die Summation nur über eine Schicht der Breite $2\bar{\omega}$ um die FERMI-Energie ε_F auszuführen ist. $\bar{\omega}$ besitzt die Größenordnung der DEBYE-Frequenz ω_D.

Für eine große Gruppe von Substanzen (Übergangsmetalle und Seltene Erden) ist wesentlich, daß in der Nähe eines breiten *s*-Bandes ein relativ schmales Energieband (*d*- oder *f*-Band) liegt. Da die Bandbreite der *d*- bzw. *f*-Bänder oft sehr gering ist (dies gilt z. B. für verschiedene Verbindungen von Übergangsmetallen), betrachtet man diese Elektronen als lokalisiert, so daß sie keinen Beitrag zur kinetischen Energie liefern. Für die Eigenschaften dieser Systeme ist nun die Wechselwirkung zwischen den lokalen Niveaus und den *s*-Elektronen sehr wichtig, die als *s*-*d*- bzw. *s*-*f*-Wechselwirkung bezeichnet wird. Da diese Wechselwirkung nur an den Gitterplätzen der lokalisierten Elektronen erfolgen kann, besitzt der Modell-Operator die Gestalt

$$H = \sum_{k\sigma} \varepsilon_k n_{k\sigma} + \sum_{ikq\sigma\sigma'} v_i^{\sigma\sigma'}(q)\, c_{k\sigma}^+ c_{k+q\sigma} d_{i\sigma'}^+ d_{i\sigma'}\,, \tag{5.5.8}$$

worin die Operatoren $d_{i\sigma}^+, d_{i\sigma}$ die lokalen Zustände beschreiben. Wechselwirkungen innerhalb des *s*-Bandes oder zwischen lokalisierten Elektronen an verschiedenen Gitterplätzen werden vernachlässigt. (5.5.8) wird *s*-*d*(*s*-*f*)-Austauschmodell genannt.

Schließlich sei noch ein Modelloperator für die Elektron-Phonon-Wechselwirkung angegeben, obwohl damit der Rahmen reiner Elektronensysteme gesprengt wird. Es wird von der Vorstellung ausgegangen, daß zur Erzeugung eines Phonons eine Impulsabgabe aus dem Elektronensystem erforderlich ist; bei der Vernichtung eines Phonons wird ein entsprechender Impuls im Elektronensystem erzeugt. Der einfachste Ansatz, der dieser Vorstellung entspricht, ist der

FRÖHLICH-Operator

$$H = \sum_{k\sigma} \varepsilon_k n_{k\sigma} + i \sum_{kq\sigma} v_k(q)\, c^+_{k\sigma} c_{k+q\sigma} (a^+_q - a_{-q}) + \sum_q \omega(q)\, a^+_q a_q . \tag{5.5.9}$$

a^+_q und a_q sind Erzeugungs- und Vernichtungsoperatoren der Phononen, $\bar{\omega}(q)$ beschreibt das Spektrum des ungestörten Phononensystems. Die Wechselwirkung zwischen Elektronen und Phononen wird durch die Elektron-Phonon-Kopplung $v_k(q)$ beschrieben. (Siehe hierzu auch Abschnitt 13.3.)

6. Effektiv-Feld-Methoden

6.1. Hartree-Fock-Näherung

Für Systeme mit Wechselwirkung, wie sie im vorigen Kapitel untersucht wurden, bilden die Bewegungsgleichungen für die GREENschen Funktionen eine Gleichungshierarchie. Beispiele hierfür sind (5.1.12) und (5.1.13). Derartige Hierarchien sind nur in sehr wenigen Sonderfällen (Systeme mit Oszillatorwechselwirkung, ein- und zweidimensionales ISING-Modell, verschiedene eindimensionale Systeme) lösbar. Für nahezu alle praktisch interessierenden Fälle können dagegen keine exakten Lösungen gefunden werden. Daher sind Näherungen erforderlich, bei denen durch Zusatzannahmen (z. B. Kleinheit irgendeines Parameters) ein Abbruch der Gleichungshierarchie erreicht wird.

Die einfachste Möglichkeit für derartige Näherungen besteht darin, den HAMILTON-Operator des Systems so zu vereinfachen, daß die Bewegungsgleichung ein abgeschlossenes Gleichungssystem ergibt. Nach den Überlegungen von Kapitel 5. bedeutet dies, daß der Wechselwirkungsterm, der die Ursache für das Entstehen der Gleichungshierarchie darstellt, näherungsweise durch einen Term ohne Zwei-Teilchen-Wechselwirkung ersetzt wird.

Als Ausgangspunkt für eine derartige Vereinfachung wird das Produkt zweier beliebiger Operatoren A und B betrachtet. Es gilt die Identität

$$AB = (A - a)(B - b) + Ab + aB - ab\,. \qquad (6.1.1)$$

Wenn hierin a und b gewöhnliche Zahlen (keine Operatoren) sind und diese so gewählt werden, daß der Mittelwert des ersten Terms der rechten Seite von (6.1.1) klein ist, dann läßt sich das Operatorprodukt AB näherungsweise durch eine Linearkombination von A und B ersetzen.

Im Rahmen der HARTREE-FOCK-Näherung werden für die Parameter a und b die Mittelwerte $\langle A\rangle$ und $\langle B\rangle$ der betrachteten Operatoren gewählt. In Fällen, bei denen nur geringe Fluktuationen um die Mittelwerte auftreten, gilt dann

$$AB \approx A\langle B\rangle + \langle A\rangle B - \langle A\rangle\langle B\rangle\,. \qquad (6.1.2)$$

(Der letzte Term kann auch weggelassen werden, da er keine Operatoren mehr enthält und somit keinen Beitrag zur Bewegungsgleichung liefert.) In Fällen, bei denen größere Fluktuationen um die Mittelwerte auftreten, ist eine solche Näherung natürlich nicht anwendbar.

Wie (6.1.2) zeigt, besteht eine Näherungsmöglichkeit offenbar darin, in einem Operatorenprodukt einzelne Operatoren durch ihren Mittelwert zu ersetzen und alle so entstehenden Ausdrücke zu addieren. Diese Vorschrift soll nun auf den

HAMILTON-Operator (5.1.7) angewendet werden. Da Erwartungswerte, bei denen c- und c^+-Operatoren nicht paarweise auftreten, aus Gründen der Teilchenzahl-Erhaltung identisch verschwinden, folgt

$$H \approx \sum_{k\sigma} \varepsilon_k c_{k\sigma}^+ c_{k\sigma} + \frac{1}{2} \sum_{kk'q\sigma\sigma'} v_{kk'}(q) \left[c_{k\sigma}^+ c_{k-q\sigma} \langle c_{k'\sigma'}^+ c_{k'+q\sigma'} \rangle \right.$$

$$+ \langle c_{k\sigma}^+ c_{k-q\sigma} \rangle c_{k'\sigma'}^+ c_{k'+q\sigma'} - c_{k\sigma}^+ c_{k'+q\sigma'} \langle c_{k'\sigma'}^+ c_{k-q\sigma} \rangle$$

$$\left. - \langle c_{k\sigma}^+ c_{k'+q\sigma'} \rangle c_{k'\sigma'}^+ c_{k-q\sigma} \right] . \tag{6.1.3}$$

Die Minus-Zeichen entstehen durch die Vertauschungseigenschaften der FERMI-Operatoren. (6.1.3) kann weiter vereinfacht werden, da infolge der Erhaltungssätze für Impuls und Spin die Relation

$$\langle c_{k\sigma}^+ c_{k'\sigma'} \rangle = \langle n_{k\sigma} \rangle \, \delta_{kk'} \delta_{\sigma\sigma'} \tag{6.1.4}$$

gilt. Dies liefert

$$H \approx \sum_{k\sigma} \varepsilon_k n_{k\sigma} + \sum_{kk'q\sigma\sigma'} v_{kk'}(q) \left[n_{k\sigma} \langle n_{k'\sigma'} \rangle \, \delta_{q,0} - n_{k\sigma} \langle n_{k'\sigma'} \rangle \, \delta_{q,k-k'} \delta_{\sigma\sigma'} \right] . \tag{6.1.5}$$

Nach Ausführung der q-Summation ergibt sich schließlich

$$H \approx \sum_{k\sigma} \varepsilon_{k\sigma}^{\text{eff}} n_{k\sigma} , \qquad \varepsilon_{k\sigma}^{\text{eff}} = \varepsilon_k + v_{k\sigma}^{\text{HF}} \tag{6.1.6}$$

mit

$$v_{k\sigma}^{\text{HF}} = \sum_{k'\sigma'} \left[v_{kk'}(0) - v_{kk'}(k - k') \, \delta_{\sigma\sigma'} \right] \langle n_{k'\sigma'} \rangle . \tag{6.1.7}$$

$v_{k\sigma}^{\text{HF}}$ wird als HARTREE-FOCK-Potential bezeichnet. Den ersten Summanden in (6.1.7) nennt man „direkte Wechselwirkung“, den zweiten „Austauschpotential“. Der HAMILTON-Operator erhält im Rahmen dieser Näherung die gleiche Gestalt wie im wechselwirkungsfreien Fall (4.1.9), wobei eine effektive spinabhängige Bandenergie $\varepsilon_{k\sigma}^{\text{eff}}$ auftritt. Der physikalische Inhalt dieser Näherung ist aus (6.1.7) ersichtlich: Statt der Wechselwirkung zwischen je zwei Elektronen wird die Wechselwirkung eines Elektrons mit einem effektiven Feld betrachtet, das durch die mittlere Verteilung aller anderen Elektronen erzeugt wird.

Die Bewegungsgleichung für die GREENsche Ein-Teilchen-Funktion (sowie alle weiteren Funktionen, siehe Abschnitt 6.3.) kann nun sofort gelöst werden. Indem in (4.2.5) ε_k durch $\varepsilon_{k\sigma}^{\text{eff}}$ ersetzt wird, entsteht

$$G_{k\sigma}(\omega) = \frac{1}{\omega - \varepsilon_{k\sigma}^{\text{eff}} + \mu} . \tag{6.1.8}$$

Für die Selbst-Energie folgt aus dem Vergleich mit (5.2.3)

$$M_{k\sigma}(\omega) = v_{k\sigma}^{\text{HF}} , \tag{6.1.9}$$

in dieser Näherung also ein ω-unabhängiger Ausdruck. Die innere Energie kann aus (5.3.7) gewonnen werden; es ergibt sich

$$E = \frac{i}{4\pi} \sum_{k\sigma} \int \frac{d\omega}{e^{\beta\omega} + 1} (\varepsilon_k + \omega + \mu)$$

$$\cdot \lim_{\delta \to 0^+} \left[\frac{1}{\omega - \varepsilon_{k\sigma}^{\text{eff}} + \mu + i\delta} - \frac{1}{\omega - \varepsilon_{k\sigma}^{\text{eff}} + \mu - i\delta} \right]$$

$$= \frac{1}{2} \sum_{k\sigma} \int \frac{d\omega}{e^{\beta\omega} + 1} (\varepsilon_k + \omega + \mu)\, \delta(\omega - \varepsilon_k - v_{k\sigma}^{\text{HF}} + \mu)$$

$$= \frac{1}{2} \sum_{k\sigma} \int \frac{d\omega}{e^{\beta(\omega - \mu)} + 1} (\varepsilon_k + \omega)\, \delta(\omega - \varepsilon_k - v_{k\sigma}^{\text{HF}}). \tag{6.1.10}$$

Ausführung der ω-Integration liefert

$$E = \sum_{k\sigma} \left(\varepsilon_k + \frac{1}{2} v_{k\sigma}^{\text{HF}} \right) \frac{1}{e^{\beta\left(\varepsilon_k + v_{k\sigma}^{\text{HF}} - \mu\right)} + 1}. \tag{6.1.11}$$

Die Spektraldichte erhält nach (5.3.13) die einfache Gestalt

$$A_{k\sigma}(\omega) = \delta(\omega - \varepsilon_k - v_{k\sigma}^{\text{HF}} + \mu), \tag{6.1.12}$$

für die Besetzungsfunktion gilt im Rahmen der HARTREE-FOCK-Näherung

$$\langle n_{k\sigma} \rangle = \frac{1}{e^{\beta\left(\varepsilon_k + v_{k\sigma}^{\text{HF}} - \mu\right)} + 1}. \tag{6.1.13}$$

In der letzten Gleichung wird eine typische Schwierigkeit der betrachteten Näherung deutlich: Alle Größen werden im wesentlichen durch $v_{k\sigma}^{\text{HF}}$ bestimmt. Nach (6.1.7) wird aber zur Berechnung von $v_{k\sigma}^{\text{HF}}$ die Elektronenverteilung $\langle n_{k\sigma} \rangle$ benötigt. Es muß daher zunächst die Gleichung (6.1.13) selbstkonsistent gelöst werden; erst dann sind die weiteren Systemgrößen berechenbar. Dies ist ein Ausdruck für die Tatsache, daß die Bewegung der Elektronen durch das effektive Potential beeinflußt, dieses aber erst durch die mittlere Verteilung der Elektronen im System gebildet wird.

Da die HARTREE-FOCK-Näherung gegenüber einem wechselwirkungsfreien System lediglich eine veränderte Bandenergie liefert, kann das Anregungsspektrum in Analogie zu Abschnitt 4.4. berechnet werden. Es entsteht ebenfalls ein Kontinuum von Ein-Teilchen-Anregungen mit den Anregungsenergien

$$\omega_k^{\sigma\sigma'}(q) = \varepsilon_{k+q\sigma'}^{\text{eff}} - \varepsilon_{k\sigma}^{\text{eff}}. \tag{6.1.14}$$

Ein Beispiel hierfür wird im nächsten Abschnitt besprochen werden.

6.2. Stoner-Theorie

In diesem Abschnitt sollen die magnetischen Eigenschaften eines Elektronensystems behandelt werden, soweit sie im Rahmen eines effektiven Ein-Teilchen-Modells erfaßt werden können. Dabei wird vom HUBBARD-Operator (5.5.3) ausgegangen, da dieses Modell eine relativ einfache Struktur besitzt und kompliziertere Ansätze im Rahmen der HARTREE-FOCK-Näherung zu analogen Aussagen führen. Wegen

$$v_{\boldsymbol{k}\boldsymbol{k}'}(\boldsymbol{q}) = \frac{U}{N}\,\delta_{\sigma',\,-\sigma} \tag{6.2.1}$$

ergibt sich die effektive Bandenergie

$$\varepsilon^{\text{eff}}_{\boldsymbol{k}\sigma} = \varepsilon_{\boldsymbol{k}} + U n_{-\sigma}, \qquad n_\sigma = \frac{1}{N}\sum_{\boldsymbol{k}} \langle n_{\boldsymbol{k}\sigma}\rangle\,. \tag{6.2.2}$$

Der Austauschanteil des HARTREE-FOCK-Potentials entfällt, da im betrachteten Modell nur Elektronen mit entgegengesetztem Spin miteinander wechselwirken.

Nach (6.2.2) werden die Elektronenbänder durch die Elektron-Elektron-Wechselwirkung um einen von $\boldsymbol{k}$ unabhängigen Betrag verschoben. Die Verschiebung ist proportional zur Dichte der Elektronen, deren Spin dem des betrachteten Elektrons entgegengesetzt gerichtet ist. Mit Einführung der relativen Magnetisierung m durch

$$n_\sigma = \frac{1}{2}\left(n + (\delta_{\sigma\uparrow} - \delta_{\sigma\downarrow})\, m\right), \qquad n = n_\uparrow + n_\downarrow\,, \qquad m = n_\uparrow - n_\downarrow \tag{6.2.3}$$

folgt

$$\varepsilon^{\text{eff}}_{\boldsymbol{k}\sigma} = \left(\varepsilon_{\boldsymbol{k}} + \frac{U}{2}\, n\right) - \frac{U}{2}\, m(\delta_{\sigma\uparrow} - \delta_{\sigma\downarrow})\,. \tag{6.2.4}$$

Das ursprüngliche Band $\varepsilon_{\boldsymbol{k}}$ spaltet daher in zwei Teilbänder auf, wobei die Aufspaltung proportional zur relativen Magnetisierung m und zu U ist und beide Teilbänder relativ zu $\varepsilon_{\boldsymbol{k}}$ verschoben sind. Dieser Sachverhalt wird für ein parabolisches Band in Abbildung 6.2.1 dargestellt.

Für die GREENsche Ein-Teilchen-Funktion sowie die daraus ableitbaren Größen, wie z. B. Zustandsdichte und innere Energie, können direkt die entsprechenden Ausdrücke von Abschnitt 6.1. verwendet werden, wobei

$$v^{\text{HF}}_{\boldsymbol{k}\sigma} = U n_{-\sigma} = \frac{U}{2}\left(n - (\delta_{\sigma\uparrow} - \delta_{\sigma\downarrow})\, m\right) \tag{6.2.5}$$

gilt, wie aus dem Vergleich von (6.2.2) und (6.1.6) folgt. Das HARTREE-FOCK-Potential und damit auch der Massenoperator sind also in dieser Näherung $\boldsymbol{k}$-unabhängig.

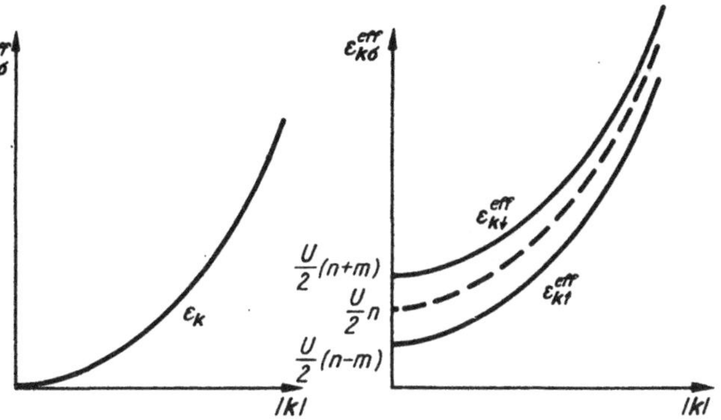

Abb. 6.2.1. Bandaufspaltung im STONER-Modell
a) $U = 0$ b) $U \neq 0$

Von besonderem Interesse ist das Anregungsspektrum des betrachteten Modells. Nach (6.1.14) gilt

$$\omega_k^{\sigma\sigma'}(q) = \varepsilon^{\text{eff}}_{k+q\sigma'} - \varepsilon^{\text{eff}}_{k\sigma} = \varepsilon_{k+q} - \varepsilon_k + U(n_{-\sigma'} - n_{-\sigma}) . \tag{6.2.6}$$

Bei Anregungen ohne Änderung des Spins ergibt sich hier das gleiche Resultat wie im wechselwirkungsfreien Fall (4.4.5). Die Ursache dafür ist, daß für jede Spinrichtung lediglich eine starre Bandverschiebung erfolgt, so daß bei Übergängen innerhalb eines Teilbandes die Energiedifferenzen nicht verändert werden. Eine andere Situation liegt vor, wenn bei der Anregung der Elektronenspin umgeklappt wird, also Übergänge zwischen verschiedenen Teilbändern erfolgen. Derartige Anregungen werden durch den Operator

$$A_k^{\uparrow\downarrow}(q) = c^+_{k+q\downarrow} c_{k\uparrow} \tag{6.2.7}$$

beschrieben. Die zugehörige Anregungsenergie ist

$$\omega_k^{\uparrow\downarrow}(q) = \varepsilon_{k+q} - \varepsilon_k + U(n_\uparrow - n_\downarrow) = \varepsilon_{k+q} - \varepsilon_k + Um , \tag{6.2.8}$$

hängt also von der Stärke der Wechselwirkung U sowie der relativen Magnetisierung m ab. Gegenüber dem in Abschnitt 4.4. diskutierten Verhalten ergibt sich hier eine Verschiebung des Kontinuums, die in Abbildung 6.2.2 dargestellt ist. Das entstehende Kontinuum der möglichen Anregungsenergien (schraffierter Bereich) bezeichnet man als STONER-Kontinuum. Je nachdem, ob Anregungsenergien $\omega = 0$ darin enthalten sind oder nicht, spricht man von „schwachem“ oder „starkem“ Ferromagnetismus.

Wie die bisherigen Betrachtungen dieses Abschnitts zeigen, hängen viele Eigenschaften des Systems wesentlich von der relativen Magnetisierung m ab. Nach (6.2.3) ist m durch die Besetzungsfunktionen n_σ gegeben. Diese sind jedoch zu-

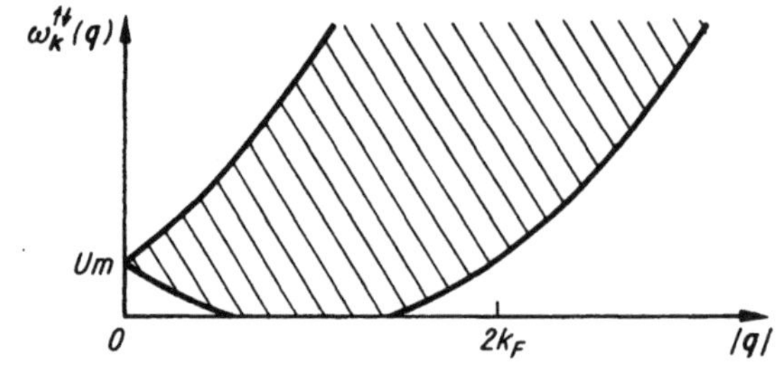

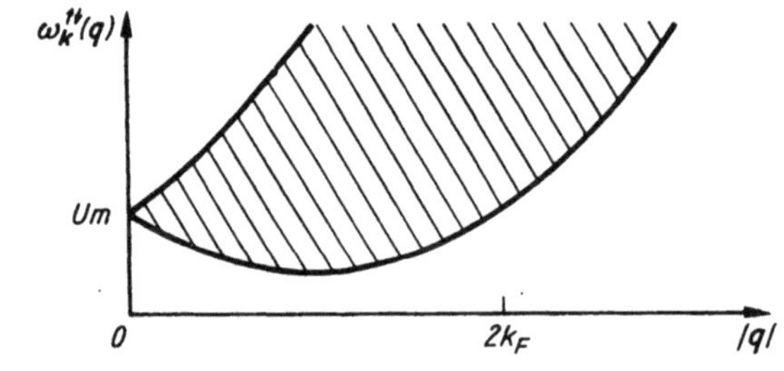

Abb. 6.2.2. STONER-Kontinuum für kugelsymmetrischen FERMI-Körper ($\varepsilon_k = k^2/2m^*$)
a) $Um < \varepsilon_F$ („schwacher" Ferromagnetismus)
b) $Um > \varepsilon_F$ („starker" Ferromagnetismus)

nächst noch unbekannt und müssen aus (6.1.13) selbstkonsistent bestimmt werden. Wegen (6.2.5) entsteht die Beziehung

$$n_\sigma = \frac{1}{N} \sum_{\boldsymbol{k}} \langle n_{\boldsymbol{k}\sigma} \rangle = \frac{1}{N} \sum_{\boldsymbol{k}} \frac{1}{e^{\beta(\varepsilon_{\boldsymbol{k}} + U n_{-\sigma} - \mu)} + 1}\,. \tag{6.2.9}$$

Bei Verwendung von (6.2.3) folgt

$$m = \frac{1}{N} \sum_{\boldsymbol{k}} \left[\frac{1}{e^{\beta\left(\varepsilon_{\boldsymbol{k}} + \frac{U}{2} n - \frac{U}{2} m - \mu\right)} + 1} - \frac{1}{e^{\beta\left(\varepsilon_{\boldsymbol{k}} + \frac{U}{2} n + \frac{U}{2} m - \mu\right)} + 1} \right] \tag{6.2.10}$$

als Bestimmungsgleichung für m. Eine einfache Umformung ergibt

$$m = \sinh \frac{\beta U m}{2} \cdot \frac{1}{N} \sum_{\boldsymbol{k}} \frac{1}{\cosh \frac{\beta U m}{2} + \cosh \beta \left(\varepsilon_{\boldsymbol{k}} + \frac{U}{2} n - \mu \right)}\,. \tag{6.2.11}$$

Schließlich kann durch Verwendung von (4.3.7) die Zustandsdichte $D(\omega)$ eingeführt werden; man erhält

$$m = \frac{1}{2} \sinh \frac{\beta U m}{2} \int d\omega \frac{D(\omega)}{\cosh \frac{\beta U m}{2} + \cosh \beta \left(\omega + \frac{U}{2} n - \mu \right)}\,. \tag{6.2.12}$$

Aus (6.2.12) ist ersichtlich, daß der unmagnetische Zustand $m = 0$ stets eine Lösung der Gleichung darstellt. Es muß nun untersucht werden, ob und unter welchen Bedingungen daneben auch magnetische Lösungen $m \neq 0$ existieren. Falls dies der Fall ist, sind stets beide Vorzeichen von m möglich, da (6.2.12) gegen Vorzeichenänderung von m invariant ist.

Zunächst wird der Fall sehr hoher Temperaturen betrachtet. Für $\beta \to 0$ ($T \to \infty$) soll (6.2.12) bis zur 1. Ordnung in β entwickelt werden. Unter Beachtung der Normierung der Zustandsdichte entsteht

$$m = \frac{1}{2} \frac{\beta U m}{2} \int d\omega \frac{D(\omega)}{2} = \frac{\beta U m}{4}, \tag{6.2.13}$$

so daß bei festgehaltenem U für $\beta \to 0$ nur die Lösung $m = 0$ existiert. Wenn also überhaupt Zustände mit $m \neq 0$ möglich sind, dann nur bei genügend kleinen Temperaturen, d. h. unterhalb einer kritischen Temperatur T_c.

Diese kritische Temperatur kann aus der Forderung abgeleitet werden, daß die Lösung $m \neq 0$ in die Lösung $m = 0$ übergeht. Zur Bestimmung von T_c wird daher (6.2.12) für kleine m entwickelt. Nach Division durch m (wegen $m \neq 0$ möglich) folgt

$$\frac{\beta_c U}{4} \int d\omega \frac{D(\omega)}{1 + \cosh \beta_c \left(\omega + \frac{U}{2} n - \mu\right)} = 1 \tag{6.2.14}$$

als Bestimmungsgleichung für $\beta_c = 1/k_B T_c$. Für $T > T_c$ ($\beta < \beta_c$) existiert nur die Lösung $m = 0$, für $T < T_c$ sind die drei Lösungen $m = 0$, $m = m_0$ und $m = -m_0$ möglich, wobei m_0 aus (6.2.12) berechnet werden muß.

Es ist nun zu klären, welche der drei möglichen Lösungen die thermodynamisch stabile ist. Für $T = 0$ kann aus (5.3.12) die Energie berechnet werden, wobei dasjenige $\boldsymbol{m}$, welches den niedrigsten Energiewert liefert, dem stabilen Zustand entspricht. Bei endlichen Temperaturen muß jedoch das Verhalten der Freien Energie F als Funktion von m diskutiert werden.[6.1]

F ist eine gerade Funktion von m, da alle Gleichungen dieses Abschnitts invariant gegen Vorzeichenänderung von m sind (der Übergang $m \to -m$ entspricht einer Drehung des Systems um 180°). Die möglichen stationären Lösungen

[6.1] Vgl. die LANDAU-Theorie der Phasen-Übergänge, dargestellt z. B. in L. D. LANDAU, E. M. LIFSCHITZ, „Lehrbuch der Theoretischen Physik V, Statistische Physik", 4. Auflage, Akademie-Verlag, Berlin 1975.

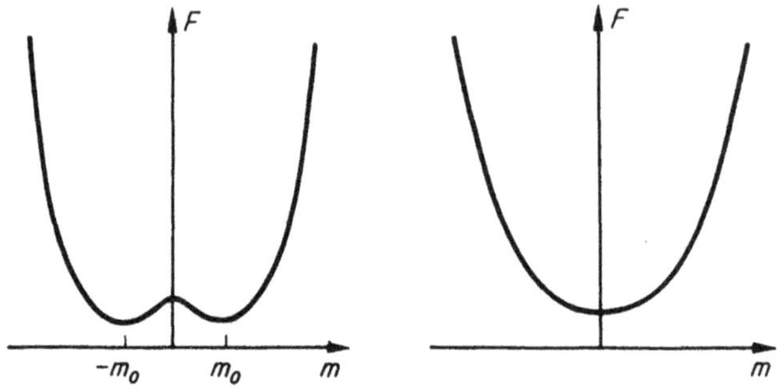

Abb. 6.2.3. Freie Energie F als Funktion der relativen Magnetisierung m
a) $T < T_C$ b) $T > T_C$

entsprechen den Stellen $\partial F/\partial m = 0$, d. h. den Extremalwerten von F. Schließlich kann m nicht beliebig vergrößert werden, so daß F für große Werte von $|m|$ anwachsen muß. Daher besitzt die Freie Energie als Funktion der relativen Magnetisierung m quantitativ das in Abbildung 6.2.3 dargestellte Verhalten. Hieraus kann der Schluß gezogen werden, daß dann, wenn eine Lösung $m \neq 0$ existiert, diese dem thermodynamisch stabilen Zustand entspricht, wobei beide Vorzeichen von m gleichberechtigt sind.

Bei Temperaturerhöhung verschieben sich die beiden Minima von Abbildung 6.2.3a zum Wert $m = 0$, so daß die relative Magnetisierung abnimmt. Für $T \geqq T_c$ tritt nur noch ein Minimum bei $m = 0$ auf (Abbildung 6.2.3b). Um das Verhalten von m für $T \to T_c$ zu klären, kann (6.2.12) für kleine Werte von m entwickelt werden. Mit β_c aus (6.2.14) sowie unter Beachtung von $T \approx T_c$ entsteht

$$m = \frac{\beta}{\beta_c} m - Am^3 + \dots, \quad A > 0. \tag{6.2.15}$$

A ist ein durch die Entwicklung nach m entstehender Parameter, dessen genaue Gestalt hier nicht wichtig ist. Auflösung von (6.2.15) nach m liefert bei Vernachlässigung höherer Ordnungen

$$m = \sqrt{\frac{1}{A}\left(\frac{\beta}{\beta_c} - 1\right)} = A' \sqrt{T_c - T}. \tag{6.2.16}$$

Qualitativ ergibt sich für die relative Magnetisierung m daher das Verhalten von Abbildung 6.2.4.

Schließlich bleibt noch zu klären, ob überhaupt ein Gebiet existiert, in dem eine Lösung $m \neq 0$ möglich ist. Nach den bisherigen Überlegungen ist dies dann der Fall, wenn (6.2.14) eine Lösung besitzt und somit ein endlicher Wert für T_c berechnet werden kann. Wir untersuchen daher das Verhalten von (6.2.14) für

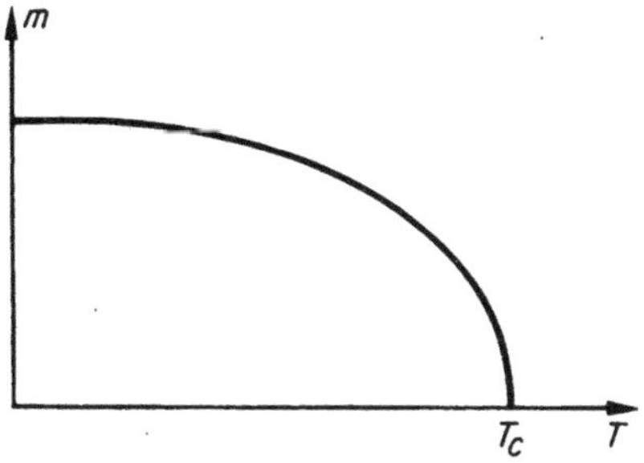

Abb. 6.2.4. Relative Magnetisierung m als Funktion der Temperatur T

$T_c \to 0$ ($\beta_c \to \infty$). Unter Benutzung der Beziehung

$$\lim_{\alpha \to \infty} \frac{\alpha}{1 + \cosh \alpha x} = 2\delta(x) \tag{6.2.17}$$

(für $x \neq 0$ verschwindet die linke Seite, da $\cosh \alpha x$ wesentlich stärker gegen Unendlich geht als α; das Integral über die gesamte x-Achse ergibt den Wert 2) entsteht

$$1 = \frac{U}{4} \int d\omega \, D(\omega) \cdot 2\delta\left(\omega + \frac{U}{2} n - \mu\right) = \frac{U}{2} D\left(\mu - \frac{U}{2} n\right). \tag{6.2.18}$$

Das chemische Potential μ kann für $T = 0$ durch die FERMI-Energie ε_F freier Elektronen ausgedrückt werden. Da nach (6.2.4) für $m = 0$ lediglich eine starre Bandverschiebung um $Un/2$ gegenüber dem ungestörten Band ε_k erfolgt (siehe auch Abb. 6.2.1 b) und die mittlere Teilchenzahl erhalten bleibt, gilt

$$\mu|_{T=0} = \varepsilon_F + \frac{U}{2} n. \tag{6.2.19}$$

Damit ergibt sich

$$\frac{U}{2} D(\varepsilon_F) \geqq 1 \tag{6.2.20}$$

als Bedingung für die Existenz magnetischer Lösungen ($m \neq 0$) im Rahmen dieses Modells. Das Gleichheitszeichen läßt $m \neq 0$ nur für $T = 0$ zu; falls die linke Seite von (6.2.20) größer als 1 ist, existiert eine endliche kritische Temperatur. (6.2.20) wird als STONER-Kriterium bezeichnet. Die Lösung $m \neq 0$ ist, wie oben gezeigt, die thermodynamisch stabile.

Die recht einfache Beziehung (6.2.20) erlaubt eine qualitative Diskussion des magnetischen Verhaltens von Übergangsmetallen. Im Periodischen System der Elemente nimmt die Zahl der d-Elektronen zu, wenn innerhalb einer Reihe von Übergangsmetallen von links nach rechts gegangen wird. Damit wächst ε_F. Da nun in der Bandstruktur kubisch-flächenzentrierter Gitter, die von vielen Übergangsmetallen gebildet werden, ein deutlich ausgeprägtes Maximum (peak) an der oberen Bandkante vorhanden ist, nimmt dementsprechend auch $D(\varepsilon_F)$ zu. Andererseits wird der Betrag des Wechselwirkungsparameters U kleiner, wenn von einer Reihe des Periodischen Systems zur darunterliegenden übergegangen wird (z. B. von den $3d$- zu den $4d$-Metallen), da die Abschirmung der COULOMB-Kräfte bei größerer Gesamtelektronenzahl stärker wirksam ist. Nach (6.2.20) müßte demnach die Tendenz zur Bildung magnetisch geordneter Zustände im Periodischen System innerhalb der Gruppe der Übergangsmetalle von links nach rechts zunehmen, von oben nach unten dagegen wieder abnehmen. Dies ist in sehr guter Übereinstimmung mit dem tatsächlich beobachteten Verhalten dieser Elemente. Übrigens zeigen auch die Seltenen Erden die gleiche Tendenz der magnetischen Eigenschaften.

6.3. Meßgrößen

Der HAMILTON-Operator des STONER-Modells ist durch (6.1.6) mit

$$v_{k\sigma}^{\mathrm{HF}} = U n_{-\sigma}, \qquad n_\sigma = \frac{1}{2}(n + (\delta_{\sigma\uparrow} - \delta_{\sigma\downarrow})\, m) \tag{6.3.1}$$

gegeben, wobei m selbstkonsistent bestimmt werden muß. Nunmehr ist es möglich, die Meßgrößen des Modells zu berechnen.

Die transversale Suszeptibilität ist durch (5.4.14) gegeben. Nach FOURIER-Transformation folgt

$$\chi^{+-}(\boldsymbol{q}, \omega) = -g^2 \mu_B^2 \sum_{\boldsymbol{k}\boldsymbol{k}'} \langle\langle c_{\boldsymbol{k}\uparrow}^{+} c_{\boldsymbol{k}+\boldsymbol{q}\downarrow};\, c_{\boldsymbol{k}'\downarrow}^{+} c_{\boldsymbol{k}'-\boldsymbol{q}\uparrow} \rangle\rangle_\omega\,. \tag{6.3.2}$$

Die Bewegungsgleichung für die in (6.3.2) auftretende GREENsche Funktion hat (mit $\eta = +1$) die Gestalt

$$\begin{aligned}&(\omega - \omega_{\boldsymbol{k}}^{\uparrow\downarrow}(\boldsymbol{q}))\, \langle\langle c_{\boldsymbol{k}\uparrow}^{+} c_{\boldsymbol{k}+\boldsymbol{q}\downarrow};\, c_{\boldsymbol{k}'\downarrow}^{+} c_{\boldsymbol{k}'-\boldsymbol{q}\uparrow} \rangle\rangle_\omega \\ &= \langle [c_{\boldsymbol{k}\uparrow}^{+} c_{\boldsymbol{k}+\boldsymbol{q}\downarrow}, c_{\boldsymbol{k}'\downarrow}^{+} c_{\boldsymbol{k}'-\boldsymbol{q}\uparrow}]_- \rangle = (\langle n_{\boldsymbol{k}\uparrow} \rangle - \langle n_{\boldsymbol{k}+\boldsymbol{q}\downarrow} \rangle)\, \delta_{\boldsymbol{k}', \boldsymbol{k}+\boldsymbol{q}}\,,\end{aligned} \tag{6.3.3}$$

wobei $\omega_{\boldsymbol{k}}^{\uparrow\downarrow}(\boldsymbol{q})$ durch (6.2.8) gegeben ist. Nach Einsetzen in (6.3.2) ergibt sich

$$\chi^{+-}(\boldsymbol{q}, \omega) = g^2 \mu_B^2 \sum_{\boldsymbol{k}} \frac{\langle n_{\boldsymbol{k}+\boldsymbol{q}\downarrow} \rangle - \langle n_{\boldsymbol{k}\uparrow} \rangle}{\omega - \omega_{\boldsymbol{k}}^{\uparrow\downarrow}(\boldsymbol{q})}\,. \tag{6.3.4}$$

Die Suszeptibilität wird also hauptsächlich durch das Spektrum der Ein-Teilchen-Anregungen (6.2.8) bestimmt.

Eine wichtige Meßgröße ist die Magnetisierung $M(T)$ des Systems, die entsprechend Abschnitt 5.4. sowie gemäß (6.2.10) bis (6.2.12) durch

$$M(T) = g\mu_B \cdot \frac{1}{2} \sum_i (n_{i\uparrow} - n_{i\downarrow}) = \frac{1}{2}\, N_e g \mu_B m \tag{6.3.5}$$

gegeben ist (N_e = Gesamtelektronenzahl, g = gyromagnetischer Faktor, μ_B = BOHRsches Magneton). Das Verhalten von $M(T)$ in Abhängigkeit von der Temperatur T folgt daher unmittelbar aus den Eigenschaften der relativen Magnetisierung m. Entsprechend Abbildung 6.2.4 ist für $T < T_c$ eine endliche Magnetisierung vorhanden, für $T \geqq T_c$ gilt $M = 0$. Die kritische Temperatur T_c hat daher die Bedeutung der CURIE-Temperatur. Der Maximalwert von $M(T)$ wird für $T = 0$ erreicht. Für große Werte von $\beta(\beta Um/2 \gg 1)$ folgt aus (6.2.12)

$$M(T) = \frac{1}{4} N_e g \mu_B \int d\omega \frac{D(\omega)}{1 + e^{-\beta U \frac{m}{2}} e^{\beta\left|\omega + \frac{U}{2} n - \mu\right|}} . \tag{6.3.6}$$

Für $\beta \to \infty$ entsteht daher unter Beachtung von (4.4.1)

$$M(0) = \frac{1}{4} N_e g \mu_B \int\limits_{\varepsilon_F - U\frac{m}{2}}^{\varepsilon_F + U\frac{m}{2}} d\omega\, D(\omega) , \tag{6.3.7}$$

wobei ε_F durch (6.2.19) gegeben ist. Ist die Wechselwirkungskonstante U groß, dann erstreckt sich der Integrationsbereich über alle ω-Werte, für die die Zustandsdichte von Null verschieden ist, so daß mit der Normierung (4.3.6)

$$M(0) = \frac{1}{2} N_e g \mu_B \tag{6.3.8}$$

folgt. Dies wird als „gesättigter“ Ferromagnetismus bezeichnet. Für kleineres U ergibt sich ein kleinerer Wert für $M(0)$ („ungesättigter“ Fall).

Das STONER-Modell ist also geeignet, das magnetische Verhalten eines Elektronensystems in einfacher Näherung zu beschreiben. Besonders interessant ist dabei das Auftreten eines Phasenübergangs bei T_c. Jedoch kann das Modell nicht alle Eigenschaften des realen Systems wiedergeben. Insbesondere für $T > T_c$ gibt es wesentliche Einschränkungen für die Anwendbarkeit des STONER-Modells. Da für $T > T_c$ nach Abbildung 6.2.4 $m = 0$ gilt, verschwinden alle magnetischen Größen in diesem Temperaturbereich, z. B. auch die magnetische Suszeptibilität (6.3.4). In realen Systemen wird dagegen lediglich die gegenseitige Orientierung der magnetischen Momente zerstört, während diese selbst erhalten bleiben und ein paramagnetisches Verhalten des Systems liefern. Auch im Bereich $T < T_c$ gibt es bestimmte Einschränkungen; so wird insbesondere das Verhalten der Magnetisierung sowohl für $T \to 0$ als auch für $T \to T_c$ nicht korrekt beschrieben. Dennoch ist die durch diese Methode gegebene Möglichkeit, magnetische Erscheinungen aus dem Verhalten der Elektronen erklären zu können, ein wesentlicher Erfolg des STONER-Modells.

7. Kollektive Anregungen

7.1. Die Methode der zufälligen Phasen

In Kapitel 6. wurde eine genäherte Lösung der Bewegungsgleichungen dadurch erhalten, daß der HAMILTON-Operator des Systems in einen effektiven Ein-Teilchen-Operator überführt wurde. Im entstehenden Modell unabhängiger Teilchen kann jedoch der Einfluß der Wechselwirkung nur in einfachster Weise berücksichtigt werden. Dies äußerte sich z. B. in den Schwierigkeiten des STONER-Modells im Temperaturbereich $T > T_c$, die am Schluß von Abschnitt 6.3. diskutiert wurden.

Im vorliegenden Kapitel soll nun ein Näherungsverfahren besprochen werden, bei dem der Abbruch der Gleichungshierarchie durch näherungsweise Auswertung der Bewegungsgleichungen erreicht wird. Da bei der Aufstellung der Bewegungsgleichungen der vollständige HAMILTON-Operator verwendet wird, kann dadurch eine bessere Berücksichtigung der Wechselwirkung erfolgen. Dieses Verfahren ist dem Formalismus der GREENschen Funktionen besonders angepaßt. Weiterhin ist es vorteilhaft, daß der Einfluß der Wechselwirkung auf die jeweils interessierende Meßgröße direkt diskutiert werden kann, da die Bewegungsgleichung der entsprechenden GREENschen Funktion den Ausgangspunkt bildet. Im Gegensatz zu einer Vereinfachung des HAMILTON-Operators unabhängig von den tatsächlich interessierenden Meßgrößen (Kapitel 6.) können damit besondere Eigenschaften spezieller Meßgrößen besser berücksichtigt werden.

Die Grundidee des Verfahrens besteht darin, bestimmte Kombinationen von Operatoren durch Mittelwerte zu ersetzen, wodurch höhere GREENsche Funktionen so vereinfacht werden, daß sich die Hierarchie der Bewegungsgleichungen auf ein abgeschlossenes Gleichungssystem reduziert. Zur Erläuterung des Verfahrens wird von der Ein-Teilchen-Funktion

$$G_{\boldsymbol{k}\sigma}(\omega) = \langle\langle c_{\boldsymbol{k}\sigma}; c_{\boldsymbol{k}\sigma}^+ \rangle\rangle_\omega \tag{7.1.1}$$

ausgegangen. (Die besonderen Vorzüge des Verfahrens werden allerdings erst bei der Betrachtung von höheren GREENschen Funktionen in den Abschnitten 7.2. bis 7.4. deutlich.)

Die Bewegungsgleichung für ein wechselwirkendes Elektronensystem lautet nach (5.1.12)

$$\begin{aligned}&(\omega - \varepsilon_{\boldsymbol{k}} + \mu) \langle\langle c_{\boldsymbol{k}\sigma}; c_{\boldsymbol{k}\sigma}^+ \rangle\rangle_\omega \\ &= 1 + \sum_{\boldsymbol{k}'\boldsymbol{q}\sigma'} v_{\boldsymbol{k}\boldsymbol{k}'}(\boldsymbol{q}) \langle\langle c_{\boldsymbol{k}'\sigma'}^+ c_{\boldsymbol{k}'+\boldsymbol{q}\sigma'} c_{\boldsymbol{k}-\boldsymbol{q}\sigma}; c_{\boldsymbol{k}\sigma}^+ \rangle\rangle_\omega .\end{aligned} \tag{7.1.2}$$

In dieser Gleichung ist die Ein-Teilchen-Funktion mit einer höheren GREENschen Funktion verknüpft, so daß eine Gleichungshierarchie entsteht. Um den Abbruch dieser Hierarchie zu erreichen, muß eine Vereinfachung der höheren GREENschen Funktion auf der rechten Seite von (7.1.2) erfolgen. Die einfachste Möglichkeit dazu ist, die „überzähligen" Operatoren bzw. Kombinationen davon durch Mittelwerte zu ersetzen. Diese Vorschrift wird als Methode der zufälligen Phasen (random phase approximation, abgekürzt RPA) bezeichnet. Die Näherung besteht letztlich in der Vernachlässigung von Fluktuationen um Mittelwerte. Da diese Vernachlässigung in einer Funktion durchgeführt wird, die nur im Produkt mit der Wechselwirkung v auftritt, sollte die Näherung dann relativ gut sein, wenn v klein ist im Verhältnis zu anderen Systemparametern wie der Bandbreite. Jedoch wird die Diskussion in Kapitel 14. zeigen, daß diese Bedingung nicht ausreicht, sondern zusätzlich bestimmte Voraussetzungen über das analytische Verhalten der betreffenden GREENschen Funktion für $v \to 0$ erfüllt sein müssen. Auf diese Problematik soll im vorliegenden Kapitel jedoch nicht eingegangen werden.

Die Anwendung der oben besprochenen Näherungsvorschrift auf (7.1.2) ergibt

$$\begin{aligned} c^+_{k'\sigma'} c_{k'+q\sigma'} c_{k-q\sigma} &\approx \langle c^+_{k'\sigma'} c_{k'+q\sigma'} \rangle\, c_{k-q\sigma} - \langle c^+_{k'\sigma'} c_{k-q\sigma} \rangle\, c_{k'+q\sigma'} \\ &= \langle n_{k'\sigma'} \rangle\, c_{k\sigma} (\delta_{q,0} - \delta_{q,k-k'} \delta_{\sigma\sigma'}) \,. \end{aligned} \tag{7.1.3}$$

Einsetzen in (7.1.2) liefert

$$(\omega - \varepsilon_k + \mu) \langle\langle c_{k\sigma} ; c^+_{k\sigma} \rangle\rangle_\omega = 1 + v^{\mathrm{HF}}_{k\sigma} \langle\langle c_{k\sigma} ; c^+_{k\sigma} \rangle\rangle_\omega \tag{7.1.4}$$

mit $v^{\mathrm{HF}}_{k\sigma}$ aus (6.1.7). Die Lösung für die GREENsche Funktion ist demnach die gleiche wie in Kapitel 6.1., nämlich

$$G_{k\sigma}(\omega) = \frac{1}{\omega - \varepsilon_k - v^{\mathrm{HF}}_{k\sigma} + \mu} \,. \tag{7.1.5}$$

Das RPA-Ergebnis für die GREENsche Ein-Teilchen-Funktion (7.1.1) stimmt daher völlig mit der HARTREE-FOCK-Näherung überein. In den nächsten Abschnitten wird dagegen gezeigt werden, daß bei anderen GREENschen Funktionen wesentlich abweichende Resultate auftreten.

Ein wichtiger Vorteil des RPA-Verfahrens besteht darin, daß eine systematische Verbesserung möglich ist. Dazu wird die Hierarchie der Bewegungsgleichungen nicht, wie beschrieben, bereits im ersten Schritt abgebrochen, sondern es werden zunächst die Bewegungsgleichungen für die höheren GREENschen Funktionen aufgeschrieben und erst diese vereinfacht. Auch dadurch ergibt sich ein Abbruch der Gleichungshierarchie, wobei deutliche Unterschiede zum Abbruch im ersten Schritt auftreten. Für die Ein-Teilchen-Funktion wird dieses

Vorgehen in Kapitel 8. zum Studium der Elektronen-Korrelation benutzt. Im Prinzip ist es möglich, dieses Verfahren zu immer höheren Ordnungen fortzusetzen, jedoch wird die Auswertung des resultierenden Gleichungssystems zunehmend schwieriger. Außerdem treten Mittelwerte auf, die eine große Zahl von c- und c^+-Operatoren enthalten und meist ebenfalls nur näherungsweise berechnet werden können, so daß der Wert der erreichten Verbesserung oft nicht explizit nachgewiesen werden kann. Diese Entkopplung in höheren Ordnungen wird mitunter als „RPA'" bezeichnet.

7.2. Spinwellen im Bandmodell

Das RPA-Verfahren soll in diesem Abschnitt auf die Berechnung der transversalen magnetischen Suszeptibilität eines wechselwirkenden Elektronensystems angewendet werden. Zur Vereinfachung wird die Wechselwirkung nur im Rahmen des HUBBARD-Modells (5.5.3) berücksichtigt (in der Nähe des Band-Grenzfalles $U \ll |t_{ij}|$). Für die Suszeptibilität gilt nach (6.3.2)

$$\chi^{+-}(\boldsymbol{q}, \omega) = - g^2 \mu_B^2 \sum_{\boldsymbol{k}\boldsymbol{k}'} \langle\langle c^+_{\boldsymbol{k}\uparrow} c_{\boldsymbol{k}+\boldsymbol{q}\downarrow} ; c^+_{\boldsymbol{k}'\downarrow} c_{\boldsymbol{k}'-\boldsymbol{q}\uparrow} \rangle\rangle_\omega . \tag{7.2.1}$$

Die Bewegungsgleichung für die hier auftretende GREENsche Funktion lautet

$$\begin{aligned} \omega \langle\langle c^+_{\boldsymbol{k}\uparrow} c_{\boldsymbol{k}+\boldsymbol{q}\downarrow} ; c^+_{\boldsymbol{k}'\downarrow} c_{\boldsymbol{k}'-\boldsymbol{q}\uparrow} \rangle\rangle_\omega &= (\langle n_{\boldsymbol{k}\uparrow}\rangle - \langle n_{\boldsymbol{k}+\boldsymbol{q}\downarrow}\rangle)\, \delta_{\boldsymbol{k}', \boldsymbol{k}+\boldsymbol{q}} \\ &+ (\varepsilon_{\boldsymbol{k}+\boldsymbol{q}} - \varepsilon_{\boldsymbol{k}}) \langle\langle c^+_{\boldsymbol{k}\uparrow} c_{\boldsymbol{k}+\boldsymbol{q}\downarrow} ; c^+_{\boldsymbol{k}'\downarrow} c_{\boldsymbol{k}'-\boldsymbol{q}\uparrow} \rangle\rangle_\omega \\ &+ \frac{U}{N} \sum_{\boldsymbol{k}_1 \boldsymbol{q}_1} \langle\langle (c^+_{\boldsymbol{k}\uparrow} c^+_{\boldsymbol{k}_1\uparrow} c_{\boldsymbol{k}_1-\boldsymbol{q}_1\uparrow} c_{\boldsymbol{k}+\boldsymbol{q}+\boldsymbol{q}_1\downarrow} - c^+_{\boldsymbol{k}+\boldsymbol{q}_1\uparrow} c^+_{\boldsymbol{k}_1\downarrow} c_{\boldsymbol{k}_1+\boldsymbol{q}_1\downarrow} c_{\boldsymbol{k}+\boldsymbol{q}\downarrow}) ; \\ &\qquad c^+_{\boldsymbol{k}'\downarrow} c_{\boldsymbol{k}'-\boldsymbol{q}\uparrow} \rangle\rangle_\omega . \end{aligned} \tag{7.2.2}$$

Entsprechend dem Grundgedanken der RPA-Methode wird die entstehende Gleichungshierarchie dadurch abgebrochen, daß in der höheren GREENschen Funktion von (7.2.2) die „überzähligen" Operatoren durch Mittelwerte ersetzt werden. Mit

$$\begin{aligned} c^+_{\boldsymbol{k}\uparrow} c^+_{\boldsymbol{k}_1\uparrow} c_{\boldsymbol{k}_1-\boldsymbol{q}_1\uparrow} c_{\boldsymbol{k}+\boldsymbol{q}+\boldsymbol{q}_1\downarrow} &\approx \langle n_{\boldsymbol{k}_1\uparrow}\rangle\, \delta_{\boldsymbol{q}_1,0} c^+_{\boldsymbol{k}\uparrow} c_{\boldsymbol{k}+\boldsymbol{q}\downarrow} \\ &- \langle n_{\boldsymbol{k}\uparrow}\rangle\, \delta_{\boldsymbol{k}, \boldsymbol{k}_1-\boldsymbol{q}_1} c^+_{\boldsymbol{k}-\boldsymbol{q}_1\uparrow} c_{\boldsymbol{k}-\boldsymbol{q}-\boldsymbol{q}_1\downarrow} \end{aligned} \tag{7.2.3}$$

sowie

$$\begin{aligned} c^+_{\boldsymbol{k}+\boldsymbol{q}_1\uparrow} c^+_{\boldsymbol{k}_1\downarrow} c_{\boldsymbol{k}_1+\boldsymbol{q}_1\downarrow} c_{\boldsymbol{k}+\boldsymbol{q}\downarrow} &\approx \langle n_{\boldsymbol{k}_1\downarrow}\rangle\, \delta_{\boldsymbol{q}_1,0} c^+_{\boldsymbol{k}\uparrow} c_{\boldsymbol{k}+\boldsymbol{q}\downarrow} \\ &- \langle n_{\boldsymbol{k}+\boldsymbol{q}\downarrow}\rangle\, \delta_{\boldsymbol{k}_1,\boldsymbol{k}+\boldsymbol{q}} c^+_{\boldsymbol{k}+\boldsymbol{q}_1\uparrow} c_{\boldsymbol{k}+\boldsymbol{q}+\boldsymbol{q}_1\downarrow} \end{aligned} \tag{7.2.4}$$

folgt

$$(\omega - \omega_{\boldsymbol{k}}^{\uparrow\downarrow}(\boldsymbol{q}))\langle\langle c_{\boldsymbol{k}\uparrow}^{+}c_{\boldsymbol{k}+\boldsymbol{q}\downarrow};\ c_{\boldsymbol{k}'\downarrow}^{+}c_{\boldsymbol{k}'-\boldsymbol{q}\uparrow}\rangle\rangle_{\omega}$$

$$= (\langle n_{\boldsymbol{k}\uparrow}\rangle - \langle n_{\boldsymbol{k}+\boldsymbol{q}\downarrow}\rangle)\left[\delta_{\boldsymbol{k}',\boldsymbol{k}+\boldsymbol{q}} - \frac{U}{N}\sum_{\boldsymbol{k}''}\langle\langle c_{\boldsymbol{k}''\uparrow}^{+}c_{\boldsymbol{k}''+\boldsymbol{q}\downarrow};\ c_{\boldsymbol{k}'\downarrow}^{+}c_{\boldsymbol{k}'-\boldsymbol{q}\uparrow}\rangle\rangle_{\omega}\right]. \quad (7.2.5)$$

$\omega_{\boldsymbol{k}}^{\uparrow\downarrow}(\boldsymbol{q})$ ist wieder das Spektrum der Ein-Teilchen-Anregungen (6.2.8) des STONER-Modells. Der letzte Term von (7.2.5) entsteht zusätzlich zum HARTREE-FOCK-Verfahren, so daß hier also die RPA-Methode ein anderes Ergebnis liefert. Die physikalische Bedeutung dieses Zusatzterms wird sofort deutlich werden.

Zur Auflösung von (7.2.5) werden beide Seiten der Gleichung durch $(\omega - \omega_{\boldsymbol{k}}^{\uparrow\downarrow}(\boldsymbol{q}))$ geteilt und über $\boldsymbol{k}$ summiert. Es entsteht

$$\sum_{\boldsymbol{k}}\langle\langle c_{\boldsymbol{k}\uparrow}^{+}c_{\boldsymbol{k}+\boldsymbol{q}\downarrow};\ c_{\boldsymbol{k}'\downarrow}^{+}c_{\boldsymbol{k}'-\boldsymbol{q}\uparrow}\rangle\rangle_{\omega} = \sum_{\boldsymbol{k}}\frac{\langle n_{\boldsymbol{k}\uparrow}\rangle - \langle n_{\boldsymbol{k}+\boldsymbol{q}\downarrow}\rangle}{\omega - \omega_{\boldsymbol{k}}^{\uparrow\downarrow}(\boldsymbol{q})}\delta_{\boldsymbol{k}',\boldsymbol{k}+\boldsymbol{q}}$$

$$-\sum_{\boldsymbol{k}}\frac{\langle n_{\boldsymbol{k}\uparrow}\rangle - \langle n_{\boldsymbol{k}+\boldsymbol{q}\downarrow}\rangle}{\omega - \omega_{\boldsymbol{k}}^{\uparrow\downarrow}(\boldsymbol{q})}\frac{U}{N}\sum_{\boldsymbol{k}''}\langle\langle c_{\boldsymbol{k}''\uparrow}^{+}c_{\boldsymbol{k}''+\boldsymbol{q}\downarrow};\ c_{\boldsymbol{k}'\downarrow}^{+}c_{\boldsymbol{k}'-\boldsymbol{q}\uparrow}\rangle\rangle_{\omega}. \quad (7.2.6)$$

Nach Umbenennung der Summationsindizes in der zweiten Zeile folgt hieraus

$$\sum_{\boldsymbol{k}}\langle\langle c_{\boldsymbol{k}\uparrow}^{+}c_{\boldsymbol{k}+\boldsymbol{q}\downarrow};\ c_{\boldsymbol{k}'\downarrow}^{+}c_{\boldsymbol{k}'-\boldsymbol{q}\uparrow}\rangle\rangle_{\omega} = \frac{\displaystyle\sum_{\boldsymbol{k}}\frac{\langle n_{\boldsymbol{k}\uparrow}\rangle - \langle n_{\boldsymbol{k}+\boldsymbol{q}\downarrow}\rangle}{\omega - \omega_{\boldsymbol{k}}^{\uparrow\downarrow}(\boldsymbol{q})}\delta_{\boldsymbol{k}',\boldsymbol{k}+\boldsymbol{q}}}{\displaystyle 1 + \frac{U}{N}\sum_{\boldsymbol{k}''}\frac{\langle n_{\boldsymbol{k}''\uparrow}\rangle - \langle n_{\boldsymbol{k}''+\boldsymbol{q}\downarrow}\rangle}{\omega - \omega_{\boldsymbol{k}}^{\uparrow\downarrow}(\boldsymbol{q})}}. \quad (7.2.7)$$

Dieses Ergebnis kann in den letzten Term von (7.2.5) eingesetzt werden, so daß unmittelbar nach der GREENschen Funktion aufgelöst werden kann. Die eigentlich interessierende Suszeptibilität (7.2.1) wird dagegen sofort aus (7.2.7) durch Summation über $\boldsymbol{k}'$ erhalten. Das Ergebnis hat die Gestalt

$$\chi^{+-}(\boldsymbol{q},\omega) = \frac{\chi^0(\boldsymbol{q},\omega)}{1 - \dfrac{U}{Ng^2\mu_B^2}\chi^0(\boldsymbol{q},\omega)}, \quad (7.2.8)$$

wobei

$$\chi^0(\boldsymbol{q},\omega) = g^2\mu_B^2\sum_{\boldsymbol{k}}\frac{\langle n_{\boldsymbol{k}+\boldsymbol{q}\downarrow}\rangle - \langle n_{\boldsymbol{k}\uparrow}\rangle}{\omega - \omega_{\boldsymbol{k}}^{\uparrow\downarrow}(\boldsymbol{q})} \quad (7.2.9)$$

das von (6.3.4) bekannte Ergebnis des STONER-Modells ist. Der Unterschied zum STONER-Modell besteht hier also im Auftreten des Nenners in (7.2.8). Dieser kann für bestimmte $\boldsymbol{q}$- und ω-Werte sehr klein werden, so daß die

Suszeptibilität relativ große Werte annehmen kann; dieser Effekt wird als Verstärkung (enhancement) bezeichnet.

Im STONER-Modell (Abschnitt 6.2.) sind die Polstellen der Suszeptibilität durch das Kontinuum der Ein-Teilchen-Anregungen gegeben. Nach (7.2.7) liefert die RPA dagegen

$$f(\omega) \equiv \frac{U}{N} \sum_{k} \frac{\langle n_{k+q\downarrow} \rangle - \langle n_{k\uparrow} \rangle}{\omega - \omega_k^{\uparrow\downarrow}(q)} = 1 \tag{7.2.10}$$

als Bestimmungsgleichung für die Lage der Polstellen. Die Lösungen dieser Beziehungen können leicht auf graphischem Weg gewonnen werden.

In Abbildung 7.2.1 ist der Verlauf von $f(\omega)$ aus (7.2.10) als Funktion von ω aufgetragen. Innerhalb des STONER-Kontinuums (hier zur besseren Veranschaulichung als diskrete Folge von Anregungsenergien dargestellt) tritt wegen des Nenners eine dichte Folge von Polstellen auf, zwischen denen der Funktionswert von $f(\omega)$ jeweils von $-\infty$ nach $+\infty$ läuft. Dabei schneidet $f(\omega)$ zwischen zwei Polstellen genau einmal die Gerade $f(\omega) = 1$, so daß im gesamten Gebiet der STONER-Anregungen eine dichte Folge von Lösungen von (7.2.10) vorliegt. Die Lösungen von (7.2.10) bilden daher ein Kontinuum, das praktisch mit dem STONER-Kontinuum von Abschnitt 6.2. zusammenfällt. Zur Vollständigkeit sei jedoch bemerkt, daß die Zahl der Schnittstellen innerhalb des Kontinuums genau um 1 kleiner ist als die Zahl der Polstellen von $f(\omega)$, so daß also strenggenommen die Zahl der Zustände innerhalb des Kontinuums um 1 niedriger ist als im Falle des STONER-Modells.

Außerhalb des STONER-Kontinuums liegen keine Polstellen von $f(\omega)$. Für große Werte von $|\omega|$ ergibt sich der asymptotische Verlauf

$$f(\omega) \approx -\frac{Um}{\omega}, \qquad m = n_\uparrow - n_\downarrow = \frac{1}{N} \sum_k (\langle n_{k\uparrow} \rangle - \langle n_{k\downarrow} \rangle), \tag{7.2.11}$$

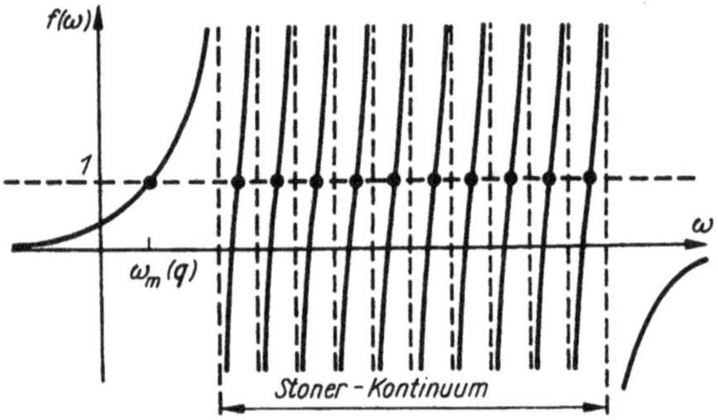

Abb. 7.2.1. Schematischer Verlauf von $f(\omega)$ aus (7.2.10) als Funktion von ω sowie Lage der Schnittstellen $f(\omega) = 1$

der durch Vernachlässigung von $\omega_k^{\uparrow\downarrow}(\boldsymbol{q})$ im Nenner gewonnen werden kann. Wie Abbildung 7.2.1 zeigt, ergibt sich dadurch unterhalb des STONER-Kontinuums eine zusätzliche Lösung von (7.2.10). Anregungen dieser Art, die außerhalb des Ein-Teilchen-Kontinuums liegen, werden allgemein als kollektive Moden bezeichnet. Im betrachteten Fall spricht man von Spinwellen oder Magnonen; die zugehörige Anregungsenergie ist in Abbildung 7.2.1 mit $\omega_m(\boldsymbol{q})$ angegeben. Die Bezeichnung Spinwellen rührt daher, daß mit der Anregung $\omega_m(\boldsymbol{q})$ eine Änderung der z-Komponente des Gesamtspins erfolgt, wobei dieser Prozeß jedoch nicht mehr an ein einzelnes Elektron gebunden ist, sondern auf das gesamte Elektronensystem verteilt wird. Eine genauere Untersuchung dieses Verhaltens erfolgt in Kapitel 12., wo auch die physikalische Interpretation ausführlich besprochen werden wird.

Die physikalische Bedeutung derartiger kollektiver Moden hängt eng mit ihrer Lage außerhalb des Ein-Teilchen-Kontinuums zusammen. Dadurch treten in der Zustandssumme (2.1.7) Summanden der Gestalt $\exp(-\beta\omega_m(\boldsymbol{q}))$ auf, was sich auf das thermodynamische Verhalten des Systems auswirkt (siehe Kapitel 12.). Für das makroskopische Verhalten ist vor allem der Beginn dieses isolierten Zweiges wichtig, d. h. sein Verhalten für $|\boldsymbol{q}| \to 0$. Aus (7.2.10) folgt hierfür (mit $\omega_k^{\uparrow\downarrow}(0) = Um$ nach (6.2.8))

$$\frac{U}{N}\sum_{\boldsymbol{k}} \frac{\langle n_{\boldsymbol{k}\downarrow}\rangle - \langle n_{\boldsymbol{k}\uparrow}\rangle}{\omega - Um} = -\frac{Um}{\omega - Um} = 1 \,. \tag{7.2.12}$$

Diese Gleichung besitzt offenbar nur für $\omega = 0$ eine Lösung. Da andererseits $\varepsilon(\boldsymbol{k}) = \varepsilon(-\boldsymbol{k})$ ist, ergibt sich

$$\omega_m(\boldsymbol{q}) \approx D\boldsymbol{q}^2 \quad \text{für} \quad |\boldsymbol{q}| \to 0, \quad D > 0 \,. \tag{7.2.13}$$

D wird als Steifigkeit (stiffness) bezeichnet und ist von der Bandstruktur des Elektronensystems abhängig.

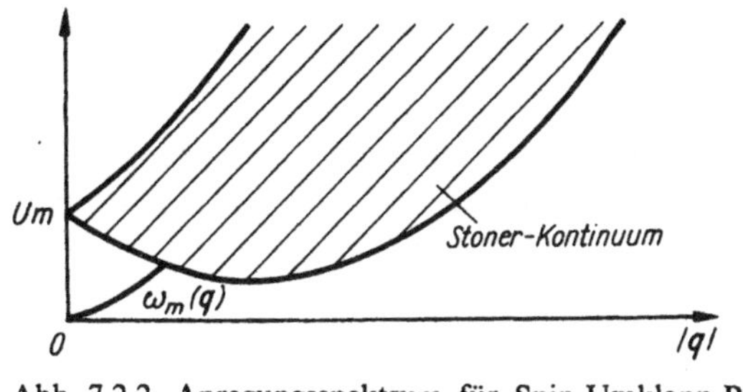

Abb. 7.2.2. Anregungsspektrum für Spin-Umklapp-Prozesse. $\omega_m(\boldsymbol{q})$ ist die kollektive Spinwellenmode

Das gesamte Anregungsspektrum setzt sich nunmehr aus dem Ein-Teilchen-Kontinuum und der kollektiven Mode zusammen. Das qualitative Verhalten ist in Abbildung 7.2.2 dargestellt.

7.3. Plasmaschwingungen

In Abschnitt 7.2. wurden Anregungen betrachtet, die mit einem Umklappen des Spins verbunden sind. Auf analoge Weise sollen nun im vorliegenden Abschnitt solche Anregungszustände untersucht werden, bei denen der Spin nicht geändert wird, sondern die Schwingungen der Ladungsdichte entsprechen. Hierzu wird von der in Abschnitt 5.4. eingeführten dielektrischen Funktion $\varepsilon(\boldsymbol{q}, \omega)$ ausgegangen. Nach (5.4.25) gilt

$$\frac{1}{\varepsilon(\boldsymbol{q}, \omega)} = 1 + \frac{e^2}{\varepsilon_0 \mathscr{V} \boldsymbol{q}^2} \langle\langle \varrho_{\boldsymbol{q}}; \varrho_{-\boldsymbol{q}} \rangle\rangle_\omega \tag{7.3.1}$$

mit

$$\langle\langle \varrho_{\boldsymbol{q}}; \varrho_{-\boldsymbol{q}} \rangle\rangle_\omega = \sum_{\boldsymbol{k}\boldsymbol{k}'\sigma\sigma'} \langle\langle c^+_{\boldsymbol{k}\sigma} c_{\boldsymbol{k}+\boldsymbol{q}\sigma}; c^+_{\boldsymbol{k}'\sigma'} c_{\boldsymbol{k}'-\boldsymbol{q}\sigma'} \rangle\rangle_\omega . \tag{7.3.2}$$

Wie der Vergleich mit (7.2.1) zeigt, tritt hier eine GREENsche Funktion mit einer ähnlichen Struktur auf wie im Falle der magnetischen Suszeptibilität. Demzufolge läßt sich das Vorgehen von Abschnitt 7.2. sinngemäß übertragen.

Zur Ableitung der Bewegungsgleichung für die in (7.3.2) enthaltene GREENsche Funktion wird der HAMILTON-Operator des Systems benötigt. Hierfür verwenden wir

$$H = \sum_{\boldsymbol{k}\sigma} \varepsilon_{\boldsymbol{k}} c^+_{\boldsymbol{k}\sigma} c_{\boldsymbol{k}\sigma} + \frac{1}{2} \sum_{\boldsymbol{k}\boldsymbol{k}'\boldsymbol{q}\sigma\sigma'} v(\boldsymbol{q})\, c^+_{\boldsymbol{k}\sigma} c^+_{\boldsymbol{k}'\sigma'} c_{\boldsymbol{k}'+\boldsymbol{q}\sigma'} c_{\boldsymbol{k}'-\boldsymbol{q}\sigma} . \tag{7.3.3}$$

Da in Abschnitt 5.4. bei der Ableitung der Dielektrizitätskonstanten eine Entwicklung nach ebenen Wellen (statt nach BLOCH-Funktionen) benutzt wurde, ist hier v — im Gegensatz zur BLOCH-Darstellung (5.1.7) — nicht von $\boldsymbol{k}$ und $\boldsymbol{k}'$ abhängig, sondern nur vom Übergangsimpuls $\boldsymbol{q}$. Bei Anwendung auf reale Systeme bedeutet dies, daß der Einfluß des Kristallgitters vernachlässigt wird, was im Falle fast freier Elektronen gerechtfertigt ist (nur geringer Unterschied zwischen BLOCH-Funktionen und ebenen Wellen). Weiterhin wird angenommen, daß zwischen den Elektronen nur die COULOMB-Wechselwirkung (5.1.2) auftritt, so daß nach FOURIER-Transformation

$$v(\boldsymbol{q}) = \frac{1}{\mathscr{V}} \int \mathrm{d}\boldsymbol{r}\, \mathrm{e}^{-i\boldsymbol{q}\boldsymbol{r}} \frac{e^2}{4\pi\varepsilon_0 |\boldsymbol{r}|} = \frac{e^2}{\varepsilon_0 \boldsymbol{q}^2 \mathscr{V}} \tag{7.3.4}$$

folgt. Das HUBBARD-Modell (5.5.3) mit $v(\mathbf{q}) = U/N$ kann hier nicht verwendet werden, da dies keine fast freien Elektronen beschreibt. Außerdem ist die Wechselwirkung des HUBBARD-Modells von extrem kurzer Reichweite; für Schwingungen der Ladungsdichte sollten dagegen gerade Wechselwirkungseinflüsse mit großer Reichweite wichtig sein, wie sie durch die COULOMB-Wechselwirkung beschrieben werden.

Unter Verwendung des HAMILTON-Operators (7.3.3) ergibt sich die Bewegungsgleichung

$$\begin{aligned}
&\omega \langle\langle c^+_{\mathbf{k}\sigma} c_{\mathbf{k}+\mathbf{q}\sigma}; c^+_{\mathbf{k}'\sigma'} c_{\mathbf{k}'-\mathbf{q}\sigma'} \rangle\rangle_\omega = (\langle n_{\mathbf{k}\sigma}\rangle - \langle n_{\mathbf{k}+\mathbf{q}\sigma}\rangle)\, \delta_{\mathbf{k}',\mathbf{k}+\mathbf{q}} \delta_{\sigma'\sigma} \\
&+ (\varepsilon_{\mathbf{k}+\mathbf{q}} - \varepsilon_{\mathbf{k}}) \langle\langle c^+_{\mathbf{k}\sigma} c_{\mathbf{k}+\mathbf{q}\sigma}; c^+_{\mathbf{k}'\sigma'} c_{\mathbf{k}'-\mathbf{q}\sigma'} \rangle\rangle_\omega + \sum_{\mathbf{k}_1 \mathbf{q}_1 \sigma_1} v(\mathbf{q}_1) * \\
&\langle\langle (c^+_{\mathbf{k}\sigma} c^+_{\mathbf{k}_1\sigma_1} c_{\mathbf{k}_1-\mathbf{q}_1\sigma_1} c_{\mathbf{k}+\mathbf{q}+\mathbf{q}_1\sigma} - c^+_{\mathbf{k}+\mathbf{q}_1\sigma} c^+_{\mathbf{k}_1\sigma_1} c_{\mathbf{k}_1+\mathbf{q}_1\sigma_1} c_{\mathbf{k}+\mathbf{q}\sigma}); c^+_{\mathbf{k}'\sigma'} c_{\mathbf{k}'-\sigma'} \rangle\rangle_\omega ,
\end{aligned} \tag{7.3.5}$$

wobei nach (5.1.9) $v(\mathbf{q}) = v(-\mathbf{q})$ berücksichtigt wurde. Der Abbruch der entstehenden Gleichungshierarchie erfolgt wie in Abschnitt 7.2. dadurch, daß in der höheren GREENschen Funktion von (7.3.5) gemäß (6.1.1) ein Operatorenpaar näherungsweise durch seinen Mittelwert ersetzt wird. Mit

$$\begin{aligned}
&c^+_{\mathbf{k}\sigma} c^+_{\mathbf{k}_1\sigma_1} c_{\mathbf{k}_1-\mathbf{q}_1\sigma_1} c_{\mathbf{k}+\mathbf{q}+\mathbf{q}_1\sigma} \approx \langle n_{\mathbf{k}_1\sigma_1}\rangle\, \delta_{\mathbf{q}_1,0} c^+_{\mathbf{k}\sigma} c_{\mathbf{k}+\mathbf{q}\sigma} \\
&+ \langle n_{\mathbf{k}\sigma}\rangle\, \delta_{\mathbf{q}_1,-\mathbf{q}} c^+_{\mathbf{k}_1\sigma_1} c_{\mathbf{k}_1+\mathbf{q}\sigma_1} - \langle n_{\mathbf{k}\sigma}\rangle\, \delta_{\mathbf{q}_1,\mathbf{k}_1-\mathbf{k}} \delta_{\sigma_1\sigma} c^+_{\mathbf{k}_1\sigma} c_{\mathbf{k}_1+\mathbf{q}\sigma} \\
&- \langle n_{\mathbf{k}_1\sigma}\rangle\, \delta_{\mathbf{q}_1,\mathbf{k}_1-\mathbf{k}-\mathbf{q}} \delta_{\sigma_1\sigma} c^+_{\mathbf{k}\sigma} c_{\mathbf{k}+\mathbf{q}\sigma}
\end{aligned} \tag{7.3.6}$$

und

$$\begin{aligned}
&c^+_{\mathbf{k}+\mathbf{q}_1\sigma} c^+_{\mathbf{k}_1\sigma_1} c_{\mathbf{k}_1+\mathbf{q}_1\sigma_1} c_{\mathbf{k}+\mathbf{q}\sigma} \approx \langle n_{\mathbf{k}_1\sigma_1}\rangle\, \delta_{\mathbf{q}_1,0} c^+_{\mathbf{k}\sigma} c_{\mathbf{k}+\mathbf{q}\sigma} \\
&+ \langle n_{\mathbf{k}+\mathbf{q}\sigma}\rangle\, \delta_{\mathbf{q}_1,\mathbf{q}} c^+_{\mathbf{k}_1\sigma_1} c_{\mathbf{k}_1+\mathbf{q}\sigma_1} - \langle n_{\mathbf{k}+\mathbf{q}_1\sigma}\rangle\, \delta_{\mathbf{k}_1,\mathbf{k}} \delta_{\sigma_1\sigma} c^+_{\mathbf{k}\sigma} c_{\mathbf{k}+\mathbf{q}\sigma} \\
&- \langle n_{\mathbf{k}_1\sigma}\rangle\, \delta_{\mathbf{k}_1,\mathbf{k}+\mathbf{q}} \delta_{\sigma_1\sigma} c^+_{\mathbf{k}+\mathbf{q}_1\sigma} c_{\mathbf{k}+\mathbf{q}+\mathbf{q}_1\sigma}
\end{aligned} \tag{7.3.7}$$

folgt

$$\begin{aligned}
&(\omega - \omega^{\sigma\sigma}_{\mathbf{k}}(\mathbf{q})) \langle\langle c^+_{\mathbf{k}\sigma} c_{\mathbf{k}+\mathbf{q}\sigma}; c^+_{\mathbf{k}'\sigma'} c_{\mathbf{k}'-\mathbf{q}\sigma'} \rangle\rangle_\omega = (\langle n_{\mathbf{k}\sigma}\rangle - \langle n_{\mathbf{k}+\mathbf{q}\sigma}\rangle)\, \delta_{\mathbf{k}',\mathbf{k}+\mathbf{q}} \delta_{\sigma'\sigma} \\
&+ (\langle n_{\mathbf{k}\sigma}\rangle - \langle n_{\mathbf{k}+\mathbf{q}\sigma}\rangle) \sum_{\mathbf{k}_1\sigma_1} (v(\mathbf{q}) - v(\mathbf{k}-\mathbf{k}_1)\, \delta_{\sigma_1\sigma}) \langle\langle c^+_{\mathbf{k}_1\sigma_1} c_{\mathbf{k}_1+\mathbf{q}\sigma_1}; c^+_{\mathbf{k}'\sigma'} c_{\mathbf{k}'-\mathbf{q}\sigma'} \rangle\rangle_\omega ,
\end{aligned} \tag{7.3.8}$$

wobei

$$\omega^{\sigma\sigma}_{\mathbf{k}}(\mathbf{q}) = \varepsilon_{\mathbf{k}+\mathbf{q}} - \varepsilon_{\mathbf{k}} - \sum_{\mathbf{k}_1} [v(\mathbf{k}+\mathbf{q}-\mathbf{k}_1) - v(\mathbf{k}-\mathbf{k}_1)] \langle n_{\mathbf{k}_1\sigma}\rangle \tag{7.3.9}$$

mit dem Kontinuum der Ein-Teilchen-Anregungen (6.1.14) übereinstimmt (ohne Spin-Änderung). Die „direkten“ Anteile des HARTREE-FOCK-Potentials (6.1.7) kompensieren sich in (7.3.9) gegenseitig, so daß hier nur die Austauschpotentiale auftreten.

Zur weiteren Auswertung von (7.3.8) werden beide Seiten dieser Gleichung durch $(\omega - \omega_{\boldsymbol{k}}^{\sigma\sigma}(\boldsymbol{q}))$ geteilt sowie über $\boldsymbol{k}$, $\boldsymbol{k}'$, σ und σ' summiert. Mit (7.3.2) entsteht

$$\langle\!\langle \varrho_{\boldsymbol{q}}; \varrho_{-\boldsymbol{q}} \rangle\!\rangle_\omega = [1 + v(\boldsymbol{q}) \langle\!\langle \varrho_{\boldsymbol{q}}; \varrho_{-\boldsymbol{q}} \rangle\!\rangle_\omega] \sum_{\boldsymbol{k}\sigma} \frac{\langle n_{\boldsymbol{k}\sigma} \rangle - \langle n_{\boldsymbol{k}+\boldsymbol{q}\sigma} \rangle}{\omega - \omega_{\boldsymbol{k}}^{\sigma\sigma}(\boldsymbol{q})}$$
$$- \sum_{\boldsymbol{k}\sigma} \frac{\langle n_{\boldsymbol{k}\sigma} \rangle - \langle n_{\boldsymbol{k}+\boldsymbol{q}\sigma} \rangle}{\omega - \omega_{\boldsymbol{k}}^{\sigma\sigma}(\boldsymbol{q})} \sum_{\boldsymbol{q}_1} v(\boldsymbol{q}_1) \langle\!\langle c_{\boldsymbol{k}-\boldsymbol{q}_1\sigma}^+ c_{\boldsymbol{k}+\boldsymbol{q}-\boldsymbol{q}_1\sigma}; \varrho_{-\boldsymbol{q}} \rangle\!\rangle_\omega . \tag{7.3.10}$$

Der letzte Term in (7.3.10) läßt sich nicht so zusammenfassen, daß wieder $\langle\!\langle \varrho_{\boldsymbol{q}}; \varrho_{-\boldsymbol{q}} \rangle\!\rangle_\omega$ entsteht. Er beschreibt die Tatsache, daß die äußere Störung $\varphi_0(\boldsymbol{q}, t)$ (siehe (5.4.22)) nicht nur Fluktuationen von $\varrho_{\boldsymbol{q}}$ hervorruft, sondern daß über die Coulomb-Wechselwirkung eine Kopplung mit anderen Schwingungsformen auftritt. Es kann erwartet werden, daß diese Schwingungen stark gedämpft sind und somit im stationären Fall nur solche Anregungen erhalten bleiben, die mit der äußeren Störung „in Phase" sind, also gerade durch $\varrho_{\boldsymbol{q}}$ beschrieben werden. (Eine analoge Situation tritt bei der Behandlung erzwungener Schwingungen mechanischer Systeme in der klassischen Physik auf.) Daher soll dieser Term hier vernachlässigt werden.[7.1] Dann kann (7.3.10) leicht nach $\langle\!\langle \varrho_{\boldsymbol{q}}; \varrho_{-\boldsymbol{q}} \rangle\!\rangle_\omega$ aufgelöst werden, und es ergibt sich

$$\langle\!\langle \varrho_{\boldsymbol{q}}; \varrho_{-\boldsymbol{q}} \rangle\!\rangle_\omega = \frac{\alpha(\boldsymbol{q}, \omega)}{1 - v(\boldsymbol{q})\, \alpha(\boldsymbol{q}, \omega)} \tag{7.3.11}$$

mit

$$\alpha(\boldsymbol{q}, \omega) = \sum_{\boldsymbol{k}\sigma} \frac{\langle n_{\boldsymbol{k}\sigma} \rangle - \langle n_{\boldsymbol{k}+\boldsymbol{q}\sigma} \rangle}{\omega - \omega_{\boldsymbol{k}}^{\sigma\sigma}(\boldsymbol{q})} . \tag{7.3.12}$$

$\alpha(\boldsymbol{q}, \omega)$ ist gerade derjenige Ausdruck, den man bei Anwendung des Hartree-Fock-Verfahrens für $\langle\!\langle \varrho_{\boldsymbol{q}}; \varrho_{-\boldsymbol{q}} \rangle\!\rangle_\omega$ erhält. (Man vergleiche (7.3.11) und (7.3.12) mit (7.2.8) und (7.2.9)!) Für die Dielektrizitätskonstante ergibt sich nach (7.3.1)

$$\frac{1}{\varepsilon(\boldsymbol{q}, \omega)} = 1 + v(\boldsymbol{q}) \frac{\alpha(\boldsymbol{q}, \omega)}{1 - v(\boldsymbol{q})\alpha(\boldsymbol{q}, \omega)} = \frac{1}{1 - v(\boldsymbol{q})\, \alpha(\boldsymbol{q}, \omega)} \tag{7.3.13}$$

bzw.

$$\varepsilon(\boldsymbol{q}, \omega) = 1 - v(\boldsymbol{q})\, \alpha(\boldsymbol{q}, \omega) \approx 1 - v(\boldsymbol{q}) \sum_{\boldsymbol{k}\sigma} \frac{\langle n_{\boldsymbol{k}\sigma} \rangle - \langle n_{\boldsymbol{k}+\boldsymbol{q}\sigma} \rangle}{\omega - (\varepsilon_{\boldsymbol{k}+\boldsymbol{q}} - \varepsilon_{\boldsymbol{k}})} . \tag{7.3.14}$$

[7.1] Diese Vernachlässigung ist in Übereinstimmung mit der Untersuchung der Plasmaschwingungen in der Standard-Literatur (siehe z. B. D. Pines, „Elementary Excitations in Solids", W. A. Benjamin Inc., New York 1963 (russ. Übersetzung: Verlag „Mir", Moskau 1965)). Dort wird jedoch meist so vorgegangen, daß in der Summe über $\boldsymbol{q}_1$ in (7.3.5) nur der Summand $\boldsymbol{q}_1 = \boldsymbol{q}$ berücksichtigt wird. Dann entfällt der Kopplungsterm von (7.3.10) automatisch.

Im letzten Ausdruck wurde die Wechselwirkung v im Nenner vernachlässigt, da deren Berücksichtigung infolge des Faktors $v(\boldsymbol{q})$ vor der Summe nur eine Korrektur höherer Ordnung ergäbe.

Entsprechend (5.4.21) beschreibt $\varepsilon(\boldsymbol{q}, \omega)$ den Zusammenhang zwischen den Fluktuationen $\Delta\varrho(\boldsymbol{q}, \omega)$ der Ladungsdichte eines Systems und einer einwirkenden Störung, die durch die Verteilung $\varrho_0(\boldsymbol{q}, \omega)$ gegeben ist. Besonders interessant sind diejenigen Fälle, bei denen eine endliche Dichteschwankung $\Delta\varrho$ bereits bei verschwindend kleinem ϱ_0 entsteht. Dies entspricht dem Fall

$$\varepsilon(\boldsymbol{q}, \omega) = 0 \,. \tag{7.3.15}$$

Die Lösung dieser Beziehung folgt aus

$$f(\omega) \equiv v(\boldsymbol{q}) \sum_{\boldsymbol{k}\sigma} \frac{\langle n_{\boldsymbol{k}\sigma}\rangle - \langle n_{\boldsymbol{k}+\boldsymbol{q}\sigma}\rangle}{\omega - (\varepsilon_{\boldsymbol{k}+\boldsymbol{q}} - \varepsilon_{\boldsymbol{k}})} = 1 \,, \tag{7.3.16}$$

d. h. aus einer zu (7.2.10) analogen Gleichung. Die Bestimmung der Anregungsfrequenzen kann daher auf dem gleichen Weg erfolgen, der in Abschnitt 7.2. benutzt wurde.

Wie (7.3.16) zeigt, besitzt $f(\omega)$ innerhalb des Ein-Teilchen-Kontinuums (siehe Abschnitt 4.4.) eine dichte Folge von Polstellen, zwischen denen jeweils genau eine Schnittstelle mit $f(\omega) = 1$ liegt. Damit fallen die Anregungsfrequenzen gerade mit dem Ein-Teilchen-Kontinuum zusammen, wobei jedoch — ebenso wie im Falle der Spin-Umklapp-Prozesse — die Zahl der Anregungen um 1 niedriger ist als im wechselwirkungsfreien Fall. Daneben existiert eine weitere Lösung außerhalb des Kontinuums, die eine kollektive Mode darstellt und als Plasmaschwingung oder Plasmon bezeichnet wird. Die zugehörige Frequenz nennt man Plasmafrequenz $\omega_P(\boldsymbol{q})$.

Der Verlauf von $\omega_P(\boldsymbol{q})$ kann für $|\boldsymbol{q}| \to 0$ durch Entwicklung von (7.3.16) nach $\boldsymbol{q}$ gewonnen werden. Wir beschränken uns dabei auf eine Bandenergie, die in Anlehnung an (4.1.19) sowie in Übereinstimmung mit der Entwicklung nach ebenen Wellen in (7.3.3) durch

$$\varepsilon_{\boldsymbol{k}} = \frac{k^2}{2m^*} \tag{7.3.17}$$

(m^* = effektive Elektronenmasse) beschrieben wird. Die FERMI-Energie ist dann durch $\varepsilon_F = k_F^2/2m^*$ gegeben (k_F = FERMI-Impuls). Für diesen Fall läßt sich (7.3.16) folgendermaßen umformen:

$$\begin{aligned} 1 &= v(\boldsymbol{q}) \sum_{\boldsymbol{k}\sigma} \frac{\langle n_{\boldsymbol{k}\sigma}\rangle}{\omega - (\varepsilon_{\boldsymbol{k}+\boldsymbol{q}} - \varepsilon_{\boldsymbol{k}})} - v(\boldsymbol{q}) \sum_{\boldsymbol{k}\sigma} \frac{\langle n_{-\boldsymbol{k}\sigma}\rangle}{\omega - (\varepsilon_{-\boldsymbol{k}} - \varepsilon_{-\boldsymbol{k}-\boldsymbol{q}})} \\ &= 2v(\boldsymbol{q}) \sum_{\boldsymbol{k}\sigma} \frac{\langle n_{\boldsymbol{k}\sigma}\rangle (\varepsilon_{\boldsymbol{k}+\boldsymbol{q}} - \varepsilon_{\boldsymbol{k}})}{\omega^2 - (\varepsilon_{\boldsymbol{k}+\boldsymbol{q}} - \varepsilon_{\boldsymbol{k}})^2} = \frac{v(\boldsymbol{q})}{m^*} \sum_{\boldsymbol{k}\sigma} \frac{\langle n_{\boldsymbol{k}\sigma}\rangle (\boldsymbol{q}^2 + 2\boldsymbol{k}\boldsymbol{q})}{\omega^2 - \left(\dfrac{\boldsymbol{q}^2}{2m^*} + \dfrac{\boldsymbol{k}\boldsymbol{q}}{m^*}\right)^2} \,. \end{aligned} \tag{7.3.18}$$

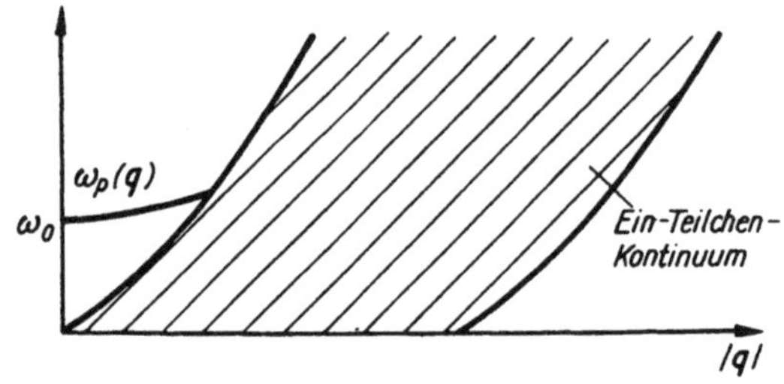

Abb. 7.3.1. Anregungsspektrum für Schwingungen der Ladungsdichte. $\omega_P(\boldsymbol{q})$ ist die Plasmafrequenz

Hierbei wurde berücksichtigt, daß bei kugelsymmetrischem FERMI-Körper die Besetzung des Zustandes $(-\boldsymbol{k}\sigma)$ gleich der von $(\boldsymbol{k}\sigma)$ ist. Mit $v(\boldsymbol{q})$ nach (7.3.4) folgt

$$\omega^2 = \frac{e^2}{\varepsilon_0 m^* \mathscr{V}} \sum_{\boldsymbol{k}\sigma} \frac{\langle n_{\boldsymbol{k}\sigma}\rangle (1 + 2\boldsymbol{k}\boldsymbol{q}/\boldsymbol{q}^2)}{1 - \frac{1}{\omega^2}\left(\frac{\boldsymbol{q}^2}{2m^*} + \frac{\boldsymbol{k}\boldsymbol{q}}{m^*}\right)^2}. \tag{7.3.19}$$

Für $|\boldsymbol{q}| = 0$ ergibt sich hieraus

$$\omega_0^2 = \frac{e^2 n_e}{\varepsilon_0 m^*}, \qquad n_e = \frac{1}{\mathscr{V}} \sum_{\boldsymbol{k}\sigma} \langle n_{\boldsymbol{k}\sigma}\rangle, \tag{7.3.20}$$

Entwicklung für $|\boldsymbol{q}| \to 0$ liefert

$$\omega_P(\boldsymbol{q})^2 = \omega_0^2 + \frac{3}{5}\frac{k_F^2}{m^{*2}}\boldsymbol{q}^2, \qquad \omega_P(\boldsymbol{q}) = \omega_0 + \frac{3}{10}\frac{k_F^2}{\omega_0 m^{*2}}\boldsymbol{q}^2. \tag{7.3.21}$$

Die qualitative Lage des Anregungsspektrums ist in Abbildung 7.3.1 dargestellt.

7.4. Supraleitung

Auch das supraleitende Verhalten vieler Metalle bei $T \to 0$ kann mittels des RPA-Verfahrens untersucht werden.[7.2] Wir gehen dabei vom BCS-Operator (5.5.7)

$$H = \sum_{\boldsymbol{k}\sigma} \varepsilon_{\boldsymbol{k}} c_{\boldsymbol{k}\sigma}^+ c_{\boldsymbol{k}\sigma} - \frac{\gamma}{N} \sum_{\boldsymbol{k}\boldsymbol{k}'}^{(\bar{\omega})} c_{\boldsymbol{k}\uparrow}^+ c_{-\boldsymbol{k}\downarrow}^+ c_{-\boldsymbol{k}'\downarrow} c_{\boldsymbol{k}'\uparrow} \tag{7.4.1}$$

[7.2] Um den Rahmen dieses Kapitels nicht zu sprengen, geben wir nur eine vereinfachte Ableitung, die aber alle wesentlichen Eigenschaften bei $T = 0$ enthält. Eine ausführliche Darstellung findet man z. B. bei Н. Н. Боголюбов, В. В. Толмачев, Д. В. Ширков (N. N. BOGOLJUBOW, W. W. TOLMATSCHEW, D. W. SCHIRKOW), „Новый метод в теории сверхпроводимости", Изд-во АН СССР Moskau 1958 (gekürzte Übersetzung ins Englische in „Fortschritte der Physik", Band 6, Heft 11/12, S. 605—682 (1958)).

aus. Wie bereits in Abschnitt 5.5. diskutiert wurde, sind für das Zustandekommen der Supraleitung die COOPER-Paare verantwortlich, die durch die effektive Anziehung zwischen Elektronen mit entgegengesetztem Spin und Impuls in einer schmalen Schicht der Breite $2\bar{\omega}$ an der FERMI-Fläche entstehen. Die Existenz dieser COOPER-Paare ist durch viele Experimente, z. B. den JOSEPHSON-Effekt, gesichert. Infolge der Paarbildung gilt

$$\langle c^+_{k\sigma} c^+_{-k-\sigma} \rangle \neq 0 \,, \qquad \langle c_{-k-\sigma} c_{k\sigma} \rangle \neq 0 \,. \tag{7.4.2}$$

Das Nichtverschwinden der „anomalen" Mittelwerte (7.4.2) entspricht einer Verletzung der Teilchenzahlerhaltung, was mit dem Operator (7.4.1) in Widerspruch steht. Es ist jedoch möglich, zu (7.4.1) einen teilchenzahlverletzenden Quellterm hinzuzufügen, etwa in der Gestalt

$$H \to H + \nu \sum_{k\sigma} W_k (c^+_{k\sigma} c^+_{-k-\sigma} + c_{-k-\sigma} c_{k\sigma}) \,. \tag{7.4.3}$$

Wird in allen Rechnungen zunächst dieser Zusatzterm berücksichtigt und erst im Endergebnis der Grenzübergang $\nu \to 0$ durchgeführt, dann entstehen nichtverschwindende anomale Mittelwerte der Form (7.4.2). Solche Mittelwerte, die erst durch Hinzufügen eines symmetriebrechenden Zusatzterms berechnet werden können, werden als „BOGOLJUBOWsche Quasi-Mittelwerte" bezeichnet. Sie treten u. a. auch bei der Untersuchung magnetischer Systeme auf, bei denen durch ein kleines äußeres Feld die Gleichberechtigung aller Spinrichtungen aufgehoben wird, so daß nichtverschwindende Mittelwerte der Magnetisierung erhalten werden. Im Formalismus der GREENschen Funktionen ist die explizite Berücksichtigung des Quellterms von (7.4.3) nicht erforderlich. Es genügt, in den Zwischenrechnungen die Möglichkeit anomaler Mittelwerte vom Typ (7.4.2) zuzulassen.

Wir betrachten die GREENsche Ein-Teilchen-Funktion

$$G_{k\sigma}(\omega) = \langle\!\langle c_{k\sigma}; c^+_{k\sigma} \rangle\!\rangle_\omega \,, \tag{7.4.4}$$

deren Bewegungsgleichung mit H aus (7.4.1)

$$(\omega - \varepsilon_k + \mu)\, G_{k\sigma}(\omega) = 1 - \frac{\gamma}{N} \sum_{k'}^{(\bar{\omega})} \langle\!\langle c^+_{-k-\sigma} c_{-k'-\sigma} c_{k'\sigma}; c^+_{k\sigma} \rangle\!\rangle_\omega \tag{7.4.5}$$

lautet. Die höhere GREENsche Funktion wird durch Anwendung der RPA-Methode vereinfacht:

$$c^+_{-k-\sigma} c_{-k'-\sigma} c_{k'\sigma} \approx \langle n_{-k-\sigma} \rangle\, \delta_{k'k} c_{k\sigma} + c^+_{-k-\sigma} \langle c_{-k'-\sigma} c_{k'\sigma} \rangle \,. \tag{7.4.6}$$

Damit ergibt sich

$$(\omega - \varepsilon_k + \mu)\, G_{k\sigma}(\omega) = 1 - \Delta \Gamma_{k\sigma}(\omega) \tag{7.4.7}$$

mit

$$\Delta = \frac{\gamma}{N} \sum_{k}^{(\bar{\omega})} \langle c_{-k-\sigma} c_{k\sigma} \rangle \tag{7.4.8}$$

und

$$\Gamma_{k\sigma}(\omega) = \langle\langle c^{+}_{-k-\sigma}; c^{+}_{k\sigma} \rangle\rangle_{\omega} . \tag{7.4.9}$$

Außerdem wurde

$$\varepsilon_k - \frac{\gamma}{N} \langle n_{-k-\sigma} \rangle \approx \varepsilon_k \tag{7.4.10}$$

benutzt, da die Verschiebung der Bandenergie sehr klein ist.

Das Auftreten der GREENschen Funktion $\Gamma_{k\sigma}(\omega)$ hängt unmittelbar mit der Existenz anomaler Mittelwerte zusammen. Die Bewegungsgleichung für diese Funktion lautet

$$(\omega + \varepsilon_k - \mu) \Gamma_{k\sigma}(\omega) = - \frac{\gamma}{N} \sum_{k'}^{(\bar{\omega})} \langle\langle c^{+}_{k'\sigma} c^{+}_{-k'-\sigma} c_{k\sigma}; c^{+}_{k\sigma} \rangle\rangle_{\omega} . \tag{7.4.11}$$

Nach Durchführung einer analogen Näherung wie in (7.4.6) und (7.4.10) folgt

$$(\omega + \varepsilon_k - \mu) \Gamma_{k\sigma}(\omega) = -\Delta^* G_{k\sigma}(\omega) . \tag{7.4.12}$$

Das Gleichungssystem (7.4.7) und (7.4.12) läßt sich leicht auflösen. Es ergibt sich

$$G_{k\sigma}(\omega) = \frac{\omega + \varepsilon_k - \mu}{\omega^2 - E_k^2} , \quad \Gamma_{k\sigma}(\omega) = - \frac{\Delta^*}{\omega^2 - E_k^2} \tag{7.4.13}$$

mit

$$E_k = \sqrt{(\varepsilon_k - \mu)^2 + |\Delta|^2} . \tag{7.4.14}$$

Das Energie-Spektrum (7.4.14) ist wesentlich verschieden vom ursprünglichen Spektrum ε_k. Es beginnt nicht mehr bei Null, sondern setzt erst bei einem endlichen Wert $|\Delta|$ ein. Dadurch wird die Stabilität des Grundzustandes vergrößert. Ein im System fließender Strom wird erst dann gestört, wenn Energie-Übertragungen erfolgen, die einen kritischen Wert übersteigen; ansonsten bleibt der Strom ungedämpft erhalten. Dies ist aber gerade der beobachtete Effekt der Supraleitung, bei der einmal erzeugte Ströme über sehr lange Zeiten erhalten bleiben. Die für eine Störung erforderlichen Anregungsenergien $|\Delta|$ entsprechen der Bindungsenergie der COOPER-Paare.

Die Berechnung der Energielücke Δ kann aus (7.4.8) unter Benutzung des Spektraltheorems (3.3.36) erfolgen. Wir erhalten

$$\Delta^* = \frac{\gamma}{N} \lim_{\delta \to 0^+} \frac{i}{2\pi} \int \frac{d\omega}{e^{\beta\omega} + 1} \sum_{k}^{(\bar{\omega})} [\Gamma_{k\sigma}(\omega + i\delta) - \Gamma_{k\sigma}(\omega - i\delta)]$$

$$= \frac{\gamma \Delta^*}{2N} \sum_{k}^{(\bar{\omega})} \frac{\tanh \frac{\beta E_k}{2}}{E_k} . \tag{7.4.15}$$

Es ist zu erkennen, daß stets die triviale Lösung $\Delta = 0$ existiert, die dem normalleitenden Zustand entspricht. Daneben gibt es jedoch eine weitere Lösung, die aus

$$1 = \frac{\gamma}{2N} \sum_{k}^{(\bar{\omega})} \frac{\tanh\left(\frac{\beta}{2}\sqrt{(\varepsilon_k - \mu)^2 + |\Delta|^2}\right)}{\sqrt{(\varepsilon_k - \mu)^2 + |\Delta|^2}} \tag{7.4.16}$$

berechnet werden kann.

Wie (7.4.16) zeigt, ist Δ eine Funktion der Temperatur T. Zunächst wird $T = 0$ betrachtet. Wegen $\beta \to \infty$ nimmt der Zähler den Wert 1 an, so daß (mit $\mu \to \varepsilon_F$)

$$\begin{aligned} 1 &= \frac{\gamma}{2N} \sum_{k}^{(\bar{\omega})} \frac{1}{\sqrt{(\varepsilon_k - \varepsilon_F)^2 + |\Delta|^2}} = \frac{\gamma}{4} \int\limits_{\varepsilon_F - \bar{\omega}}^{\varepsilon_F + \bar{\omega}} \frac{d\omega\, D(\omega)}{\sqrt{(\omega - \varepsilon_F)^2 + |\Delta_0|^2}} \\ &\approx \frac{\gamma}{4} D(\varepsilon_F) \cdot 2 \int\limits_0^{\bar{\omega}} \frac{dx}{\sqrt{x^2 + |\Delta_0|^2}} = \frac{\gamma}{2} D(\varepsilon_F) \ln \frac{\bar{\omega} + \sqrt{\bar{\omega}^2 + |\Delta_0|^2}}{|\Delta_0|} \end{aligned} \tag{7.4.17}$$

gilt. Die Summe über $\boldsymbol{k}$ wurde hierbei gemäß (4.3.7) in ein Integral über ω umgewandelt. Auflösung nach Δ_0 ergibt mit realistischen Werten für γ und $D(\varepsilon_F)$

$$|\Delta_0| \approx 2\bar{\omega}\, e^{-\frac{2}{\gamma D(\varepsilon_F)}} \approx 10^{-2}\, \bar{\omega}. \tag{7.4.18}$$

Für $T \neq 0$ ergibt sich analog

$$1 \approx \frac{\gamma}{2} D(\varepsilon_F) \int\limits_0^{\bar{\omega}} dx \frac{\tanh\left(\frac{\beta}{2}\sqrt{x^2 + |\Delta|^2}\right)}{\sqrt{x^2 + |\Delta|^2}}. \tag{7.4.19}$$

Da für endliche Werte von β der Zähler des Integranden kleiner als 1 ist, nimmt Δ ab, wenn T wächst. Bei einer kritischen Temperatur T_c, der Sprungtemperatur des Supraleiters, gilt $\Delta \to 0$, so daß für $T > T_c$ nur noch der normalleitende Zustand existiert. T_c folgt aus (7.4.19) mit $\Delta = 0$:

$$1 = \frac{\gamma}{2} D(\varepsilon_F) \int\limits_0^{\bar{\omega}} dx \frac{\tanh \frac{\beta_c x}{2}}{x}, \qquad k_B T_c = \frac{1}{\beta_c} \approx 1{,}76\, |\Delta_0|. \tag{7.4.20}$$

In der Nähe von T_c erhält man durch Entwicklung

$$|\Delta| \approx 3{,}2 k_B T_c \sqrt{1 - \frac{T}{T_c}}. \tag{7.4.21}$$

Schließlich muß noch geprüft werden, ob die Lösung $\Delta \neq 0$ tatsächlich den Grundzustand darstellt. Hierzu werden die Energien von normal- und supraleitendem Zustand miteinander verglichen. Für $T = 0$ gilt nach (5.3.11)

$$E = -\frac{1}{4\pi i}\sum_{k\sigma}\int d\omega\,(\varepsilon_{k} + \omega + \varepsilon_F)\lim_{\delta\to 0^+}\left[G_{k\sigma}(\omega + i\delta) - G_{k\sigma}(\omega - i\delta)\right]. \tag{7.4.22}$$

Durch Einsetzen der Lösung (7.4.13) für $G_{k\sigma}(\omega)$ entsteht

$$E = E^0 - \sum_{k}^{(\bar{\omega})}\frac{|\Delta|^2}{2E_{k}}, \tag{7.4.23}$$

wobei E^0 durch (4.4.3) gegeben ist und die Energie des normalleitenden Zustandes ($\Delta = 0$) darstellt. Der supraleitende Zustand besitzt also gegenüber dem normalleitenden eine um

$$\Delta E = -\frac{1}{2}\sum_{k}^{(\bar{\omega})}\frac{|\Delta|^2}{\sqrt{(\varepsilon_{k} - \varepsilon_F)^2 + |\Delta|^2}} \approx -N\frac{|\Delta|^2}{\gamma} \tag{7.4.24}$$

niedrigere Energie und bildet somit den Grundzustand des Operators (7.4.1).

8. Elektronen-Korrelation

8.1. Die Grenzfälle starker und schwacher Korrelation

In Kapitel 7. wurde eine Reihe kollektiver Erscheinungen in Viel-Teilchen-Systemen besprochen. Dabei zeigte sich, daß die Wechselwirkung die Ursache von Verhaltensweisen des Systems ist, die prinzipiell nicht im Rahmen einer Ein-Teilchen-Beschreibung verständlich sind. Man bezeichnet denjenigen Einfluß der Wechselwirkung, der nicht durch ein Ein-Teilchen-Modell beschrieben werden kann, als Korrelation. Von der Vielzahl möglicher Korrelationseinflüsse kann hier nur ein Spezialfall modellmäßig betrachtet werden.

Die Behandlung der GREENschen Ein-Teilchen-Funktion mittels des RPA-Verfahrens in Abschnitt 7.1. ergab keinen Unterschied zu den HARTREE-FOCK-Resultaten von Kapitel 6.; die Beziehungen (7.1.5) und (6.1.8) stimmen völlig überein. Für die Ein-Teilchen-Funktion, die nach Abschnitt 5.3. zur Beschreibung von Zustandsdichte, Grundzustandsenergie sowie anderer Gleichgewichtsgrößen ausreicht, muß daher die Elektronen-Korrelation in anderer Weise erfaßt werden. Eine Möglichkeit hierzu wird im vorliegenden Kapitel dargestellt.

Ausgangspunkt der Betrachtungen ist das HUBBARD-Modell (5.5.2), da dies das einfachste Modell ist, in welchem der Einfluß der Elektron-Elektron-Wechselwirkung untersucht werden kann:

$$H = \sum_{ij\sigma} t_{ij} c_{i\sigma}^+ c_{j\sigma} + U \sum_i n_{i\uparrow} n_{i\downarrow}, \qquad n_{i\sigma} = c_{i\sigma}^+ c_{i\sigma}. \tag{8.1.1}$$

Es sollen zunächst die Grenzfälle dieses Modells diskutiert werden. Für $U \to 0$ ergibt sich

$$H = \sum_{ij\sigma} t_{ij} c_{i\sigma}^+ c_{j\sigma} = \sum_{\boldsymbol{k}\sigma} \varepsilon_{\boldsymbol{k}} n_{\boldsymbol{k}\sigma}. \tag{8.1.2}$$

Die GREENsche Ein-Teilchen-Funktion

$$G_{\boldsymbol{k}\sigma}(\omega) = \langle\langle c_{\boldsymbol{k}\sigma}; c_{\boldsymbol{k}\sigma}^+ \rangle\rangle_\omega \tag{8.1.3}$$

ist für diesen Grenzfall aus (4.2.5) bekannt und besitzt die Gestalt

$$G_{\boldsymbol{k}\sigma}(\omega) = \frac{1}{\omega - \varepsilon_{\boldsymbol{k}} + \mu}. \tag{8.1.4}$$

Dieses Ergebnis wird als Bandgrenzfall bezeichnet. Erste Korrekturen zu dieser Lösung lassen sich durch Anwendung des RPA-Verfahrens gewinnen. Nach (7.1.5) sowie (6.2.5) folgt

$$G_{\boldsymbol{k}\sigma}(\omega) = \frac{1}{\omega - \varepsilon_{\boldsymbol{k}} - U n_{-\sigma} + \mu}. \tag{8.1.5}$$

Die Eigenschaften dieser Lösung sind in Abschnitt 6.2. untersucht worden.

Ein völlig anderer Grenzfall entsteht für $t_{ij} \to 0$. Der HAMILTON-Operator lautet dann

$$H = U \sum_i n_{i\uparrow} n_{i\downarrow} . \tag{8.1.6}$$

Dies wird als atomarer Grenzfall bezeichnet. Die Lösung für die GREENsche Funktion (8.1.3) erhält man aus der Bewegungsgleichung. Aus (5.1.13) folgt unter Beachtung von (5.5.1)

$$(\omega + \mu) \langle\langle c_{i\sigma}; c_{j\sigma}^+ \rangle\rangle_\omega = \delta_{ij} + U \langle\langle n_{i-\sigma} c_{i\sigma}; c_{j\sigma}^+ \rangle\rangle_\omega . \tag{8.1.7}$$

Die Bewegungsgleichung für die hier auftretende höhere GREENsche Funktion lautet nach (3.1.23)

$$\begin{aligned}(\omega + \mu) \langle\langle n_{i-\sigma} c_{i\sigma}; c_{j\sigma}^+ \rangle\rangle_\omega &= \langle [n_{i-\sigma} c_{i\sigma}, c_{j\sigma}^+]_+ \rangle \\ &\quad + U \sum_l \langle\langle [n_{i-\sigma} c_{i\sigma}, n_{l\uparrow} n_{l\downarrow}]_- ; c_{j\sigma}^+ \rangle\rangle_\omega \\ &= \langle n_{i-\sigma} \rangle \delta_{ij} + U \langle\langle n_{i-\sigma} c_{i\sigma}; c_{j\sigma}^+ \rangle\rangle_\omega . \end{aligned} \tag{8.1.8}$$

Hierin wurde berücksichtigt, daß für Fermionen

$$n_{i\sigma}^2 = n_{i\sigma} \tag{8.1.9}$$

gilt. Es entsteht in diesem Grenzfall also keine Hierarchie, sondern die Bewegungsgleichung (8.1.8) ist eine abgeschlossene Gleichung. Die Auflösung ergibt

$$\langle\langle n_{i-\sigma} c_{i\sigma}; c_{j\sigma}^+ \rangle\rangle_\omega = \frac{\langle n_{i-\sigma} \rangle}{\omega - U + \mu} \delta_{ij} . \tag{8.1.10}$$

Dieses Ergebnis kann in (8.1.7) eingesetzt werden, und man erhält

$$\langle\langle c_{i\sigma}; c_{j\sigma}^+ \rangle\rangle_\omega = \frac{\omega - U(1 - \langle n_{i-\sigma} \rangle) + \mu}{(\omega + \mu)(\omega - U + \mu)} \delta_{ij} . \tag{8.1.11}$$

Für translationsinvariante Systeme hängt $\langle n_{i\sigma} \rangle$ nicht vom Gitterplatz i ab, d. h.

$$\langle n_{i\sigma} \rangle = n_\sigma . \tag{8.1.12}$$

Die FOURIER-Transformation liefert

$$G_{k\sigma}(\omega) = \frac{\omega - U(1 - n_{-\sigma}) + \mu}{(\omega + \mu)(\omega - U + \mu)} = \frac{1}{F_\sigma(\omega + \mu)} , \tag{8.1.13}$$

wobei die Funktion $F_\sigma(\omega)$ durch

$$\frac{1}{F_\sigma(\omega)} = \frac{1 - n_{-\sigma}}{\omega} + \frac{n_{-\sigma}}{\omega - U} \tag{8.1.14}$$

gegeben ist.

Die Zustandsdichte ergibt sich nach (4.3.8) zu

$$D(\omega) = \sum_\sigma D_\sigma(\omega)\,, \quad D_\sigma(\omega) = (1 - n_{-\sigma})\,\delta(\omega) + n_{-\sigma}\delta(\omega - U)\,. \qquad (8.1.15)$$

Sie besteht aus zwei scharfen Spitzen (Peaks) bei $\omega = 0$ und $\omega = U$. Dies kann so verstanden werden, daß im Modell (8.1.6) für ein Elektron mit dem Spin σ an jedem Gitterplatz nur zwei mögliche Energiezustände existieren, nämlich $\omega = 0$, wenn an diesem Platz kein anderes Elektron vorhanden ist, und $\omega = U$, wenn sich bereits ein Elektron mit dem Spin $-\sigma$ (Pauli-Prinzip!) an diesem Gitterplatz befindet. Die Wahrscheinlichkeit für diese Fälle ist durch die Dichte der Elektronen mit entgegengesetztem Spin gegeben.

Eine Verbesserung der Ergebnisse des atomaren Grenzfalls erweist sich als sehr schwierig. Insbesondere kann keine konvergente Entwicklung nach Potenzen von w/U (außer für Spezialfälle) angegeben werden (w = Bandbreite, siehe (8.2.9)).

8.2. Hubbard-Entkopplung

Von praktischem Interesse ist das Verhalten des Modells (8.1.1) vor allem im Gebiet zwischen den beiden Grenzfällen von Abschnitt 8.1. Für beliebige Werte von t_{ij} und U lautet die Bewegungsgleichung

$$(\omega + \mu) \langle\langle c_{i\sigma}; c_{j\sigma}^+ \rangle\rangle_\omega = \delta_{ij} + \sum_l t_{il} \langle\langle c_{l\sigma}; c_{j\sigma}^+ \rangle\rangle_\omega$$
$$+ U \langle\langle n_{i-\sigma} c_{i\sigma}; c_{j\sigma}^+ \rangle\rangle_\omega\,. \qquad (8.2.1)$$

RPA-Entkopplung des letzten Terms führt zur Lösung (8.1.5) und liefert somit keine neuen Erkenntnisse über das Verhalten des Systems. Dagegen kann wie im atomaren Grenzfall die Bewegungsgleichung für die höhere Greensche Funktion betrachtet werden. Sie hat die Form

$$(\omega + \mu) \langle\langle n_{i-\sigma} c_{i\sigma}; c_{j\sigma}^+ \rangle\rangle_\omega = \langle n_{i-\sigma} \rangle\, \delta_{ij} + U \langle\langle n_{i-\sigma} c_{i\sigma}; c_{j\sigma}^+ \rangle\rangle_\omega$$
$$+ \sum_l t_{il} [\langle\langle n_{i-\sigma} c_{l\sigma}; c_{j\sigma}^+ \rangle\rangle_\omega + \langle\langle (c_{i-\sigma}^+ c_{l-\sigma} - c_{l-\sigma}^+ c_{i-\sigma})\, c_{i\sigma}; c_{j\sigma}^+ \rangle\rangle_\omega]\,, \qquad (8.2.2)$$

wobei $t_{ij} = t_{ji}$ verwendet wurde. In der zweiten Zeile von (8.2.2) treten neue Greensche Funktionen auf, allerdings mit gleicher Anzahl von Operatoren wie in der Ausgangsfunktion. Die Bewegungsgleichungen für diese Funktionen führen zu weiteren Greenschen Funktionen mit einer größeren Zahl von Operatoren, so daß auf diese Weise kein Abschluß der Gleichungshierarchie erreicht werden kann. Ein näherungsweiser Abbruch der Hierarchie ist durch Anwendung des RPA-Verfahrens auf (8.2.2) möglich. Durch Ersetzung der „störenden" Operatoren durch ihre Mittelwerte erhält man

$$(\omega + \mu) \langle\langle n_{i-\sigma} c_{i\sigma}; c_{j\sigma}^+ \rangle\rangle_\omega = \langle n_{i-\sigma} \rangle\, \delta_{ij} + U \langle\langle n_{i-\sigma} c_{i\sigma}; c_{j\sigma}^+ \rangle\rangle_\omega$$
$$+ \sum_l t_{il} \langle n_{i-\sigma} \rangle \langle\langle c_{l\sigma}; c_{j\sigma}^+ \rangle\rangle_\omega\,, \qquad (8.2.3)$$

wobei auf der rechten Seite keine neuen GREENschen Funktionen auftreten, so daß (8.2.1) und (8.2.3) ein abgeschlossenes Gleichungssystem bilden. Auflösung von (8.2.3) nach $\langle\langle n_{i-\sigma}c_{i\sigma}; c_{j\sigma}^{+}\rangle\rangle_\omega$ und Einsetzen in (8.2.1) liefert

$$\langle\langle c_{i\sigma}; c_{j\sigma}^{+}\rangle\rangle_\omega = \frac{\omega - U(1 - \langle n_{i-\sigma}\rangle) + \mu}{(\omega + \mu)(\omega - U + \mu)} \left[\delta_{ij} + \sum_l t_{il} \langle\langle c_{l\sigma}; c_{j\sigma}^{+}\rangle\rangle_\omega\right]. \tag{8.2.4}$$

Für translationsinvariante Systeme kann diese Gleichung durch FOURIER-Transformation gelöst werden. Es ergibt sich

$$G_{\boldsymbol{k}\sigma}(\omega) = \frac{1}{F_\sigma(\omega + \mu) - \varepsilon_{\boldsymbol{k}}} \tag{8.2.5}$$

mit $F_\sigma(\omega)$ aus (8.1.14). Diese Lösung ist unter der Bezeichnung „HUBBARD I“ bekannt. Eine Partialbruchzerlegung liefert

$$G_{\boldsymbol{k}\sigma}(\omega) = \frac{a_{\boldsymbol{k}\sigma}^{(1)}}{\omega - \omega_{\boldsymbol{k}\sigma}^{(1)} + \mu} + \frac{a_{\boldsymbol{k}\sigma}^{(2)}}{\omega - \omega_{\boldsymbol{k}\sigma}^{(2)} + \mu} \tag{8.2.6}$$

mit $a_{\boldsymbol{k}\sigma}^{(1)}$, $a_{\boldsymbol{k}\sigma}^{(2)}$, $\omega_{\boldsymbol{k}\sigma}^{(1)}$ und $\omega_{\boldsymbol{k}\sigma}^{(2)}$ entsprechend (8.4.13) und (8.4.14).

Die Lösung (8.2.5) hat die Eigenschaft, daß für $\varepsilon_{\boldsymbol{k}} \to 0$ der atomare Grenzfall (8.1.13) und für $U \to 0$ infolge $F_\sigma(\omega) \to \omega$ der Bandgrenzfall (8.1.4) entsteht. Dagegen kann für kleine Werte von U nicht (8.1.5) erhalten werden. Der wesentliche Nachteil dieser Näherung besteht vor allem darin, daß durch Herausziehen der Mittelwerte $\langle n_{i-\sigma}\rangle$ in (8.2.2) die Translationseigenschaften der GREENschen Funktionen nicht korrekt erfaßt werden, was zu einigen unphysikalischen Eigenschaften der Lösungen führt. Als Beispiel betrachten wir die Selbstenergie $M_{\boldsymbol{k}\sigma}(\omega)$, für die man durch Vergleich von (8.2.5) mit (5.2.3) den Ausdruck

$$M_{\boldsymbol{k}\sigma}(\omega) = \omega - F_\sigma(\omega + \mu) + \mu \tag{8.2.7}$$

erhält. In dieser Näherung ist die Selbstenergie also impulsunabhängig (und somit eine lokale Größe), was sie jedoch in einem translationsinvarianten System nicht sein darf: Für wechselwirkende Systeme besitzt $M_{\boldsymbol{k}\sigma}(\omega)$ einen Imaginärteil (siehe Abschnitt 5.2.), der mit $|\boldsymbol{k}| \to k_F$ (FERMI-Impuls) verschwinden muß (LUTTINGER-Theorem).

Eine interessante Eigenschaft der Lösung (8.2.5) erkennt man bei Betrachtung der Zustandsdichte

$$\begin{aligned} D_\sigma(\omega) &= \frac{i}{2\pi N} \lim_{\delta \to 0^+} \sum_{\boldsymbol{k}} \left[G_{\boldsymbol{k}\sigma}(\omega - \mu + i\delta) - G_{\boldsymbol{k}\sigma}(\omega - \mu - i\delta)\right] \\ &= \frac{1}{2} D^0(F_\sigma(\omega)). \end{aligned} \tag{8.2.8}$$

$D^0(\omega)$ ist dabei die Zustandsdichte des Bandgrenzfalls ($U = 0$), die durch $\varepsilon_{\boldsymbol{k}}$ bestimmt wird. In (8.2.8) wurde ebenso wie in (8.1.15) die Zustandsdichte für beide Spinrichtungen getrennt betrachtet; die gesamte Zustandsdichte erhält man durch Summation über σ. Das Verhalten von $D_\sigma(\omega)$ folgt unmittelbar aus den Eigenschaften von $F_\sigma(\omega)$. Nach (8.1.13) besitzt $F_\sigma(\omega)$ eine Polstelle bei $\omega = U(1 - n_{-\sigma})$ sowie Nullstellen bei $\omega = 0$ und $\omega = U$. Da $D^0(\omega)$ nur für endliche Werte von ω von Null verschieden ist, ergibt sich eine charakteristische Zwei-Bandstruktur, die in Abbildung 8.2.1 dargestellt ist (Bandaufspaltung).

Dieser Verlauf kann als eine „Aufweichung" der beiden scharfen Peaks von (8.1.15) gedeutet werden, die durch die Wirkung der kinetischen Energie ε_k entsteht. Der Flächeninhalt des Teilbandes bei $\omega = 0$ ist proportional zu $(1 - n_{-\sigma})$, derjenige des Teilbandes bei $\omega = U$ proportional zu $n_{-\sigma}$, in Übereinstimmung mit den Summenregeln von Abschnitt 3.5. Die Bandlücke bleibt auch in der Grenze $U \to 0$ erhalten.

Die Bandkanten (das sind diejenigen ω-Werte, für die die Zustandsdichte gerade verschwindet) können in dieser Näherung sehr leicht erhalten werden. Besitzt $D^0(\omega)$ seine Bandkanten bei $\omega = \pm w$, dann sind die Kanten von $D_\sigma(\omega)$ nach (8.2.8) durch

$$F_\sigma(\omega) = \pm w \tag{8.2.9}$$

gegeben. Dies führt auf die vier Energiewerte

$$\omega_i = \frac{U \pm w}{2} \pm \frac{1}{2}\sqrt{(U \pm w)^2 \mp 4Uw(1 - n_{-\sigma})}\,. \tag{8.2.10}$$

Das betrachtete Näherungsverfahren ergibt also ein völlig neuartiges Verhalten der Zustandsdichte. Die Wirkung der Elektron-Elektron-Wechselwirkung führt zu einer Aufspaltung des ungestörten Bandes ε_k in zwei Teilbänder, was im Rahmen eines Ein-Teilchen-Modells prinzipiell nicht verständlich wäre. Die Notwendigkeit, den Einfluß der Korrelation zu betrachten, wird hier besonders deutlich. Eine sehr interessante Folge dieses Verhaltens wird im folgenden Abschnitt diskutiert werden.

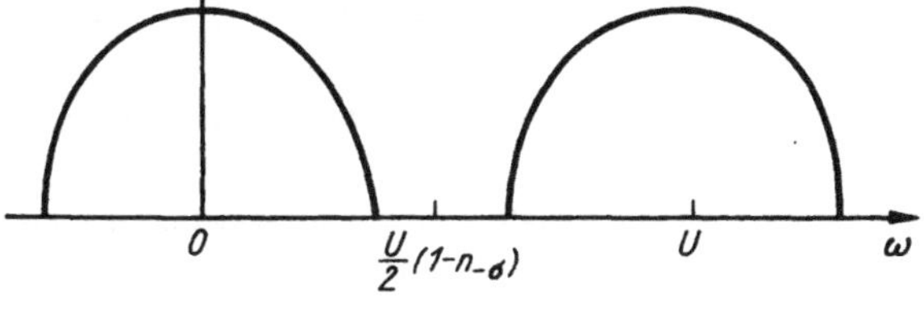

Abb. 8.2.1. Zustandsdichte des HUBBARD-Modells im Rahmen der Näherung „HUBBARD I"

8.3. Metall-Isolator-Übergang

Im letzten Abschnitt wurde gezeigt, daß die Elektronen-Korrelation zum Auftreten von Lücken (gaps) in der Zustandsdichte führen kann. Die dabei benutzte Näherung „HUBBARD I" führte allerdings schon bei beliebig kleinen Werten von U zu einer Aufspaltung des Bandes. Dies ist jedoch offensichtlich ein Resultat der Näherung und entspricht nicht dem Verhalten des Modells. Für sehr kleine Werte von U sollte eher das HARTREE-FOCK-Ergebnis (8.1.5) zutreffen, das lediglich eine Verschiebung der Zustandsdichte ohne irgendwelche Bandaufspaltungen liefert. Für große Werte von U ist dagegen die Existenz einer Lücke physikalisch verständlich, da die entstehenden Teilbänder den atomaren Niveaus isolierter Atome entsprechen. Bessere Näherungen als „HUBBARD I" sollten demnach zu dem Resultat führen, daß die Bandaufspaltung erst bei einem kritischen Wert $(U/w)_{\text{krit}}$ auftritt.[8.1]

Das Auftreten einer Bandaufspaltung für $U/w > (U/w)_{\text{krit}}$ hat eine sehr interessante Auswirkung auf die elektrische Leitfähigkeit. Für kleine Werte von U ($U/w < (U/w)_{\text{krit}}$) und $0 < n < 2$ liegt die FERMI-Energie im Inneren des Bandes, und damit ist $D(\varepsilon_F)$ von Null verschieden. Bereits sehr kleine Anregungsenergien reichen aus, um Elektronen aus besetzten in unbesetzte Zustände zu bringen und dadurch einen Strom hervorzurufen. Das System ist demnach bei diesen Werten von U ein guter Leiter. Nun betrachten wir Werte $U/w > (U/w)_{\text{krit}}$, bei denen eine Energielücke zwischen den beiden Teilbändern existiert. Für ein halbbesetztes Band ($n = 1$, neutrales Modell) liegt die FERMI-Energie gerade im Bereich der Energielücke ($\varepsilon_F = U/2$), siehe Abbildung 8.3.1. Die unbesetzten Zustände sind jetzt durch eine endliche Lücke von den besetzten getrennt, so daß erst bei Anregungsenergien, die größer als diese Lücke sind, ein Strom fließen kann. Offensichtlich verhält sich das System bei diesen Werten von U wie ein Isolator bzw. Halbleiter. Der Übergang vom metal-

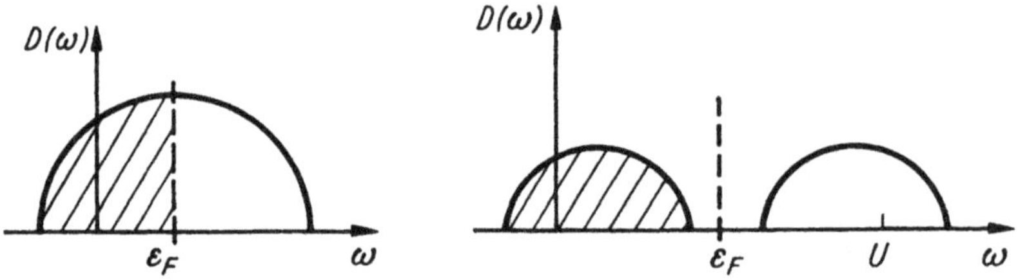

Abb. 8.3.1. Bandaufspaltung und Metall-Isolator-Übergang (halbgefülltes Band)
a) $U/w < (U/w)_{\text{krit}}$ b) $U/w > (U/w)_{\text{krit}}$

[8.1] Solche Näherungen sind auch tatsächlich von verschiedenen Autoren entwickelt worden, siehe z. B. J. HUBBARD, Proc. Roy. Soc. **A 281**, 401 (1964).

lisch leitenden zum isolierenden Verhalten erfolgt bei $U/w = (U/w)_{\text{krit}}$. Die Ursache für diesen Übergang ist die Elektronen-Korrelation. (Es gibt weitere mögliche Ursachen für derartige Übergänge, z. B. Gitterverzerrungen oder Auftreten einer antiferromagnetischen Ordnung. Übergänge, die durch die Elektronen-Korrelation bedingt sind, werden als MOTT-Übergänge bezeichnet.) In realen Systemen können Änderungen von U durch äußeren Druck (Änderung der Gitterparameter), Temperaturänderung sowie Zulegieren von Fremdsubstanzen erfolgen. Solche Metall-Isolator-Übergänge wurden bisher bei V_2O_3 und NiS_2 experimentell nachgewiesen.

8.4. Momenten-Methode

Um die Anwendungsgrenzen eines Näherungsverfahrens zu untersuchen, können nach Abschnitt 3.5. die Momente der Spektraldichte berechnet werden. Nach (3.5.48) gilt

$$M_{k\sigma}^{(n)} = \int d\omega\, \omega^n A_{k\sigma}(\omega) = \langle [[\dots [c_{k\sigma}, \mathscr{H}]_- \dots, \mathscr{H}]_-, c_{k\sigma}^+]_+ \rangle . \tag{8.4.1}$$

Zunächst werden die exakten Ergebnisse für $M_{k\sigma}^{(n)}$ durch Auswertung der Vertauschungen mit dem Modelloperator (8.1.1) bzw. (5.5.3) bestimmt. Für die niedrigsten Momente ergibt sich

$$M_{k\sigma}^{(0)} = 1 , \tag{8.4.2}$$

$$M_{k\sigma}^{(1)} = \varepsilon_k - \mu + Un_{-\sigma} , \tag{8.4.3}$$

$$M_{k\sigma}^{(2)} = (\varepsilon_k - \mu)^2 + 2(\varepsilon_k - \mu)\, Un_{-\sigma} + U^2 n_{-\sigma} , \tag{8.4.4}$$

$$\begin{aligned} M_{k\sigma}^{(3)} = {} & (\varepsilon_k - \mu)^3 + 3(\varepsilon_k - \mu)^2\, Un_{-\sigma} + 2(\varepsilon_k - \mu)\, U^2 n_{-\sigma} \\ & + (\varepsilon_k - \mu)\, U^2 n_{-\sigma}^2 + U^3 n_{-\sigma} + U^2 n_{-\sigma}(1 - n_{-\sigma})\,(W_\sigma(k) - \mu) \end{aligned} \tag{8.4.5}$$

mit

$$\begin{aligned} n_{-\sigma}(1 - n_{-\sigma})\, W_\sigma(k) = {} & -\varepsilon_k n_{-\sigma}^2 - \frac{1}{N} \sum_{k'} \varepsilon_{k'} \langle n_{k'-\sigma} \rangle \\ & + \frac{1}{N^2} \sum_{k'k''q} \varepsilon_{k+q} \langle c_{k'-\sigma}^+ c_{k'-q-\sigma} c_{k''-\sigma}^+ c_{k''+q-\sigma} \rangle \\ & - \frac{1}{N^2} \sum_{k'k''q} (\varepsilon_{k''+q} + \varepsilon_{k''} - \varepsilon_{k-k'-k''} - \varepsilon_{k+q-k'+k''}) \\ & \langle c_{k'\sigma}^+ c_{k'-q\sigma} c_{k''-\sigma}^+ c_{k''+q-\sigma} \rangle . \end{aligned} \tag{8.4.6}$$

In $M_{k\sigma}^{(3)}$ sowie allen höheren Momenten treten Korrelationsfunktionen auf, die mittels des Spektraltheorems (3.3.36) berechnet werden können.

Nunmehr können die exakten Ergebnisse (8.4.2) bis (8.4.5) mit den Resultaten von Näherungsverfahren verglichen werden. Im Rahmen der HARTREE-FOCK-Näherung gilt (8.1.5) und somit

$$A_{k\sigma}^{\mathrm{HF}}(\omega) = \delta(\omega - \varepsilon_k - Un_{-\sigma} + \mu)\,. \tag{8.4.7}$$

Darauf folgt sofort

$$M_{k\sigma}^{(n)\mathrm{HF}} = (\varepsilon_k - \mu + Un_{-\sigma})^n\,. \tag{8.4.8}$$

Wie der Vergleich zeigt, liefert das HARTREE-FOCK-Verfahren lediglich $M_{k\sigma}^{(0)}$ und $M_{k\sigma}^{(1)}$ richtig. Bereits $M_{k\sigma}^{(2)}$ wird nicht erhalten, sondern es gilt

$$M_{k\sigma}^{(2)} - M_{k\sigma}^{(2)\mathrm{HF}} = U^2 n_{-\sigma}(1 - n_{-\sigma})\,, \tag{8.4.9}$$

so daß für starke Korrelationen beträchtliche Abweichungen entstehen.

Bei Verwendung der HUBBARD-Entkopplung folgt aus (8.2.5)

$$A_{k\sigma}^{\mathrm{H}}(\omega) = \delta(F_\sigma(\omega + \mu) - \varepsilon_k) \tag{8.4.10}$$

mit $F_\sigma(\omega)$ aus (8.1.14). Unter Verwendung der Rechenregel

$$\delta(f(x)) = \sum_n \frac{1}{|f'(x_n)|}\,\delta(x - x_n) \tag{8.4.11}$$

(x_n sind die einfachen Nullstellen von $f(x)$) kann hierfür auch (siehe (8.2.6))

$$A_{k\sigma}^{\mathrm{H}}(\omega) = a_{k\sigma}^{(1)}\,\delta(\omega - \omega_{k\sigma}^{(1)} + \mu) + a_{k\sigma}^{(2)}\,\delta(\omega - \omega_{k\sigma}^{(2)} + \mu) \tag{8.4.12}$$

geschrieben werden mit

$$\left.\begin{matrix}\omega_{k\sigma}^{(1)}\\ \omega_{k\sigma}^{(2)}\end{matrix}\right\} = \frac{1}{2}\left[\varepsilon_k + U \mp \sqrt{(\varepsilon_k - U)^2 + 4\varepsilon_k U n_{-\sigma}}\right], \tag{8.4.13}$$

$$\left.\begin{matrix}a_{k\sigma}^{(1)}\\ a_{k\sigma}^{(2)}\end{matrix}\right\} = \frac{1}{2}\left[1 \mp \frac{\varepsilon_k - U + 2Un_{-\sigma}}{\sqrt{(\varepsilon_k - U)^2 + 4\varepsilon_k U n_{-\sigma}}}\right]. \tag{8.4.14}$$

Dies liefert die Momente

$$M_{k\sigma}^{(n)\mathrm{H}} = a_{k\sigma}^{(1)}(\omega_{k\sigma}^{(1)} - \mu)^n + a_{k\sigma}^{(2)}(\omega_{k\sigma}^{(2)} - \mu)^n\,. \tag{8.4.15}$$

In dieser Näherung wird zusätzlich zu den HARTREE-FOCK-Resultaten auch das Moment $M_{k\sigma}^{(2)}$ richtig geliefert, so daß die HUBBARD-Entkopplung eine Verbesserung der HARTREE-FOCK-Näherung darstellt. Jedoch ergeben sich bereits für $M_{k\sigma}^{(3)}$ Abweichungen:

$$M_{k\sigma}^{(3)} - M_{k\sigma}^{(3)\mathrm{H}} = U^2 n_{-\sigma}(1 - n_{-\sigma})\,W_\sigma(k) \tag{8.4.16}$$

mit $W_\sigma(k)$ aus (8.4.6).

Eine weitere Verbesserung würde offenbar darin bestehen, daß auch das

Moment $M_{k\sigma}^{(3)}$ richtig geliefert wird. Es ist möglich, hierzu einen Ansatz für die Spektraldichte $A_{k\sigma}(\omega)$ mit freien Parametern zu verwenden; die Parameter werden dann aus dem Vergleich mit den exakten Ergebnissen für die Momente (8.4.2) bis (8.4.5) berechnet. (Bei genügend vielen Parametern ist auch die Erhaltung weiterer Momente im Prinzip möglich; dieses Vorgehen wird als Momenten-Technik bezeichnet.) Um die Momente bis einschließlich $M_{k\sigma}^{(3)}$ anpassen zu können, werden vier Parameter benötigt. Ein möglicher Ansatz (Zwei-Pol-Ansatz) ist also

$$\tilde{A}_{k\sigma}(\omega) = \tilde{a}_{k\sigma}^{(1)}\,\delta(\omega - \tilde{\omega}_{k\sigma}^{(1)} + \mu) + \tilde{a}_{k\sigma}^{(2)}\,\delta(\omega - \tilde{\omega}_{k\sigma}^{(2)} + \mu), \tag{8.4.17}$$

was zu den Momenten

$$\tilde{M}_{k\sigma}^{(n)} = \tilde{a}_{k\sigma}^{(1)}(\tilde{\omega}_{k\sigma}^{(1)} - \mu)^n + \tilde{a}_{k\sigma}^{(2)}(\tilde{\omega}_{k\sigma}^{(2)} - \mu)^n \tag{8.4.18}$$

führt. Für $n = 0, 1, 2$ und 3 kann nun mit (8.4.2) bis (8.4.5) verglichen werden; dies liefert

$$\left.\begin{matrix}\tilde{\omega}_{k\sigma}^{(1)}\\ \tilde{\omega}_{k\sigma}^{(2)}\end{matrix}\right\} = \frac{1}{2}\left[\varepsilon_k + U + W_\sigma(k) \mp \sqrt{(\varepsilon_k - U - W_\sigma(k))^2 + 4(\varepsilon_k - W_\sigma(k))\,Un_{-\sigma}}\right] \tag{8.4.19}$$

und

$$\left.\begin{matrix}\tilde{a}_{k\sigma}^{(1)}\\ \tilde{a}_{k\sigma}^{(2)}\end{matrix}\right\} = \frac{1}{2}\left[1 \mp \frac{(\varepsilon_k - U - W_\sigma(k)) + 2Un_{-\sigma}}{\sqrt{(\varepsilon_k - U - W_\sigma(k))^2 + 4(\varepsilon_k - W_\sigma(k))Un_{-\sigma}}}\right]. \tag{8.4.20}$$

Mit $W_\sigma(k) = 0$ erhält man hieraus gerade wieder die Resultate der HUBBARD-Entkopplung, d. h., (8.4.17) geht in (8.4.12) über. Um zu besseren Ergebnissen zu gelangen, muß $W_\sigma(k)$ aus (8.4.6) berechnet werden. Dazu ist die Auswertung der in (8.4.6) auftretenden Korrelationsfunktionen erforderlich, was durch analoge Ansätze für die hierfür benötigten GREENschen Funktionen möglich ist. Damit wäre $\tilde{A}_{k\sigma}(\omega)$ aus (8.4.17) vollständig bekannt, und es können nach Abschnitt 5.3. alle Gleichgewichtsgrößen wie Zustandsdichte, Energie, Besetzungsfunktion usw. berechnet werden. Hierbei sind bessere Resultate als bei Verwendung der HUBBARD-Entkopplung zu erwarten.

8.5. Leitfähigkeit bei starker Elektronen-Korrelation

In diesem Abschnitt wollen wir den physikalischen Gehalt des HUBBARD-Modells durch die Diskussion der Leitfähigkeit weiter verdeutlichen. Als Ausgangspunkt dient uns Formel (5.4.8), die wir zweckmäßigerweise in der folgenden Form benutzen werden:

$$\sigma^{\mu\nu}(\omega) = -\frac{ie}{\mathscr{V}} \lim_{\delta\to 0+} \sum_{ij\sigma} t_{ij}(R_i^\mu - R_j^\mu)\,\langle\langle c_{i\sigma}^+ c_{j\sigma};\, P^\nu\rangle\rangle_{\omega+i\delta}, \tag{8.5.1}$$

wobei

$$P^\nu = -e \sum_{i\sigma} R_i^\nu n_{i\sigma} \tag{8.5.2}$$

ist.

Die quantenstatistischen Informationen des Modells gehen ausschließlich über die retardierte GREENsche Funktion (mit $\eta = +1$)

$$G_{ij\sigma}(\omega) = \langle\langle c_{i\sigma}^+ c_{j\sigma}; P^\nu \rangle\rangle_\omega \tag{8.5.3}$$

in die Leitfähigkeit ein, so daß unsere Aufgabe in der Berechnung dieser Funktion besteht. $G_{ij\sigma}(\omega)$ ist in der Struktur zwar wesentlich von den bisher betrachteten GREENschen Ein-Teilchen-Funktionen verschieden, es lassen sich aber die für diese Funktionen dargestellten Berechnungsmethoden sinngemäß auch auf die gesuchte Funktion (8.5.3) übertragen. Wie im Falle der GREENschen Ein-Teilchen-Funktion ist auch für $G_{ij\sigma}(\omega)$ nur eine näherungsweise Bestimmung möglich. Da es in diesem Abschnitt nur auf einige prinzipielle Aussagen ankommt, werden wir uns mit den einfachsten Näherungen begnügen. Diese entsprechen einer Kombination des atomaren Grenzfalls mit der Methode HUBBARD I (im streng durchgeführten atomaren Grenzfall ist die Leitfähigkeit Null, da bei $t_{ij} = 0$ kein Elektronen-Übergang möglich ist).

Die notwendigen Berechnungen lassen sich erheblich vereinfachen, wenn wir $G_{ij\sigma}(\omega)$ folgendermaßen in Komponenten zerlegen:

$$G_{ij\sigma}(\omega) = \sum_{\alpha\beta} G_{ij\sigma}^{\alpha\beta}(\omega) \tag{8.5.4}$$

mit

$$G_{ij\sigma}^{\alpha\beta}(\omega) = \langle\langle c_{i\sigma}^+ c_{j\sigma} n_{i-\sigma}^\alpha n_{j-\sigma}^\beta; P^\nu \rangle\rangle_\omega \tag{8.5.5}$$

und

$$n_{i-\sigma}^\alpha = \begin{cases} n_{i-\sigma} \\ 1 - n_{i-\sigma} \end{cases} \text{für} \quad \alpha = \begin{cases} +\,, \\ -\,. \end{cases} \tag{8.5.6}$$

Wir schreiben nun die Bewegungsgleichungen für die Komponenten $G_{ij\sigma}^{\alpha\beta}(\omega)$ auf:

$$\begin{aligned} \omega G_{ij\sigma}^{\alpha\beta}(\omega) = {} & \langle [c_{i\sigma}^+ c_{j\sigma} n_{i-\sigma}^\alpha n_{j-\sigma}^\beta, P^\nu]_- \rangle \\ & + \langle\langle [c_{i\sigma}^+ c_{j\sigma} n_{i-\sigma}^\alpha n_{j-\sigma}^\beta, \mathscr{H}]_-; P^\nu \rangle\rangle_\omega \,. \end{aligned} \tag{8.5.7}$$

Wenn wir nun in $\mathscr{H}$ die kinetische Energie vernachlässigen (atomarer Grenzfall), dann folgt

$$\begin{aligned} \omega G_{ij\sigma}^{\alpha\beta}(\omega) = {} & e(R_j^\nu - R_i^\nu) \langle c_{i\sigma}^+ c_{j\sigma} n_{i-\sigma}^\alpha n_{j-\sigma}^\beta \rangle \\ & + U(\delta_{\beta+} - \delta_{\alpha+}) G_{ij\sigma}^{\alpha\beta}(\omega) \,. \end{aligned} \tag{8.5.8}$$

Diese Gleichung läßt sich einfach auflösen:

$$G_{ij\sigma}^{\alpha\beta}(\omega) = \frac{e(R_j^\nu - R_i^\nu) \langle c_{i\sigma}^+ c_{j\sigma} n_{i-\sigma}^\alpha n_{j-\sigma}^\beta \rangle}{\omega + U(\delta_{\alpha+} - \delta_{\beta+})} \,. \tag{8.5.9}$$

Durch Einsetzen in (8.5.4) und weiter in (8.5.1) erhalten wir für den Leitfähigkeitstensor

$$\sigma^{\mu\nu}(\omega) = \frac{ie^2}{\mathscr{V}} \lim_{\delta\to 0+} \sum_{ij\sigma} (R_i^\nu - R_j^\nu)(R_i^\mu - R_j^\mu)\, t_{ij}$$

$$\cdot \left\{ \frac{1}{\omega + i\delta} \left[\langle c_{i\sigma}^+ c_{j\sigma} n_{i-\sigma} n_{j-\sigma} \rangle + \langle c_{i\sigma}^+ c_{j\sigma} (1 - n_{i-\sigma})(1 - n_{j-\sigma}) \rangle \right] \right.$$

$$\left. + \frac{\langle c_{i\sigma}^+ c_{j\sigma} n_{i-\sigma} (1 - n_{j-\sigma}) \rangle}{\omega + U + i\delta} + \frac{\langle c_{i\sigma}^+ c_{j\sigma} (1 - n_{i-\sigma})\, n_{j-\sigma} \rangle}{\omega - U + i\delta} \right\}. \qquad (8.5.10)$$

In diesem Resultat sind noch die unbekannten Korrelationsfunktionen $\langle c_{i\sigma}^+ c_{j\sigma} n_{i-\sigma}^\alpha n_{j-\sigma}^\beta \rangle$ enthalten, die wir unten berechnen werden. Trotzdem kann diesem Ergebnis schon eine anschauliche Deutung gegeben werden: Die frequenzabhängige Leitfähigkeit setzt sich aus drei charakteristischen Beiträgen zusammen. Der erste Beitrag ist für $\omega \to 0$ wesentlich und stellt die Gleichstromleitfähigkeit dar, die in dieser Näherung singulär ist. Der zweite und der dritte Term divergieren für $\omega \to \pm U$. Bei diesen Frequenzen wird das System resonant, wobei $\omega = U$ einem Absorptionsvorgang und $\omega = -U$ einem Emissionsvorgang entspricht. Ein solches Verhalten ist physikalisch unmittelbar verständlich. Nach Abschnitt 8.1. wissen wir, daß im atomaren Grenzfall die möglichen Energieniveaus bei 0 und U liegen. Absorption tritt also auf, wenn ein Elektron dem elektrischen Feld die Energie U entnimmt und auf das Niveau U springt. Emission ist der umgekehrte Vorgang. Für die sich im Gitter bewegenden Elektronen besagt diese anschauliche Deutung, daß ein Elektron beim hopping-Prozeß vom WANNIER-Platz i auf den WANNIER-Platz j dort bereits ein Elektron vorfindet und unter Entnahme der Energie U aus dem äußeren Feld mit diesem zweiten Elektron eine Doppelbesetzung mit der Energie U am Platz j aufbaut. Beim Abbau einer solchen Doppelbesetzung wird die Energie U an das äußere elektrische Feld zurückgegeben. An dieser Betrachtung zeigt sich auch, daß im strengen atomaren Grenzfall keine Resonanz beobachtet werden kann, weil dann die hierfür notwendige Bewegung der Elektronen von einem Gitterplatz zu einem anderen nicht möglich ist.

Um das Resultat für die Leitfähigkeit noch besser zu verstehen, berechnen wir im folgenden die bisher noch unbekannten Korrelationsfunktionen $\langle c_{i\sigma}^+ c_{j\sigma} n_{i-\sigma}^\alpha n_{j-\sigma}^\beta \rangle$, die in (8.5.10) enthalten sind. Es ist zweckmäßig, dazu von den GREENschen Funktionen

$$g_{ij\sigma}^{\alpha\beta}(\omega) = \langle\langle c_{j\sigma} n_{j-\sigma}^\beta ; c_{i\sigma}^+ n_{i-\sigma}^\alpha \rangle\rangle_\omega \,, \qquad \eta = -1\,, \qquad (8.5.11)$$

auszugehen. Die Bewegungsgleichung für $g^{\alpha\beta}_{ij\sigma}(\omega)$ lautet

$$\begin{aligned} g^{\alpha\beta}_{ij\sigma}(\omega) = {} & \delta_{ij}\delta_{\alpha\beta}n^{\alpha}_{-\sigma} + \delta_{\beta+}U g^{\alpha\beta}_{ij\sigma}(\omega) - \mu g^{\alpha\beta}_{ij\sigma}(\omega) \\ & + \sum_m t_{jm}\langle\langle c_{m\sigma}n^{\beta}_{j-\sigma};\, c^+_{i\sigma}n^{\alpha}_{i-\sigma}\rangle\rangle_\omega \\ & + \xi_\beta \sum_m t_{jm}\langle\langle c_{j\sigma}(c^+_{j-\sigma}c_{m-\sigma} - c^+_{m-\sigma}c_{j-\sigma});\, c^+_{i\sigma}n^{\alpha}_{i-\sigma}\rangle\rangle_\omega \end{aligned} \tag{8.5.12}$$

mit

$$\xi_\beta = \begin{cases} +1 \\ -1 \end{cases} \text{für } \beta = \begin{cases} +\,, \\ -\,. \end{cases} \tag{8.5.13}$$

Diese Gleichung weist große Ähnlichkeit mit (8.2.2) auf; das ist aber nicht überraschend, weil die in (8.2.2) zu berechnende GREENsche Funktion eine spezielle Kombination der $g^{\alpha\beta}_{ij\sigma}(\omega)$ darstellt. Wir führen jetzt dieselben Näherungen aus, die zu (8.2.3) führten, und erhalten

$$(\omega + \mu - U\delta_{\beta+})\, g^{\alpha\beta}_{ij\sigma}(\omega) = \delta_{ij}\delta_{\alpha\beta}n^{\alpha}_{-\sigma} + n^{\beta}_{-\sigma}\sum_m t_{jm}\langle\langle c_{m\sigma};\, c^+_{i\sigma}\, n^{\alpha}_{i-\sigma}\rangle\rangle_\omega\,. \tag{8.5.14}$$

Durch Einschieben von Projektionsoperatoren drücken wir den letzten Term auf der rechten Seite von (8.5.14) wieder durch die $g^{\alpha\beta}_{ij\sigma}(\omega)$ aus:

$$(\omega + \mu - U\delta_{\beta+})\, g^{\alpha\beta}_{ij\sigma}(\omega) = \delta_{ij}\delta_{\alpha\beta}n^{\alpha}_{-\sigma} + n^{\beta}_{-\sigma}\sum_m \sum_\gamma t_{jm} g^{\alpha\gamma}_{im\sigma}(\omega)\,. \tag{8.5.15}$$

Durch FOURIER-Transformation entsteht hieraus

$$(\omega + \mu - U\delta_{\beta+})\, g^{\alpha\beta}_{\boldsymbol{k}\sigma}(\omega) = \delta_{\alpha\beta}n^{\alpha}_{-\sigma} + n^{\beta}_{-\sigma}\varepsilon_{\boldsymbol{k}}\sum_\gamma g^{\alpha\gamma}_{\boldsymbol{k}\sigma}(\omega)\,, \tag{8.5.16}$$

wobei wir die Bezeichnung

$$g^{\alpha\beta}_{ij\sigma}(\omega) = \frac{1}{N}\sum_{\boldsymbol{k}} e^{i\boldsymbol{k}(\boldsymbol{R}_i - \boldsymbol{R}_j)} g^{\alpha\beta}_{\boldsymbol{k}\sigma}(\omega) \tag{8.5.17}$$

benutzt haben. Die Auflösung des linearen inhomogenen Gleichungssystems (8.5.16) ergibt

$$g^{++}_{\boldsymbol{k}\sigma}(\omega) = \frac{1}{D}\, n_{-\sigma}(\omega + \mu - n^{-}_{-\sigma}\varepsilon_{\boldsymbol{k}})\,, \tag{8.5.18}$$

$$g^{+-}_{\boldsymbol{k}\sigma}(\omega) = g^{-+}_{\boldsymbol{k}\sigma}(\omega) = \frac{1}{D}\, n^{-}_{-\sigma}n_{-\sigma}\varepsilon_{\boldsymbol{k}}\,, \tag{8.5.19}$$

$$g^{--}_{\boldsymbol{k}\sigma}(\omega) = \frac{1}{D}\, n^{-}_{-\sigma}(\omega + \mu - U - n_{-\sigma}\varepsilon_{\boldsymbol{k}})\,, \tag{8.5.20}$$

mit

$$D = (\omega + \mu - \varepsilon_{\boldsymbol{k}})(\omega + \mu - U) - n_{-\sigma}\varepsilon_{\boldsymbol{k}}U\,. \tag{8.5.21}$$

Mit Hilfe des Spektraltheorems (3.3.36) erhalten wir aus den Funktionen (8.5.18) bis (8.5.20) die gesuchten Korrelationsfunktionen:

$$\langle c_{i\sigma}^{+}c_{j\sigma}n_{i-\sigma}n_{j-\sigma}\rangle = \frac{1}{g(\boldsymbol{k})}\, n_{-\sigma}\{(\omega_{\boldsymbol{k}\sigma}^{(2)} - n_{-\sigma}\varepsilon_{\boldsymbol{k}})\, f(\omega_{\boldsymbol{k}\sigma}^{(2)}) - (\omega_{\boldsymbol{k}\sigma}^{(1)} - n_{-\sigma}\varepsilon_{\boldsymbol{k}})\, f(\omega_{\boldsymbol{k}\sigma}^{(1)})\}, \tag{8.5.22}$$

$$\langle c_{i\sigma}^{+}c_{j\sigma}n_{i-\sigma}n_{j-\sigma}^{-}\rangle = \langle c_{i\sigma}^{+}c_{j\sigma}n_{i-\sigma}^{-}n_{j-\sigma}\rangle$$

$$= \frac{1}{g(\boldsymbol{k})}\,(1 - n_{-\sigma})\, n_{-\sigma}\varepsilon_{\boldsymbol{k}}\{f(\omega_{\boldsymbol{k}\sigma}^{(2)}) - f(\omega_{\boldsymbol{k}\sigma}^{(1)})\}, \tag{8.5.23}$$

$$\langle c_{i\sigma}^{+}c_{j\sigma}n_{i-\sigma}^{-}n_{j-\sigma}^{-}\rangle = \frac{1}{g(\boldsymbol{k})}\,(1 - n_{-\sigma})\, \{(U + n_{-\sigma}\varepsilon_{\boldsymbol{k}} - \omega_{\boldsymbol{k}\sigma}^{(1)})\, f(\omega_{\boldsymbol{k}\sigma}^{(1)}) - (U + n_{-\sigma}\varepsilon_{\boldsymbol{k}} - \omega_{\boldsymbol{k}\sigma}^{(2)})\, f(\omega_{\boldsymbol{k}\sigma}^{(2)})\}. \tag{8.5.24}$$

Die $\omega_{\boldsymbol{k}\sigma}^{(1,2)}$, gegeben durch (8.4.13), stellen die Dispersionsrelationen für die Teilbänder in der HUBBARD-I-Näherung dar. Diese Energien treten hier wieder auf, weil zwischen den GREENschen Funktionen (8.5.11) und der GREENschen Funktion (8.1.3) die Beziehung

$$G_{\boldsymbol{k}\sigma}(\omega) = \sum_{\alpha\beta} g_{\boldsymbol{k}\sigma}^{\alpha\beta}(\omega) \tag{8.5.25}$$

besteht und für die Berechnung der $g_{\boldsymbol{k}\sigma}^{\alpha\beta}$ dieselben Näherungen wie für $G_{\boldsymbol{k}\sigma}(\omega)$ verwendet wurden. Weiterhin gilt

$$g(\boldsymbol{k}) = \omega_{\boldsymbol{k}\sigma}^{(2)} - \omega_{\boldsymbol{k}\sigma}^{(1)} = (U^2 + \varepsilon_{\boldsymbol{k}}^2 + 2(2n_{-\sigma} - 1)\, U\varepsilon_{\boldsymbol{k}})^{1/2}, \tag{8.5.26}$$

und schließlich ist

$$f(\omega_{\boldsymbol{k}\sigma}^{(1,2)}) = \frac{1}{e^{\beta(\omega_{\boldsymbol{k}\sigma}^{(1,2)} - \mu)} + 1} \tag{8.5.27}$$

die FERMI-Verteilungsfunktion. Diese Ausdrücke werden noch etwas übersichtlicher, wenn wir beachten, daß im Grenzfall starker Elektronen-Korrelation $w/U \ll 1$ ist. Es ist dann

$$\omega_{\boldsymbol{k}\sigma}^{(1)} \approx (1 - n_{-\sigma})\, \varepsilon_{\boldsymbol{k}} \tag{8.5.28}$$

und

$$\omega_{\boldsymbol{k}\sigma}^{(2)} \approx U + n_{-\sigma}\varepsilon_{\boldsymbol{k}}. \tag{8.5.29}$$

Mit diesen Ergebnissen können wir für die Leitfähigkeit (8.5.10) schreiben

$$\sigma^{\mu\nu}(\omega) = \frac{ie^2}{\mathscr{V}} \lim_{\delta \to 0+} \left\{ \frac{1}{\omega + i\delta} \sum_{k\sigma} \frac{\partial \varepsilon_k}{\partial k^\mu} \left[n_{-\sigma} \frac{\partial}{\partial k^\nu} f(\omega_{k\sigma}^{(2)}) \right.\right.$$

$$\left. + n_{-\sigma}^{-} \frac{\partial}{\partial k^\nu} f(\omega_{k\sigma}^{(1)}) \right] + \frac{n_{-\sigma}^{-} n_{-\sigma}}{U} \left[\frac{1}{\omega + U + i\delta} + \frac{1}{\omega - U + i\delta} \right] \cdot$$

$$\left. \sum_{k\sigma} \frac{\partial \varepsilon_k}{\partial k^\mu} \frac{\partial \varepsilon_k}{\partial k^\nu} [f(\omega_{k\sigma}^{(2)}) - f(\omega_{k\sigma}^{(1)})] \right\}. \tag{8.5.30}$$

Dieser Ausdruck erlaubt eine weitergehendere Interpretation als (8.5.10). Die Gleichstromleitfähigkeit setzt sich additiv aus den Beiträgen des unteren und des oberen Teilbandes zusammen, ähnlich wie bei einem Zweiband-Halbleiter. Bei $T = 0$ und $n = 1$ verschwindet die Gleichstromleitfähigkeit. Die optischen Übergänge sind von der Differenz der Verteilungsfunktionen der Teilbänder abhängig und verschwinden nur im Falle vollständig besetzter oder vollständig leerer Teilbänder. Dem Charakter nach können die optischen Übergänge im HUBBARD-Modell mit den Interbandübergängen in einem Zweiband-Halbleiter verglichen werden.

Es sei bemerkt, daß die angegebene Berechnung von σ nicht völlig konsistent ist, weil die GREENschen Funktionen $G_{ij\sigma}^{\alpha\beta}(\omega)$ und $g_{ij\sigma}^{\alpha\beta}(\omega)$ mit verschiedenen Näherungen berechnet worden sind. Dieser Mangel läßt sich beheben, wenn in Gleichung (8.5.8) die kinetische Energie berücksichtigt wird und die hieraus entstehenden Terme wie bei der Ableitung von (8.2.3) genähert werden. Aus Gründen der Einfachheit wurde das hier unterlassen. Das Resultat beinhaltet insbesondere eine Modifizierung des optischen Anteils der Leitfähigkeit. Statt einer scharfen Linie der Frequenz $\omega = U$ ergibt sich ein Absorptionsband endlicher Breite, das aus dichtliegenden Linien der Frequenzen $\omega = \omega_{k\sigma}^{(2)} - \omega_{k\sigma}^{(1)}$ besteht (ein analoges Resultat gilt für die Emission). Der singuläre Charakter der Gleichstromleitfähigkeit läßt sich nur beheben, wenn man zu höheren Bewegungsgleichungen der GREENschen Funktion $G_{ij\sigma}^{\alpha\beta}(\omega)$ übergeht und die Elektronendämpfungsprozesse berücksichtigt. Letztere würden natürlich auch zu einer weiteren Verbreiterung des optischen Spektrums beitragen.

Bezüglich der Gleichstromleitfähigkeit ist zu bemerken, daß nach den Überlegungen von Abschnitt 3.3. die hier verwendeten GREENschen Funktionen überhaupt keinen Pol bei $\omega = 0$ liefern dürften. Das Auftreten dieses (physikalisch sinnvollen) Beitrages muß daher als Ergebnis der verwendeten Näherungen interpretiert werden.

9. Ungeordnete Legierungen

9.1. Probleme der Beschreibung ungeordneter Systeme

Die bisher besprochenen Systeme besitzen eine vorgegebene Kristallstruktur und sind damit gegenüber bestimmten Symmetrieoperationen (z. B. Translationen) invariant. Reale Systeme weisen jedoch häufig Störungen dieser Symmetrien auf. Bereits Fehlstellen und andere Punktdefekte in Realkristallen brechen streng genommen die Translationssymmetrie, jedoch sind diese Einflüsse oft so klein, daß sie vernachlässigt oder als kleine Korrekturen betrachtet werden können. Dagegen gibt es Systeme, bei denen keinerlei Translationssymmetrie vorliegt. Hierzu gehören solche Legierungen, bei denen die Atome der Komponenten ungeordnet auf die Gitterplätze verteilt sind (Substitutionslegierungen). Weiterhin existieren amorphe Substanzen (amorphe Festkörper, Flüssigkeiten und Gase), bei denen überhaupt jede räumliche Fernordnung fehlt; diese sollen hier jedoch nicht betrachtet werden.

Die besondere Schwierigkeit bei ungeordneten Legierungen besteht darin, daß der HAMILTON-Operator in $\boldsymbol{k}$-Darstellung infolge des Fehlens der Translationssymmetrie nicht mehr diagonal ist. Anschaulich gesprochen, bewirken die Stöße der Elektronen an den zufällig verteilten Potentialen, daß die $\boldsymbol{k}$-Zustände nur eine endliche Lebensdauer besitzen, d. h., daß die Elektronen aus einem $\boldsymbol{k}$-Zustand in andere übergehen. Die Diagonalität der GREENschen Funktionen im $\boldsymbol{k}$-Raum war aber in den vorangehenden Kapiteln stets eine wesentliche Voraussetzung dafür, daß die Lösungen der Bewegungsgleichungen angegeben werden konnten (siehe z. B. Abschnitt 4.2.).

Als Beispiel soll eine Legierung vom Typ A_cB_{1-c} (c = Konzentration der A-Atome) betrachtet werden. Für den HAMILTON-Operator verwenden wir

$$H = \sum_{ij\sigma} t_{ij} c_{i\sigma}^{+} c_{j\sigma} + \sum_{i\sigma} V_i c_{i\sigma}^{+} c_{i\sigma} \tag{9.1.1}$$

mit

$$V_i = \begin{cases} V^A \\ V^B \end{cases}, \quad \text{falls ein Atom der Sorte } \begin{matrix} A \\ B \end{matrix} \text{ am Gitterplatz } i \text{ ist.} \tag{9.1.2}$$

In (9.1.1) wird keine Wechselwirkung der Elektronen untereinander berücksichtigt, da das wesentliche Problem hier in den statistisch verteilten Atompotentialen besteht (siehe auch Abschnitt 4.1.). Die Matrix-Elemente t_{ij} sollen nach wie vor durch

$$t_{ij} = \frac{1}{N} \sum_{\boldsymbol{k}} \varepsilon_{\boldsymbol{k}} e^{i\boldsymbol{k}(\boldsymbol{R}_i - \boldsymbol{R}_j)} \tag{9.1.3}$$

gegeben sein, d. h., sie sind unabhängig von der Besetzung der Plätze i und j mit Atomen der Komponenten A und B. Diese Annahme wird als „diagonale" Unordnung bezeichnet, da die ungeordnete Besetzung der Gitterplätze lediglich in die Potentiale V_i eingeht. (Eine Erweiterung des Verfahrens auf nicht-diagonale Unordnung ist auf verschiedenen Wegen möglich, soll jedoch hier nicht besprochen werden.) Die Wahrscheinlichkeit, am Gitterplatz i ein Potential der Stärke V^A zu finden, ist durch die Konzentration c der A-Atome gegeben, die Wahrscheinlichkeit für V^B ist dementsprechend $(1 - c)$.

Wir betrachten die GREENsche Ein-Teilchen-Funktion

$$G_{ij\sigma}(\omega) = \langle\langle c_{i\sigma}; c_{j\sigma}^+\rangle\rangle_\omega . \tag{9.1.4}$$

Für den potentialfreien Fall $V^A = V^B = 0$ kann die entstehende Bewegungsgleichung durch FOURIER-Transformation gelöst werden, und wir erhalten in Analogie zu (4.2.5)

$$G_{\boldsymbol{k}\sigma}^0(\omega) = \frac{1}{\omega - \varepsilon_{\boldsymbol{k}} + \mu}, \qquad G_{ij\sigma}^0(\omega) = \frac{1}{N} \sum_{\boldsymbol{k}} \frac{e^{i\boldsymbol{k}(\boldsymbol{R}_i - \boldsymbol{R}_j)}}{\omega - \varepsilon_{\boldsymbol{k}} + \mu}. \tag{9.1.5}$$

Die Lösungen für die reinen Systeme ($c = 1$, eine A-Substanz, bzw. $c = 0$, reine B-Substanz) ergeben sich durch Verschiebung um die konstanten Potentiale auf der ω-Achse:

$$G_{\boldsymbol{k}\sigma}^{A,B}(\omega) = G_{\boldsymbol{k}\sigma}^0(\omega - V^{A,B}) = \frac{1}{\omega - \varepsilon_{\boldsymbol{k}} - V^{A,B} + \mu}. \tag{9.1.6}$$

In den eben betrachteten Fällen ist die GREENsche Funktion im $\boldsymbol{k}$-Raum diagonal. Dies gilt jedoch nicht mehr, wenn die Konzentration einen Wert $0 < c < 1$ besitzt (und $V^A \neq V^B$ ist).

Um auch für den Fall der ungeordneten Legierung die Vorteile der Translationssymmetrie ausnutzen zu können, ist es erforderlich, die stochastisch verteilten Atompotentiale $V^{A,B}$ durch ein effektives Potential W_σ zu ersetzen, das von der Besetzung der Gitterplätze mit A- oder B-Atomen unabhängig ist. Wir erhalten dann den effektiven HAMILTON-Operator

$$H^{\text{eff}} = \sum_{ij\sigma} t_{ij} c_{i\sigma}^+ c_{j\sigma} + \sum_{i\sigma} W_\sigma c_{i\sigma}^+ c_{i\sigma}, \tag{9.1.7}$$

der die Lösung

$$G_{\boldsymbol{k}\sigma}^{\text{eff}}(\omega) = \frac{1}{\omega - \varepsilon_{\boldsymbol{k}} - W_\sigma + \mu}, \qquad G_{ij\sigma}^{\text{eff}}(\omega) = \frac{1}{N} \sum_{\boldsymbol{k}} \frac{e^{i\boldsymbol{k}(\boldsymbol{R}_i - \boldsymbol{R}_j)}}{\omega - \varepsilon_{\boldsymbol{k}} - W_\sigma + \mu} \tag{9.1.8}$$

für die GREENsche Ein-Teilchen-Funktion ergibt. W_σ ist dabei zunächst noch unbekannt und muß so bestimmt werden, daß die Eigenschaften des ungeordneten

Systems möglichst gut beschrieben werden. Dabei sind die Randbedingungen

$$W_\sigma \to \begin{cases} V^A \\ V^B \end{cases} \quad \text{für} \quad c \to \begin{cases} 1\,, \\ 0 \end{cases} \tag{9.1.9}$$

zu beachten, so daß W_σ von der Konzentration c abhängt.

Die einfachste Näherung für W_σ besitzt die Gestalt

$$W_\sigma = cV^A + (1 - c)\,V^B\,, \tag{9.1.10}$$

wobei W_σ mit dem mittleren Potential übereinstimmt. Dies ergibt jedoch wieder ein geordnetes System; für die GREENsche Funktion erhält man lediglich eine Verschiebung auf der ω-Achse. Es ist offenkundig, daß in dieser Näherung die wichtigste Eigenschaft des ungeordneten Systems, nämlich die Störung der Translationssymmetrie, in keiner Weise zum Ausdruck kommt. Daher ist es erforderlich, W_σ in anderer Weise zu bestimmen. Eine Möglichkeit hierzu wird im folgenden Abschnitt vorgestellt werden.

9.2. Die Methode des kohärenten Potentials

Um eine geeignete Bestimmungsgleichung für das effektive Potential W_σ in (9.1.7) zu finden, muß von den Meßgrößen ausgegangen werden, die das ungeordnete System charakterisieren. Im Abschnitt 5.3. ist gezeigt worden, daß die GREENsche Ein-Teilchen-Funktion einen großen Informationsgehalt besitzt, so daß viele Systemgrößen direkt aus dieser Funktion berechnet werden können. Es ist deshalb für entsprechende Fragestellungen sinnvoll, W_σ so zu bestimmen, daß die GREENsche Ein-Teilchen-Funktion des effektiven Systems (9.1.8) mit der GREENschen Ein-Teilchen-Funktion der ungeordneten Legierung möglichst gut übereinstimmt. Die Bestimmungsgleichung für W_σ lautet daher

$$G^{\mathrm{eff}}_{ij\sigma}(\omega) = \overline{G_{ij\sigma}(\omega)}\,. \tag{9.2.1}$$

Der Querstrich über der GREENschen Funktion des ungeordneten Systems bedeutet eine Mittelung über alle möglichen Verteilungen der Komponenten auf die Gitterplätze, wobei die Konzentration festgehalten wird. Die physikalischen Eigenschaften des Gesamtsystems können nicht von der zufälligen Besetzung eines einzelnen Gitterplatzes abhängen; daher ist die Betrachtung einer Gesamtheit von Systemen erforderlich, bei der über physikalisch gleichwertige Systeme mit unterschiedlicher mikroskopischer Besetzung gemittelt wird.

Ausgehend von (9.2.1) wird nun eine Bestimmungsgleichung für W_σ gesucht. Dabei wird sich zeigen, daß W_σ tatsächlich so festgelegt werden kann, daß (9.2.1) zumindest in guter Näherung erfüllt ist. Gleichzeitig ist jedoch klar, daß Aussagen, die nicht über die GREENsche Ein-Teilchen-Funktion allein berechnet werden können (z. B. Suszeptibilität oder Leitfähigkeit), möglicherweise auf diese Weise nur schlecht oder gar nicht erhalten werden. Zur Beschreibung solcher Größen ist es aber möglich, ein analoges Verfahren zu benutzen, das eine andere GREENsche Funktion (nämlich die der jeweiligen Meßgröße entsprechende) als Ausgangspunkt besitzt.

Die gesuchte Bestimmungsgleichung für W_σ kann aus (9.2.1) durch formale Anwendung einer Störungsentwicklung gewonnen werden. Hierzu wird der HAMILTON-Operator (9.1.1) in der Form

$$H = H^{\text{eff}} + \tilde{V} \tag{9.2.2}$$

mit H^{eff} aus (9.1.7) und

$$\tilde{V} = \sum_{i\sigma} (V_i - W_\sigma)\, c_{i\sigma}^+ c_{i\sigma} \equiv \sum_{i\sigma} \tilde{V}_{i\sigma} c_{i\sigma}^+ c_{i\sigma} \tag{9.2.3}$$

geschrieben. Die DYSON-Gleichung (5.2.7) erhält dann die einfache Gestalt

$$G_{ij\sigma}(\omega) = G_{ij\sigma}^{\text{eff}}(\omega) + \sum_l G_{il\sigma}^{\text{eff}}(\omega)\, \tilde{V}_{l\sigma} G_{lj\sigma}(\omega)\,, \tag{9.2.4}$$

da $\tilde{V}$ im WANNIER-Raum diagonal ist und der Massenoperator für Wechselwirkungen der Gestalt (9.2.3) mit dem Potential selbst zusammenfällt. Es ist nun zweckmäßig, eine Streumatrix $\tilde{T}_{lm\sigma}$ durch

$$\tilde{V}_{l\sigma} G_{lj\sigma}(\omega) \equiv \sum_m \tilde{T}_{lm\sigma} G_{mj\sigma}^{\text{eff}}(\omega) \tag{9.2.5}$$

einzuführen, so daß (9.2.4) in

$$G_{ij\sigma}(\omega) = G_{ij\sigma}^{\text{eff}}(\omega) + \sum_{lm} G_{il\sigma}^{\text{eff}}(\omega)\, \tilde{T}_{lm\sigma} G_{mj\sigma}^{\text{eff}}(\omega) \tag{9.2.6}$$

übergeht. Einsetzen von (9.2.6) in (9.2.5) liefert außerdem

$$\tilde{T}_{lm\sigma} = \tilde{V}_{l\sigma}\delta_{lm} + \sum_n \tilde{V}_{l\sigma} G_{ln\sigma}^{\text{eff}}(\omega)\, \tilde{T}_{nm\sigma} \tag{9.2.7}$$

als Bestimmungsgleichung für die Streumatrix.

Die Gleichung (9.2.6) hat gegenüber der DYSON-Gleichung (9.2.4) den Vorteil, daß die GREENschen Funktionen auf der rechten Seite nicht mehr die von der Besetzung abhängigen Potentiale V_i enthalten. Daher kann die in (9.2.1) benötigte Mittelung formal sehr einfach ausgeführt werden:

$$\overline{G_{ij\sigma}(\omega)} = G_{ij\sigma}^{\text{eff}}(\omega) + \sum_{lm} G_{il\sigma}^{\text{eff}}(\omega)\, \overline{\tilde{T}}_{lm\sigma} G_{mj\sigma}^{\text{eff}}(\omega)\,. \tag{9.2.8}$$

Zur Erfüllung von (9.2.1) muß W_σ offenbar so bestimmt werden, daß

$$\overline{\tilde{T}}_{lm\sigma} = 0 \tag{9.2.9}$$

gilt. Dies ist zunächst nur eine formale Lösung, da $\tilde{T}_{lm\sigma}$ nicht explizit bekannt ist. Jedoch läßt sich $\tilde{T}_{lm\sigma}$ näherungsweise berechnen. Hierzu wird zunächst (9.2.7) in der Form

$$\tilde{T}_{lm\sigma} = \tilde{V}_{l\sigma}\delta_{lm} + \tilde{V}_{l\sigma}G^{\text{eff}}_{ll\sigma}(\omega)\,\tilde{T}_{lm\sigma} + \sum_{n(\neq l)} \tilde{V}_{l\sigma}G^{\text{eff}}_{ln\sigma}(\omega)\,\tilde{T}_{nm\sigma} \tag{9.2.10}$$

geschrieben. Eine einfache Umformung ergibt

$$\tilde{T}_{lm\sigma} = \tilde{t}_{l\sigma}\delta_{lm} + \sum_{n(\neq l)} \tilde{t}_{l\sigma}G^{\text{eff}}_{ln\sigma}(\omega)\,\tilde{T}_{nm\sigma} \tag{9.2.11}$$

mit

$$\tilde{t}_{l\sigma} = \frac{1}{1 - \tilde{V}_{l\sigma}G^{\text{eff}}_{ll\sigma}(\omega)}\,\tilde{V}_{l\sigma}\,. \tag{9.2.12}$$

$\tilde{t}_{l\sigma}$ wird als Ein-Platz (single site)-Streumatrix bezeichnet, da nur die Eigenschaften eines einzelnen Gitterplatzes eingehen. (9.2.11) kann durch Iteration gelöst werden. Durch wiederholtes Einsetzen von $\tilde{T}_{lm\sigma}$ auf der rechten Seite von (9.2.11) erhält man

$$\tilde{T}_{lm\sigma} = \tilde{t}_{l\sigma}\delta_{lm} + \tilde{t}_{l\sigma}G^{\text{eff}}_{l\neq m\sigma}(\omega)\,\tilde{t}_{m\sigma} + \sum_{n} \tilde{t}_{l\sigma}G^{\text{eff}}_{l\neq n\sigma}(\omega)\,\tilde{t}_{n\sigma}G^{\text{eff}}_{n\neq m\sigma}(\omega)\,\tilde{t}_{m\sigma} + \dots, \tag{9.2.13}$$

d. h. eine Ordnung nach der Anzahl der beteiligten Streuzentren.

Für den Fall, daß in der Legierung die Besetzung der Gitterplätze statistisch unkorreliert erfolgt, kann (9.2.9) in guter Näherung durch

$$\bar{\tilde{t}}_{l\sigma} = c\,\frac{(V^A - W_\sigma)}{1 - (V^A - W_\sigma)\,G^{\text{eff}}_{ll\sigma}(\omega)} + (1-c)\,\frac{(V^B - W_\sigma)}{1 - (V^B - W_\sigma)\,G^{\text{eff}}_{ll\sigma}(\omega)} = 0 \tag{9.2.14}$$

erfüllt werden. ((9.2.14) wird als single-site-Näherung bezeichnet.) Dann verschwinden nämlich bei der Mittelung die ersten 3 Terme der Entwicklung (9.2.13), so daß nur ein Term 4. Ordnung verbleibt:

$$\overline{\tilde{T}}_{lm\sigma} = \overline{\tilde{t}^2_{l\sigma}}\,\overline{\tilde{t}^2_{m\sigma}}\,G^{\text{eff}}_{l\neq m\sigma}(\omega)\,G^{\text{eff}}_{m\neq l\sigma}(\omega) + \dots = \mathcal{O}(\tilde{t}^4)\,. \tag{9.2.15}$$

Damit ist (9.2.1) bis auf Terme 4. Ordnung in $\tilde{t}$ erfüllt, wenn W_σ so bestimmt wird, daß (9.2.14) gilt. Umstellung dieser Gleichung liefert schließlich

$$W_\sigma = cV^A + (1-c)\,V^B + (V^A - W_\sigma)\,G^{\text{eff}}_{0\sigma}(\omega)\,(W_\sigma - V^B) \tag{9.2.16}$$

als Bestimmungsgleichung für das kohärente Potential W_σ. $G^{\text{eff}}_{0\sigma}(\omega)$ bezeichnet dabei den Diagonalterm der effektiven Greenschen Funktion (9.1.8):

$$G^{\text{eff}}_{0\sigma}(\omega) \equiv G^{\text{eff}}_{ll\sigma}(\omega) = \frac{1}{N}\sum_{k} \frac{1}{\omega - \varepsilon_k - W_\sigma + \mu} = \int \frac{d\varepsilon\, D^0(\varepsilon)}{\omega - \varepsilon - W_\sigma + \mu}\,, \tag{9.2.17}$$

worin die Zustandsdichte $D^0(\varepsilon)$ des potentialfreien Falles $V^A = V^B = 0$ eingeführt wurde (entsprechend (4.3.7)).

Die eben beschriebene Methode wird als CPA (coherent potential approximation) bezeichnet. Das durch (9.2.16) und (9.2.17) gebildete Gleichungssystem zur Bestimmung von W_σ liefert Lösungen, die wesentlich vom einfachen Mittelwert (9.1.10) abweichen. Insbesondere ist W_σ im allgemeinen komplex und energieabhängig. Die Grenzfälle (9.1.9) werden richtig geliefert, wie aus (9.2.16) sofort abgelesen werden kann. Für beliebige Werte der Konzentration c ist das Gleichungssystem nichtlinear und im allgemeinen nur numerisch lösbar.

Ist das Gleichungssystem (9.2.16) und (9.2.17) gelöst, dann können aus $G^{\text{eff}}_{ij\sigma}(\omega)$ alle die Größen des ungeordneten Systems erhalten werden, die durch die Ein-Teilchen-Funktion bestimmt sind. Für die Zustandsdichte folgt z. B.

$$\overline{D(\omega)} = -\frac{1}{\pi N}\,\text{Im}\sum_{i\sigma}\overline{G_{ii\sigma}(\omega-\mu)} = -\frac{1}{\pi N}\,\text{Im}\sum_{i\sigma}G^{\text{eff}}_{ii\sigma}(\omega-\mu)$$

$$= -\frac{1}{\pi}\,\text{Im}\sum_{\sigma}G^{\text{eff}}_{00\sigma}(\omega-\mu) = -\frac{1}{\pi}\,\text{Im}\sum_{\sigma}\int\frac{d\varepsilon\,D^0(\varepsilon)}{\omega-\varepsilon-W_\sigma}\,. \tag{9.2.18}$$

Ein entsprechender Ausdruck für die Grundzustandsenergie wird im nächsten Abschnitt abgeleitet werden.

9.3. Lokale Eigenschaften

Im Experiment werden in ungeordneten Systemen häufig die Verhältnisse in der Umgebung eines Gitterplatzes, der mit einem Atom einer bestimmten Legierungskomponente (in unserem Fall A oder B) besetzt ist, untersucht. Dies wird durch spezielle Experimentiertechniken nahegelegt, bei denen z. B. RÖNTGEN-Strahlung nur in der Hülle eines A-Atoms erzeugt wird, die B-Atome aber keine Strahlung emittieren o. ä. Es ist daher von Interesse, neben den globalen, über alle Atome gemittelten Größen auch Aussagen über Eigenschaften in der Nähe eines Gitterplatzes mit definierter Besetzung zu erhalten. Solche Eigenschaften werden als lokal bezeichnet.

Um derartige Größen zu beschreiben, müssen die Ableitungen des vorigen Abschnitts entsprechend ergänzt werden. Es wird der Fall betrachtet, daß sich an einem bestimmten Gitterplatz, der mit „0" bezeichnet werden soll, ein Atom der Sorte ν ($\nu = A$ oder B) befindet. Anstelle des effektiven Operators (9.1.7) entsteht dann

$$H^{(\nu)} = H^{\text{eff}} + \sum_{\sigma}(V^\nu - W_\sigma)\,c^+_{0\sigma}c_{0\sigma}\,. \tag{9.3.1}$$

Hierin sind H^{eff} und W_σ diejenigen Größen, die die ungeordnete Legierung beschreiben, worin also auch eine Mittelung über die Besetzung des Platzes „0" erfolgt. Die zugehörige DYSON-Gleichung hat dann die einfache Gestalt

$$G^{(\nu)}_{ij\sigma}(\omega) = G^{\text{eff}}_{ij\sigma}(\omega) + G^{\text{eff}}_{i0\sigma}(\omega)\,(V^\nu - W_\sigma)\,G^{(\nu)}_{0j\sigma}(\omega)\,. \tag{9.3.2}$$

Für die lokale Zustandsdichte $D^{(\nu)}(\omega)$ wird nach

$$D^{(\nu)}(\omega) = -\frac{1}{\pi}\,\mathrm{Im}\sum_\sigma G^{(\nu)}_{00\sigma}(\omega - \mu) \tag{9.3.3}$$

das Diagonalelement $G^{(\nu)}_{00\sigma}(\omega)$ benötigt. Für dieses folgt aus (9.3.2)

$$G^{(\nu)}_{00\sigma}(\omega) = \frac{G^{\text{eff}}_{0\sigma}(\omega)}{1 - (V^\nu - W_\sigma)\,G^{\text{eff}}_{0\sigma}(\omega)}\,. \tag{9.3.4}$$

Einige spezielle Eigenschaften der lokalen GREENschen Funktionen $G^{(\nu)}_{00\sigma}(\omega)$, die für verschiedene Umrechnungen von Nutzen sind, können leicht abgeleitet werden. Für den statistischen Mittelwert gilt

$$\begin{aligned}\overline{G^{(\nu)}_{00\sigma}(\omega)} &= c\,G^{(A)}_{00\sigma}(\omega) + (1-c)\,G^{(B)}_{00\sigma}(\omega)\\ &= c\,\frac{G^{\text{eff}}_{0\sigma}(\omega)}{1 - (V^A - W_\sigma)\,G^{\text{eff}}_{0\sigma}(\omega)} + (1-c)\,\frac{G^{\text{eff}}_{0\sigma}(\omega)}{1 - (V^B - W_\sigma)\,G^{\text{eff}}_{0\sigma}(\omega)}\,,\end{aligned} \tag{9.3.5}$$

woraus unter Verwendung von (9.2.16)

$$\overline{G^{(\nu)}_{00\sigma}(\omega)} = G^{\text{eff}}_{0\sigma}(\omega) \tag{9.3.6}$$

folgt. Dies entspricht der Tatsache, daß das effektive System auch die Mittelung über die Besetzung des Platzes „0" enthält. Schließlich gilt

$$\begin{aligned}\overline{V^\nu G^{(\nu)}_{00\sigma}(\omega)} &= c V^A G^{(A)}_{00\sigma}(\omega) + (1-c)\,V^B G^{(B)}_{00\sigma}(\omega)\\ &= c(V^A - W_\sigma)\,G^{(A)}_{00\sigma}(\omega) + (1-c)\,(V^B - W_\sigma)\,G^{(B)}_{00\sigma}(\omega)\\ &\quad + W_\sigma[cG^{(A)}_{00\sigma}(\omega) + (1-c)\,G^{(B)}_{00\sigma}(\omega)]\,.\end{aligned} \tag{9.3.7}$$

Bei Berücksichtigung von (9.3.4), (9.2.14) sowie (9.3.6) ergibt sich hieraus die einfache Beziehung

$$\overline{V^\nu G^{(\nu)}_{00\sigma}(\omega)} = W_\sigma G^{\text{eff}}_{0\sigma}(\omega)\,. \tag{9.3.8}$$

Unter Verwendung der gerade abgeleiteten Eigenschaften der lokalen GREENschen Funktionen kann die Energie der ungeordneten Legierung berechnet werden. (Diese folgt nicht unmittelbar aus (5.3.7), da dort kein Ein-Teilchen-Potential berücksichtigt wurde. Nach entsprechender Ergänzung ergibt sich jedoch Übereinstimmung mit dem unten erzielten Resultat (9.3.11).) Es gilt

$$E = \overline{\langle H \rangle} = \sum_{ij\sigma} t_{ij} \overline{\langle c_{i\sigma}^{+} c_{j\sigma} \rangle} + \sum_{i\sigma} \overline{V_i \langle c_{i\sigma}^{+} c_{i\sigma} \rangle}$$

$$= -\frac{1}{\pi} \int \frac{\mathrm{d}\omega}{e^{\beta\omega} + 1} \operatorname{Im} \left[\sum_{ij\sigma} t_{ij} \overline{G_{ji\sigma}(\omega)} + \sum_{i\sigma} \overline{V_i G_{ii\sigma}(\omega)} \right]. \tag{9.3.9}$$

Im letzten Term muß beachtet werden, daß am jeweiligen Platz i das Potential entweder den Wert V^A oder V^B besitzt, so daß die lokalen GREENschen Funktionen $G^{(A)}(\omega)$ und $G^{(B)}(\omega)$ auftreten. Nach (9.3.8) sowie (9.2.1) läßt sich die statistische Mittelung ausführen; es ergibt sich

$$E = -\frac{1}{\pi} \int \frac{\mathrm{d}\omega}{e^{\beta\omega} + 1} \operatorname{Im} \left[\sum_{ij\sigma} t_{ij} G_{ji\sigma}^{\mathrm{eff}}(\omega) + \sum_{i\sigma} W_\sigma G_{ii\sigma}^{\mathrm{eff}}(\omega) \right]$$

$$= -\frac{1}{\pi} \int \frac{\mathrm{d}\omega}{e^{\beta\omega} + 1} \operatorname{Im} \sum_{\boldsymbol{k}\sigma} (\varepsilon_{\boldsymbol{k}} + W_\sigma)\, G_{\boldsymbol{k}\sigma}^{\mathrm{eff}}(\omega). \tag{9.3.10}$$

Mit $G_{\boldsymbol{k}\sigma}^{\mathrm{eff}}(\omega)$ aus (9.1.8) und Änderung der Integrationsvariablen folgt schließlich

$$E = -\frac{1}{\pi} \sum_{\boldsymbol{k}\sigma} \int \frac{\mathrm{d}\omega}{e^{\beta(\omega-\mu)} + 1}\, \omega \operatorname{Im} \frac{1}{\omega - \varepsilon_{\boldsymbol{k}} - W_\sigma}$$

$$= -\frac{N}{\pi} \sum_{\sigma} \int \frac{\mathrm{d}\omega}{e^{\beta(\omega-\mu)} + 1}\, \omega \operatorname{Im} \int \mathrm{d}\varepsilon \frac{D^0(\varepsilon)}{\omega - \varepsilon - W_\sigma}, \tag{9.3.11}$$

wobei wie in (9.2.17) die Zustandsdichte $D^0(\varepsilon)$ des potentialfreien Falles eingeführt wurde.

10. Spinsysteme

10.1. Einführung

In diesem Kapitel stellen wir die formalen und physikalischen Grundlagen der in den Kapiteln 11. und 12. zu behandelnden Dynamik der Spinsysteme dar. Im Vergleich zu den bisher beschriebenen Elektronensystemen tritt hier folgende Besonderheit auf: Da der für die Beschreibung gewählte HAMILTON-Operator, der HEISENBERG-Operator, ausschließlich Spinvariable enthält, sind unmittelbare Rückschlüsse auf die ursprünglichen Träger der Spins, die Elektronen, nur schwer möglich. Weiterhin wird die verwendete Operatorenalgebra ausschließlich von Spinoperatoren erzeugt, die infolge ihrer Vertauschungsrelationen eine Reihe von mathematischen Besonderheiten aufweisen.

Von fundamentaler Bedeutung für die Untersuchung der Spinsysteme sind Korrelationsfunktionen des Typs

$$\langle S_j^\beta(0)\, S_i^\alpha(t)\rangle = Q^{-1}\, \mathrm{Sp}\{\mathrm{e}^{-\beta\mathscr{H}} S_j^\beta(0)\, S_i^\alpha(t)\}\,, \tag{10.1.1}$$

wobei $S_i^\alpha(t)$ die α-Komponente des Spinoperators des Atoms i in der HEISENBERG-Darstellung bedeutet. Diese Korrelationsfunktion besitzt eine vielfältige physikalische Bedeutung. So wird sich in Kapitel 13. herausstellen, daß der differentielle Wirkungsquerschnitt für die Streuung von Neutronen an magnetischen Materialien (vgl. hierzu auch Abschnitt 12.6.) vor allem durch diese Größe bestimmt ist. Aus Abschnitt 3.3. wissen wir, daß die Korrelationsfunktion (10.1.1) über das Spektraltheorem (3.3.36) mit der GREENschen Funktion

$$G_{ij}^{\alpha\beta}(\omega) = \langle\langle S_i^\alpha; S_j^\beta\rangle\rangle_\omega \tag{10.1.2}$$

verknüpft ist. Die Pole der Komponenten

$$G_{ij}^{+-}(\omega) = \langle\langle S_i^+; S_j^-\rangle\rangle_\omega \tag{10.1.3}$$

der GREENschen Funktion (10.1.2) entsprechen ähnlich wie im Falle der Elektronensysteme den Anregungen im Spinsystem. Diese Anregungen werden als Spinwellen oder Magnonen bezeichnet. Haben die Spins des betrachteten Systems den Wert $S = {}^1/_2$, so können die Magnetisierung $M(T)$ und die innere Energie $E(T)$ bereits aus der GREENschen Funktion (10.1.3) im gesamten Temperaturbereich bestimmt werden. Damit ergibt sich u. a. auch die Möglichkeit, die CURIE-Temperatur (vgl. Abschnitt 11.3.) aus dieser Funktion zu berechnen. Ferner erhalten wir aus (10.1.1) durch Summation über $\alpha = \beta$ den Nahordnungsparameter $\langle \boldsymbol{S}_i \boldsymbol{S}_j\rangle$ der Orientierungen der Spins im System. Schließlich gestattet die GREENsche Funktion (10.1.2) auch die Bestimmung der in Abschnitt 2.2. definierten Suszeptibilität

$$\chi^{\alpha\beta}(\omega) = \sum_{i,j} g^2 \mu_B^2 \langle\langle S_i^\alpha; S_j^\beta \rangle\rangle_\omega \quad \text{für} \quad \mathrm{Im}\,\omega > 0\,, \tag{10.1.4}$$

wobei g der gyromagnetische Faktor und μ_B das BOHRsche Magneton ist.

Die hier angedeuteten Probleme werden wir in den Kapiteln 11. und 12. ausführlich unter Benutzung der Theorie der GREENschen Funktionen untersuchen und dabei einige für Spinsysteme typische Näherungsverfahren diskutieren.

10.2. Spinoperatoren

Unter dem Spinoperator des Atoms i verstehen wir den operatorwertigen Vektor

$$\boldsymbol{S}_i = S_i^x \boldsymbol{e}_x + S_i^y \boldsymbol{e}_y + S_i^z \boldsymbol{e}_z\,, \tag{10.2.1}$$

dessen Komponenten den Vertauschungsrelationen

$$\begin{aligned} [S_i^x, S_j^y]_- &= i\,\delta_{ij} S_i^z\,, \\ [S_i^y, S_j^z]_- &= i\,\delta_{ij} S_i^x\,, \\ [S_i^z, S_j^x]_- &= i\,\delta_{ij} S_i^y \end{aligned} \tag{10.2.2}$$

genügen. Aus diesen Vertauschungsrelationen ergeben sich die Eigenwerte des Quadrats des Spinoperators zu

$$\sum_{\alpha=1}^{3} S_i^{\alpha 2} = S(S+1)\,, \tag{10.2.3}$$

wobei S halb- oder ganzzahlig ist.

Wird diejenige Darstellung gewählt, in der S_i^z diagonal ist, so ergeben sich für die möglichen Eigenwerte von S_i^z die $2S + 1$ Zahlen $-S, -S + 1, \dots, S - 1, S$. Es ist natürlich auch möglich, eine andere Richtung im Raum als „Quantisierungsachse" auszuwählen, falls nicht die z-Achse z. B. durch ein äußeres Magnetfeld physikalisch ausgezeichnet ist.

In dem wichtigen Spezialfall $S = {}^1/_2$ lautet die ausführliche Matrixschreibweise für die Komponenten von $\boldsymbol{S}_i$:

$$\begin{aligned} S_i^x &= I_1 \otimes I_2 \otimes \dots \otimes I_{i-1} \otimes \frac{1}{2}\sigma_i^x \otimes I_{i+1} \otimes \dots\,, \\ S_i^y &= I_1 \otimes I_2 \otimes \dots \otimes I_{i-1} \otimes \frac{1}{2}\sigma_i^y \otimes I_{i+1} \otimes \dots\,, \\ S_i^z &= I_1 \otimes I_2 \otimes \dots \otimes I_{i-1} \otimes \frac{1}{2}\sigma_i^z \otimes I_{i+1} \otimes \dots\,. \end{aligned} \tag{10.2.4}$$

Das Symbol $\otimes$ bedeutet, daß ein Tensorprodukt vorliegt bzw. daß die Matrizen I_l und σ_m nicht ausmultipliziert werden dürfen, da es sich um Operatoren handelt, die verschiedenen Gitterplätzen zugeordnet sind. Weiterhin stellen

$$\sigma^x = \begin{pmatrix} 0 & 1 \\ 1 & 0 \end{pmatrix}, \quad \sigma^y = \begin{pmatrix} 0 & -i \\ i & 0 \end{pmatrix}, \quad \sigma^z = \begin{pmatrix} 1 & 0 \\ 0 & -1 \end{pmatrix} \tag{10.2.5}$$

die PAULI-Matrizen dar, und es ist

$$I = \begin{pmatrix} 1 & 0 \\ 0 & 1 \end{pmatrix} \tag{10.2.6}$$

die Einheitsmatrix. Die Indizierung $1, \ldots, i - 1, i, \ldots, N$ ordnet jede Matrix einem Gitterplatz zu. Die Operatoren (10.2.4) sind auf Wellenfunktionen der Struktur

$$\Psi = \begin{pmatrix} \alpha_1 \\ \beta_1 \end{pmatrix} \begin{pmatrix} \alpha_2 \\ \beta_2 \end{pmatrix} \cdots \begin{pmatrix} \alpha_{i-1} \\ \beta_{i-1} \end{pmatrix} \begin{pmatrix} \alpha_i \\ \beta_i \end{pmatrix} \cdots \tag{10.2.7}$$

anzuwenden. Das Skalarprodukt für diese Wellenfunktionen lautet

$$\left(\begin{pmatrix} \alpha_1 \\ \beta_1 \end{pmatrix} \begin{pmatrix} \alpha_2 \\ \beta_2 \end{pmatrix} \cdots, \begin{pmatrix} \gamma_1 \\ \delta_1 \end{pmatrix} \begin{pmatrix} \gamma_2 \\ \delta_2 \end{pmatrix} \cdots \right) = \prod_{i=1}^{N} (\alpha_i \beta_i) \begin{pmatrix} \gamma_i \\ \delta_i \end{pmatrix}. \tag{10.2.8}$$

Im Falle $S = 1, {}^3/_2, \ldots$ ist das Tensorprodukt (10.2.4) aus den entsprechenden höheren Matrizen aufzubauen.

Weiterhin definieren wir Erzeugungs- und Vernichtungsoperatoren mittels

$$\begin{aligned} S_i^+ &= S_i^x + iS_i^y , \\ S_i^- &= S_i^x - iS_i^y . \end{aligned} \tag{10.2.9}$$

Für diese Operatoren folgen aus (10.2.2) die Vertauschungsrelationen

$$\begin{aligned} [S_i^+, S_j^-]_- &= 2\delta_{ij} S_i^z , \\ [S_i^\pm, S_j^z]_- &= \mp \delta_{ij} S_i^\pm . \end{aligned} \tag{10.2.10}$$

Die Gestalt dieser Vertauschungsrelationen, die offenbar weder der BOSE- noch der FERMI-Statistik zugeordnet werden können, verhindert eine einfache Übertragung der Resultate für BOSE- oder FERMI-Teilchen auf die Dynamik der Spinsysteme. Es gibt jedoch eine Vielzahl von Transformationen, die zumindest näherungsweise den Übergang von den komplizierten Vertauschungsrelationen (10.2.10) auf einfachere, nämlich BOSE- oder FERMI-Vertauschungsrelationen gestatten. Hier sei nur die am häufigsten gebrauchte, und weiter unten allein verwendete Transformation, die HOLSTEIN-PRIMAKOFF-Transformation, angegeben.

Wir setzen

$$\begin{aligned} S_i^+ &= \sqrt{2S}\, \varphi(n_i)\, a_i , \\ S_i^- &= \sqrt{2S}\, a_i^+ \varphi(n_i) , \\ S_i^z &= S - n_i , \end{aligned} \tag{10.2.11}$$

wobei

$$\varphi(n_i) = \sqrt{1 - n_i/2S} \quad \text{mit} \quad n_i = a_i^+ a_i \tag{10.2.12}$$

gilt. Die Operatorenfunktion $\varphi(n_i)$ ist im Sinne einer Reihenentwicklung zu verstehen. Für die Operatoren a_i^+ und a_i gelten BOSE-Vertauschungsrelationen:

$$\begin{aligned} [a_i, a_j^+]_- &= \delta_{ij} , \\ [a_i, a_j]_- &= 0 . \end{aligned} \tag{10.2.13}$$

Der Anzahloperator $n_i = a_i^+ a_i$ hat — wie üblich — die Eigenwerte 0, 1, 2, ... Die Transformationsformeln (10.2.11) enthalten jedoch die Schwierigkeit, daß bei der praktischen Anwendung nicht der gesamte Definitionsbereich der BOSE-Operatoren a_i zugelassen werden darf. Derjenige Teil des HILBERT-Raums, der Besetzungszahlen $N_i \geqq 2S + 1$ entspricht, würde nach der dritten der Formeln (10.2.11) zu Werten von S^z führen, die betragsmäßig größer als S sind, und ist daher als „unphysikalisch" auszuschließen. Man erkennt diesen Sachverhalt auch daran, daß für $N_i \geqq 2S + 1$ die Reihenentwicklungen der Wurzeln in (10.2.11) nicht mehr konvergieren. Mithin ist also die HOLSTEIN-PRIMAKOFF-Transformation umso günstiger, je größer der Spin S ist. Dies gilt vor allem auch hinsichtlich einer näherungsweisen Ersetzung des Ausdrucks für $\varphi(n_i)$ durch die ersten Glieder der Reihenentwicklung.

10.3. Das Heisenberg-Modell

Eine große Klasse fester Körper weist in einem weiten Temperaturbereich eine magnetische Fernordnung auf, die nicht an das Vorhandensein von äußeren Magnetfeldern gebunden ist. Im einfachsten Falle handelt es sich um eine ferromagnetische Fernordnung, die dadurch gekennzeichnet ist, daß die magnetischen Momente aller Atome nach Betrag und Orientierung übereinstimmen (Fe, Ni, Co). Der Umstand, daß die Fernordnung auch nach dem Abschalten äußerer Magnetfelder faktisch beliebig lange weiterbesteht, weist darauf hin, daß dieser Effekt auf einer Wechselwirkung der magnetischen Momente untereinander beruhen muß.

Eine Erklärung des Magnetismus der Festkörper auf der Grundlage der klassischen nichtrelativistischen Elektronentheorie scheidet prinzipiell aus: Bei beliebigen endlichen Temperaturen und beliebigen elektrischen oder magnetischen Feldern ist im thermodynamischen Gleichgewicht die von der Bahnbewegung der Elektronen herrührende Magnetisierung Null. Der Beweis dieser Behauptung — auch BOHR-VAN-LEEUWEN-Theorem genannt — ergibt sich aus einer Betrachtung des thermodynamischen Mittelwertes des von N sich bewegenden Ladungen e_n erzeugten Magnetfeldes $\boldsymbol{H}$:

$$\boldsymbol{H}(\boldsymbol{r}) = \sum_{n=1}^{N} e_n \frac{\boldsymbol{v}_n \times \boldsymbol{R}_n}{cR_n^3}. \tag{10.3.1}$$

Wir wollen hierauf aber nicht weiter eingehen;[10.1] das Resultat ist sehr umfassend: Die klassische Physik schließt sowohl Dia-, als auch Para- und Ferromagnetismus aus.

Weiterhin zeigt eine einfache energetische Abschätzung, daß der Ferromagnetismus auch nicht mit Hilfe der Dipol-Dipol-Wechselwirkung verstanden werden kann. Die Größenordnung dieses Energiebeitrages ist $E \approx \mu^2/a^3$, wobei μ das atomare magnetische Moment und a der Gitterabstand ist. Der numerische Wert dieser Energie würde Übergangstemperaturen T_C unterhalb 1K entsprechen — im Gegensatz zu den tatsächlich beobachteten Werten von $T_C =$ 1043K für Fe, 1393K für Co oder 613K für Ni.

Als eine mögliche Ursache für das Auftreten einer mangetischen Fernordnung wurde von HEISENBERG und unabhängig von ihm von FRENKEL die Austauschwechselwirkung angegeben und der folgende HAMILTON-Operator formuliert:

$$H = -\frac{1}{2} \sum_{ij} J_{ij} \boldsymbol{S}_i \boldsymbol{S}_j. \tag{10.3.2}$$

Hier ist J_{ij} das Austauschintegral, während $\boldsymbol{S}_i$ und $\boldsymbol{S}_j$ die zu den Atomen i und j gehörigen Spinoperatoren darstellen. Da nur Wechselwirkungen zwischen verschiedenen Spins auftreten, gilt $J_{ii} = 0$. Aus der Translationsinvarianz und der Isotropie der Austauschkräfte folgt

$$J_{ij} = J(\boldsymbol{R}_i, \boldsymbol{R}_j) = J(|\boldsymbol{R}_i - \boldsymbol{R}_j|). \tag{10.3.3}$$

Der HEISENBERG-Operator (10.3.2) kann unter Näherungsannahmen aus dem allgemeinen HAMILTON-Operator des Festkörpers abgeleitet werden. An dieser Stelle wollen wir uns damit begnügen, eine Motivierung für diesen Operator anzugeben, die auf der HEITLER-LONDON-Theorie des Wasserstoffmoleküls beruht.

Der HAMILTON-Operator für das Wasserstoffmolekül lautet in BORN-OPPENHEIMER-Näherung (d. h. bei Vernachlässigung der Bewegung der Atomkerne)

$$H = \frac{1}{2m}(p_1^2 + p_2^2) + \frac{e^2}{4\pi\varepsilon_0}\left(\frac{1}{r_{AB}} + \frac{1}{r_{12}} - \frac{1}{r_{A1}} - \frac{1}{r_{A2}} - \frac{1}{r_{B1}} - \frac{1}{r_{B2}}\right). \tag{10.3.4}$$

[10.1] Einen Beweis dieses Theorems findet man z. B. bei D. C. MATTIS, „The Theory of Magnetism", Harper and Row Publ., New York 1965 (russ. Übersetzung: Verlag „Mir", Moskau 1967).

Hier sind $\boldsymbol{p}_1$ und $\boldsymbol{p}_2$ die Impulsoperatoren der Elektronen 1 und 2, r_{AB} ist der Abstand zwischen den Wasserstoffkernen A und B, r_{A1} ist der Abstand zwischen Wasserstoffkern A und Elektron 1, r_{A2} ist der Abstand zwischen Wasserstoffkern A und Elektron 2, r_{B1} ist der Abstand zwischen Wasserstoffkern B und Elektron 1, r_{B2} ist der Abstand zwischen Wasserstoffkern B und Elektron 2, und r_{12} ist der Abstand zwischen den beiden Elektronen. In der betrachteten Näherung werden die beiden Kerne als ruhend angesehen. Diese Annahme wird durch die im Vergleich zur Elektronenmasse sehr viel größeren Kernmassen gerechtfertigt.

Bekanntlich muß die Gesamtwellenfunktion des Elektronensystems antisymmetrisch gegenüber Vertauschungen der Koordinaten (sowohl Orts- als auch Spinkoordinaten) sein:

$$\Psi(\boldsymbol{r}_1, s_1; \boldsymbol{r}_2, s_2) = -\Psi(\boldsymbol{r}_2, s_2; \boldsymbol{r}_1, s_1) . \tag{10.3.5}$$

Da im HAMILTON-Operator (10.3.4) die Spinvariablen nicht explizit enthalten sind, kann die Gesamtwellenfunktion in separierter Form angesetzt werden:

$$\Psi(\boldsymbol{r}_1, s_1; \boldsymbol{r}_2, s_2) = \varphi(\boldsymbol{r}_1, \boldsymbol{r}_2)\, \chi(s_1, s_2) . \tag{10.3.6}$$

Aus der Antisymmetriebedingung ergeben sich die beiden Möglichkeiten

$$\Psi_1 = \varphi_a(\boldsymbol{r}_1, \boldsymbol{r}_2)\, \chi_s(s_1, s_2) \tag{10.3.7}$$

und

$$\Psi_0 = \varphi_s(\boldsymbol{r}_1, \boldsymbol{r}_2)\, \chi_a(s_1, s_2) , \tag{10.3.8}$$

wobei die Indizes s und a bedeuten, daß sich die betreffenden Wellenfunktionen symmetrisch bzw. antisymmetrisch beim Vertauschen der Teilchenkoordinaten verhalten. Setzen wir voraus, daß sich die Wasserstoffatome im Grundzustand befinden und die Wechselwirkung zwischen ihnen schwach ist, dann können wir den Ortsanteil der Wellenfunktionen aus der Grundzustandswellenfunktion $\varphi(\boldsymbol{r})$ des Wasserstoffatoms folgendermaßen aufbauen:

$$\varphi_a(\boldsymbol{r}_1, \boldsymbol{r}_2) = A_a\{\varphi(\boldsymbol{r}_{A1})\ \varphi(\boldsymbol{r}_{B2}) - \varphi(\boldsymbol{r}_{A2})\, \varphi(\boldsymbol{r}_{B1})\} \tag{10.3.9}$$

sowie

$$\varphi_s(\boldsymbol{r}_1, \boldsymbol{r}_2) = A_s\{\varphi(\boldsymbol{r}_{A1})\, \varphi(\boldsymbol{r}_{B2}) + \varphi(\boldsymbol{r}_{A2})\, \varphi(\boldsymbol{r}_{B1})\} , \tag{10.3.10}$$

wobei für die Normierungsfaktoren

$$A_{s,a} = \frac{1/\sqrt{2}}{\sqrt{1 \pm \int \mathrm{d}\boldsymbol{r}\, \varphi_A^*(\boldsymbol{r})\, \varphi_B(\boldsymbol{r})}} \tag{10.3.11}$$

mit $\varphi_A(\boldsymbol{r}) \equiv \varphi(\boldsymbol{r}_{A1})$ und $\varphi_B(\boldsymbol{r}) \equiv \varphi(\boldsymbol{r}_{B1})$ gilt. Das unter der Wurzel in (10.3.11) stehende Integral

$$S = \int \mathrm{d}\boldsymbol{r}\, \varphi_A^*(\boldsymbol{r})\, \varphi_B(\boldsymbol{r}) \tag{10.3.12}$$

wird als Überlappungsintegral bezeichnet. S nimmt Werte zwischen 0 und 1 an.

Für die Spinfunktionen $\chi_{a,s}$ können wir unter Benutzung der Bezeichnungen aus Abschnitt 10.2. schreiben:

$$\chi_a = \frac{1}{\sqrt{2}}\left\{\begin{pmatrix}1\\0\end{pmatrix}_1\begin{pmatrix}0\\1\end{pmatrix}_2 - \begin{pmatrix}0\\1\end{pmatrix}_1\begin{pmatrix}1\\0\end{pmatrix}_2\right\} \tag{10.3.13}$$

sowie

$$\chi_s^1 = \begin{pmatrix}1\\0\end{pmatrix}_1\begin{pmatrix}1\\0\end{pmatrix}_2,$$

$$\chi_s^0 = \frac{1}{\sqrt{2}}\left\{\begin{pmatrix}1\\0\end{pmatrix}_1\begin{pmatrix}0\\1\end{pmatrix}_2 + \begin{pmatrix}0\\1\end{pmatrix}_1\begin{pmatrix}1\\0\end{pmatrix}_2\right\}, \tag{10.3.14}$$

$$\chi_s^{-1} = \begin{pmatrix}0\\1\end{pmatrix}_1\begin{pmatrix}0\\1\end{pmatrix}_2.$$

Die Spinfunktionen χ_s gehören zum Gesamtspin $S = 1$, also zu parallel orientierten Elektronenspins, wobei die z-Komponente die Eigenwerte 1, 0 und -1 besitzt. χ_a entspricht dem Gesamtspin $S = 0$ bzw. antiparallel orientierten Elektronenspins.

Wir setzen nun (10.3.9) bis (10.3.14) in (10.3.7) und (10.3.8) ein und berechnen die Energieerwartungswerte für das Wasserstoffmolekül in den Zuständen Ψ_1 und Ψ_0:

$$E_{\uparrow\uparrow} = (\Psi_1, H\Psi_1) = \frac{C(\boldsymbol{r}_{AB}) - A(\boldsymbol{r}_{AB})}{1 - S^2} \tag{10.3.15}$$

$$E_{\uparrow\downarrow} = (\Psi_0, H\Psi_0) = \frac{C(\boldsymbol{r}_{AB}) + A(\boldsymbol{r}_{AB})}{1 + S^2}, \tag{10.3.16}$$

wobei die Bezeichnungen

$$C(\boldsymbol{r}_{AB}) = \int d\boldsymbol{r}_1 d\boldsymbol{r}_2\, |\varphi(\boldsymbol{r}_{A1})|^2\, |\varphi(\boldsymbol{r}_{B2})|^2\, W(2,1) \tag{10.3.17}$$

$$A(\boldsymbol{r}_{AB}) = \int d\boldsymbol{r}_1 d\boldsymbol{r}_2\, \varphi^*(\boldsymbol{r}_{A2})\, \varphi^*(\boldsymbol{r}_{B1})\, W(2,1)\, \varphi(\boldsymbol{r}_{A1})\, \varphi(\boldsymbol{r}_{B2}) \tag{10.3.18}$$

und

$$W(2,1) = \frac{e^2}{4\pi\varepsilon_0}\left\{\frac{1}{r_{AB}} + \frac{1}{r_{12}} - \frac{1}{r_{A2}} - \frac{1}{r_{B1}}\right\} \tag{10.3.19}$$

verwendet worden sind. Die Größe $C(\boldsymbol{r}_{AB})$ kann im Sinne der klassischen Physik als elektrostatische Wechselwirkungsenergie interpretiert werden (von

Elektron 1 mit Kern B, Elektron 2 mit Kern A sowie den beiden Elektronen untereinander). $A(\boldsymbol{r}_{AB})$ wird Austauschintegral oder Austauschenergie genannt und kann nicht klassisch gedeutet werden. Dieses Austauschintegral ist von fundamentaler Bedeutung in der Quantenmechanik, und zwar nicht nur für das Verständnis des Magnetismus, sondern z. B. auch für die Erklärung der Natur der chemischen Bindung. Eine weiterführende Rechnung zeigt, daß im betrachteten Falle das Austauschintegral negativ ist, was zu dem in Abbildung 10.3.1 qualitativ dargestellten Verhalten der Energieerwartungswerte führt. Für das Wasserstoffmolekül ist demnach der „antiferromagnetische" Zustand der stabile.

Es sei hier auf eine weitere wichtige Eigenschaft der Austauschenergie hingewiesen. Da wir in den Ansätzen (10.3.9) und (10.3.10) die exponentiell abklingende Grundzustandswellenfunktion des Wasserstoffatoms benutzt hatten, verringert sich die Austauschenergie A exponentiell mit wachsendem Abstand r_{AB} zwischen den beiden Kernen:

$$A \propto e^{-2r_{AB}/a}, \tag{10.3.20}$$

wobei a der Radius der ersten BOHRschen Bahn des Wasserstoffatoms ist. Dagegen nimmt die COULOMBsche Wechselwirkungsenergie entsprechend

$$C \propto 1/r_{AB} \tag{10.3.21}$$

ab. Man liest außerdem aus (10.3.12) und (10.3.18) ab, daß das Austauschintegral verschwindet, wenn die Überlappung der Elektronenwellenfunktionen $\varphi^*(\boldsymbol{r}_{A1})$ $\varphi(\boldsymbol{r}_{B1})$ Null ist. Mit anderen Worten: ohne Überlappung gibt es keine Austauschenergie, und ohne Austauschenergie sind parallele und antiparallel orientierte Elektronenspins energetisch gleichberechtigt, bzw. es ist keine magnetische Ordnung ausgezeichnet.

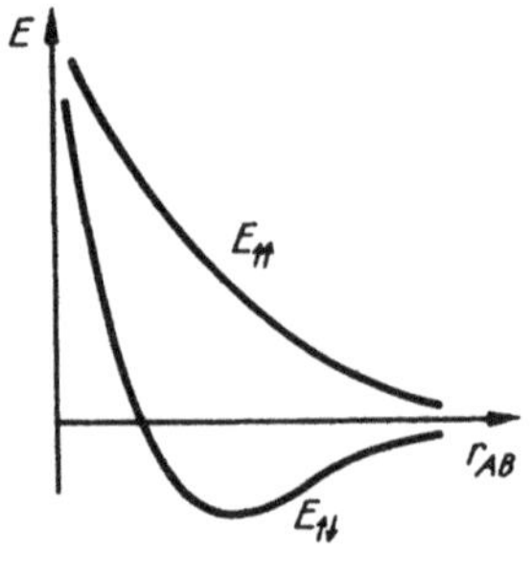

Abb. 10.3.1. Die Abhängigkeit der Energieerwartungswerte des Wasserstoffmoleküls vom Abstand der Kerne für die Zustände mit Gesamtspin 1, $E_{\uparrow\uparrow}$, und Gesamtspin 0, $E_{\uparrow\downarrow}$. Im letzteren Zustand ist das Wasserstoffmolekül stabil

Den wesentlichen Effekt der Austauschwechselwirkung können wir auch beschreiben, wenn wir anstelle des HAMILTON-Operators (10.3.4) folgenden effektiven HAMILTON-Operator einführen:

$$
\begin{aligned}
H^{\mathrm{eff}} &= -(E_{\uparrow\downarrow} - E_{\uparrow\uparrow})\, \boldsymbol{S}_1 \boldsymbol{S}_2 + \left(\frac{3}{4} E_{\uparrow\uparrow} + \frac{1}{4} E_{\uparrow\downarrow}\right) \\
&\equiv -J(r)\, \boldsymbol{S}_1 \boldsymbol{S}_2 + E(r)\,. \qquad (10.3.22)
\end{aligned}
$$

Da der Operator $\boldsymbol{S}_1 \boldsymbol{S}_2$ die Eigenwerte $+1/4$ und $-3/4$ besitzt, stimmen die Eigenwerte von H^{eff} mit $E_{\uparrow\uparrow}$ und $E_{\uparrow\downarrow}$ überein. Hierbei ist bemerkenswert, daß die durch (10.3.22) erzielte effektive Beschreibung des Wasserstoffmoleküls ausschließlich auf der Verwendung der Spinoperatoren beruht, die im Ausgangsoperator (10.3.4) explizit nicht auftraten.

Vergleichen wir (10.3.22) mit dem HEISENBERG-Operator (10.3.2), dann liegt es nahe, letzteren als die Verallgemeinerung von (10.3.22) auf den Fall von N Atomen anzusehen. Diese Modellvorstellung hat sich bei vielen Anwendungen außerordentlich bewährt, obwohl gerade von dort sehr ernste Einwände gegen die Voraussetzungen des HEISENBERG-Operators erhoben werden können. So ist z. B. die Lokalisierung der Elektronen in den $3d$-Metallen keineswegs gegeben, da sich die Elektronen in Bändern endlicher Breite der Größenordnung einiger eV bewegen. In den Seltenen Erden sind die Elektronen gut lokalisiert, aber die Wellenfunktionen überlappen sich nicht; infolgedessen gibt es auch in diesem Fall keinen direkten Austausch im Sinne des HEISENBERG-Modells. Für die $3d$-Metalle und ihre Oxide liefert das im Kapitel 8. diskutierte HUBBARD-Modell sicher eine bessere Beschreibung, während für die Seltenen Erden das sf-Modell angemessener ist.[10.2]

[10.2] Da die Diskussion des sf-Modells den Rahmen dieses Buches überschreiten würde, beschränken wir uns darauf, die Grundidee verbal zu skizzieren. Man nimmt an, daß die Wechselwirkung zwischen den Elektronen der tiefliegenden nichtabgeschlossenen f-Schalen vernachlässigt werden kann. Jedoch besteht eine schwache Wechselwirkung zwischen den magnetischen Momenten der Elektronen des Leitungsbandes (s-Elektronen) und den magnetischen Momenten der f-Schalen. Diese Wechselwirkung erzeugt eine Polarisation der Leitungselektronen, die auf die magnetischen Momente benachbarter f-Schalen weiterwirkt, und führt dadurch zu einer indirekten Wechselwirkung (dem indirekten Austausch) zwischen den magnetischen Momenten der f-Schalen. Dieser indirekte Austausch hat formale Ähnlichkeit mit dem direkten Austausch des HEISENBERG-Modells, ist jedoch viel schwächer und im Gegensatz zum exponentiell abklingenden direkten Austausch langreichweitig und oszillierend. Eine ausführliche Diskussion des sf-Modells findet man bei C. B. ВОНСОВСКИЙ (S. W. WONSOWSKI), „Магнетизм", Наука, Moskau 1971.

10.4. Innere Energie

Die innere Energie des durch den HEISENBERG-Operator beschriebenen Spinsystems ist durch den Mittelwert dieses Operators gegeben. Fügen wir zu (10.3.2) einen Term hinzu, der die Energie der Spins in einem äußeren Feld $H_0 \boldsymbol{e}_z$ beschreibt, dann ist

$$E \equiv \langle H \rangle = -\left\langle g\mu_B H_0 \sum_i S_i^z + \frac{1}{2} \sum_{ij} J_{ij} \boldsymbol{S}_i \boldsymbol{S}_j \right\rangle . \tag{10.4.1}$$

Wir zeigen nun, daß für $S = 1/2$ die in (10.4.1) enthaltenen Mittelwerte aus der GREENschen Funktion

$$G_{ij}^{+-}(\omega) = \langle\langle S_i^+ ; S_j^- \rangle\rangle_\omega \tag{10.4.2}$$

berechnet werden können (vgl. (10.1.2) und (10.1.3)). Hier wird die Antikommutatorfunktion ($\eta = -1$) benutzt, um die Schwierigkeiten bei Berechnung der Größe C aus (3.3.36) zu vermeiden.

Zunächst schreiben wir den HAMILTON-Operator mit Hilfe der Erzeugungs- und Vernichtungsoperatoren (10.2.9) etwas zweckmäßiger auf. Wir setzen

$$H = E_0 + H_2 + H_4 , \tag{10.4.3}$$

wobei wir die Abkürzungen

$$E_0 = -g\mu_B H_0 NS - \frac{1}{2} NJzS^2 , \tag{10.4.4}$$

$$H_2 = \sum_{ij} \left\{ (g\mu_B H_0 + JzS)\,\delta_{ij} - \frac{1}{2} J_{ij} \right\} S_i^- S_j^+ , \tag{10.4.5}$$

$$H_4 = -\frac{1}{2} \sum_{ij} J_{ij} S_i^- S_i^+ S_j^- S_j^+ \tag{10.4.6}$$

eingeführt haben. Bei der Ableitung dieser Formeln wurde vorausgesetzt, daß das Austauschintegral nur für nächste Nachbarn von Null verschieden ist; z ist die Zahl der nächsten Nachbarn. Ferner wurde von der für $S = 1/2$ gültigen Relation

$$S_i^z = S - S_i^- S_i^+ \tag{10.4.7}$$

Gebrauch gemacht. Diese Beziehung folgt aus der Operatorengleichung

$$\boldsymbol{S}_i^2 = S(S+1) = S_i^{x2} + S_i^{y2} + S_i^{z2} , \tag{10.4.8}$$

denn für $S = 1/2$ ist $S_i^{z2} = 1/4$, und mit

$$S_i^{x2} + S_i^{y2} = \frac{1}{2}(S_i^+ S_i^- + S_i^- S_i^+) = S_i^- S_i^+ + S_i^z \tag{10.4.9}$$

erhalten wir aus (10.4.8) die Gleichung (10.4.7).

Der Mittelwert H_2 kann über das Spektraltheorem (3.3.36) unmittelbar aus der GREENschen Funktion (10.4.2) berechnet werden. Die Behauptung, daß die GREENsche Funktion (10.4.2) hinreichend für die Berechnung des Mittelwertes von (10.4.3) ist, muß nun noch für H_4 bewiesen werden. Zu diesem Zweck schreiben wir die Bewegungsgleichung der GREENschen Funktion

$$G_{ii}^{+-}(\omega) = \langle\langle S_i^+ ; S_i^- \rangle\rangle_\omega , \; \eta = -1 , \tag{10.4.10}$$

auf:

$$\omega \langle\langle S_i^+ ; S_i^- \rangle\rangle_\omega = 2S + g\mu_B H_0 \langle\langle S_i^+ ; S_i^- \rangle\rangle_\omega - \sum_j J_{ij} \langle\langle S_i^z S_j^+ - S_j^z S_i^+ ; S_i^- \rangle\rangle_\omega . \tag{10.4.11}$$

Unter nochmaliger Verwendung von (10.4.7) können wir diese Gleichung auch in folgende Form bringen:

$$(\omega - g\mu_B H_0 - JzS) \langle\langle S_i^+ ; S_i^- \rangle\rangle_\omega = 2S - \frac{1}{2} \sum_j J_{ij} \langle\langle S_j^+ ; S_i^- \rangle\rangle_\omega + \sum_j J_{ij} \langle\langle S_i^- S_i^+ S_j^+ ; S_i^- \rangle\rangle_\omega - \sum_j J_{ij} \langle\langle S_j^- S_j^+ S_i^+ ; S_i^- \rangle\rangle_\omega . \tag{10.4.12}$$

Diese Beziehung setzen wir in das Spektraltheorem (3.3.36) ein. Unter Berücksichtigung von $(S_i^-)^2 = 0$ folgt nach Summation über i

$$\sum_{ij} J_{ij} \langle S_i^- S_i^+ S_j^- S_j^+ \rangle = - \lim_{\delta \to 0+} \frac{i}{2\pi} \left\{ \sum_i \int d\omega \, \frac{\omega - g\mu_B H_0 - JzS}{e^{\beta\omega} + 1} \left[\langle\langle S_i^+ ; S_i^- \rangle\rangle_{\omega + i\delta} - \langle\langle S_i^+ ; S_i^- \rangle\rangle_{\omega - i\delta} \right] + \frac{1}{2} \sum_{ij} J_{ij} \int d\omega \, \frac{1}{e^{\beta\omega} + 1} \left[\langle\langle S_j^+ ; S_i^- \rangle\rangle_{\omega + i\delta} - \langle\langle S_j^+ ; S_i^- \rangle\rangle_{\omega - i\delta} \right] \right\} , \tag{10.4.13}$$

und durch Vergleich mit (10.4.5) erhalten wir

$$\langle H_4 \rangle = - \frac{1}{2} \langle H_2 \rangle + \frac{1}{2} \lim_{\delta \to 0+} \sum_i \frac{i}{2\pi} \int d\omega \, \frac{\omega}{e^{\beta\omega} - 1} \cdot \left[\langle\langle S_i^+ ; S_i^- \rangle\rangle_{\omega + i\delta} - \langle\langle S_i^+ ; S_i^- \rangle\rangle_{\omega - i\delta} \right] . \tag{10.4.14}$$

Damit ist gezeigt, daß auch $\langle H_4 \rangle$ mit Hilfe der GREENschen Funktion (10.4.2) allein berechnet werden kann. Die Annahme, daß das Austauschintegral nur für nächste Nachbarn von Null verschieden sein sollte, war für die Beweisführung nicht wesentlich. Wir setzen nun die erhaltenen Ausdrücke in die Formel für die innere Energie (10.4.1) ein:

$$E = E_0 + \frac{1}{2} \sum_{ij} \lim_{\delta \to 0+} \frac{i}{2\pi} \int d\omega \left\{ (g\mu_B H_0 + JzS + \omega) \delta_{ij} - \frac{1}{2} J_{ij} \right\} \frac{1}{e^{\beta\omega} + 1} \left[\langle\langle S_j^+ ; S_i^- \rangle\rangle_{\omega + i\delta} - \langle\langle S_j^+ ; S_i^- \rangle\rangle_{\omega - i\delta} \right] . \tag{10.4.15}$$

Gehen wir von der Ortsdarstellung zur Impulsdarstellung über,

$$G_{ij}^{+-}(\omega) = \frac{1}{N} \sum_{k} e^{ik(R_i - R_j)} G_k^{+-}(\omega),$$
$$J_{ij} = \frac{1}{N} \sum_{k} e^{ik(R_i - R_j)} J(k), \tag{10.4.16}$$

so ergibt sich

$$E = E_0 + \frac{1}{2} \sum_{k} \lim_{\delta \to 0+} \frac{i}{2\pi} \int d\omega \left(g\mu_B H_0 + JzS + \omega - \frac{1}{2} J(k) \right) \cdot \frac{1}{e^{\beta\omega} + 1} (G_k^{+-}(\omega + i\delta) - G_k^{+-}(\omega - i\delta)). \tag{10.4.17}$$

Mit der Definition

$$\varepsilon_0(k) = g\mu_B H_0 + JzS - \frac{1}{2} J(k) = g\mu_B H_0 + SJ(0)(1 - J(k)/J(0)) \tag{10.4.18}$$

(vgl. (12.1.11)) folgt schließlich in Analogie zu (5.3.7)

$$\langle H \rangle = E = E_0 + \frac{1}{2} \lim_{\delta \to 0+} \sum_{k} \frac{i}{2\pi} \int d\omega \, (\omega + \varepsilon_0(k)) \cdot \frac{1}{e^{\beta\omega} + 1} (G_k^{+-}(\omega + i\delta) - G_k^{+-}(\omega - i\delta)). \tag{10.4.19}$$

Mit Hilfe der GREENschen Kommutatorfunktion ($\eta = +1$) kann (10.4.19) auch in der Form

$$E = E_0 + \frac{1}{4\pi} \sum_{k} \left\{ \lim_{\delta \to 0^+} \int d\omega \, (\omega + \varepsilon_0(k)) \cdot \frac{i}{e^{\beta\omega} - 1} [G_k^{+-}(\omega + i\delta) - G_k^{+-}(\omega - i\delta)] + \varepsilon_0(k) \, C(k) \right\} \tag{10.4.20}$$

geschrieben werden, wobei $C(k)$ aus der GREENschen Funktion (10.4.2) zu berechnen ist.

Es sei bemerkt, daß die Ableitung der Formel (10.4.19) nur unter der einschränkenden Voraussetzung $S = 1/2$ durchgeführt werden konnte. Die hier als Abkürzung eingeführte Funktion $\varepsilon_0(k)$ wird sich in Kapitel 12.1. als Spinwellendispersionsrelation in BOSE-Näherung erweisen. — Das Resultat (10.4.19) weist auf die große Bedeutung der GREENschen Funktion $G_{ij}^{+-}(\omega)$ für die betrachteten Spinsysteme ($S = 1/2$) hin: Mit Hilfe von (10.4.19) erhält man aus $G_{ij}^{+-}(\omega)$ die innere Energie $E(T)$, über (10.4.7) läßt sich die Magnetisierung $M(T)$ berechnen (vgl. Kapitel 11. und 12.), und es wird sich in Kapitel 12. zeigen, daß auch das Anregungsspektrum durch $G_{ij}^{+-}(\omega)$ bestimmt wird. Der Informationsgehalt dieser GREENschen Funktion ist demnach mit demjenigen der GREENschen Ein-Teilchen-Funktion $G_{k\sigma}(\omega)$ der Elektronensysteme vergleichbar (siehe hierzu Kapitel 5.). Dieser Sachverhalt kommt auch in der formal gleichartigen Struktur der Formeln (5.3.7) und (10.4.19) für die inneren Energien dieser Systeme zum Ausdruck.

11. Weißsche Theorie des Ferromagnetismus

11.1. Hartree-Fock-Näherung des Heisenberg-Operators

Die WEISSsche Theorie des Ferromagnetismus — auch WEISSsche Molekularfeldtheorie oder WEISSsche Molekularfeldmethode genannt — stellt den einfachsten Zugang zur Auswertung des HEISENBERG-Operators (10.3.2) dar. Historisch entstand diese Theorie lange vor der Quantenmechanik und damit auch vor der Aufstellung des HEISENBERG-Operators. Auf der Grundlage der WEISSschen Theorie gelang es erstmalig, die Erscheinung des Ferromagnetismus qualitativ zu verstehen, wenngleich wesentliche Annahmen gemacht werden mußten, die beim damaligen Stande der Entwicklung der Physik nicht erklärt werden konnten. Aus der Sicht der Quantenmechanik ist die WEISSsche Molekularfeldtheorie mit der HARTREE-FOCK-Näherung des HEISENBERG-Operators identisch. Mit Hilfe dieser Näherung können alle Resultate der Molekularfeldtheorie aus bekannten Formeln der Quantenstatistik errechnet werden. Wir benutzen hier den speziellen und auch etwas einfacheren Weg über die GREENschen Funktionen.

Zunächst schreiben wir die HARTREE-FOCK-Näherung des HEISENBERG-Operators auf. Sinngemäß bedeutet diese Näherung, daß wir — analog zu Kapitel 6. — die Wechselwirkung zwischen den Spins des betrachteten Systems zu ersetzen haben durch die Wechselwirkung jedes einzelnen Spins mit einem gemeinsamen inneren Feld, das durch alle anderen Spins erzeugt wird. Für das innere Feld muß eine selbstkonsistente Gleichung angegeben werden.

Da der HEISENBERG-Operator völlig isotrop ist (d. h. invariant gegenüber Drehungen), entsteht die Frage, welche Richtung dem inneren Feld zuzuschreiben ist. Diese Richtung legen wir willkürlich mit Hilfe eines beliebig schwachen äußeren Feldes $\boldsymbol{H}_0$ fest. Der HAMILTON-Operator hat dann, wenn für die Richtung von $\boldsymbol{H}_0$ die z-Achse gewählt wird, die Gestalt

$$H = -g\mu_B H_0 \sum_i S_i^z - \frac{1}{2} \sum_{ij} J_{ij} \boldsymbol{S}_i \boldsymbol{S}_j , \tag{11.1.1}$$

wobei der erste Term — auch ZEEMAN-Term genannt — die Energie der Spins im äußeren Feld $\boldsymbol{H}_0$ repräsentiert. μ_B ist das BOHRSCHE Magneton und g der gyromagnetische Faktor (auch als LANDÉ-Faktor bezeichnet). Der ZEEMAN-Term bricht in gewünschter Weise die Symmetrie des HEISENBERG-Operators (10.3.1) und ermöglicht das Auftreten nichtverschwindender Mittelwerte der Magnetisierung. Die hier in Erscheinung tretende Problematik ist analog zu derjenigen, die in Abschnitt 7.4. diskutiert wurde. Wie dort ausgeführt wurde, sind die Mittelwerte in Fällen mit symmetriebedingter Entartung durch die physikalisch sinnvolleren BOGOLJUBOWschen Quasimittelwerte zu ersetzen. Diese erhält man, indem man zunächst den Mittelwert mit Berücksichtigung eines äußeren Feldes bildet und danach dieses äußere Feld gegen Null gehen läßt. Mit der obigen Festlegung $\boldsymbol{H}_0 = H_0\boldsymbol{e}_z$ können wir $\langle S_l^z \rangle \neq 0$ annehmen. Setzen wir weiterhin voraus, daß $J_{ij} > 0$ ist, dann hat das betrachtete System die kleinste Energie, wenn alle Spins gleich orientiert sind oder — was dasselbe ist — wenn der Grundzustand ferromagnetisch ist. Schließlich betrachten wir einen kristallinen Festkörper, so daß wir auf Grund der Translationsinvarianz

$$\langle S_l^\alpha \rangle = \frac{1}{N} \langle \sum_l S_l^\alpha \rangle = \frac{1}{N} \langle S_g^\alpha \rangle \equiv \langle S^\alpha \rangle \tag{11.1.2}$$

schreiben können, wobei S_g^α die α-Komponente des Gesamtspinoperators darstellt.

Die HARTREE-FOCK-Näherung von (11.1.1) wird nun analog zu Abschnitt 6.1. vollzogen. Es ergibt sich

$$\begin{aligned} H &\approx -g\mu_B H_0 \sum_i S_i^z - \sum_{ij} J_{ij} \langle \boldsymbol{S}_i \rangle \boldsymbol{S}_j + \frac{1}{2} \sum_{ij} J_{ij} \langle \boldsymbol{S}_i \rangle \langle \boldsymbol{S}_j \rangle \\ &= H^{MFT} + \frac{1}{2} \sum_{ij} J_{ij} \langle \boldsymbol{S}_i \rangle \langle \boldsymbol{S}_j \rangle . \end{aligned} \tag{11.1.3}$$

Weiterhin verschwinden die Mittelwerte von S_i^x und S_i^y, da infolge der Wahl $\boldsymbol{H}_0 = H_0\boldsymbol{e}_z$ alle Richtungen senkrecht zu $\boldsymbol{e}_z$ gleichberechtigt sind. Es folgt daher aus (11.1.3)

$$H^{MFT} = -g\mu_B H_0 \sum_i S_i^z - \sum_{ij} J_{ij} \langle S_i^z \rangle S_j^z . \tag{11.1.4}$$

Nun nehmen wir noch an, daß das Austauschintegral nur für Atome, die nächste Nachbarn sind, von Null verschieden ist:

$$J_{ij} = \begin{cases} J > 0 & \text{für } i \text{ und } j \text{ nächste Nachbarn,} \\ 0 & \text{sonst.} \end{cases} \tag{11.1.5}$$

Diese Annahme wird durch die Abschätzung (10.3.20) gerechtfertigt, nach der die Austauschwechselwirkung nur eine kurze Reichweite besitzt. Mit Hilfe von (11.1.5) können wir den Operator (11.1.4) in die Form

$$H^{MFT} = -g\mu_B H_0 \sum_i S_i^z - J \sum_{\langle ij \rangle} \langle S_j^z \rangle S_i^z \tag{11.1.6}$$

bringen, wobei $\langle ij \rangle$ bedeutet, daß nur Beiträge berücksichtigt werden, bei denen i und j nächste Nachbarn sind. Unter Benutzung der Translationsvarianz (11.1.2) kann die Summation über die nächsten Nachbarn ausgeführt werden:

$$\begin{aligned} H^{MFT} &= -g\mu_B H_0 \sum_i S_i^z - Jz\langle S^z\rangle \sum_i S_i^z \\ &= -(g\mu_B H_0 + Jz\langle S^z\rangle) \sum_i S_i^z \\ &\equiv -q \sum_i S_i^z . \end{aligned} \tag{11.1.7}$$

Hier ist z die Zahl der nächsten Nachbarn eines Spins im Gitter. Die Größe

$$H_W = Jz\langle S^z\rangle / g\mu_B \tag{11.1.8}$$

wird als WEISSsches Feld bezeichnet. Mit H_W und der Magnetisierung

$$M^z = Ng\mu_B\langle S^z\rangle \tag{11.1.9}$$

wird der HAMILTON-Operator (11.1.7) oft auch in der Form

$$\begin{aligned} H^{MFT} &= -g\mu_B(H_0 + H_W) \sum_i S_i^z \\ &= -g\mu_B(H_0 + \alpha M^z) \sum_i S_i^z \end{aligned} \tag{11.1.10}$$

geschrieben, wobei die Größe

$$\alpha = Jz/Ng^2\mu_B^2 \tag{11.1.11}$$

als Molekularfeldkonstante bezeichnet wird.

11.2. Gleichung für die Magnetisierung

Aus Gründen der Einfachheit nehmen wir im folgenden an, daß $S = 1/2$ ist. In diesem Fall erhalten wir alle thermodynamischen Informationen über das betrachtete System aus der GREENschen Funktion

$$G_{ij}^{+-}(\omega) = \langle\langle S_i^+ ; S_j^- \rangle\rangle_\omega \tag{11.2.1}$$

mit der Wahl $\eta = +1$. Das chemische Potential ist Null, wobei die Zahl der Anregungen in dem durch den HEISENBERG-Operator (11.1.1) beschriebenen Spinsystem unbestimmt ist.

Wir berechnen nun $G_{ij}^{+-}(\omega)$ mit Hilfe der Bewegungsgleichung (3.1.23):

$$\omega\langle\langle S_i^+ ; S_j^- \rangle\rangle_\omega = \langle [S_i^+, S_j^-]_- \rangle + \langle\langle [S_i^+, H^{MFT}]_- ; S_j^- \rangle\rangle_\omega . \tag{11.2.2}$$

Aus den Vertauschungsrelationen (10.2.10) ergibt sich unter Benutzung des Ausdrucks (11.1.7) für H^{MFT}

$$\omega\langle\langle S_i^+ ; S_j^- \rangle\rangle_\omega = 2\delta_{ij}\langle S_j^z\rangle + q\langle\langle S_i^+ ; S_j^- \rangle\rangle_\omega \tag{11.2.3}$$

oder

$$\langle\langle S_i^+ ; S_j^- \rangle\rangle_\omega = \frac{2\delta_{ij}\langle S^z\rangle}{\omega - q} = \frac{2\delta_{ij}\langle S^z\rangle}{\omega - (g\mu_B H_0 + Jz\langle S^z\rangle)} \,. \tag{11.2.4}$$

Damit haben wir die gesuchte GREENsche Funktion $G_{ij}^{-+}(\omega)$ in Abhängigkeit von der zunächst noch unbekannten Korrelationsfunktion $\langle S^z\rangle$ bestimmt. In dem hier betrachteten Fall $S = 1/2$ ist der Mittelwert $\langle S^z\rangle$ wieder aus der GREENschen Funktion $\langle\langle S_i^- ; S_j^+ \rangle\rangle_\omega$ mit Hilfe des Spektraltheorems berechenbar, da der Zusammenhang (siehe hierzu (10.4.7))

$$S_i^z = S - S_i^- S_i^+ \tag{11.2.5}$$

verwendet werden kann. Wir bilden die Mittelwerte der in (11.2.5) auftretenden Operatoren und setzen das Spektraltheorem (3.3.36) ein:

$$\begin{aligned}\langle S^z\rangle &= S - \langle S_i^- S_i^+\rangle \\ &= S - \lim_{\delta\to 0+} \frac{i}{2\pi} \int_{-\infty}^{+\infty} \frac{\langle\langle S_i^+ ; S_i^- \rangle\rangle_{\omega+i\delta} - \langle\langle S_i^+ ; S_i^- \rangle\rangle_{\omega-i\delta}}{e^{\beta\omega} - 1} \, d\omega \,. \end{aligned} \tag{11.2.6}$$

Die Konstante C, die in der allgemeinen Formulierung des Spektraltheorems auftritt, ist hier Null, wie durch Berechnung der entsprechenden Antikommutatorfunktion leicht bewiesen werden kann. Setzen wir in die rechte Seite dieser Gleichung die GREENsche Funktion (11.2.4) ein, so erhalten wir mit Hilfe der DIRAC-Formel (3.3.25)

$$\langle S^z\rangle = S - \frac{2\langle S^z\rangle}{e^{\beta q} - 1} \,. \tag{11.2.7}$$

Mit $S = 1/2$ folgt hieraus

$$2\langle S^z\rangle \left\{1 + \frac{2}{e^{\beta q} - 1}\right\} = 1 \tag{11.2.8}$$

oder

$$\begin{aligned}\langle S^z\rangle &= \frac{1}{2} \tanh\left(\frac{1}{2}\beta q\right) \\ &= \frac{1}{2} \tanh\left((g\mu_B H_0 + Jz\langle S^z\rangle)/2k_B T\right). \end{aligned} \tag{11.2.9}$$

Entsprechend gilt für die Magnetisierung

$$M^z = Ng\mu_B\langle S^z\rangle = Ng\mu_B S \tanh\left(g\mu_B S(H_0 + \alpha M^z)/k_B T\right) . \tag{11.2.10}$$

In dieser Gleichung ist $S = 1/2$ zu setzen. Für andere Werte von S ergibt sich ein komplizierterer Ausdruck.[11.1] Im weiteren wird jedoch nur der Fall $S = 1/2$ betrachtet. Im Grunde genommen haben wir die Gleichungen (11.2.10) und (11.2.9) durch sehr einfache Operationen erhalten. Die Methode der GREENschen Funktionen ersparte uns die Aufsummation der Zustandssumme, die bei der Auswertung der entsprechenden quantenstatistischen Formeln auszuführen gewesen wäre. Es verbleibt nun noch die Aufgabe, die transzendente Gleichung (11.2.10) oder (11.2.9) zu lösen. Da eine geschlossene Auflösung nach M^z oder $\langle S^z \rangle$ nicht möglich ist, diskutieren wir im folgenden Abschnitt lediglich die interessantesten Grenzfälle.

11.3. Physikalische Größen

Wir betrachten zunächst den Grenzfall hoher Temperaturen. In diesem Gebiet ist das Argument des tanh in (11.2.10) sehr klein, so daß $\tanh x \approx x$ gesetzt werden kann:

$$M^z \approx Ng^2\mu_B^2 S^2 (H_0 + \alpha M^z)/k_B T \,. \tag{11.3.1}$$

Durch Auflösen nach M^z folgt mit α aus (11.1.11)

$$M^z = \frac{N(g\mu_B S)^2}{k_B T - S^2 Jz} H_0 = \chi(T)\, H_0 \tag{11.3.2}$$

bzw. für die Suszeptibilität

$$\chi(T) = \frac{N(Sg\mu_B)^2}{k_B(T - T_C)} \tag{11.3.3}$$

mit

$$T_C = JzS^2/k_B \,. \tag{11.3.4}$$

Die Relation (11.3.3) wird als CURIE-WEISS-Gesetz bezeichnet (vgl. Abb. 11.3.1) und T_C, die kritische Temperatur, als CURIE-Temperatur. Strenggenommen handelt es sich hier um die sogenannte paramagnetische CURIE-Temperatur, die sich durch Extrapolation aus dem Hochtemperaturverhalten des Ferromagneten ergibt. Die eigentliche Übergangstemperatur, bei der sich der Phasenübergang zweiter Art von der ferromagnetischen zur paramagnetischen Phase vollzieht (bei $H_0 = 0$!), wird der genaueren Unterscheidung halber als ferromagne-

[11.1] Eine Berechnung der Magnetisierung für beliebige Werte von S im Rahmen der WEISSschen Molekularfeldtheorie findet sich z. B. bei J. S. SMART, „Effective Field-Theories of Magnetism", W. B. Saunders Company, Philadelphia—London 1966 (russ. Übersetzung: Verlag „Mir", Moskau 1968).

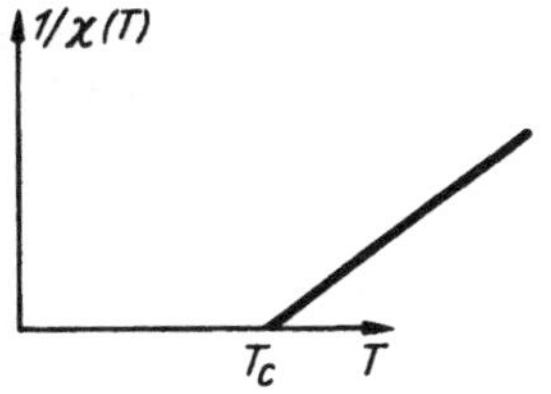

Abb. 11.3.1. Inverse Suszeptibilität $\chi(T)^{-1}$ in der WEISSschen Molekularfeldnäherung oberhalb T_C (CURIE-WEISS-Gesetz)

tische CURIE-Temperatur bezeichnet. Diese Temperaturen weichen im Experiment merklich voneinander ab. So ist z. B. für Nickel $T_C^{para} = 650$ K und $T_C^{ferro} = 637$ K. Wie weiter unten ersichtlich werden wird, stimmen im Rahmen der Molekularfeldtheorie diese beiden Temperaturen miteinander überein. Es sei bemerkt, daß der Ausdruck (11.3.4) für die CURIE-Temperatur eine wichtige Verknüpfung zwischen der mikroskopischen Größe J (Austauschintegral) und der makroskopischen Größe T_C (CURIE-Temperatur) darstellt. Daher besteht die Möglichkeit, über die Messung von T_C den Wert des Austauschintegrals experimentell zu bestimmen. Dies ist auch deshalb von großer Wichtigkeit, weil es bis heute keine befriedigende Berechnungsmethode für J gibt.

Wir untersuchen nun das Verhalten der Magnetisierung für Temperaturen $T \lessapprox T_C$. Dazu setzen wir in (11.2.10) $H_0 = 0$ und betrachten den Grenzfall verschwindender Magnetisierung. Das berechtigt uns, den tanh für kleine Argumente zu entwickeln:

$$\tanh x \approx x - x^3/3 \,. \tag{11.3.5}$$

In dieser Näherung ist

$$M^z \approx Ng\mu_B S \left\{ g\mu_B S\alpha M^z/k_B T - \frac{1}{3}\,(g\mu_B S\alpha M^z/k_B T)^3 \right\} \tag{11.3.6}$$

oder

$$M^z \approx Ng\mu_B \sqrt{S(S+1)}\; T \sqrt{\frac{T_C - T}{T_C^3}} \,. \tag{11.3.7}$$

Da für den betrachteten Temperaturbereich im Faktor vor der Wurzel in (11.3.7) T durch T_C ersetzt werden kann, gilt auch (siehe Abb. 11.3.2)

$$M^z \approx Ng\mu_B \sqrt{S(S+1)} \sqrt{\frac{T_C - T}{T_C}} \,. \tag{11.3.8}$$

Die hier eingeführte Abkürzung T_C bezeichnet wie oben den Wert JzS^2/k_B. Es zeigt sich also an (11.3.8) die behauptete Gleichheit von paramagnetischer und ferromagnetischer CURIE-Temperatur im Rahmen der Näherungen der

Molekularfeldtheorie. Die hier berechnete Abhängigkeit der Magnetisierung von der Temperatur unterhalb der CURIE-Temperatur weicht quantitativ von den experimentellen Ergebnissen ab. So zeigen Messungen z. B. an EuS (eine Substanz, für die die Voraussetzungen des HEISENBERG-Modells weitgehend erfüllt sind), daß sich $M(T)$ in diesem Temperaturbereich wie $(T_C - T)^{1/3}$ verhält. Genauere Theorien bestätigen ein solches Verhalten.

Wir diskutieren nun den Spezialfall tiefer Temperaturen. In der Grenze $T \to 0$ strebt das Argument des tanh in (11.2.10) gegen Unendlich, so daß wir den folgenden Näherungsausdruck verwenden können:

$$\tanh x \approx 1 - 2e^{-2x} . \tag{11.3.9}$$

Mit Hilfe dieser Formel ergibt sich aus der Gleichung (11.2.10) für die Magnetisierung

$$M^z \approx Ng\mu_B S \{1 - 2\,e^{-2T_C M^z / Ng\mu_B S T}\} . \tag{11.3.10}$$

Hier haben wir bereits die Formeln für α (11.1.11) und T_C (11.3.4) eingesetzt. Die rechte Seite der Beziehung (11.3.10) vereinfacht sich weiter, wenn wir die Näherung $M^z \approx M_S = Ng\mu_B S$ benutzen:

$$M^z \approx Ng\mu_B S\,(1 - 2\,e^{-2T_C/T}) = M_S(1 - 2\,e^{-2T_C/T}) . \tag{11.3.11}$$

Die Kurve für die Magnetisierung mündet demnach exponentiell und mit waagerechter Tangente in den Sättigungswert $M_S = M^z(T = 0)$ ein. Auch in diesem Grenzfall weicht das theoretische Resultat vom experimentellen Tatbestand ab. Man beobachtet vielmehr, daß

$$M^z \approx M_S(1 - AT^{3/2}) \tag{11.3.12}$$

gilt, wobei A eine Konstante ist. Die Gesetzmäßigkeit (11.3.12) werden wir im nächsten Abschnitt auf der Grundlage einer bei tiefen Temperaturen günstigeren Näherung bestätigen. Es wird sich zeigen, daß das in (11.3.12) zum Ausdruck gebrachte Verhalten der Magnetisierung (man bezeichnet (11.3.12) auch als BLOCHsches $T^{3/2}$-Gesetz) durch das Auftreten kollektiver Anregungen im Ferromagneten erklärt werden kann. Diese kollektiven Anregungen — Magnonen oder Spinwellen genannt — konnten im Rahmen der in diesem Abschnitt dargelegten Theorie nicht erhalten werden, weil die Wechselwirkung der Spins untereinander pauschal durch ein effektives inneres Feld ersetzt wurde.

Abschließend berechnen wir die spezifische Wärme des betrachteten Spinsystems. Wir erhalten diese Größe aus der inneren Energie $E = \langle H \rangle$ vermöge

$$c_{H_0} = \left(\frac{\partial E}{\partial T}\right)_{H_0} . \tag{11.3.13}$$

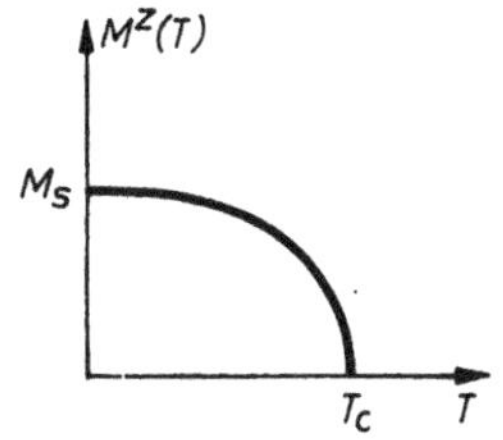

Abb. 11.3.2. Magnetisierung $M^z(T)$ in der WEISSschen Molekularfeldnäherung

Zunächst benötigen wir also den Mittelwert des HAMILTON-Operators. Da H^{MFT} in der Struktur sehr einfach ist, benutzen wir nicht die allgemeine Formel (10.4.19), sondern führen die Berechnung von $\langle H \rangle$ direkt durch. Gemäß (11.1.3) gilt

$$\begin{aligned} \langle H \rangle &= \langle H^{MFT} \rangle + \frac{1}{2} \sum_{ij} J_{ij} \langle S_i^z \rangle \langle S_j^z \rangle \\ &= -g\mu_B H_0 \sum_i \langle S_i^z \rangle - \frac{1}{2} \sum_{ij} J_{ij} \langle S_i^z \rangle \langle S_j^z \rangle \end{aligned} \tag{11.3.14}$$

oder

$$\langle H \rangle = -g\mu_B H_0 N \langle S^z \rangle - \frac{1}{2} JzN \langle S^z \rangle^2 . \tag{11.3.15}$$

Wir können die innere Energie auch durch die Magnetisierung ausdrücken:

$$E = \langle H \rangle = -H_0 M^z - \frac{1}{2} N k_B T_C (M^z/M_S)^2 . \tag{11.3.16}$$

Für die spezifische Wärme erhalten wir hieraus

$$c_{H_0} = -(H_0 + N T_C M^z/M_S^2) \left(\frac{\partial M^z}{\partial T} \right)_{H_0} . \tag{11.3.17}$$

Wir können das Verhalten von c_{H_0} für $H_0 = 0$ unmittelbar aus obigen Formeln für die Magnetisierung ablesen: In der Grenze $T \to 0$ strebt c_{H_0} ebenfalls gegen Null. Für $T \to T_C$ nimmt die spezifische Wärme einen endlichen Wert an, und für Temperaturen oberhalb der CURIE-Temperatur ist $c_{H_0} = 0$. Eine graphische Darstellung der Funktion $c_{H_0}(T)$ findet sich in Abb. 11.3.3.

Auch die spezifische Wärme weicht in ihrem Verhalten vom Experiment ab. Dies gilt vor allem in der Umgebung der CURIE-Temperatur. Bei $T = T_C$ müßte c_{H_0} eine logarithmische Singularität aufweisen, und oberhalb T_C sollte ein endlicher (abklingender) Betrag von c_{H_0} vorhanden sein.

Zusammenfassend kann festgestellt werden, daß die WEISSsche Molekularfeldtheorie eine in einem weiten Temperaturbereich angenähert zutreffende Beschreibung des Ferromagneten liefert. Exaktere Untersuchungen zeigen jedoch, daß sich die Temperaturabhängigkeit der thermodynamischen Funktionen von den experimentell gefundenen Gesetzmäßigkeiten unterscheidet. Diese Unstimmigkeiten werden durch die Approximation der Wechselwirkung zwischen den Spins durch das Molekularfeld verursacht. In Kapitel 12. wird gezeigt werden, daß eine genauere Berücksichtigung dieser Wechselwirkung zu einer besseren Übereinstimmung mit dem Experiment führt.

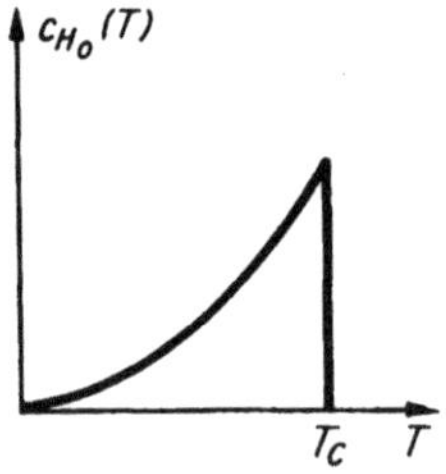

Abb. 11.3.3. Spezifische Wärme $c_{H_0}(T)$ für $H_0 = 0$ in der WEISSschen Molekularfeldnäherung

12. Spinwellen

12.1. Holstein-Primakoff-Näherung

In diesem Kapitel diskutieren wir die für die magnetischen Systeme typischen Anregungen, die als Spinwellen oder Magnonen bezeichnet werden. Bevor wir uns jedoch den Berechnungen zuwenden, geben wir einige Erläuterungen zum Charakter der Spinwellentheorie. Wir haben uns in Kapitel 11. davon überzeugt, daß die WEISSsche Molekularfeldtheorie mit der HARTREE-FOCK-Näherung des HEISENBERG-Operators identisch ist. Im folgenden wird sich zeigen, daß die Spinwellentheorie in einem gewissen Sinne der Näherung der zufälligen Phasen (RPA, vgl. Kapitel 7.) entspricht. Strenggenommen handelt es sich bei der in diesem Abschnitt dargestellten Näherung um eine vereinfachte RPA-Theorie, während die in Abschnitt 12.3. abgehandelte TJABLIKOW-Entkopplung den Rahmen der RPA etwas überschreitet. Analog zu den Resultaten, die sich üblicherweise bei den RPA-Verfahren ergeben, wird sich auch hier herausstellen, daß die durch diese Theorie beschriebenen Anregungen kollektiven Charakter haben; d. h., alle Spins des betrachteten Systems sind an diesen Anregungen beteiligt. Aus diesem Umstand ergeben sich entscheidende physikalische Konsequenzen: im Gegensatz zur HARTREE-FOCK-Theorie gestatten die kollektiven Anregungen eine mit dem Experiment in sehr guter Näherung übereinstimmende Erklärung des Verhaltens der thermodynamischen Funktionen in der Nähe von $T = 0$. Die verbesserte RPA-Theorie (TJABLIKOW-Entkopplung) erlaubt sogar eine qualitativ gute Beschreibung des Verhaltens der Spinsysteme in einem weiten Temperaturbereich.

In diesem Abschnitt stellen wir den einfachsten Zugang zur Spinwellentheorie dar. Er beruht im wesentlichen auf dem näherungsweisen Ersatz der Spinoperatoren-Vertauschungsrelationen durch BOSE-Vertauschungsrelationen. Man erhält diese Näherung auch, wenn man die in der HOLSTEIN-PRIMAKOFF-Transformation (10.2.11) auftretenden Funktionen

$$\varphi(n_i) = \sqrt{1 - n_i/2S} \tag{12.1.1}$$

nur in der niedrigsten Ordnung hinsichtlich n_i berücksichtigt:

$$\varphi(n_i) \approx 1 \,. \tag{12.1.2}$$

(12.1.2) ist bei sehr tiefen Temperaturen (bei denen $\langle n_i \rangle$ klein ist) und für große Werte von S eine relativ gute Näherung. Von der Problematik der Größe der Spins soll hier aber abgesehen werden. Vielmehr betrachten wir im weiteren den Fall $S = 1/2$, um mit anderen Näherungen, bei denen wir aus Gründen der

Einfachheit $S = 1/2$ gewählt hatten, vergleichen zu können. Mit Hilfe von (12.1.2) folgt dann aus (10.2.13)

$$[S_i^+, S_j^-]_- = \delta_{ij}, \tag{12.1.3}$$

also tatsächlich eine Vertauschungsrelation vom BOSE-Typ. Man beachte, daß in (12.1.3) S_i^+ einem BOSE-Vernichtungsoperator und S_j^- einem BOSE-Erzeugungsoperator entspricht.

Die in (12.1.2) zum Ausdruck gebrachte Näherung ist nun auf den HAMILTON-Operator zu übertragen. Wir transformieren zu diesem Zweck alle im HEISENBERG-Operator (11.1.1)

$$H = -g\mu_B H_0 \sum_i S_i^z - \frac{1}{2} \sum_{ij} J_{ij} \mathbf{S}_i \mathbf{S}_j \tag{12.1.4}$$

auftretenden Spinoperatoren auf Erzeugungs- und Vernichtungsoperatoren:

$$\begin{aligned} H &= -g\mu_B H_0 NS - \frac{1}{2} JzNS^2 \\ &\quad + \sum_{ij} \left((g\mu_B H_0 + JzS)\,\delta_{ij} - \frac{1}{2} J_{ij} \right) S_i^- S_j^+ - \frac{1}{2} \sum_{ij} J_{ij} S_i^- S_i^+ S_j^- S_j^+ \\ &= E_0 + H_2 + H_4, \end{aligned} \tag{12.1.5}$$

in Übereinstimmung mit (10.4.4) bis (10.4.6). Wenn wir in (12.1.5) die exakte HOLSTEIN-PRIMAKOFF-Transformation einsetzen, dann führen sowohl H_2 als auch H_4 auf beliebig hohe Ordnungen in den BOSE-Operatoren. Die Näherung (12.1.2) bedeutet aber, daß H_2 von nur zweiter Ordnung in diesen Operatoren sein wird. Wir müssen daher H_4 streichen, weil wir sonst mindestens einen Beitrag vierter Ordnung erhielten, den wir aus Konsistenzgründen nicht zulassen dürfen. Physikalisch bedeutet dies, daß die Wechselwirkung zwischen den Anregungen vernachlässigt wird. Der genäherte HAMILTON-Operator lautet somit

$$H = E_0 + \sum_{ij} \left((g\mu_B H_0 + JzS)\,\delta_{ij} - \frac{1}{2} J_{ij} \right) S_i^- S_j^+ . \tag{12.1.6}$$

Mit diesem Operator berechnen wir die GREENsche Funktion

$$G_{ij}^{+-}(\omega) = \langle\langle S_i^+ ; S_j^- \rangle\rangle_\omega \tag{12.1.7}$$

(vgl. 11.2.1). Unter Verwendung von (12.1.3) erhalten wir die Bewegungsgleichung

$$\omega \langle\langle S_i^+ ; S_j^- \rangle\rangle_\omega = \delta_{ij} + (g\mu_B H_0 + JzS) \langle\langle S_i^+ ; S_j^- \rangle\rangle_\omega - \frac{1}{2} \sum_l J_{il} \langle\langle S_l^+ ; S_j^- \rangle\rangle_\omega . \tag{12.1.8}$$

Die Kette der Bewegungsgleichungen bricht also mit dem ersten Schritt ab, weil wir den HAMILTON-Operator bereits durch einen Näherungsausdruck ersetzt haben. Gleichung (12.1.8) läßt sich auflösen, wenn von der Koordinatendarstellung zur Impulsdarstellung übergegangen wird. Wir verwenden dabei die FOURIER-Transformationen (10.4.16) für $G_{ij}^{+-}(\omega)$ und J_{ij}. Das Resultat lautet

$$G_k^{+-}(\omega) = \frac{1}{\omega - g\mu_B H_0 - JzS + SJ(k)} \tag{12.1.9}$$

oder mit $Jz = J(0)$

$$G_k^{+-}(\omega) = \frac{1}{\omega - g\mu_B H_0 - SJ(0)\,(1 - J(k)/J(0))}\,. \tag{12.1.10}$$

Die Nullstellen des Nenners dieser GREENschen Funktion repräsentieren die Anregungsenergien des betrachteten Systems, die wir als Spinwellenenergien oder auch als Spinwellendispersionsrelation bezeichnen:

$$\varepsilon_0(\boldsymbol{k}) = g\mu_B H_0 + SJ(0)\,(1 - J(\boldsymbol{k})/J(0))\,. \tag{12.1.11}$$

Wir machen uns nun klar, weshalb man in diesem Zusammenhang von einer Spinwelle sprechen kann. Dazu betrachten wir nochmals die Transformation (10.4.16). Die hierdurch eingeführte GREENsche Funktion $G_{\boldsymbol{k}}^{+-}(\omega)$ ergibt sich mit dem Ausdruck (12.1.10) auch, wenn wir die Spinoperatoren in $G_{ij}^{+-}(\omega)$ vermöge

$$S_i^{\pm} = \frac{1}{\sqrt{N}} \sum_{\boldsymbol{k}} e^{\pm i\boldsymbol{k}\boldsymbol{R}_i} S_{\boldsymbol{k}}^{\pm} \tag{12.1.12}$$

ersetzen. Diese Transformation diagonalisiert aber den genäherten HAMILTON-Operator (12.1.6):

$$H = E_0 + \sum_{\boldsymbol{k}} \varepsilon_0(\boldsymbol{k})\, n_{\boldsymbol{k}}\,, \tag{12.1.13}$$

wobei

$$n_{\boldsymbol{k}} = S_{\boldsymbol{k}}^- S_{\boldsymbol{k}}^+ \tag{12.1.14}$$

ist. Die Operatoren $S_{\boldsymbol{k}}^{\pm}$ ergeben sich aus der Umkehrtransformation zu (12.1.12); sie stellen Linearkombinationen sämtlicher $S_i^{\pm}$ dar. Damit haben wir zwei Aussagen über das Resultat (12.1.11) gewonnen: Die Pole der GREENschen Funktion (12.1.10) stimmen mit den Eigenwerten des genäherten HAMILTON-Operators in der $\boldsymbol{k}$-Darstellung überein, und diese Eigenwerte entsprechen kollektiven Spinanregungszuständen des gesamten Systems.

Der hier dargelegte Sachverhalt weist weitgehende Analogien zum System der wechselwirkungsfreien Elektronen (Kapitel 4.) auf. Die $S_{\boldsymbol{k}}^-$ und $S_{\boldsymbol{k}}^+$ sind Spinwellenerzeugungs- bzw. Spinwellenvernichtungsoperatoren in BLOCH-Darstellung, entsprechend den Elektronenoperatoren $c_{k\sigma}^+$ und $c_{k\sigma}$. $n_k = S_k^- S_k^+$ ist der Anzahloperator für die Zahl der Spinwellen im Zustand $\boldsymbol{k}$. Die WANNIER-Darstellung des Spinsystems ist durch den HAMILTON-Operator (12.1.6) bzw. durch die Operatoren $S_i^\pm$ gegeben. Da wir außerdem J_{ij} nur für nächste Nachbarn i und j als von Null verschieden voraussetzten, können wir die aus der tight-binding-Näherung bekannten Ausdrücke (4.1.17) und (4.1.18) direkt übernehmen. Aus (4.1.19) erhalten wir die Spinwellendispersionsrelation für kleine $\boldsymbol{k}$ im kubisch-primitiven Gitter:

$$\varepsilon_0(\boldsymbol{k}) \approx g\mu_B H_0 + JSa^2k^2 = g\mu_B H_0 + Dk^2 . \tag{12.1.15}$$

Diese Relation gilt in derselben Form für das kubisch-raumzentrierte und das kubisch-flächenzentrierte Gitter. Die Größe

$$D = JSa^2 \tag{12.1.16}$$

wurde bereits in Kapitel 7. (vgl. (7.2.13)) eingeführt und als Spinwellensteifigkeit oder stiffness bezeichnet. An dieser Stelle ergibt sich somit eine wichtige Verbindung zur Theorie der wechselwirkenden Elektronen. Ein Vergleich der Ausdrücke (12.1.15) und (7.2.13) erlaubt eine Interpretation des Resultats aus Kapitel 7. Die nach Kapitel 7. zu berechnende Größe D ist proportional zum Austauschintegral J des (effektiven!) HEISENBERG-Operators, und wie aus Kapitel 11. bekannt, wird die Größenordnung von J durch die CURIE-Temperatur T_C bestimmt.

Im folgenden zeigen wir, daß man mit den Spinwellen auch anschauliche geometrische Vorstellungen verbinden kann. Zunächst überlegen wir uns, daß alle Spins einer Spinwelle denselben Winkel mit der z-Achse bilden. Hierzu betrachten wir

$$S_i^z = S - S_i^- S_i^+ \tag{12.1.17}$$

oder

$$S_i^z = S - \frac{1}{N} \sum_{kq} e^{i(\boldsymbol{k}-\boldsymbol{q})\boldsymbol{R}_i} S_k^- S_q^+ , \tag{12.1.18}$$

bzw.

$$\langle S_i^z \rangle = S - \frac{1}{N} \sum_{kq} e^{i(\boldsymbol{k}-\boldsymbol{q})\boldsymbol{R}_i} \langle S_k^- S_q^+ \rangle . \tag{12.1.19}$$

Den Mittelwert auf der rechten Seite von (12.1.19) erhalten wir mit Hilfe des Spektraltheorems (3.3.36) aus der oben berechneten GREENschen Funktion $G_k^{+-}(\omega)$. Es ist

$$\langle\langle S_q^+ ; S_k^- \rangle\rangle_\omega = \delta_{q,k} G_k^{+-}(\omega) ; \tag{12.1.20}$$

mit (12.1.10) folgt unter Benutzung von (3.3.36)

$$\langle S_k^- S_q^+ \rangle = \frac{\delta_{k,q}}{e^{\beta \varepsilon_0(k)} - 1} = \delta_{k,q} \langle n_k \rangle . \tag{12.1.21}$$

Die im Spektraltheorem (3.3.36) auftretende Größe C ergibt sich hier zu Null (siehe auch (12.3.6) bis (12.3.8)). Somit wird aus (12.1.19)

$$\langle S_i^z \rangle = S - \frac{1}{N} \sum_k \langle n_k \rangle . \tag{12.1.22}$$

Wie auf Grund der Translationsinvarianz des betrachteten Systems nicht anders zu erwarten war, ist die rechte Seite von (12.1.22) unabhängig vom Gitterplatz i. Demnach sind die z-Komponenten aller Spins von gleicher Größe, was gleichbedeutend damit ist, daß alle Spins denselben Winkel mit der z-Achse bilden. Außerdem liest man noch aus (12.1.22) ab, daß jede Spinwelle den Mittelwert der z-Komponente um den kleinen Betrag $1/N$ vermindert. Man schließt weiterhin aus (12.1.22), daß die Frage nach dem Winkel zwischen zwei benachbarten Spins einer Spinwelle sinnvoll beantwortet ist, wenn der Winkel zwischen den Transversalkomponenten berechnet worden ist. Wir bezeichnen diesen Winkel mit γ. Die Bestimmungsgleichung für γ lautet

$$\cos \gamma = \frac{\langle S_i^T S_j^T \rangle}{\langle S_j^{T2} \rangle} , \tag{12.1.23}$$

wobei

$$S_i^T = S_i^x e_x + S_i^y e_y \tag{12.1.24}$$

ist. Wie immer betrachten wir auch hier den Fall $S = {}^1/_2$. Dann gilt

$$\langle S_j^{T2} \rangle = \langle S_j^{x2} + S_j^{y2} \rangle = S(S+1) - \langle S_j^{z2} \rangle = {}^1/_2 . \tag{12.1.25}$$

Für den Zähler von (12.1.23) schreiben wir

$$\begin{aligned} \langle S_i^T S_j^T \rangle &= \frac{1}{2} \langle S_i^+ S_j^- + S_i^- S_j^+ \rangle \\ &= \frac{1}{2N} \sum_{k,q} \{ e^{ikR_i - iqR_j} \langle S_k^+ S_q^- \rangle + e^{-ikR_i + iqR_j} \langle S_k^- S_q^+ \rangle \} . \end{aligned} \tag{12.1.26}$$

Mit Hilfe von (12.1.21) erhalten wir schließlich

$$\langle S_i^T S_j^T \rangle = \frac{1}{N} \sum_k \langle n_k \rangle \cos \boldsymbol{ka} , \tag{12.1.27}$$

wobei wir die BOSE-Vertauschungsrelationen für die Spinwellenoperatoren ausgenutzt und die Bezeichnung

$$\boldsymbol{a} = \boldsymbol{R}_i - \boldsymbol{R}_j \tag{12.1.28}$$

für den Gittervektor zwischen benachbarten Plätzen benutzt haben. Durch Einsetzen in (12.1.23) ergibt sich der cos des gesuchten Winkels zu

$$\cos\gamma = \frac{2}{N}\sum_{\boldsymbol{k}}\langle n_{\boldsymbol{k}}\rangle \cos \boldsymbol{ka}\,. \tag{12.1.29}$$

Ist nur eine Spinwelle vorhanden, d. h. $\langle n_{\boldsymbol{k}}\rangle = \delta_{\boldsymbol{k},\boldsymbol{k}_0}$, so folgt

$$\cos\gamma = \frac{2}{N}\cos \boldsymbol{k}_0\boldsymbol{a}\,. \tag{12.1.30}$$

Aus dieser Formel lesen wir ab, daß die Transversalkomponenten der Spins senkrecht zur Ausbreitungsrichtung der Spinwelle miteinander in Phase sind, während die größten Winkel zwischen den Transversalkomponenten in Ausbreitungsrichtung auftreten.

12.2. Verhalten der Meßgrößen nahe $T = 0$

Wir betrachten zunächst die Magnetisierung. Es ist

$$M^z = g\mu_B \sum_l \langle S_l^z\rangle \tag{12.2.1}$$

oder

$$M^z = g\mu_B NS - g\mu_B \sum_l \langle S_l^- S_l^+\rangle\,. \tag{12.2.2}$$

Mit Hilfe von (12.1.22) können wir M^z auch durch

$$M^z = g\mu_B NS - g\mu_B \sum_{\boldsymbol{k}} \langle n_{\boldsymbol{k}}\rangle \tag{12.2.3}$$

ausdrücken, wobei

$$\langle n_{\boldsymbol{k}}\rangle = \frac{1}{e^{\beta(g\mu_B H_0 + SJ(0)(1 - J(\boldsymbol{k})/J(0)))} - 1} \tag{12.2.4}$$

ist. In Worten besagt die Relation (12.2.3), daß die Magnetisierung bei der Temperatur T von ihrem Sättigungswert durch die Zahl der angeregten Spinwellen abweicht. — An dieser Stelle wird aber auch die begrenzte Anwendbarkeit unserer Näherungen offensichtlich: Die Zahl der Magnonen wird in (12.2.4) durch eine für freie Bosonen zutreffende Verteilungsfunktion (Bose-Einstein-Verteilungsfunktion) angegeben. Bei höheren Temperaturen ist aber eine Vielzahl von Spinwellen angeregt, so daß die Wechselwirkungseffekte eine dominierende Rolle spielen werden. Es ist daher nicht zu erwarten, daß die Auswertung von (12.2.3) eine im gesamten Temperaturbereich befriedigende Beschreibung der Magnetisierung ergibt. Tatsächlich ist ja auch unsere Ausgangsnäherung nur in der Nähe von $T = 0$ gut. Aus diesem Grunde diskutieren wir im folgenden die Formel (12.2.3) in der Grenze $T \to 0$.

Wenn wir in (12.2.3) von der $\boldsymbol{k}$-Summation zum Integral übergehen, so folgt

$$M^z(T) - M^z(0) = -g\mu_B \frac{\mathscr{V}}{(2\pi)^3} \int \mathrm{d}\boldsymbol{k} \frac{1}{\mathrm{e}^{\varepsilon_0(\boldsymbol{k})/k_BT} - 1}, \tag{12.2.5}$$

wobei $\mathscr{V}$ das Volumen der Probe ist. Für $T \to 0$ können wir den Integranden nach einer Umformung in eine geometrische Reihe entwickeln:

$$M^z(T) - M^z(0) = -g\mu_B \frac{\mathscr{V}}{(2\pi)^3} \int \mathrm{d}\boldsymbol{k} \sum_{n=0}^{\infty} \mathrm{e}^{-\varepsilon_0(\boldsymbol{k})(n+1)/k_BT}. \tag{12.2.6}$$

Nun vernachlässigen wir das äußere Feld und berücksichtigen, daß bei $T \to 0$ der Hauptbeitrag zum Integral von den verschwindenden $\varepsilon_0(\boldsymbol{k})$-Werten geliefert wird. Wir können deshalb $\varepsilon_0(\boldsymbol{k})$ durch die genäherte Dispersionsrelation

$$\varepsilon_0(\boldsymbol{k}) \approx Dk^2 \tag{12.2.7}$$

(vgl. (12.1.15)) ersetzen. Außerdem nehmen wir aus der n-Summation nur den ersten Term mit, da alle höheren Summanden nur Beiträge niedrigerer Ordnung ergeben würden. Mithin gilt

$$M^z(T) - M^z(0) \approx -g\mu_B \frac{\mathscr{V}}{(2\pi)^3} 4\pi \int_0^{\infty} k^2 \,\mathrm{e}^{-Dk^2/k_BT} \,\mathrm{d}k. \tag{12.2.8}$$

Im Integral auf der rechten Seite substituieren wir

$$Dk^2/k_BT = x \tag{12.2.9}$$

und erhalten

$$M^z(T) - M^z(0) \approx -g\mu_B \frac{\mathscr{V}}{(2\pi)^2} \left[\frac{k_BT}{D}\right]^{3/2} \int_0^{\infty} x^{1/2} \,\mathrm{e}^{-x} \,\mathrm{d}x. \tag{12.2.10}$$

Das Integral in der letzten Formel ist eine dimensionslose Zahl, so daß wir das Resultat (12.2.10) auch pauschal in der Form

$$M^z(T) - M^z(0) \approx AT^{3/2} \tag{12.2.11}$$

schreiben können, wobei A eine Konstante ist. Die Beziehung (12.2.11) ist unter der Bezeichnung BLOCHsches $T^{3/2}$-Gesetz bekannt. Wie bereits in Kapitel 11. dargelegt wurde, gibt dieses Gesetz das Verhalten der Magnetisierung in der Grenze $T \to 0$ in Übereinstimmung mit dem Experiment wieder. Es sei hier nochmals auf die Wichtigkeit der kollektiven Spinanregungen — der Spinwellen — hingewiesen. Spinwellen können mit verschwindendem Energieaufwand angeregt werden und ergeben daher schon bei sehr tiefen Temperaturen beträchtliche Abweichungen von der Sättigungsmagnetisierung. Die nichtkollektiven Anregungen entsprechen dem „Umklappen“ eines einzelnen Spins gegen das innere Feld und erfordern entsprechend mehr Energie, so daß die „nichtkollektive“ WEISSsche Theorie erst bei viel höheren Temperaturen merkliche Abweichungen von der Sättigungsmagnetisierung ergibt.

Abschließend betrachten wir die spezifische Wärme bei verschwindendem äußeren Feld:

$$c_{H_0} = \left(\frac{\partial E}{\partial T}\right)_{H_0=0}. \tag{12.2.12}$$

Die Ableitung der inneren Energie E berechnen wir mit Hilfe der Formel (12.1.13):

$$\left(\frac{\partial E}{\partial T}\right)_{H_0=0} = \frac{\partial}{\partial T} \sum_{\boldsymbol{k}} \varepsilon_0(\boldsymbol{k}) \langle n_{\boldsymbol{k}} \rangle . \tag{12.2.13}$$

Hier haben wir noch das Resultat (12.2.4) für die Verteilungsfunktion einzusetzen. Diese Formel kann auch durch Berechnung des Energiemittelwerts in der großkanonischen Gesamtheit unmittelbar gewonnen werden. — Die Auswertung von (12.2.13) geschieht auf dieselbe Weise wie die von (12.2.5). Das Resultat lautet

$$c_{H_0=0} = BT^{3/2} , \tag{12.2.14}$$

wobei B eine Konstante ist. Auch (12.2.14) wird vom Experiment in guter Näherung bestätigt.

Die abgeleiteten Formeln für die Magnetisierung und die spezifische Wärme lassen sich noch etwas verbessern, wenn man höhere Ordnungen von $\boldsymbol{k}$ in der Dispersionsrelation $\varepsilon_0(\boldsymbol{k})$ berücksichtigt. Es ergibt sich dann beispielsweise für die Magnetisierung eine Reihenentwicklung der Gestalt

$$M^z(T) - M^z(0) \approx A_1 T^{3/2} + A_2 T^{5/2} + A_3 T^{7/2} + \dots \tag{12.2.15}$$

mit konstanten Größen A_i. Die Übereinstimmung mit dem Experiment ist aber auch dann nur bis zu Temperaturen $T \lessapprox T_C/3$ vorhanden. Die Ursache für die bei noch höheren Temperaturen auftretenden großen Abweichungen besteht in den einschränkenden Näherungen (12.1.2) und (12.1.3), die u. a. den Ersatz der Spinoperatoren durch BOSE-Operatoren beinhalten. Im nächsten Abschnitt stellen wir eine Methode dar, die es gestattet, unter Berücksichtigung der Spinoperatoren-Vertauschungsrelationen das Verhalten eines Ferromagneten im gesamten Temperaturbereich qualitativ zutreffend zu beschreiben.

12.3. Tjablikow-Entkopplung

In diesem Abschnitt verwenden wir nicht die HOLSTEIN-PRIMAKOFF-Transformation, sondern nutzen die kinematischen Eigenschaften der Spinoperatoren voll aus. Die Näherungen, die bei der Berechnung der GREENschen Funktionen unumgänglich sind, nehmen wir ähnlich wie in den Kapiteln 7. und 8. in den Bewegungsgleichungen vor. Es wird der Fall $S = {}^1/_2$ betrachtet.

Die Bewegungsgleichung für die GREENsche Funktion können wir mit einer Indexänderung aus Abschnitt 10.4. übernehmen:

$$(\omega - g\mu_B H_0 - JzS)\langle\langle S_i^+ ; S_j^- \rangle\rangle_\omega = 2\delta_{ij}\langle S_i^z\rangle$$
$$- \frac{1}{2}\sum_m J_{im}\langle\langle S_m^+ ; S_j^- \rangle\rangle_\omega + \sum_m J_{im}\langle\langle S_i^- S_i^+ S_m^+ ; S_j^- \rangle\rangle_\omega - \sum_m J_{im}\langle\langle S_m^- S_m^+ S_i^+ ; S_j^- \rangle\rangle_\omega . \tag{12.3.1}$$

Die beiden letzten Terme auf der rechten Seite von (12.3.1) enthalten GREENsche Funktionen höherer Ordnung. Für diese GREENschen Funktionen müßten wir wieder Bewegungsgleichungen aufschreiben, in denen erneut unbekannte Funktionen auftreten usf. Wir brechen die Gleichungskette aber mit dem ersten Schritt ab, indem wir folgende Näherung, die sogenannte TJABLIKOW-Entkopplung, durchführen:

$$\langle\langle S_f^- S_f^+ S_g^+ ; S_j^- \rangle\rangle_\omega \approx \langle S_f^- S_f^+ \rangle \langle\langle S_g^+ ; S_j^- \rangle\rangle_\omega . \tag{12.3.2}$$

Diese Entkopplung entspricht dem in Kapitel 7. eingeführten RPA-Verfahren. Der Mittelwert $\langle S_j^- S_j^+ \rangle$ hängt auf Grund der Translationsvarianz nicht vom Gitterplatz ab. Mittels (12.3.2) erhalten wir aus der Bewegungsgleichung (12.3.1)

$$(\omega - g\mu_B H_0 - JzS + Jz\langle S_m^- S_m^+ \rangle)\langle\langle S_i^+ ; S_j^- \rangle\rangle_\omega$$
$$= 2\delta_{ij}\langle S_i^z\rangle - \frac{1}{2}(1 - 2\langle S_i^- S_i^+ \rangle)\sum_m J_{im}\langle\langle S_m^+ ; S_j^- \rangle\rangle_\omega . \tag{12.3.3}$$

Unter Benutzung von (10.4.7) kann diese Gleichung auch in der Gestalt

$$(\omega - g\mu_B H_0 - Jz\langle S^z\rangle)\langle\langle S_i^+ ; S_j^- \rangle\rangle_\omega = 2\delta_{ij}\langle S^z\rangle$$
$$- \langle S^z\rangle \sum_m J_{im}\langle\langle S_m^+ ; S_j^- \rangle\rangle_\omega \tag{12.3.4}$$

geschrieben werden. Die Auflösung ergibt sich mit Hilfe der FOURIER-Transformationen (10.4.16):

$$G_k^{+-}(\omega) = \frac{2\langle S^z\rangle}{\omega - g\mu_B H_0 - J(0)\langle S^z\rangle(1 - J(\boldsymbol{k})/J(0))} . \tag{12.3.5}$$

In diesem Ergebnis tritt die zunächst noch unbekannte Korrelationsfunktion $\langle S^z\rangle$ auf. Im Prinzip können wir das Problem aber als gelöst betrachten, weil

$\langle S^z \rangle$ wegen (10.4.7) aus (12.3.5) mit Hilfe des Spektraltheorems (3.3.36) berechnet werden kann.

Die im Spektraltheorem (3.3.36) auftretende Größe C ist Null, da die entsprechende GREENsche Antikommutatorfunktion die Lösung

$$G_{\boldsymbol{k}}^{+-}(\omega)^{\eta=-1} = \frac{2\langle S^z \rangle + 2\Phi(\boldsymbol{k})}{\omega - g\mu_B H_0 - J(0)\langle S^z \rangle (1 - J(\boldsymbol{k})/J(0))} \tag{12.3.6}$$

besitzt, wobei

$$\Phi(\boldsymbol{k}) = \frac{1}{N} \sum_{ij} e^{i\boldsymbol{k}(\boldsymbol{R}_j - \boldsymbol{R}_i)} \langle S_j^- S_i^+ \rangle \tag{12.3.7}$$

ist. Es ergibt sich

$$C = \pi \lim_{\omega \to 0} \omega G_{\boldsymbol{k}}^{+-}(\omega)^{\eta=-1} = 0\,. \tag{12.3.8}$$

Wir vergleichen den Ausdruck (12.3.5) mit dem Resultat der BOSE-Operatoren-Näherung für die Spinoperatoren (12.1.10). Nach (12.3.5) ist die Dispersionsrelation für die Spinwellen nunmehr durch

$$\varepsilon(\boldsymbol{k}) = g\mu_B H_0 + J(0) \langle S^z \rangle (1 - J(\boldsymbol{k})/J(0)) \tag{12.3.9}$$

gegeben. Diese geht in $\varepsilon_0(\boldsymbol{k})$ über, wenn wir $\langle S^z \rangle$ durch S ersetzen. Mit anderen Worten, das Spektrum der kollektiven Anregungen ist in dieser Näherung temperaturabhängig. Bei Annäherung an die CURIE-Temperatur, d. h. $T \to T_C$, und $H_0 = 0$ „weicht" die Spinwellenmode auf: Es wird $\varepsilon(\boldsymbol{k}) \approx 0$ für alle $\boldsymbol{k}$.

12.4. Schlußfolgerungen für Meßgrößen

Zunächst leiten wir eine Gleichung für die Magnetisierung her. Gemäß (12.2.2) benötigen wir den Korrelator $\langle S_l^- S_l^+ \rangle$, den wir über das Spektraltheorem (3.3.36) aus der GREENschen Funktion

$$\langle\langle S_l^+ ; S_l^- \rangle\rangle_\omega = \frac{1}{N} \sum_{\boldsymbol{k}} G_{\boldsymbol{k}}^{+-}(\omega) \tag{12.4.1}$$

erhalten. Somit ist

$$\begin{aligned} \langle S_l^- S_l^+ \rangle &= \frac{i}{2\pi} \frac{1}{N} \sum_{\boldsymbol{k}} \int \frac{d\omega}{e^{\beta\omega} - 1}\, 2\langle S^z \rangle (-2\pi i)\, \delta(\omega - \varepsilon(\boldsymbol{k})) \\ &= \frac{1}{N} \sum_{\boldsymbol{k}} \frac{2\langle S^z \rangle}{e^{\beta\varepsilon(\boldsymbol{k})} - 1}\,. \end{aligned} \tag{12.4.2}$$

Aus $\langle S_i^z \rangle = S - \langle S_i^- S_i^+ \rangle$ (vgl. (10.4.7)) folgt weiterhin

$$\langle S^z \rangle = \frac{1/2}{1 + \frac{2}{N} \sum_{\boldsymbol{k}} \langle n_{\boldsymbol{k}} \rangle} \tag{12.4.3}$$

mit

$$\langle n_{\boldsymbol{k}} \rangle = \frac{1}{e^{\beta \varepsilon(\boldsymbol{k})} - 1}. \tag{12.4.4}$$

Mit (12.4.3) haben wir eine transzendente Gleichung zur Bestimmung der Magnetisierung erhalten. Auf die Einzelheiten der Auswertung dieser Relation soll hier nicht eingegangen werden, sondern wir beschränken uns darauf, nur die Resultate in den wichtigsten Grenzfällen anzugeben.

Für niedrige Temperaturen ergibt sich folgende Entwicklung für $M^z(T)$:

$$M^z(T) - M^z(0) \approx A_1 T^{3/2} + A_2 T^{5/2} + A_3 T^{6/2} + A_4 T^{7/2} + \dots, \tag{12.4.5}$$

wobei die A_i konstante Größen sind. Zunächst finden wir das Blochsche $T^{3/2}$-Gesetz auch hier bestätigt. Der Korrekturterm $A_2 T^{5/2}$ stimmt mit den Resultaten genauerer Theorien — wie z. B. der Dyson-Theorie[12.1] — überein. Die höheren Terme weichen jedoch von den Ergebnissen dieser Theorien ab, so daß die Anwendbarkeit der Entwicklung (12.4.5) auf die ersten beiden Terme beschränkt ist.

Im Temperaturbereich $T \lessapprox T_C$ ergibt sich das aus der Molekularfeldtheorie bekannte Resultat

$$M(T) \propto \sqrt{T_C - T}, \tag{12.4.6}$$

mit $T_C = J(0)/4k_B C$. Die Konstante C stellt eine Korrektur des früheren Resultats (11.3.4) dar und hängt von der Geometrie des betrachteten Gitters ab. Für das einfach-kubische Gitter z. B. ist $C = 1{,}5164$.

Für Temperaturen $T \gg T_C$ stimmt die Auswertung von (12.4.2) mit den in diesem Buch nicht dargestellten Ergebnissen der Hochtemperaturentwicklung der Zustandssumme überein.

Zusammenfassend können wir feststellen: Die Berücksichtigung der richtigen Vertauschungsrelationen für die Spinoperatoren ergibt wesentliche Verbesserungen der in Abschnitt 12.1. dargelegten Spinwellentheorie. Im Gegensatz zur

[12.1] Eine Darstellung der Dyson-Theorie findet man bei А. И. Ахиезер, В. Г. Барьяхтар, С. В. Пелетминский (A. I. Achijeser, W. G. Barjachtar, S. W. Peletminski), „Спиновые волны", Наука, Moskau 1967.

BOSE-Näherung der Spinwellen, die nur bis etwa $T_C/3$ anwendbar ist, liefert die TJABLIKOW-Entkopplung eine qualitativ richtige Beschreibung des Verhaltens eines Ferromagneten im gesamten Temperaturbereich.

Zum Abschluß sei noch die Formel für die innere Energie angegeben. Setzen wir das Resultat für die GREENsche Funktion $G_{\boldsymbol{k}}^{+-}(\omega)$ aus der TJABLIKOW-Entkopplung (12.3.5) in die allgemeine Beziehung (10.4.19) ein, so ergibt sich

$$E = E_0 + \langle S^z \rangle \sum_{\boldsymbol{k}} \frac{\varepsilon(\boldsymbol{k}) + \varepsilon_0(\boldsymbol{k})}{e^{\beta\varepsilon(\boldsymbol{k})} - 1}. \qquad (12.4.7)$$

Dieses Ergebnis geht in das unter Verwendung der BOSE-Operatoren-Näherung erhaltene über (vgl. (12.1.13)), wenn $\langle S^z \rangle$ durch S und $\varepsilon(\boldsymbol{k})$ durch $\varepsilon_0(\boldsymbol{k})$ ersetzt werden.

12.5. Spinwellen in Antiferromagneten

Unter Antiferromagnetismus versteht man einen magnetisch ferngeordneten Zustand eines Festkörpers, der dadurch charakterisiert ist, daß unterhalb einer kritischen Temperatur, der NÉEL-Temperatur T_N, benachbarte Spins antiparallel zueinander orientiert sind. Es wird sich jedoch in den weiteren Ausführungen zeigen, daß die anschauliche geometrische Vorstellung einer antiparallelen Ordnung benachbarter Spins nur näherungsweise gültig ist und einer Verfeinerung bedarf. Die Erscheinung des Antiferromagnetismus wird bei vielen Stoffen beobachtet; Beispiele sind u. a. die $3d$-Metall-Oxide MnO ($T_N = 116$ K), FeO ($T_N = 198$ K), NiO ($T_N = 525$ K), CoO ($T_N = 291$ K) und CrO ($T_N = 308$ K).

Im Interesse einer möglichst einfachen Darstellung betrachten wir im folgenden ein einfaches Modell eines Antiferromagneten, den wir uns aus zwei magnetischen Untergittern a und b so aufgebaut denken, daß die Spins des Untergitters a immer von Spins des Untergitters b umgeben sind und umgekehrt. Außerdem nehmen wir an, daß die Austauschwechselwirkung nur zwischen nächsten Nachbarn von Null verschieden ist, so daß zwischen den Spins eines Untergitters keine Kopplung durch direkte Austauschkräfte besteht. Mit diesem Modell läßt sich selbstverständlich nur ein geringer Teil der in der Natur auftretenden antiferromagnetischen Strukturen beschreiben.

Der HAMILTON-Operator des betrachteten Modells lautet

$$\mathscr{H} = -g\mu_B(H_0 + H_A) \sum_l S_l^{az} - g\mu_B(H_0 - H_A) \sum_m S_m^{bz} + \frac{1}{2} \sum_{\langle l,m \rangle} J_{lm} \boldsymbol{S}_l^a \boldsymbol{S}_m^b, \quad J_{lm} > 0. \qquad (12.5.1)$$

Die Summationsindizes l und m laufen jeweils von 1 bis N, wobei die Summationen über l immer auf das Untergitter a und die Summationen über m immer auf das Untergitter b bezogen sind. J_{lm} ist das Austauschintegral und H_0 ein äußeres Magnetfeld. Mit H_A (man beachte die Vorzeichen in (12.5.1)) bezeichnen wir ein hier phänomenologisch eingeführtes effektives Anisotropiefeld. Dieses Feld zeichnet zunächst nur in den beiden Untergittern die positive bzw. negative Richtung der z-Achse aus. Es wird sich jedoch im Ergebnis der Berechnung des Anregungsspektrums zeigen, daß die Bedeutung des Anisotropiefeldes weitaus größer ist: Ohne dieses Anisotropiefeld ist der angenommene antiferromagnetische Zustand instabil und geht unter dem Einfluß eines beliebig kleinen äußeren Magnetfeldes in einen anderen Zustand über, dessen Achse senkrecht zu H_0 orientiert ist.

Für die weitere Rechnung ist es günstig, im Untergitter b eine Drehung des Koordinatensystems um die x-Achse um 180° vorzunehmen. Dieser Drehung entsprechen folgende Transformationen für die Spinoperatoren:

$$\begin{aligned} &S_m^{bz} \to -S_m^{bz}, \quad S_m^{bx} \to S_m^{bx}, \quad S_m^{by} \to -S_m^{by}, \\ &S_m^{b+} \to S_m^{b-}, \qquad S_m^{b-} \to S_m^{b+}. \end{aligned} \tag{12.5.2}$$

Weiterhin betrachten wir den Fall $S = {}^1/_2$, so daß die Relation (10.4.7) gültig ist. Die Transformation (12.5.2) führt (10.4.7) in sich über:

$$S_m^{bz} = S - S_m^{b-}S_m^{b+} \to S_m^{bz} = -S + S_m^{b+}S_m^{b-} = S - S_m^{b-}S_m^{b+}. \tag{12.5.3}$$

Wenden wir die Transformationsformeln (12.5.2) und (12.5.3) auf den HAMILTON-Operator (12.5.1) an, so ergibt sich

$$\begin{aligned} \mathscr{H} = {} & E_0 + (g\mu_B(H_0 + H_A) + JzS^2) \sum_l S_l^{a-}S_l^{a+} \\ & + (g\mu_B(H_A - H_0) + JzS^2) \sum_m S_m^{b-}S_m^{b+} \\ & + \frac{1}{4} \sum_{\langle l,m \rangle} J_{lm}(S_l^{a+}S_m^{b+} + S_l^{a-}S_m^{b-}) - \frac{1}{2} \sum_{\langle l,m \rangle} J_{lm}S_l^{a-}S_l^{a+}S_m^{b-}S_m^{b+}, \end{aligned} \tag{12.5.4}$$

wobei

$$E_0 = -2g\mu_B H_A NS - NJzS^2/2 \tag{12.5.5}$$

ist. E_0 ist die Energie vollständig antiparalleler Spins.

Ausgehend vom HAMILTON-Operator in der Form (12.5.4) führen wir nun die Berechnung des antiferromagnetischen Spinwellenspektrums durch. Dazu benötigen wir in Analogie zu Abschnitt 12.1. die GREENschen Funktionen

$$G_{ij}^{a+-}(\omega) = \langle\langle S_i^{a+}; S_j^{a-} \rangle\rangle_\omega \tag{12.5.6}$$

und

$$G_{ij}^{b+-}(\omega) = \langle\langle S_i^{b+}; S_j^{b-} \rangle\rangle_\omega, \tag{12.5.7}$$

wobei zweckmäßigerweise $\eta = +1$ gewählt wird. Selbstverständlich können auch diese GREENschen Funktionen nur approximativ berechnet werden. Wir verwenden hier sinngemäß dieselben Näherungen wie in Abschnitt 12.1., die der nullten Ordnung der HOLSTEIN-PRIMAKOFF-Transformation (10.2.11) entsprechen. Mit anderen Worten, die Vertauschungsrelationen (10.2.2) bzw. (10.2.10) für die Spinoperatoren werden durch BOSE-Vertauschungsrelationen ersetzt, und im HAMILTON-Operator (12.5.4) werden die Terme, die Produkte vierter Ordnung in den Operatoren S^+ und S^- enthalten, vernachlässigt. Mit Hilfe dieser Näherungen erhalten wir für die GREENschen Funktionen (12.5.6) und (12.5.7)

$$(\omega - (g\mu_B(H_A + H_0) + JzS^2))\, G_{ij}^{a+-}(\omega) = \delta_{ij} + \frac{1}{4} \sum_m J_{im} \langle\langle S_m^{b-}; S_j^{a-} \rangle\rangle_\omega \tag{12.5.8}$$

sowie

$$(\omega - (g\mu_B(H_A - H_0) + JzS^2))\, G_{ij}^{b+-}(\omega) = \delta_{ij} + \frac{1}{4} \sum_l J_{il} \langle\langle S_l^{a-}; S_j^{b-} \rangle\rangle_\omega . \tag{12.5.9}$$

Die rechten Seiten der Bewegungsgleichungen (12.5.8) und (12.5.9) enthalten neue Typen GREENscher Funktionen, die wir mit denselben Näherungen, die zu (12.5.8) und (12.5.9) führten, berechnen können:

$$(\omega + (g\mu_B(H_A - H_0) + JzS^2))\, \langle\langle S_m^{b-}; S_j^{a-} \rangle\rangle_\omega$$
$$= -\frac{1}{4} \sum_k J_{mk} \langle\langle S_k^{a+}; S_j^{a-} \rangle\rangle_\omega . \tag{12.5.10}$$

Analog gilt

$$(\omega + (g\mu_B(H_A + H_0) + JzS^2))\, \langle\langle S_l^{a-}; S_j^{b-} \rangle\rangle_\omega = -\frac{1}{4} \sum_k J_{lk} \langle\langle S_k^{b+}; S_j^{b-} \rangle\rangle_\omega . \tag{12.5.11}$$

In diesen Gleichungen treten auf den rechten Seiten wieder die gesuchten GREENschen Funktionen $G_{kj}^{a+-}(\omega)$ und $G_{kj}^{b+-}(\omega)$ auf, so daß sich durch Einsetzen von (12.5.10) und (12.5.11) in (12.5.8) und (12.5.9) Gleichungen ergeben, die nur noch diese Funktionen enthalten:

$$(\omega - (g\mu_B(H_A + H_0) + JzS^2))\, G_{ij}^{a+-}(\omega)$$
$$= \delta_{ij} - \frac{1}{16} \sum_{\langle m,k \rangle} J_{im} J_{mk} (\omega + g\mu_B(H_A - H_0) + JzS^2)^{-1}\, G_{kj}^{a+-}(\omega) \tag{12.5.12}$$

und

$$(\omega - (g\mu_B(H_A - H_0) + JzS^2))\, G_{ij}^{b+-}(\omega)$$
$$= \delta_{ij} - \frac{1}{16} \sum_{\langle l,k \rangle} J_{il} J_{lk} (\omega + g\mu_B(H_A + H_0) + JzS^2)^{-1}\, G_{kj}^{b+-}(\omega) . \tag{12.5.13}$$

Diese Gleichungssysteme lassen sich mit Hilfe von FOURIER-Transformationen einfach lösen. Mit

$$G_{ij}^{a,b+-}(\omega) = \frac{1}{N} \sum_{k} e^{ik(R_i - R_j)} G_k^{a,b+-}(\omega) \tag{12.5.14}$$

und

$$J_{ij} = \frac{1}{N} \sum_{k} e^{ik(R_i - R_j)} J(k) \tag{12.5.15}$$

ergibt sich

$$G_k^{a+-}(\omega) = \frac{\omega + g\mu_B(H_A - H_0) + JzS^2}{(\omega - g\mu_B H_0)^2 - (g\mu_B H_A + JzS^2)^2 + \frac{1}{16} J(k)^2} \tag{12.5.16}$$

sowie

$$G_k^{b+-}(\omega) = \frac{\omega + g\mu_B(H_A + H_0) + JzS^2}{(\omega + g\mu_B H_0)^2 - (g\mu_B H_A + JzS^2)^2 + \frac{1}{16} J(k)^2}. \tag{12.5.17}$$

Die antiferromagnetischen Spinwellenspektren werden durch die Nullstellen der Nenner der GREENschen Funktionen (12.5.16) und (12.5.17) bestimmt. Sie lauten

$$\varepsilon^{(1,2)}(k) = \pm g\mu_B H_0 + \left((g\mu_B H_A + JzS^2)^2 - \frac{1}{16} J(k)^2\right)^{1/2} \tag{12.5.18}$$

Das Spektrum besteht demnach aus zwei Zweigen, die durch eine Lücke der Größe $2g\mu_B H_0$ voneinander getrennt sind. Bei verschwindendem äußeren Magnetfeld ($H_0 \to 0$) verschmelzen diese beiden Zweige zu einem einzigen Zweig mit doppelter Entartung.

Aus (12.5.18) wird auch die zu Beginn dieses Abschnitts behauptete Bedeutung des Anisotropiefeldes H_A ersichtlich. Es ist nämlich für $k = 0$

$$\varepsilon^{(2)}(0) = -g\mu_B H_0 + (g\mu_B H_A(g\mu_B H_A + 2JzS^2))^{1/2} \tag{12.5.19}$$

(hier wurden die Beziehungen $J(0) = Jz$ und $S^2 = {}^1/_4$ verwendet), so daß die Spinwellenenergie beim Überschreiten eines kritischen Magnetfeldes

$$H_{0\,\mathrm{krit}} = (H_A(H_A + 2JzS^2/g\mu_B))^{1/2} \tag{12.5.20}$$

negativ wird. Bei verschwindendem Anisotropiefeld H_A geht die kritische Feldstärke $H_{0\,\mathrm{krit}}$ ebenfalls gegen Null. Negative „Anregungsenergien" bedeuten aber, daß das betrachtete System instabil ist bzw. daß der gewählte Ausgangszustand nicht der Grundzustand sein kann. Andererseits wird durch (12.5.20) zu jedem vorgegebenen Anisotropiefeld H_A eine kritische Feldstärke $H_{0\,\mathrm{krit}}$ definiert, so daß beim Überschreiten von $H_{0\,\mathrm{krit}}$ immer ein Übergang zu einem anderen Zustand auftreten muß. Ein solcher Übergang wird als Spin-flop-Übergang bezeichnet.

Charakteristisch ist das Verhalten der Spinwellenenergien für große Wellenlängen ($k \to 0$). Für $H_A = 0$ und $H_0 = 0$ erhalten wir für kubisch-primitive Untergitter

$$\varepsilon^{(1,2)}(\boldsymbol{k}) = JzS^2(1 - (J(\boldsymbol{k})/J(0))^2)^{1/2} \approx JzS^2ka\,. \tag{12.5.21}$$

Im Gegensatz zur Spinwellenenergie der Ferromagnetika (vgl. Formel (12.1.16)) hängt die antiferromagnetische Spinwellenenergie im Bereich großer Wellenlängen linear von k ab. Es sei aber bemerkt, daß dem Resultat (12.5.21) keine allzugroße Bedeutung beigemessen werden darf, weil im Sinne des oben Gesagten das Anisotropiefeld nicht vernachlässigt werden kann.

Wir wenden uns nun der bereits zu Beginn dieses Abschnitts erwähnten Problematik des Grundzustandes des Antiferromagneten zu. Wie schon gesagt, ist die einfache geometrische Vorstellung antiparallel orientierter Spins nicht zutreffend. Durch die Berechnung der Grundzustandsenergie werden wir im folgenden beweisen, daß der Zustand antiparallel angeordneter Spins nicht der Zustand mit der niedrigsten Energie ist und daher nicht der Grundzustand sein kann. Da wir bei der Berechnung der GREENschen Funktionen in den Untergittern a und b verschiedene Koordinatensysteme verwendeten, ist es ungünstig, von der allgemeinen Formel (10.4.19) auszugehen. Wir berechnen daher auf direktem Wege den Mittelwert des HAMILTON-Operators (12.5.4), wobei wir in Übereinstimmung mit den obigen Näherungen den letzten Term in (12.5.4) vernachlässigen werden.

Die innere Energie E des Antiferromagneten ergibt sich bei verschwindendem äußeren Magnetfeld H_0 aus (12.5.4) als der Mittelwert

$$E = E_0 + (g\mu_B H_A + JzS^2) \sum_l \langle S_l^{a-} S_l^{a+} \rangle + (g\mu_B H_A + JzS^2) \sum_m \langle S_m^{b-} S_m^{b+} \rangle + \frac{1}{4} \sum_{\langle l,m \rangle} J_{lm}(\langle S_l^{a+} S_m^{b+} \rangle + \langle S_l^{a-} S_m^{b-} \rangle)\,. \tag{12.5.22}$$

Die in dieser Formel auftretenden Korrelationsfunktionen berechnen wir auf dem üblichen Wege mit Hilfe des Spektraltheorems (3.3.36) (für $H_A \neq 0$ verschwindet der Zusatzterm C):

$$\begin{aligned} E = E_0 + \lim_{\delta \to 0+} \frac{i}{2\pi} \int d\omega \frac{1}{e^{\beta\omega} - 1} \Big\{ &(g\mu_B H_A + JzS^2) \sum_l (\langle\!\langle S_l^{a+}; S_l^{a-} \rangle\!\rangle_{\omega+i\delta} \\ &- \langle\!\langle S_l^{a+}; S_l^{a-} \rangle\!\rangle_{\omega-i\delta}) + (g\mu_B H_A + JzS^2) \sum_m (\langle\!\langle S_m^{b+}; S_m^{b-} \rangle\!\rangle_{\omega+i\delta} \\ &- \langle\!\langle S_m^{b+}; S_m^{b-} \rangle\!\rangle_{\omega-i\delta}) + \frac{1}{4} \sum_{\langle l,m \rangle} J_{lm}(\langle\!\langle S_m^{b+}; S_l^{a+} \rangle\!\rangle_{\omega+i\delta} \\ &- \langle\!\langle S_m^{b+}; S_l^{a+} \rangle\!\rangle_{\omega-i\delta} + \langle\!\langle S_m^{b-}; S_l^{a-} \rangle\!\rangle_{\omega+i\delta} - \langle\!\langle S_m^{b-}; S_l^{a-} \rangle\!\rangle_{\omega-i\delta}) \Big\}\,. \end{aligned} \tag{12.5.23}$$

Unter Verwendung von (12.5.14), (12.5.15) und der Beziehungen

$$\langle\langle S_i^{b+}; S_j^{a+} \rangle\rangle_\omega = \frac{1}{N} \sum_{\boldsymbol{k}} e^{i\boldsymbol{k}(\boldsymbol{R}_i - \boldsymbol{R}_j)} G_{\boldsymbol{k}}^{ba++}(\omega) \tag{12.5.24}$$

sowie

$$\langle\langle S_i^{b-}; S_j^{a-} \rangle\rangle_\omega = \frac{1}{N} \sum_{\boldsymbol{k}} e^{i\boldsymbol{k}(\boldsymbol{R}_i - \boldsymbol{R}_j)} G_{\boldsymbol{k}}^{ba--}(\omega) \tag{12.5.25}$$

können wir (12.5.23) auch in folgender Form schreiben:

$$\begin{aligned} E = E_0 + \lim_{\delta \to 0+} \frac{i}{2\pi} \int d\omega \frac{1}{e^{\beta\omega} - 1} \sum_{\boldsymbol{k}} \Big\{ & (g\mu_B H_A + JzS^2)(G_{\boldsymbol{k}}^{a+-}(\omega + i\delta) \\ & - G_{\boldsymbol{k}}^{a+-}(\omega - i\delta) + G_{\boldsymbol{k}}^{b+-}(\omega + i\delta) - G_{\boldsymbol{k}}^{b+-}(\omega - i\delta)) \\ & + \frac{1}{4} J(\boldsymbol{k}) (G_{\boldsymbol{k}}^{ba++}(\omega + i\delta) - G_{\boldsymbol{k}}^{ba++}(\omega - i\delta) + G_{\boldsymbol{k}}^{ba--}(\omega + i\delta) \\ & - G_{\boldsymbol{k}}^{ba--}(\omega - i\delta)) \Big\} . \end{aligned} \tag{12.5.26}$$

Die GREENschen Funktionen $G_{\boldsymbol{k}}^{a+-}(\omega)$ und $G_{\boldsymbol{k}}^{b+-}(\omega)$ sind bereits oben berechnet worden (s. Formeln (12.5.16) und (12.5.17)). Die neu auftretenden GREENschen Funktionen $G_{\boldsymbol{k}}^{ba++}(\omega)$ und $G_{\boldsymbol{k}}^{ba--}(\omega)$ können wir mit Hilfe der Bewegungsgleichungen durch die Funktionen $G_{\boldsymbol{k}}^{a+-}(\omega)$ und $G_{\boldsymbol{k}}^{b+-}(\omega)$ ausdrücken. Zunächst entnehmen wir die Funktion $G_{\boldsymbol{k}}^{ba--}(\omega)$ aus Gleichung (12.5.8):

$$\begin{aligned} G_{\boldsymbol{k}}^{ba--}(\omega) &= (4/J(\boldsymbol{k}))\,((\omega - (g\mu_B H_A + JzS^2))\, G_k^{a+-}(\omega) - 1) \\ &= \frac{-J(\boldsymbol{k})/4}{\omega^2 - (g\mu_B H_A + JzS^2)^2 + \frac{1}{16} J(\boldsymbol{k})^2} . \end{aligned} \tag{12.5.27}$$

Unter Benutzung von (3.5.6) erhalten wir aus (12.5.27) auch die GREENsche Funktion $G_{\boldsymbol{k}}^{ba++}(\omega)$. Aus (3.5.6) folgt nämlich die für reelle ω-Werte gültige Relation

$$\eta G_{\boldsymbol{k}}^{ba--}(-\omega) = G_{\boldsymbol{k}}^{ba++}(\omega)^* \tag{12.5.28}$$

und wegen $\eta = +1$ sowie der Abhängigkeit der GREENschen Funktion $G_{\boldsymbol{k}}^{ba--}(\omega)$ von ω^2

$$G_{\boldsymbol{k}}^{ba--}(\omega) = G_{\boldsymbol{k}}^{ba++}(\omega) . \tag{12.5.29}$$

Wir setzen nun die Resultate (12.5.16), (12.5.17), (12.5.27) und (12.5.29) in die Formel für den Energiemittelwert (12.5.26) ein:

$$E = E_0 + \lim_{\delta \to 0+} \frac{i}{2\pi} \int d\omega \frac{1}{e^{\beta\omega} - 1} \sum_k \left\{ 2(g\mu_B H_A + JzS^2)(G_k^{a+-}(\omega + i\delta) \right.$$

$$\left. - G_k^{a+-}(\omega - i\delta)) + \frac{1}{2} J(k)(G_k^{ba++}(\omega + i\delta) - G_k^{ba++}(\omega - i\delta)) \right\}. \quad (12.5.30)$$

Zur Auswertung dieser Gleichung wird eine Partialbruchzerlegung der auftretenden GREENschen Funktionen vorgenommen und die Integration unter Verwendung der DIRAC-Formel (3.3.25) durchgeführt:

$$E = E_0 + \sum_k \left(\frac{\varepsilon(k) + g\mu_B H_A + JzS^2}{e^{\beta\varepsilon(k)} - 1} - \frac{\varepsilon(k) - g\mu_B H_A - JzS^2}{e^{-\beta\varepsilon(k)} - 1} \right) \quad (12.5.31)$$

mit

$$\varepsilon(k) = ((g\mu_B H_A + JzS^2)^2 - \frac{1}{16} J(k)^2)^{1/2} \quad (12.5.32)$$

(vgl. (12.5.18)). Der erhaltene Ausdruck (12.5.31) gilt für den gesamten Temperaturbereich (soweit die Näherungen für die GREENschen Funktionen zutreffend sind). Wir gewinnen daraus die Grundzustandsenergie, indem wir den Grenzübergang $T \to 0$ bilden. Unter Beachtung, daß

$$\lim_{T \to 0} \frac{1}{e^{\beta a} - 1} = \begin{cases} 0 & \text{für } a > 0, \\ -1 & \text{für } a < 0 \end{cases} \quad (12.5.33)$$

gilt, folgt aus (12.5.31) die Grundzustandsenergie

$$E_g = E_0 + \sum_k \{\varepsilon(k) - (g\mu_B H_A + JzS^2)\}. \quad (12.5.34)$$

Die durch (12.5.5) gegebene Größe E_0 stellt die Energie der antiparallel orientierten Spins dar. Da der Ausdruck in den geschweiften Klammern in (12.5.34) negativ ist, wird hierdurch gezeigt, daß der Zustand der antiparallel orientierten Spins nicht der Grundzustand ist.

Um dieses Resultat weiter zu verdeutlichen, berechnen wir im folgenden die Untergittermagnetisierung

$$M^{az} = g\mu_B \sum_l \langle S_l^{az} \rangle. \quad (12.5.35)$$

Wegen (10.4.7) können wir auch

$$M^{az} = g\mu_B \sum_l (S - \langle S_l^{a-} S_l^{a+} \rangle) \quad (12.5.36)$$

schreiben, und unter Zuhilfenahme des Spektraltheorems (3.3.36) folgt

$$M^{az} = Ng\mu_B S - g\mu_B \lim_{\delta \to 0+} \frac{i}{2\pi} \int d\omega \sum_{k} \frac{1}{e^{\beta\omega} - 1} (G_k^{a+-}(\omega + i\delta) - G_k^{a+-}(\omega - i\delta)) . \qquad (12.5.37)$$

Durch Einsetzen der Lösung (12.5.16) ergibt sich für $H_0 = 0$

$$M^{az} = Ng\mu_B S - g\mu_B \sum_{k} \frac{1}{2\varepsilon(k)} \left\{ \frac{\varepsilon(k) + g\mu_B H_A + JzS^2}{e^{\beta\varepsilon(k)} - 1} + \frac{\varepsilon(k) - g\mu_B H_A - JzS^2}{e^{-\beta\varepsilon(k)} - 1} \right\} . \qquad (12.5.38)$$

Wir diskutieren zunächst den Grenzwert $T \to 0$. Offenbar verschwindet in diesem Fall wegen (12.5.33) der erste Term in den geschweiften Klammern. Setzen wir noch zur weiteren Vereinfachung $H_A = 0$, so ist

$$M^{az}(T = 0) = Ng\mu_B S - g\mu_B S \sum_{k} \{(1 - (J(k)/J(0))^2)^{-1/2} - 1\} . \qquad (12.5.39)$$

Auch hier zeigt sich wieder eine bemerkenswerte Abweichung vom Wert $Ng\mu_B S$, der nach der naiven Vorstellung über den Antiferromagneten zu erwarten wäre.

Für von Null verschiedene Temperaturen ergibt eine einfache Umformung des Ausdrucks (12.5.38)

$$M^{az}(T) = M^{az}(T = 0) - g\mu_B \sum_{k} \frac{1}{e^{\beta\varepsilon(k)} - 1} (1 - (J(k)/J(0))^2)^{-1/2} , \qquad (12.5.40)$$

wobei $H_A = 0$ gesetzt wurde. Die Summe auf der rechten Seite läßt sich für tiefe Temperaturen ähnlich abschätzen wie (12.2.3). Es ergibt sich

$$M^{az}(T) - M^{az}(T = 0) \propto T^2 . \qquad (12.5.41)$$

Wir erinnern uns, daß das entsprechende Gesetz im Falle des Ferromagneten eine Proportionalität $T^{3/2}$ aufweist. Der Unterschied erklärt sich aus den verschiedenartigen Dispersionsrelationen für Spinwellen in Ferromagneten und Antiferromagneten.

An dieser Stelle sei nochmals hervorgehoben, daß die in diesem Abschnitt dargelegte Theorie auf der nullten Näherung der HOLSTEIN-PRIMAKOFF-Transformation für die Spinoperatoren basiert. Entsprechend besitzen die Resultate nur im Rahmen dieser Näherung Gültigkeit, u. a. nur bei tiefen Temperaturen. Eine Verbesserung der Berechnungsverfahren ist im Sinne der TJABLIKOW-Entkopplung der GREENschen Funktionen möglich, erfordert aber einen wesentlich höheren Aufwand. Wir werden daher, um auch eine bei hohen Temperaturen zutreffende Beschreibung des Antiferromagneten zu erhalten, eine molekularfeldtheoretische Berechnung der GREENschen Funktionen $G_k^{a+-}(\omega)$ und $G_k^{b+-}(\omega)$ abschließend durchführen.

Die molekularfeldtheoretische Näherung des HAMILTON-Operators (12.5.1) erfolgt analog jener, die zu (11.1.7) führte, so daß die Einzelheiten hier übergangen werden können. Wenden wir außerdem auf die Spinoperatoren des Untergitters b die Transformationen (12.5.2) an, so lautet der genäherte HAMILTON-Operator

$$\mathscr{H} \approx -g\mu_B(H_0 + H_A)\sum_l S_l^{az} + g\mu_B(H_0 - H_A)\sum_m S_m^{bz}$$
$$-\frac{1}{2}\sum_{\langle l,m\rangle} J_{lm}(\langle S_l^{az}\rangle S_m^{bz} + S_l^{az}\langle S_m^{bz}\rangle) + \frac{1}{2}\sum_{l,m} J_{lm}\langle S_l^{az}\rangle\langle S_m^{bz}\rangle \tag{12.5.42}$$

oder

$$\mathscr{H} \approx \left(-g\mu_B(H_0 + H_A) - \frac{1}{2}Jz\langle S^{bz}\rangle\right)\sum_l S_l^{az}$$
$$+\left(g\mu_B(H_0 - H_A) - \frac{1}{2}Jz\langle S^{az}\rangle\right)\sum_m S_m^{bz} + E_0$$
$$\equiv E_0 - q^a\sum_l S_l^{az} - q^b\sum_m S_m^{bz}\,. \tag{12.5.43}$$

Die Berechnung der GREENschen Funktionen $G_{ij}^{a+-}(\omega)$ und $G_{ij}^{b+-}(\omega)$ (s. die Definitionen (12.5.6) und (12.5.7)) verläuft analog wie die der GREENschen Funktion $G_{ij}^{+-}(\omega)$ in Abschnitt 11.2. Wir erhalten

$$G_{ij}^{a+-}(\omega) = \frac{2\delta_{ij}\langle S^{az}\rangle}{\omega - q^a} \tag{12.5.44}$$

und

$$G_{ij}^{b+-}(\omega) = \frac{2\delta_{ij}\langle S^{bz}\rangle}{\omega - q^b}\,. \tag{12.5.45}$$

Mit Hilfe dieser Lösungen berechnen wir nun die Mittelwerte der Spinoperatoren S_l^{az} und S_m^{bz}. Aus (12.5.44) und (12.5.45) folgen unter Benutzung des Spektraltheorems (3.3.36) die Gleichungen

$$\langle S^{az}\rangle = S - \frac{2\langle S^{az}\rangle}{e^{\beta q^a} - 1} \tag{12.5.46}$$

und

$$\langle S^{bz}\rangle = S - \frac{2\langle S^{bz}\rangle}{e^{\beta q^b} - 1}\,. \tag{12.5.47}$$

Ähnliche Umformungen wie in Abschnitt 11.2. ergeben

$$\langle S^{az}\rangle = \frac{1}{2}\tanh\left(\left(\frac{1}{2}Jz\langle S^{bz}\rangle + g\mu_B(H_0 + H_A)\right)\Big/2k_BT\right) \tag{12.5.48}$$

und

$$\langle S^{bz}\rangle = \frac{1}{2}\tanh\left(\left(\frac{1}{2}Jz\langle S^{az}\rangle - g\mu_B(H_0 - H_A)\right)\Big/2k_BT\right). \tag{12.5.49}$$

Abgesehen von gewissen Grenzfällen läßt sich dieses Gleichungssystem nur mit numerischen Methoden exakt lösen. Wir betrachten im folgenden den Fall sehr hoher Temperaturen. In diesem Bereich ist das Argument des tanh in den Gleichungen (12.5.48) und (12.5.49) sehr klein, so daß $\tanh x \approx x$ gesetzt werden kann:

$$\langle S^{az}\rangle \approx \frac{1}{2}\left(\frac{1}{2}Jz\langle S^{bz}\rangle + g\mu_B(H_0 + H_A)\right)\Big/2k_BT \tag{12.5.50}$$

sowie

$$\langle S^{bz}\rangle \approx \frac{1}{2}\left(\frac{1}{2}Jz\langle S^{az}\rangle - g\mu_B(H_0 - H_A)\right)\Big/2k_BT. \tag{12.5.51}$$

Die Gesamtmagnetisierung ist proportional zur Differenz $\langle S^{az}\rangle - \langle S^{bz}\rangle$, da im Untergitter b ein um 180° gedrehtes Koordinatensystem verwendet wurde. Durch Kombination von (12.5.50) und (12.5.51) erhalten wir

$$M = M^a + M^b = \frac{Ng^2\mu_B^2/2k_B}{T + Jz/8k_B}H_0 = \chi(T)\,H_0 \tag{12.5.52}$$

bzw. für die Suszeptibilität

$$\chi(T) = \frac{Ng^2\mu_B^2/2k_B}{T + Jz/8k_B}. \tag{12.5.53}$$

Die Formel für die Suszeptibilität ist dem CURIE-WEISS-Gesetz des Ferromagnetismus sehr ähnlich. Jedoch liegt der Schnittpunkt der inversen Suszeptibilität mit der T-Achse bei negativen Temperaturwerten. Ein solches Verhalten wird für die Asymptote der Kurve $\chi(T)^{-1}$ auch experimentell bestätigt.

Zur Bestimmung der kritischen Temperatur T_N betrachten wir nochmals die Gleichungen (12.5.48) und (12.5.49). Setzen wir $H_0 = H_A = 0$ und beachten, daß nahe T_N die Mittelwerte $\langle S^{az}\rangle$ und $\langle S^{bz}\rangle$ sehr klein sind, so können diese Gleichungen näherungsweise in der Form

$$\langle S^{az}\rangle = C\langle S^{bz}\rangle\,, \quad \langle S^{bz}\rangle = C\langle S^{az}\rangle$$

mit

$$C = Jz/8k_BT \tag{12.5.55}$$

geschrieben werden. Aus (12.5.54) liest man sofort die Lösbarkeitsbedingung

$$C^2 = 1\,, \quad C = \pm 1 \tag{12.5.56}$$

ab. Die zu $C = -1$ gehörige Lösung $\langle S^{az} \rangle = -\langle S^{bz} \rangle$ entspricht einem ferromagnetisch geordneten Zustand mit negativer Übergangstemperatur; da ein solcher Zustand instabil ist, kann diese Lösung ausgeschlossen werden. Zu $C = +1$ gehört die Lösung

$$\langle S^{az} \rangle = \langle S^{bz} \rangle\,, \tag{12.5.57}$$

die Untergittermagnetisierungen entspricht, die betragsmäßig gleich sind, aber entgegengesetzte Richtungen aufweisen (man beachte die verschiedenen Richtungen der z-Achsen in den Koordinatensystemen der beiden Untergitter). Die Übergangstemperatur T_N dieser Lösung ist positiv:

$$T_N = Jz/8k_B\,. \tag{12.5.58}$$

Es ist leicht einzusehen, daß die antiferromagnetische Lösung (12.5.57) auch allgemein die Gleichungen (12.5.48) und (12.5.49) befriedigt. Die Verkopplung dieser beiden Gleichungen löst sich nach Einsetzen von (12.5.57), und es verbleiben zwei identische Gleichungen zur Bestimmung der Spinmittelwerte bzw. der Untergittermagnetisierungen. Da diese Gleichungen in der Form mit der Gleichung für die Magnetisierung des Ferromagneten (11.2.9) übereinstimmen, ergeben sich für die Untergittermagnetisierungen die aus Abschnitt 11.3. bekannten Resultate des Ferromagneten.

12.6. Ferromagnetische Resonanz und Neutronenstreuung

In den vorangegangenen Abschnitten dieses Kapitels haben wir die grundsätzliche Bedeutung der Spinwellen in Ferro- und Antiferromagnetika für das thermodynamische Verhalten dieser Substanzen kennengelernt. Messungen der Magnetisierung oder der spezifischen Wärme als Funktionen der Temperatur erlauben jedoch nur einen indirekten Nachweis der Spinwellen. Es gibt aber auch direkte Methoden zur Überprüfung der Spinwellentheorie. Im vorliegenden Abschnitt stellen wir die Grundlagen der beiden wichtigsten Verfahren, nämlich Ferromagnetische Resonanz und Neutronenstreuung, in vereinfachter Form dar.

Die Ferromagnetische Resonanz kann beobachtet werden, wenn eine ferromagnetische Probe in ein räumlich und zeitlich homogenes Magnetfeld $\boldsymbol{H}_0$ gebracht und gleichzeitig der Wirkung eines periodisch-zeitabhängigen Magnetfeldes ausgesetzt wird. Bei bestimmten Frequenzen des äußeren Feldes kommt es zur Anregung von Spinwellen, wobei die Energieabsorption aus dem äußeren

Feld durch das Spinsystem ein mehr oder minder ausgeprägtes Maximum durchläuft.

Die Absorptionsleistung $P(t)$ einer Probe (d. h. die Energie, die pro Zeiteinheit absorbiert wird) stimmt mit der vom äußeren Feld $\boldsymbol{H}(t)$ an der Probe in der Zeiteinheit geleisteten Arbeit überein,

$$P(t) = \frac{\mathrm{d}A(t)}{\mathrm{d}t} = \sum_{\alpha} H_t^{\alpha} \frac{\mathrm{d}}{\mathrm{d}t} \langle M^{\alpha} \rangle_t, \tag{12.6.1}$$

wobei $\langle M^{\alpha} \rangle_t$ in linearer Näherung durch Formel (2.2.5) bestimmt wird. Die in (12.6.1) auftretenden Felder sind als reelle Größen aufzufassen. Wir müssen daher H_t^{α} in der Form

$$H_t^{\alpha} = \frac{1}{2\pi} \int \mathrm{d}\omega (\mathrm{e}^{-i\omega t} h_{\omega}^{\alpha} + \mathrm{e}^{i\omega t} h_{\omega}^{\alpha *}), \qquad h_{\omega}^{\alpha} = h_{-\omega}^{\alpha *} \tag{12.6.2}$$

ansetzen. Entsprechend ergibt sich anstelle von (2.2.5) eine Überlagerung von zwei Beiträgen in der Gestalt

$$\langle M^{\alpha} \rangle_t - \langle M^{\alpha} \rangle = \sum_{\beta} \frac{1}{2\pi} \int \mathrm{d}\omega (\chi^{\alpha\beta}(\omega)\, h_{\omega}^{\beta}\, \mathrm{e}^{-i\omega t} + \chi^{\alpha\beta}(-\omega)\, h_{\omega}^{\beta *}\, \mathrm{e}^{i\omega t}). \tag{12.6.3}$$

Setzen wir (12.6.2) und (12.6.3) in (12.6.1) ein, so folgt

$$P(t) = \sum_{\alpha\beta} \frac{1}{(2\pi)^2} \int \mathrm{d}\omega \int \mathrm{d}\omega' (\mathrm{e}^{-i\omega t} h_{\omega}^{\alpha} + \mathrm{e}^{i\omega t} h_{\omega}^{\alpha *}) (-i\omega') (\chi^{\alpha\beta}(\omega')\, h_{\omega'}^{\beta}\, \mathrm{e}^{-i\omega' t}$$
$$- \chi^{\alpha\beta}(-\omega')\, h_{\omega'}^{\beta *}\, \mathrm{e}^{i\omega' t}). \tag{12.6.4}$$

Hieraus erhalten wir für die mittlere Absorptionsleistung

$$\bar{P} = \lim_{T \to \infty} \frac{1}{T} \int_{-T/2}^{T/2} \mathrm{d}t\, P(t)$$
$$= i \sum_{\alpha\beta} \frac{1}{\pi} \int \mathrm{d}\omega\, \omega (\chi^{\alpha\beta}(-\omega)\, h_{\omega}^{\alpha} h_{\omega}^{\beta *} - \chi^{\alpha\beta}(\omega)\, h_{\omega}^{\alpha *} h_{\omega}^{\beta}). \tag{12.6.5}$$

Infolge (3.5.6) gilt

$$\chi^{\alpha\beta}(\omega)^* = \chi^{\alpha\beta}(-\omega), \tag{12.6.6}$$

so daß wir $\bar{P}$ auch in der Form

$$\bar{P} = i \sum_{\alpha\beta} \frac{1}{\pi} \int \mathrm{d}\omega\, \omega (\chi^{\alpha\beta}(\omega)^*\, h_{\omega}^{\alpha} h_{\omega}^{\beta *} - \chi^{\alpha\beta}(\omega)\, h_{\omega}^{\alpha *} h_{\omega}^{\beta}) \tag{12.6.7}$$

darstellen können. Im Falle eines linear polarisierten Anregungsfeldes vereinfacht sich (12.6.7) weiter zu

$$\bar{P} = i \sum_{\alpha\beta} \frac{1}{\pi} \int \mathrm{d}\omega \, \omega (\chi^{\alpha\beta}(\omega)^* - \chi^{\alpha\beta}(\omega)) \, h_\omega^\alpha h_\omega^\beta$$

$$= \frac{2}{\pi} \int \mathrm{d}\omega \, \omega \sum_{\alpha\beta} \operatorname{Im} \chi^{\alpha\beta}(\omega) \, h_\omega^\alpha h_\omega^\beta \, . \qquad (12.6.8)$$

Aus (12.6.8) und (12.6.7) ist ersichtlich, daß der zu erwartende Resonanzeffekt im wesentlichen durch die Suszeptibilität $\chi^{\alpha\beta}(\omega)$ beschrieben wird.

Zur weiteren Vereinfachung nehmen wir an, daß das zeitveränderliche äußere Magnetfeld die Richtung der x-Achse hat:

$$\boldsymbol{H}_t = \frac{1}{2\pi} \int \mathrm{d}\omega \, (\mathrm{e}^{i\omega t} + \mathrm{e}^{-i\omega t}) \, h_\omega \boldsymbol{e}_x \, . \qquad (12.6.9)$$

Entsprechend ist gemäß (12.6.8) und (2.2.6) die Kenntnis der Funktion

$$\chi^{xx}(\omega) = - \langle\!\langle M^x ; M^x \rangle\!\rangle_\omega \qquad (12.6.10)$$

ausreichend für die Berechnung von $\bar{P}$. Es gilt

$$\chi^{xx}(\omega) = - \sum_{ij} g^2 \mu_B^2 \langle\!\langle S_i^x ; S_j^x \rangle\!\rangle_\omega$$

$$= - \frac{1}{4} \sum_{ij} g^2 \mu_B^2 (\langle\!\langle S_i^+ ; S_j^+ \rangle\!\rangle_\omega + \langle\!\langle S_i^- ; S_j^- \rangle\!\rangle_\omega + \langle\!\langle S_i^+ ; S_j^- \rangle\!\rangle_\omega$$

$$+ \langle\!\langle S_i^- ; S_j^+ \rangle\!\rangle_\omega) \, . \qquad (12.6.11)$$

Die Funktionen $G_{ij}^{+-}(\omega)$ und $G_{ij}^{-+}(\omega) = G_{ji}^{+-}(-\omega)$ sind uns aus den vorhergehenden Abschnitten in verschiedenen Näherungen bekannt. Im Rahmen dieser Näherungen sind $G_{ij}^{++}(\omega)$ und $G_{ij}^{--}(\omega)$ Null, da die Inhomogenitäten in den Bewegungsgleichungen dieser GREENschen Funktionen verschwinden. Setzen wir in (12.6.11) für $G_{ij}^{+-}(\omega)$ die aus der TJABLIKOW-Entkopplung folgende Lösung (12.3.5) ein, so ergibt sich

$$\chi^{xx}(\omega) = - \sum_{ij} g^2 \mu_B^2 \frac{1}{4N} \sum_{\boldsymbol{k}} (\mathrm{e}^{i\boldsymbol{k}(\boldsymbol{R}_i - \boldsymbol{R}_j)} G_{\boldsymbol{k}}^{+-}(\omega) + \mathrm{e}^{-i\boldsymbol{k}(\boldsymbol{R}_i - \boldsymbol{R}_j)} G_{\boldsymbol{k}}^{+-}(-\omega))$$

$$= - \frac{1}{4} N g^2 \mu_B^2 (G_0^{+-}(\omega) + G_0^{+-}(-\omega))$$

$$= - \frac{1}{2} N g^2 \mu_B^2 \langle S^z \rangle \left(\frac{1}{\omega - g\mu_B H_0} - \frac{1}{\omega + g\mu_B H_0} \right) . \qquad (12.6.12)$$

Hieraus folgt schließlich

$$\bar{P} = 2Ng^3\mu_B^3\langle S^z\rangle\, H_0 h_\omega^2|_{\omega=\pm g\mu_B H_0}\,. \tag{12.6.13}$$

Die Resonanzfrequenz ist demnach identisch mit der LARMOR-Frequenz der Spinpräzession um die Richtung des äußeren konstanten Feldes $\boldsymbol{H}_0$. Es werden also durch das Wechselfeld $\boldsymbol{H}_t$ nur die homogenen Spinwellenmoden ($\boldsymbol{k} = 0$) angeregt. Diesen Umstand kann man auch anschaulich verstehen: Der die zeitabhängige Störung beschreibende Teil des HAMILTON-Operators hat gemäß (2.2.2) die Gestalt

$$\begin{aligned} W_t &= -\boldsymbol{M}\cdot\boldsymbol{H}_t \\ &= -g\mu_B \sum_i S_i^x \cdot H_t^x \\ &= -\frac{1}{2}\, g\mu_B \sum_i \sum_{\boldsymbol{k}} \frac{1}{\sqrt{N}}\,(\mathrm{e}^{i\boldsymbol{k}\boldsymbol{R}_i} S_{\boldsymbol{k}}^+ + \mathrm{e}^{-i\boldsymbol{k}\boldsymbol{R}_i} S_{\boldsymbol{k}}^-)\cdot H_t^x \\ &= -\frac{1}{2}\, g\mu_B \sqrt{N}\,(S_0^+ + S_0^-)\cdot H_t^x\,. \end{aligned} \tag{12.6.14}$$

Dieser Operator kommutiert mit dem Anzahloperator $n_{\boldsymbol{k}}$ für die Zahl der Spinwellen, sofern $\boldsymbol{k} \neq 0$ ist. Demzufolge kann sich unter dem Einfluß einer räumlich homogenen äußeren Störung nur die Zahl der Spinwellen mit dem Wellenzahlvektor $\boldsymbol{k} = 0$ ändern. Spinwellen mit endlichem $\boldsymbol{k}$ lassen sich nur anregen, wenn räumlich inhomogene Magnetfelder verwendet werden. — Weiterhin zeigt (12.6.13), daß die Gesamtabsorption proportional zur Magnetisierung $Ng\mu_B\langle S^z\rangle$ ist und daher nur bei Temperaturen unterhalb der CURIE-Temperatur T_C beobachtet werden kann. Die hier berechnete scharfe Absorptionslinie $\delta(\omega - g\mu_B H_0)$ wird im Experiment als ein Absorptionsmaximum endlicher Breite gemessen. Die obige Rechnung ergab eine δ-Funktion, weil Wechselwirkungseffekte, die zur Dämpfung der homogenen Spinwellenmoden führen, vernachlässigt wurden. Auch die Position des Maximums wird nicht allein durch das Feld $\boldsymbol{H}_0$ bestimmt; im allgemeinen sind Form und Abmessungen der Probe von Einfluß auf die Resonanzfrequenz.[12.2] Es sei noch bemerkt, daß in der Praxis auch der Fall paralleler Felder $\boldsymbol{H}_0$ und $\boldsymbol{H}_t$ von Wichtigkeit ist (sogenanntes Parallel-Pumpen); im Rahmen der hier betrachteten Modelle ergibt sich aber kein Resonanzeffekt, da der entsprechende Störoperator W_t (vgl. (12.6.14)) diagonal in den Spinwellenanzahloperatoren ist.

[12.2] Die Theorie der Ferromagnetischen Resonanz unter Berücksichtigung endlicher Probenabmessungen ist z. B. in S. W. TJABLIKOW, „Quantentheoretische Methoden des Magnetismus“, B. G. Teubner Verlagsgesellschaft, Leipzig 1968, dargestellt.

Abschließend betrachten wir die Neutronenstreuung an magnetischen Materialien. Bei einem Neutronenstreuexperiment wird ein Strahl monochromatischer Neutronen auf eine Probe gerichtet und mit einem geeigneten Spektrometer die Winkel- und Energieverteilung der gestreuten Neutronen ausgemessen. Aus den Meßresultaten kann dann der „doppelt-differentielle" oder „inelastische" Wirkungsquerschnitt (s. Kapitel 17.) erhalten werden. Die Streuung des Neutrons wird durch die Wechselwirkung seines magnetischen Moments mit den magnetischen Momenten der Probe hervorgerufen. Der Wirkungsquerschnitt für unpolarisierte Neutronen besitzt die Gestalt (siehe (13.2.25))

$$\frac{\partial^2 \sigma}{\partial \Omega \, \partial \varepsilon'} = -(r_0 g_n)^2 \frac{k'}{k} \sum_{ij} f_i(\boldsymbol{q}) f_j(\boldsymbol{q}) \, \mathrm{e}^{-i\boldsymbol{q}(\boldsymbol{R}_i - \boldsymbol{R}_j)}$$

$$\cdot \frac{1}{\pi} \sum_{\alpha\beta} \left(\delta_{\alpha\beta} - \frac{q^\alpha q^\beta}{q^2} \right) \operatorname{Im} \langle\langle S_i^\alpha ; S_j^\beta \rangle\rangle_\omega / (\mathrm{e}^{\beta\omega} - 1) \tag{12.6.15}$$

mit $\omega = \varepsilon' - \varepsilon$.

Ähnlich wie die Ferromagnetische Resonanz wird der Neutronenstreuquerschnitt durch den Imaginärteil der magnetischen Suszeptibilität bestimmt. In (12.6.15) bedeuten $r_0 = e^2/mc^2$ den klassischen Elektronenradius, $g_n = -1{,}913$ den gyromagnetischen Faktor des Neutrons (bezogen auf ein Kernmagneton) und q^α, q^β die Komponenten des Übergangsimpulses in Richtung α bzw. β. $f_i(\boldsymbol{q})$ ist der magnetische Formfaktor am Gitterplatz $\boldsymbol{R}_i$. $\boldsymbol{k}$ und $\boldsymbol{k}'$ sowie ε und ε' sind Neutronenimpulse und -energien. Das Ergebnis (12.6.15) kann man erhalten, wenn man in (17.1.36) das Wechselwirkungspotential $u(\boldsymbol{r})$ durch den Ausdruck

$$u(\boldsymbol{r}) \to \sum_i \frac{4\pi r_0 g_n}{2m_n} f_i(\boldsymbol{q}) \, \boldsymbol{S}_i^\perp \delta(\boldsymbol{r} - \boldsymbol{R}_i) \tag{12.6.16}$$

ersetzt, wobei $\boldsymbol{S}_i^\perp$ die Komponente von $\boldsymbol{S}_i$ senkrecht zum Übergangsimpuls $\boldsymbol{q}$ bedeutet.

Wie (12.6.15) zeigt, kommt die Dynamik des Spinsystems im Imaginärteil der GREENschen Funktion

$$G_{ij}^{\alpha\beta}(\omega) = \langle\langle S_i^\alpha ; S_j^\beta \rangle\rangle_\omega \tag{12.6.17}$$

zum Ausdruck. Die Hauptbeiträge zum Streuquerschnitt werden im Rahmen der Näherungen dieses Kapitels von den GREENschen Funktionen $G_{ij}^{-+}(\omega)$, $G_{ij}^{+-}(\omega)$ und $G_{ij}^{zz}(\omega)$ geliefert. In diesen Näherungen ergibt $\operatorname{Im} B_{ij}^{zz}(\omega)$ zusammen mit dem Nenner in (12.6.15) einen Term, der proportional zum Quadrat der Magnetisierung ist. Da

$$\operatorname{Im} G_{ij}^{+-}(\omega) = -\pi \sum_{\boldsymbol{k}} \mathrm{e}^{i\boldsymbol{k}(\boldsymbol{R}_i - \boldsymbol{R}_j)} \, 2\langle S^z \rangle \, \delta(\omega - \varepsilon(\boldsymbol{k})) \tag{12.6.18}$$

gilt, wobei $\varepsilon(\boldsymbol{k})$ die Spinwellendispersionsrelation ist (vgl. 12.3.9)), ermöglichen die Resonanzen des Wirkungsquerschnitts unmittelbar die Ausmessung der Spinwellenmoden für beliebige $\boldsymbol{q}$-Werte. Es sei jedoch bemerkt, daß die Messungen im allgemeinen recht schwierig sind; dennoch ist die Neutronenstreuung derzeitig die genaueste Untersuchungsmethode für magnetische Systeme.

13. Phononen

13.1. Greensche Ein-Teilchen-Funktion

In den bisherigen Kapiteln hatten wir die Atome der betrachteten Kristalle als unbeweglich vorausgesetzt und lediglich Anregungen im Elektronen- bzw. Spinsystem untersucht. Solange die Kopplung der Elektronen- und Spinanregungen in diesen Systemen an die Gitterbausteine als unwesentlich angesehen werden kann, sind die erhaltenen Resultate auch als sinnvolle Aussagen zu werten. Im Falle einer starken Kopplung der genannten Anregungen an das Gitter werden die experimentellen Ergebnisse jedoch nur schlecht mit den theoretischen Voraussagen übereinstimmen. Aber auch bei einer vernachlässigbar schwachen Kopplung zwischen dem Gitter und dem Elektronensystem gibt es einen erheblichen Einfluß der Gitterschwingungen auf das thermodynamische Verhalten des Festkörpers. Im folgenden gehen wir von dieser Voraussetzung aus und leiten mit Hilfe der Theorie der GREENschen Funktionen Aussagen über das Anregungsspektrum, die innere Energie des Systems und den Neutronenstreuquerschnitt ab.

Der HAMILTON-Operator des Systems der Gitterbausteine (Masse M) hat die Gestalt

$$H = \frac{1}{2M} \sum_i p_i^2 + \frac{1}{2} \sum_{i \neq j} V(\boldsymbol{x}_i - \boldsymbol{x}_j), \qquad (13.1.1)$$

wobei $\boldsymbol{p}_i$ den Impuls des Atoms i und $\boldsymbol{x}_i$ die momentane Position dieses Atoms bezeichnet. Die Gleichgewichtslagen der Atome werden durch die Minima der potentiellen Energie V in den Punkten $\boldsymbol{x}_{io} = \langle \boldsymbol{x}_i \rangle$ bestimmt. Nehmen wir an, daß sich die Atome nur wenig aus diesen Lagen entfernen, dann können wir die potentielle Energie in (13.1.1) durch die ersten Terme einer TAYLOR-Entwicklung nach den Komponenten des Verschiebungsvektors

$$u_i^\mu = x_i^\mu - x_{io}^\mu \qquad (13.1.2)$$

annähern:

$$V(\boldsymbol{x}_i - \boldsymbol{x}_j) = V(\boldsymbol{x}_{i0} - \boldsymbol{x}_{j0}) + \frac{\partial V(\boldsymbol{x}_i - \boldsymbol{x}_j)}{\partial x_i^\mu} (u_i^\mu - u_j^\mu)$$

$$+ \frac{1}{2} \frac{\partial^2 V}{\partial x_i^\mu \partial x_i^\nu} (u_i^\mu - u_j^\mu)(u_i^\nu - u_j^\nu)$$

$$+ \text{Terme höherer Ordnung}. \qquad (13.1.3)$$

Die in (13.1.3) auftretenden Ableitungen sind an den Punkten $x_i^\mu = x_{io}^\mu$ zu bilden; über doppelt auftretende griechische Indizes ist von 1 bis 3 zu summieren. Da sich die Atome bei $\boldsymbol{x}_i = \boldsymbol{x}_{io}$ in Gleichgewichtspositionen befinden, verschwinden die Beiträge erster Ordnung. Weiterhin folgt aus $\partial/\partial x_i^\mu = -\partial/\partial x_j^\mu$:

$$\frac{\partial^2 V}{\partial x_i^\mu \, \partial x_j^\nu} \equiv V_{ij}^{\mu\nu} = V_{ij}^{\nu\mu} = V_{ji}^{\mu\nu} = -V_{ii}^{\mu\nu}. \tag{13.1.4}$$

Setzen wir (13.1.4) und (13.1.3) unter Vernachlässigung der Terme höherer als zweiter Ordnung („harmonische Näherung") in den HAMILTON-Operator (13.1.1) ein, so folgt

$$\begin{aligned} H &= \frac{1}{2M} \sum_i p_i^2 + \frac{1}{2} \Big(\sum_{i \neq j} V_{ij}^{\mu\nu} u_i^\mu u_j^\nu + \sum_i V_{ii}^{\mu\nu} u_i^\mu u_i^\nu \Big) + E_0 \\ &= \frac{1}{2M} \sum_i p_i^2 + \frac{1}{2} \sum_{i,j} V_{ij}^{\mu\nu} u_i^\mu u_j^\nu + E_0, \end{aligned} \tag{13.1.5}$$

wobei

$$E_0 = \frac{1}{2} \sum_{i \neq j} V(\boldsymbol{x}_{i0} - \boldsymbol{x}_{j0}) \tag{13.1.6}$$

ist. Die für die weiteren Rechnungen uninteressante Größe E_0 werden wir im folgenden weglassen; dies entspricht lediglich einer geeigneten Festlegung des Energie-Nullpunktes. Für die u_i^μ und p_j^ν gelten die Vertauschungsrelationen von Ort und Impuls:

$$[u_i^\mu, p_j^\nu]_- = i\delta_{ij}\delta_{\mu\nu}. \tag{13.1.7}$$

Da der genäherte HAMILTON-Operator (13.1.5) bilinear in den Koordinaten und Impulsen ist, ist zu erwarten, daß sich die Bestimmung des Anregungsspektrums exakt durchführen läßt. Mit anderen Worten, durch eine geeignete Koordinatentransformation müßte sich dieser HAMILTON-Operator in die Gestalt

$$H = \sum_{\boldsymbol{k}} \varepsilon(\boldsymbol{k})\, n_k \tag{13.1.8}$$

überführen lassen, wobei $n_{\boldsymbol{k}}$ der Anzahloperator für diese Anregungen ist und $\varepsilon(\boldsymbol{k})$ das Anregungsspektrum dieses Systems bedeutet. Wir benutzen hier zur Berechnung des Anregungsspektrums den Formalismus der GREENschen Funktionen. Adäquat für das System der Gitterschwingungen ist die GREENsche Funktion

$$G_{ij}^{\mu\nu}(\omega) = \langle\!\langle u_i^\mu; u_j^\nu \rangle\!\rangle_\omega, \quad \eta = +1, \tag{13.1.9}$$

da diese Funktion nach (2.1.24) das Verhalten der Koordinate u_i^μ beim Vorhandensein einer an das Gitter angekoppelten äußeren Störung

$$W_t = -\sum_l K_l^\mu(t)\, u_l^\mu \tag{13.1.10}$$

beschreibt. Insbesondere wird die GREENsche Funktion (13.1.9) Pole besitzen, die mit den Eigenfrequenzen des durch den HAMILTON-Operator (13.1.5) charakterisierten Systems zusammenfallen.

Wir berechnen die GREENsche Funktion (13.1.9) mit Hilfe der Bewegungsgleichungen (3.1.23):

$$\omega \langle\langle u_i^\mu ; u_j^\nu \rangle\rangle_\omega = \langle [u_i^\mu, u_j^\nu]_- \rangle + \langle\langle [u_i^\mu, H]_- ; u_j^\nu \rangle\rangle_\omega$$

$$= \frac{i}{M} \langle\langle p_i^\mu ; u_j^\nu \rangle\rangle_\omega . \tag{13.1.11}$$

Für die auf der rechten Seite dieser Gleichung neu auftretende GREENsche Funktion schreiben wir wieder die Bewegungsgleichungen auf:

$$\omega \langle\langle p_i^\mu ; u_j^\nu \rangle\rangle_\omega = -i\delta_{\mu\nu}\delta_{ij} - i \sum_l V_{il}^{\mu\nu'} \langle\langle u_l^{\nu'} ; u_j^\nu \rangle\rangle_\omega . \tag{13.1.12}$$

Durch Einsetzen von (13.1.12) in (13.1.11) ergibt sich

$$\omega^2 \langle\langle u_i^\mu ; u_j^\nu \rangle\rangle = \frac{1}{M} \delta_{\mu\nu}\delta_{ij} + \frac{1}{M} \sum_l V_{il}^{\mu\nu'} \langle\langle u_l^{\nu'} ; u_j^\nu \rangle\rangle_\omega . \tag{13.1.13}$$

In dieser Bewegungsgleichung tritt ω^2 statt des üblichen ω auf; dies wird dadurch verursacht, daß infolge der Vertauschbarkeit der Operatoren u_i^μ und u_j^ν Gleichung (13.1.11) keine Inhomogenität enthält und deshalb eine Bewegungsgleichung zweiter Ordnung betrachtet werden muß. Mit (13.1.13) haben wir ein lineares inhomogenes Gleichungssystem zur Bestimmung der GREENschen Funktionen $G_{ij}^{\mu\nu}(\omega)$ erhalten. Die Verkopplung hinsichtlich der Gitterplätze (Summationsindex l) lösen wir mit Hilfe der FOURIER-Transformationen

$$G_{ij}^{\mu\nu}(\omega) = \frac{1}{N} \sum_{\boldsymbol{k}} e^{i\boldsymbol{k}(\boldsymbol{R}_i - \boldsymbol{R}_j)} G_{\boldsymbol{k}}^{\mu\nu}(\omega) \tag{13.1.14}$$

und

$$V_{ij}^{\mu\nu'} = \frac{1}{N} \sum_{\boldsymbol{k}} e^{i\boldsymbol{k}(\boldsymbol{R}_i - \boldsymbol{R}_j)} V_{\boldsymbol{k}}^{\mu\nu'} . \tag{13.1.15}$$

Wir erhalten

$$\omega^2 G_{\boldsymbol{k}}^{\mu\nu}(\omega) = \frac{1}{M} \delta_{\mu\nu} + \frac{1}{M} V_{\boldsymbol{k}}^{\mu\nu'} G_{\boldsymbol{k}}^{\nu'\nu}(\omega) . \tag{13.1.16}$$

Die jetzt noch bestehende Kopplung der Komponenten der GREENschen Funktion bezüglich verschiedener Raumrichtungen (Summationsindex ν') können wir durch die Wahl eines geeigneten Koordinatensystems, das durch die Polarisationseinheitsvektoren gegeben ist, aufheben. Bezeichnen wir die Komponenten dieser Polarisationseinheitsvektoren mit $e^{\mu\alpha}(\boldsymbol{k})$, so gelten die Beziehungen

$$e^{\mu\alpha}(\boldsymbol{k}) e^{\mu\beta}(\boldsymbol{k}) = \delta_{\alpha\beta} \tag{13.1.17}$$

und

$$e^{\mu\alpha}(\boldsymbol{k})e^{\nu\alpha}(\boldsymbol{k}) = \delta_{\mu\nu}\,. \tag{13.1.18}$$

Außerdem erfüllen die $e^{\mu\alpha}(\boldsymbol{k})$ die Eigenwertgleichung (siehe auch (13.1.31))

$$\frac{1}{M}V_{\boldsymbol{k}}^{\mu\nu}e^{\nu\alpha}(\boldsymbol{k}) = \varepsilon^{\alpha}(\boldsymbol{k})^2\, e^{\mu\alpha}(\boldsymbol{k})\,. \tag{13.1.19}$$

Unter Benutzung von (13.1.17), (13.1.18) und (13.1.19) sowie

$$G_{\boldsymbol{k}}^{\alpha\beta} = e^{\mu\alpha}(\boldsymbol{k})e^{\nu\beta}(\boldsymbol{k})G_{\boldsymbol{k}}^{\mu\nu}(\omega) \tag{13.1.20}$$

folgt aus (13.1.16)

$$\omega^2 G_{\boldsymbol{k}}^{\alpha\beta}(\omega) = \frac{1}{M}\,\delta_{\alpha\beta} + \varepsilon^{\alpha}(\boldsymbol{k})^2\, G_{\boldsymbol{k}}^{\alpha\beta}(\omega) \tag{13.1.21}$$

bzw.

$$G_{\boldsymbol{k}}^{\alpha\beta}(\omega) = \frac{(1/M)\,\delta_{\alpha\beta}}{\omega^2 - \varepsilon^{\alpha}(\boldsymbol{k})^2}\,. \tag{13.1.22}$$

Aus (13.1.22) erhalten wir durch Rücktransformation die ursprünglich gesuchte GREENsche Funktion

$$G_{ij}^{\mu\nu}(\omega) = \frac{1}{NM}\sum_{\boldsymbol{k},\alpha} e^{\nu\alpha}(\boldsymbol{k})\, e^{\mu\alpha}(\boldsymbol{k})\, \mathrm{e}^{i\boldsymbol{k}(\boldsymbol{R}_i - \boldsymbol{R}_j)}\,\frac{1}{\omega^2 - \varepsilon^{\alpha}(\boldsymbol{k})^2}\,. \tag{13.1.23}$$

Das Anregungsspektrum besteht demnach aus drei Zweigen, die den drei möglichen Polarisationsrichtungen zugeordnet sind. Die Frequenzen werden gemäß (13.1.19) und (13.1.15) durch

$$\varepsilon^{\alpha}(\boldsymbol{k})^2 = \frac{1}{M}\, e^{\mu\alpha}(\boldsymbol{k})\, V_{\boldsymbol{k}}^{\mu\nu}e^{\nu\alpha}(\boldsymbol{k}) = \frac{1}{M}\sum_i \mathrm{e}^{i\boldsymbol{k}\boldsymbol{R}_i}\, e^{\mu\alpha}(\boldsymbol{k})\, V_{0i}^{\mu\nu}e^{\nu\alpha}(\boldsymbol{k}) \tag{13.1.24}$$

bestimmt. In der Grenze $\boldsymbol{k} \to 0$ ist

$$\varepsilon^{\alpha}(\boldsymbol{k})^2 \approx (\boldsymbol{v}^{\alpha}\boldsymbol{k})^2\,, \tag{13.1.25}$$

wobei die $\boldsymbol{v}^{\alpha}$ Gruppengeschwindigkeiten repräsentieren und die Interpretation einer Schallgeschwindigkeit besitzen.

Es ist wichtig zu beachten, daß das Resultat (13.1.23) unter der Voraussetzung abgeleitet wurde, daß sich nur ein Atom in der Elementarzelle befindet. Enthält die Elementarzelle r Atome, dann besteht das Spektrum aus $3r$ Zweigen, von denen $(3r - 3)$ Zweige bei $\boldsymbol{k} = 0$ einen endlichen Frequenzwert aufweisen. Diese $(3r - 3)$ Zweige werden als optische Zweige der Gitterschwingungen bzw. optische Phononenzweige bezeichnet, da sie bei der Anregung durch elektromagnetische Wellen von Wichtigkeit sind. Die drei für $\boldsymbol{k} \to 0$ in die

Frequenz Null einmündenden Zweige werden akustische Phononenzweige genannt.

Um das Verständnis für die erhaltenen Resultate zu vertiefen, leiten wir die Gleichung (13.1.19) auf einem anschaulichen Wege ab. Aus (13.1.5) ergibt sich für die Zeitableitung des Impulsoperators in der HEISENBERG-Darstellung

$$\frac{\partial}{\partial t} p_i^\mu(t) = M \frac{\partial^2}{\partial t^2} u_i^\mu(t) = -i[p_i^\mu, H]_- = -\sum_l V_{il}^{\mu\nu'} u_l^{\nu'} \tag{13.1.26}$$

oder

$$\frac{\partial^2}{\partial t^2} u_i^\mu(t) = -\frac{1}{M} \sum_l V_{il}^{\mu\nu'} u_l^{\nu'} . \tag{13.1.27}$$

Zur Lösung dieses Systems von Differentialgleichungen machen wir den Ansatz

$$u_i^\mu = u_0^\mu \, \mathrm{e}^{i(\boldsymbol{k}\boldsymbol{R}_i - \omega t)} . \tag{13.1.28}$$

Durch Einsetzen von (13.1.28) in (13.1.27) ergibt sich

$$\omega^2 u_0^\mu = \frac{1}{M} \sum_l V_{il}^{\mu\nu'} \, \mathrm{e}^{i\boldsymbol{k}(\boldsymbol{R}_l - \boldsymbol{R}_i)} \, u_0^{\nu'} \tag{13.1.29}$$

bzw.

$$\omega^2 u_0^\mu - \frac{1}{M} V_{\boldsymbol{k}}^{\mu\nu'} u_0^{\nu'} = 0 . \tag{13.1.30}$$

Mit (13.1.30) haben wir ein lineares homogenes Gleichungssystem zur Bestimmung der Amplitudenkomponenten u_0^μ erhalten. Notwendig für die Existenz einer nichttrivialen Lösung dieses Gleichungssystems ist das Verschwinden der Determinante der Koeffizientenmatrix:

$$\det \left\| \omega^2 \delta_{\mu\nu} - \frac{1}{M} V_{\boldsymbol{k}}^{\mu\nu} \right\| = 0 . \tag{13.1.31}$$

Diese Gleichung hat im allgemeinen drei Wurzeln $\varepsilon^\alpha(\boldsymbol{k})^2$, und zu jeder dieser Wurzeln gehört eine Lösung $u_0^{\mu\alpha}(\boldsymbol{k})$ des Gleichungssystems (13.1.30). Die $u_0^{\mu\alpha}(\boldsymbol{k})$ können nun ohne weiteres mit den oben eingeführten Vektorkomponenten $e^{\mu\alpha}(\boldsymbol{k})$ identifiziert werden. Die Interpretation der $e^\alpha(\boldsymbol{k})$ als Polarisationseinheitsvektoren folgt aus dem Ansatz (13.1.28).

Wie bereits erwähnt wurde, läßt sich der HAMILTON-Operator (13.1.5) durch eine geeignete Koordinatentransformation exakt in Diagonalform überführen. Die Gestalt dieser Transformation ergibt sich aus den entsprechenden Umformungen, die wir bereits für die GREENschen Funktionen durchgeführt haben. Setzen wir nämlich

$$u_i^\mu = \frac{1}{\sqrt{NM}} \sum_{\boldsymbol{k},\alpha} \mathrm{e}^{i\boldsymbol{k}\boldsymbol{R}_i} e^{\mu\alpha}(\boldsymbol{k}) \frac{1}{\sqrt{2\varepsilon^\alpha(\boldsymbol{k})}} (a_{\boldsymbol{k}}^\alpha + a_{-\boldsymbol{k}}^{\alpha+}) \tag{13.1.32}$$

und

$$p_i^\mu = \sqrt{\frac{M}{N}} \sum_{\boldsymbol{k},\alpha} e^{i\boldsymbol{k}\boldsymbol{R}_i} e^{\mu\alpha}(\boldsymbol{k}) \sqrt{\varepsilon^\alpha(\boldsymbol{k})/2}\,(a_{\boldsymbol{k}}^{\alpha+} - a_{-\boldsymbol{k}}^\alpha)\,, \tag{13.1.33}$$

so ergibt sich durch Einsetzen in den HAMILTON-Operator (13.1.5)

$$H = \sum_{\boldsymbol{k},\alpha} \varepsilon^\alpha(\boldsymbol{k}) \left(a_{\boldsymbol{k}}^{\alpha+} a_{\boldsymbol{k}}^\alpha + \frac{1}{2} \right) = \sum_{\boldsymbol{k},\alpha} \varepsilon^\alpha(\boldsymbol{k}) \left(n_{\boldsymbol{k}}^\alpha + \frac{1}{2} \right). \tag{13.1.34}$$

Die mit den Transformationen (13.1.32) und (13.1.33) eingeführten Operatoren $a_{\boldsymbol{k}}^{\alpha+}$ und $a_{\boldsymbol{k}}^\alpha$ werden als Phononenerzeugungs- bzw. -vernichtungsoperatoren bezeichnet. $\varepsilon^\alpha(\boldsymbol{k})$ ist identisch mit dem oben eingeführten Anregungsspektrum (vgl. (13.1.23) und (13.1.24)) und wird Phononendispersionsrelation genannt.

Die Operatoren $a_{\boldsymbol{k}}^{\alpha+}$ und $a_{\boldsymbol{k}}^\alpha$ genügen der BOSE-Vertauschungsrelation

$$[a_{\boldsymbol{k}}^\alpha, a_{\boldsymbol{k}'}^{\alpha'+}]_- = \delta_{\alpha\alpha'}\, \delta_{\boldsymbol{k}\boldsymbol{k}'}\,, \tag{13.1.35}$$

wie man durch Einsetzen von (13.1.32) und (13.1.33) in (13.1.7) leicht bestätigt. Es ist daher durch Anwendung der Koordinatentransformationen (13.1.32) und (13.1.33) gelungen, den die Gitterschwingungen beschreibenden HAMILTON-Operator (13.1.5) in einen HAMILTON-Operator umzuformen, der ein wechselwirkungsfreies BOSE-Gas beschreibt. Berücksichtigen wir in der potentiellen Energie (13.1.3) auch die bisher vernachlässigten Terme höherer Ordnung (auch anharmonische Terme genannt), so führt die Anwendung der Koordinatentransformation auf einen HAMILTON-Operator, der Wechselwirkungsprozesse zwischen den Gitterschwingungen beschreibt, also auf den HAMILTON-Operator eines nichtidealen BOSE-Gases.

Zur weiteren Interpretation des erhaltenen Resultats leiten wir im folgenden eine Formel für die innere Energie E des Phononensystems ab. Die innere Energie ist als Mittelwert des HAMILTON-Operators definiert. Somit gilt mit dem HAMILTON-Operator (13.1.5)

$$E = \langle H \rangle = \frac{1}{2M} \sum_i \langle p_i^2 \rangle + \frac{1}{2} \sum_{ij} V_{ij}^{\mu\nu} \langle u_i^\mu u_j^\nu \rangle\,. \tag{13.1.36}$$

Wir berechnen zunächst den ersten Mittelwert auf der rechten Seite dieser Gleichung. Aus dem Spektraltheorem (3.3.36) folgt (bei Vernachlässigung der Größe C, was insbesondere einer Nichtberücksichtigung makroskopischer Gitterverzerrungen entspricht)

$$\begin{aligned}
\langle p_i^2 \rangle &= \langle p_i^\mu p_i^\mu \rangle = M^2 \langle \dot{u}_i^\mu \dot{u}_i^\mu \rangle \\
&= M^2 \frac{\partial^2}{\partial t\, \partial t'} \langle u_i^\mu(t')\, u_i^\mu(t) \rangle_{t=t'} \\
&= M^2 \frac{\partial^2}{\partial t\, \partial t'} \lim_{\delta \to 0+} \frac{i}{2\pi} \int_{-\infty}^{\infty} \frac{G_{ii}^{\mu\mu}(\omega + i\delta) - G_{ii}^{\mu\mu}(\omega - i\delta)}{e^{\beta\omega} - 1}\, e^{-i\omega(t-t')}\, d\omega\Big|_{t=t'} \\
&= M^2 \lim_{\delta \to 0+} \frac{i}{2\pi} \int_{-\infty}^{\infty} \frac{(G_{ii}^{\mu\mu}(\omega + i\delta) - G_{ii}^{\mu\mu}(\omega - i\delta))\, \omega^2}{e^{\beta\omega} - 1}\, d\omega\,.
\end{aligned} \tag{13.1.37}$$

Für den zweiten Mittelwert auf der rechten Seite von (13.1.36) können wir schreiben

$$\langle u_i^\mu u_j^\nu \rangle = \lim_{\delta \to 0+} \frac{i}{2\pi} \int_{-\infty}^{\infty} \frac{G_{ji}^{\nu\mu}(\omega + i\delta) - G_{ji}^{\nu\mu}(\omega - i\delta)}{e^{\beta\omega} - 1} \, d\omega \,. \tag{13.1.38}$$

Durch Einsetzen der Ausdrücke (13.1.37) und (13.1.38) in (13.1.36) erhalten wir für die innere Energie

$$E = \lim_{\delta \to 0+} \frac{i}{2\pi} \frac{1}{2} \sum_{ij} \int_{-\infty}^{\infty} d\omega \, (M \delta_{ij} \delta_{\mu\nu} \omega^2 + V_{ij}^{\mu\nu}) \frac{G_{ji}^{\nu\mu}(\omega + i\delta) - G_{ji}^{\nu\mu}(\omega - i\delta)}{e^{\beta\omega} - 1} \,. \tag{13.1.39}$$

Unter Verwendung der Transformationen (13.1.14) und (13.1.20) für die GREENsche Funktion $G_{ij}^{\mu\nu}(\omega)$ geht (13.1.39) über in

$$E = \lim_{\delta \to 0+} \frac{i}{4\pi} \sum_{ij\mathbf{k},\alpha\beta} \int_{-\infty}^{\infty} d\omega \, e^{i\mathbf{k}(\mathbf{R}_i - \mathbf{R}_j)} \, e^{\mu\beta}(\mathbf{k}) \, e^{\nu\alpha}(\mathbf{k})$$

$$\cdot (\delta_{ij} \delta_{\mu\nu} M \omega^2 + V_{ij}^{\mu\nu}) \frac{1}{N} \frac{G_{\mathbf{k}}^{\beta\alpha}(\omega + i\delta) - G_{\mathbf{k}}^{\beta\alpha}(\omega - i\delta)}{e^{\beta\omega} - 1}$$

$$= \lim_{\delta \to 0+} \frac{i}{4\pi} \sum_{\mathbf{k},\alpha} \int_{-\infty}^{\infty} d\omega \, (\omega^2 + \varepsilon^\alpha(\mathbf{k})^2) \, M \frac{G_{\mathbf{k}}^{\alpha\alpha}(\omega + i\delta) - G_{\mathbf{k}}^{\alpha\alpha}(\omega - i\delta)}{e^{\beta\omega} - 1} \,. \tag{13.1.40}$$

Dieser Ausdruck weist große Ähnlichkeit mit den Formeln (5.3.7) und (10.4.19) für die inneren Energien des Elektronengases und des Spinsystems auf. Jedoch gelten die dortigen Formeln auch für wechselwirkende Systeme, während (13.1.40) für das ideale Phononengas abgeleitet worden ist. Außerdem hängt der Vorfaktor $(\omega^2 + \varepsilon^\alpha(\mathbf{k})^2)$ vor den GREENschen Funktionen in (13.1.40) quadratisch von ω und $\varepsilon^\alpha(\mathbf{k})$ ab. Berücksichtigt man anharmonische Terme im HAMILTON-Operator, so ändert Formel (13.1.40) ihre Gestalt. Wenn jedoch nur eine bestimmte Ordnung der anharmonischen Terme auftritt, läßt sich ein zu (13.1.40) sehr ähnlicher Ausdruck für die innere Energie ableiten. Ist die Anharmonizität von der Form

$$H_n = \frac{1}{n!} \sum_{i_1, \ldots, i_n} V_{i_1 \ldots i_n}^{\mu_1 \mu_n} u_{i_1}^{\mu_1} \ldots u_{i_n}^{\mu_n} \,, \tag{13.1.41}$$

so gilt

$$E = \lim_{\delta \to 0+} \frac{i}{4\pi} \sum_{\mathbf{k},\alpha} \int_{-\infty}^{\infty} d\omega \left(\omega^2 \left(1 + \frac{2}{n} \right) + \varepsilon^\alpha(\mathbf{k})^2 \left(1 - \frac{2}{n} \right) \right)$$

$$\cdot M \frac{G_{\mathbf{k}}^{\alpha\alpha}(\omega + i\delta) - G_{\mathbf{k}}^{\alpha\alpha}(\omega - i\delta)}{e^{\beta\omega} - 1} \,. \tag{13.1.42}$$

Wir wenden uns nun wieder dem idealen Phononengas zu und setzen das Resultat (13.1.23) für die GREENsche Funktion $G_k^{\alpha\beta}(\omega)$ in (13.1.40) ein. Benutzen wir die Partialbruchzerlegung

$$G_k^{\alpha\beta}(\omega) = \frac{\delta_{\alpha\beta}}{2\varepsilon^\alpha(\boldsymbol{k})\, M}\left(\frac{1}{\omega - \varepsilon^\alpha(\boldsymbol{k})} - \frac{1}{\omega + \varepsilon^\alpha(\boldsymbol{k})}\right), \tag{13.1.43}$$

dann erhalten wir unter Zuhilfenahme der DIRAC-Formel (3.3.25) nach einfachen Umformungen

$$E = \sum_{\boldsymbol{k},\alpha} \varepsilon^\alpha(\boldsymbol{k}) \left\{\frac{1}{e^{\beta\varepsilon^\alpha(\boldsymbol{k})} - 1} + \frac{1}{2}\right\}. \tag{13.1.44}$$

Die innere Energie E des Phononensystems setzt sich demnach aus zwei charakteristischen Beiträgen zusammen, nämlich aus der Nullpunktsenergie $(1/2) \sum_{\boldsymbol{k},\alpha} \varepsilon^\alpha(\boldsymbol{k})$ und aus der Summe der Energien der Phononen mit dem Wellenzahlvektor $\boldsymbol{k}$ und der Polarisation α, die bei der Temperatur $T = 1/k_B\beta$ angeregt sind. Formel (13.1.44) kann man natürlich auch direkt durch Bildung des Mittelwertes des Operators (13.1.34) erhalten.

Trotz der einfachen Gestalt des obigen Ausdrucks für die innere Energie ist die Auswertung im allgemeinen recht aufwendig. In einigen typischen Grenzfällen lassen sich jedoch übersichtliche Ergebnisse erzielen. Für sehr hohe Temperaturen ergibt sich durch Entwicklung der Exponentialfunktion nach β

$$E \approx \sum_{\boldsymbol{k},\alpha} \varepsilon^\alpha(\boldsymbol{k}) \left(\frac{1}{\beta\varepsilon^\alpha(\boldsymbol{k})} + \frac{1}{2}\right) \approx \sum_{\boldsymbol{k},\alpha} \frac{1}{\beta} = 3Nk_BT. \tag{13.1.45}$$

Diese Gesetzmäßigkeit ist in der klassischen statistischen Mechanik als Gleichverteilungssatz bekannt. Für die spezifische Wärme c_V ergibt sich in diesem Grenzfall der konstante Wert

$$c_V = \frac{\partial E}{\partial T} \approx 3Nk_B. \tag{13.1.46}$$

Wir betrachten nun den Fall sehr tiefer Temperaturen. Für $T \to 0$ ist zu beachten, daß der erste Term in (13.1.44) nur für $\varepsilon^\alpha(\boldsymbol{k}) \approx 0$ — d. h. für $\boldsymbol{k} \to 0$ — wesentliche Beiträge liefert. Gemäß (13.1.25) machen wir für $\varepsilon^\alpha(\boldsymbol{k})$ den für $\boldsymbol{k} \to 0$ gültigen Ansatz

$$\varepsilon^\alpha(\boldsymbol{k}) \approx c^\alpha k\,, \tag{13.1.47}$$

wobei c^α im allgemeinen auch von der Richtung von $\boldsymbol{k}$ abhängt. Mit (13.1.47) erhalten wir aus (13.1.44)

$$E_T = E - E_0 = \sum_{\boldsymbol{k},\alpha} \frac{c^\alpha k}{e^{\beta c^\alpha k} - 1} \tag{13.1.48}$$

mit der Abkürzung

$$E_0 = \frac{1}{2} \sum_{\boldsymbol{k},\alpha} \varepsilon^\alpha(\boldsymbol{k}) \tag{13.1.49}$$

für die Nullpunktsenergie. Formen wir die $\boldsymbol{k}$-Summe in ein Integral um, so folgt aus (13.1.48)

$$E_T = \frac{\mathscr{V}}{(2\pi)^3} \sum_\alpha \int \mathrm{d}\Omega \int \mathrm{d}k \, \frac{c^\alpha k^3}{\mathrm{e}^{\beta c^\alpha k} - 1} \,. \tag{13.1.50}$$

Nun berücksichtigen wir, daß der Integrand nur für $k \to 0$ wesentlich von Null verschieden ist, so daß die obere Grenze der k-Integration ins Unendliche verschoben werden kann. Substituieren wir ferner

$$\beta c^\alpha k = x \,, \tag{13.1.51}$$

so geht (13.1.50) in

$$E_T = \frac{\mathscr{V}}{(2\pi)^3} (k_B T)^4 \int \mathrm{d}\Omega \, \frac{1}{c^\alpha(\vartheta, \varphi)^3} \int_0^\infty \mathrm{d}x \, \frac{x^3}{\mathrm{e}^x - 1} \tag{13.1.52}$$

über. Die x-Integration ergibt lediglich den unwesentlichen Zahlenfaktor $\pi^4/15$. Definieren wir ferner

$$1/\overline{c^3} = (1/4\pi) \int \mathrm{d}\Omega/c^\alpha(\vartheta, \varphi)^3 \,, \tag{13.1.53}$$

so läßt sich E_T in der Gestalt

$$E_T = \frac{3\pi^2}{10} \frac{\mathscr{V}}{\overline{c^3}} (k_B T)^4 \tag{13.1.54}$$

schreiben: Nahe $T = 0$ nimmt die innere Energie mit der vierten Potenz der absoluten Temperatur zu. Die spezifische Wärme c_V ist entsprechend proportional zu T^3. Diese Resultate wurden für eine große Klasse von Substanzen experimentell bestätigt.

Es sei noch erwähnt, wie sich zwei bekannte Modelle in den dargelegten Formalismus einpassen. Das EINSTEIN-Modell ergibt sich, wenn

$$\varepsilon^\alpha(\boldsymbol{k}) = \varepsilon = \text{const für alle } \boldsymbol{k} \text{ und } \alpha \tag{13.1.55}$$

gesetzt wird. Die innere Energie E nimmt im EINSTEIN-Modell die Form

$$E = 3N \left(\frac{\varepsilon}{2} + \frac{\varepsilon}{\mathrm{e}^{\beta\varepsilon} - 1} \right) \tag{13.1.56}$$

an. Für $T \to \infty$ ergibt dieses Modell ebenfalls das Resultat (13.1.45). Dagegen ist in der Nähe von $T = 0$

$$E \approx 3N\varepsilon \left(\frac{1}{2} + \mathrm{e}^{-\beta\varepsilon} \right) . \tag{13.1.57}$$

Das DEBYE-Modell folgt, wenn die Gleichung (13.1.47) mit einem von α und der Richtung von $\boldsymbol{k}$ unabhängigen c für den ganzen Temperaturbereich benutzt wird, jedoch die $\boldsymbol{k}$-Integration in (13.1.50) nicht bis Unendlich erstreckt wird. Vielmehr wird im Rahmen des DEBYE-Modells die Tatsache, daß nur N mögliche $\boldsymbol{k}$-Werte für die Integration in Frage kommen, durch die Begrenzung der $\boldsymbol{k}$-Integration auf eine Kugel vom Radius

$$k_D = \left[\frac{(2\pi)^3}{\mathscr{V}} \frac{3}{4\pi} N\right]^{1/3} \tag{13.1.58}$$

berücksichtigt. Das DEBYE-Modell liefert für $T \to 0$ und $T \to \infty$ mit (13.1.45) und (13.1.54) übereinstimmende Resultate, wenn man von der Vereinfachung $c^\alpha = c$ und der endlichen Integrationsgrenze bei $T \to 0$ absieht. Für mittlere Temperaturen lassen sich aus dem DEBYE-Modell brauchbare Interpolationsformeln ableiten.

Wir weisen abschließend noch auf eine weitere interessante Anwendung der Korrelationsfunktion $\langle u_i^\mu u_j^\nu \rangle$ hin. Für $\mu = \nu$ und $i = j$ erhalten wir aus dieser Funktion die mittlere quadratische Auslenkung eines Atoms im Gitter. Aus (13.1.38) und (13.1.43) folgt

$$\begin{aligned} \langle u_i^\mu u_i^\mu \rangle &= \lim_{\delta \to 0+} \frac{i}{2\pi} \int_{-\infty}^{\infty} d\omega \, \frac{G_{ii}^{\mu\mu}(\omega + i\delta) - G_{ii}^{\mu\mu}(\omega - i\delta)}{e^{\beta\omega} - 1} \\ &= \sum_{\boldsymbol{k},\alpha} \frac{1}{\varepsilon^\alpha(\boldsymbol{k})} \left(\frac{1}{e^{\beta\varepsilon^\alpha(\boldsymbol{k})} - 1} + \frac{1}{2} \right). \end{aligned} \tag{13.1.59}$$

Für $T \to \infty$ ist diese Größe proportional zu T. Da dies unphysikalisch große Amplituden der Gitterschwingungen bedeuten würde, schließen wir, daß es einen kritischen Temperaturwert T_m gibt, der dem Schmelzpunkt des betrachteten Kristalls entspricht.

13.2. Neutronenstreuung

In Abschnitt 12.6. wurde bereits auf die Bedeutung der Neutronenstreuung für die Untersuchung fester Körper hingewiesen. Aus Formel (12.6.15) für den doppelt-differentiellen Wirkungsquerschnitt der Streuung unpolarisierter Neutronen an magnetischen Festkörpern ging hervor, daß mit Hilfe von Neutronenstreuexperimenten die Magnonendispersionsrelation gemessen werden kann. Eine entsprechende Formel läßt sich für die Bestimmung des Phononenspektrums herleiten. Im folgenden soll diese Herleitung dargestellt werden. Die Formel (12.6.15) für die magnetische Neutronenstreuung werden wir nicht beweisen, da dies den Rahmen des Buches bei weitem überschreiten würde; vielmehr beschränken wir uns darauf, diese Formel mit Hilfe einiger Erläuterungen plausibel zu machen.[13.1]

Wir betrachten das durch den HAMILTON-Operator

$$H = H_S + H_n + H_{WW} \tag{13.2.1}$$

beschriebene System. H_S ist der HAMILTON-Operator des Streuers, H_n ist der HAMILTON-Operator für ein freies Neutron,

$$H_n = -\frac{1}{2M}\Delta \;, \tag{13.2.2}$$

wobei M die Neutronenmasse bedeutet, und H_{WW} stellt die Kopplung zwischen dem Neutronengas und dem Streuer dar. Der doppelt-differentielle Wirkungsquerschnitt für die Streuung unpolarisierter Neutronen des Energieintervalls $d\varepsilon'$ in den Raumwinkel $d\Omega$ ist durch

$$\frac{\partial^2\sigma}{\partial\Omega\,\partial\varepsilon'} = \frac{M^2}{(2\pi)^3}\frac{k'}{k}\overline{W_{\boldsymbol{k}\to\boldsymbol{k}'}} \tag{13.2.3}$$

gegeben, wobei $\boldsymbol{k}$ und $\boldsymbol{k}'$ die Impulse von ein- und auslaufenden Neutronen bedeuten und $W_{\boldsymbol{k}\to\boldsymbol{k}'}$ die über alle Neutronenspinzustände im Primärstrahl gemittelte sowie über alle Neutronenspinzustände im Streustrahl summierte Übergangswahrscheinlichkeit für ein Neutron aus dem Zustand $\boldsymbol{k}$ in den Zustand $\boldsymbol{k}'$ darstellt. Unsere Aufgabe besteht also in der Berechnung dieser Übergangswahrscheinlichkeit, die offenbar mit der Übergangswahrscheinlichkeit $W_{n,\boldsymbol{k}\to n',\boldsymbol{k}'}$ für den Übergang des Streuers aus dem Zustand $\langle n|$ in den Zustand $\langle n'|$ beim Übergang eines Neutrons aus dem Zustand $\boldsymbol{k}$ in den Zustand $\boldsymbol{k}'$ verknüpft ist. Es gilt

$$W_{\boldsymbol{k}\to\boldsymbol{k}'} = \sum_{n,n'} \varrho_n W_{n,\boldsymbol{k}\to n',\boldsymbol{k}'} \,. \tag{13.2.4}$$

In (13.2.4) wird über alle möglichen Endzustände $\langle n'|$ des Streuers summiert und über die durch die Verteilungsfunktion ϱ_n charakterisierte Verteilung der Anfangszustände gemittelt. Der explizite Ausdruck für die Verteilungsfunktion lautet (siehe auch (2.1.6))

$$\varrho_n = Q^{-1}\,\mathrm{e}^{-\beta E_n} \quad \text{mit} \quad Q = \sum_n \mathrm{e}^{-\beta E_n} \,. \tag{13.2.5}$$

13.1 Wir folgen hier im wesentlichen der Darstellung von Ю. А. Изюмов, Р. П. Озеров (JU. A. ISJUMOW, R. P. OSEROW), „Магнитная нейтронография", Наука Moskau 1966.

Für die Übergangswahrscheinlichkeit $W_{n,k\to n',k'}$ ergibt die zweite Ordnung der Störungstheorie[13.2]

$$W_{n,k\to n',k'} = 2\pi|\langle n'\boldsymbol{k}'|H_{WW}|n\boldsymbol{k}\rangle|^2\,\delta(E_n + \varepsilon - E_{n'} - \varepsilon') \tag{13.2.6}$$

mit

$$\varepsilon = k^2/2M\,. \tag{13.2.7}$$

Setzen wir (13.2.6) in (13.2.4) ein, so folgt

$$W_{k\to k'} = 2\pi Q^{-1}\sum_{n,n'} \mathrm{e}^{-\beta E_n}|\langle n'\boldsymbol{k}'|H_{WW}|n\boldsymbol{k}\rangle|^2\,\delta(E_n + \varepsilon - E_{n'} - \varepsilon')\,. \tag{13.2.8}$$

Mit

$$\delta(E) = \frac{1}{2\pi}\int_{-\infty}^{\infty} \mathrm{d}t\;\mathrm{e}^{-iEt} \tag{13.2.9}$$

können wir (13.2.8) unformen in

$$\begin{aligned} W_{k\to k'} &= Q^{-1}\sum_{n,n'}\int \mathrm{d}t\;\mathrm{e}^{-\beta E_n}\langle n'\boldsymbol{k}'|\,\mathrm{e}^{-iE_{n'}t}\,H_{WW}\,\mathrm{e}^{iE_nt}|n\boldsymbol{k}\rangle \\ &\quad\cdot\langle n\boldsymbol{k}|\,H_{WW}\,|\boldsymbol{k}'n'\rangle\,\mathrm{e}^{i(\varepsilon-\varepsilon')t} \\ &= Q^{-1}\sum_{n}\int \mathrm{d}t\;\mathrm{e}^{-\beta E_n}\,\mathrm{e}^{i(\varepsilon-\varepsilon')t}\langle n|\,H^{kk'}_{WW}(0)\,H^{k'k}_{WW}(t)\,|n\rangle\,, \end{aligned} \tag{13.2.10}$$

wobei die HEISENBERG-Darstellung für die Operatoren

$$H^{pq}_{WW}(t) \equiv \langle \boldsymbol{p}|H_{WW}(t)|\boldsymbol{q}\rangle = \langle \boldsymbol{p}|\mathrm{e}^{iH_St}H_{WW}(0)\,\mathrm{e}^{-iH_St}|\boldsymbol{q}\rangle \tag{13.2.11}$$

eingeführt wurde. Anstelle von (13.2.10) können wir gemäß (3.1.3) auch

$$W_{k\to k'} = \int_{-\infty}^{\infty} \mathrm{d}t\;\mathrm{e}^{i(\varepsilon-\varepsilon')t}\,\langle H^{k'k}_{WW}(0)^+ H^{k'k}_{WW}(t)\rangle \tag{13.2.12}$$

schreiben.

Zur weiteren Auswertung der obigen Beziehungen benötigen wir einen expliziten Ausdruck für den Operator H_{WW}. Dieser Operator muß die beiden wesentlichen Wechselwirkungseffekte der Neutronen mit dem Festkörper enthalten, nämlich die Streuung der Neutronen an den Atomkerhen und an den Atomhüllen. Die Kernstreuung der langsamen Neutronen beschreiben wir mit dem FERMIschen Pseudopotential

$$V_K = \sum_{l=1}^{N} \alpha_l\delta(\boldsymbol{x}_n - \boldsymbol{x}_l)\,, \tag{13.2.13}$$

[13.2] Siehe z. B. D. J. BLOCHINZEW, „Grundlagen der Quantenmechanik", Deutscher Verlag der Wissenschaften, Berlin 1961. Eine hiervon abweichende Berechnung ist in Abschnitt 17.1. enthalten.

wobei $\boldsymbol{x}_l$ den Ort des Kerns und $\boldsymbol{x}_n$ die Position des Neutrons kennzeichnet. α_l, die Streulänge, wird gewöhnlich in der Form

$$\alpha_l = A_l + B_l(\boldsymbol{S}_n \boldsymbol{S}_{K,l}) \tag{13.2.14}$$

mit Konstanten A_l und B_l geschrieben; $\boldsymbol{S}_n$ ist der Spinoperator des Neutrons und $\boldsymbol{S}_{K,l}$ der des Kerns l. Der Ausdruck (13.2.14) für die Wechselwirkung mit den Kernen ist phänomenologischer Art und für den in Betracht kommenden Energiebereich (langsame Neutronen, $\lambda_n = 1 \ldots 2$Å) experimentell bestätigt worden. Da die Kernspins im allgemeinen stochastisch orientiert sind, ist von der Kernstreuung kein Auftreten magnetischer Reflexe zu erwarten. Die Wechselwirkung der Neutronen mit den Atomhüllen erfolgt über die Kopplung des vom magnetischen Moment des Neutrons erzeugten Magnetfeldes an die von den Elektronen der nichtabgeschlossenen Schalen hervorgerufenen Ströme $\boldsymbol{j}(\boldsymbol{x}_i)$:

$$V_M = \frac{1}{c} \sum_i \boldsymbol{A}_n(\boldsymbol{x}_i)\, \boldsymbol{j}(\boldsymbol{x}_i) . \tag{13.2.15}$$

Hier ist c die Lichtgeschwindigkeit, und

$$\boldsymbol{A}_n(\boldsymbol{x}_i) = \boldsymbol{\mu}_n \times (\boldsymbol{x}_i - \boldsymbol{x}_n)/|\boldsymbol{x}_i - \boldsymbol{x}_n|^3 \tag{13.2.16}$$

ist das vom magnetischen Moment $\boldsymbol{\mu}_n$ des Neutrons am Ort $\boldsymbol{x}_n$ erzeugte Vektorpotential am Aufpunkt $\boldsymbol{x}_i$. Weiterhin ist

$$\boldsymbol{\mu}_n = 2 g_n \mu_K \boldsymbol{S}_n , \tag{13.2.17}$$

wobei μ_K das Kernmagneton und $g_n = -1{,}913$ ist. Zur Bestimmung des Wirkungsquerschnitts benötigen wir gemäß (13.2.10) die Matrixelemente

$$H_{WW}^{k'k} = \langle \boldsymbol{k}' | V_K + V_M | \boldsymbol{k} \rangle . \tag{13.2.18}$$

Im folgenden berechnen wir $\langle \boldsymbol{k}' | V_K | \boldsymbol{k} \rangle$:

$$\begin{aligned} \langle \boldsymbol{k}' | V_K | \boldsymbol{k} \rangle &= \int \mathrm{d}\boldsymbol{x}_n \sum_{l=1}^{N} \alpha_l \, \mathrm{e}^{-i\boldsymbol{k}'\boldsymbol{x}_n} \delta(\boldsymbol{x}_n - \boldsymbol{x}_l)\, \mathrm{e}^{i\boldsymbol{k}\boldsymbol{x}_n} \\ &= \sum_{l=1}^{N} \alpha_l \, \mathrm{e}^{i(\boldsymbol{k}-\boldsymbol{k}')\boldsymbol{x}_l} . \end{aligned} \tag{13.2.19}$$

Durch Einsetzen dieses Resultats in (13.2.10) ergibt sich für den Fall einer reinen Kernstreuung

$$\begin{aligned} \frac{\partial^2 \sigma^K}{\partial \Omega \, \partial \varepsilon'} &= \frac{M^2}{(2\pi)^3} \sum_{l,m} \overline{\alpha_l \alpha_m} \, \frac{k'}{k} \int_{-\infty}^{\infty} \mathrm{e}^{i(\varepsilon - \varepsilon')t} \\ &\quad \cdot \langle \mathrm{e}^{-i(\boldsymbol{k}-\boldsymbol{k}')\boldsymbol{x}_l} \, \mathrm{e}^{iH_S t} \, \mathrm{e}^{i(\boldsymbol{k}-\boldsymbol{k}')\boldsymbol{x}_m} \, \mathrm{e}^{-iH_S t} \rangle \, \mathrm{d}t \\ &= \frac{M^2}{(2\pi)^3} \frac{k'}{k} \sum_{l,m} \overline{\alpha_l \alpha_m} \int_{-\infty}^{\infty} \mathrm{d}t \, \mathrm{e}^{i(\varepsilon - \varepsilon')t} \langle \mathrm{e}^{-i\boldsymbol{q}\boldsymbol{x}_l(0)} \, \mathrm{e}^{i\boldsymbol{q}\boldsymbol{x}_m(t)} \rangle , \end{aligned} \tag{13.2.20}$$

wobei $\boldsymbol{q} = \boldsymbol{k} - \boldsymbol{k}'$ ist. Unter Benutzung des Spektraltheorems (3.3.36) können wir anstelle von (13.2.20) auch schreiben

$$\frac{\partial^2 \sigma^K}{\partial \Omega \, \partial \varepsilon'} = \frac{M^2}{(2\pi)^3} \frac{k'}{k} \sum_{l,m} \overline{\alpha_l \alpha_m} \lim_{\delta \to 0+} \frac{i}{2\pi} \int \mathrm{d}t \int \mathrm{d}\omega$$

$$\cdot \frac{\mathrm{e}^{i(\varepsilon - \varepsilon' - \omega)t}}{\mathrm{e}^{\beta\omega} - 1} \{\langle\!\langle \mathrm{e}^{i\boldsymbol{q}\boldsymbol{x}_m}; \mathrm{e}^{-i\boldsymbol{q}\boldsymbol{x}_l} \rangle\!\rangle_{\omega + i\delta} - \langle\!\langle \mathrm{e}^{i\boldsymbol{q}\boldsymbol{x}_m}; \mathrm{e}^{-i\boldsymbol{q}\boldsymbol{x}_l} \rangle\!\rangle_{\omega - i\delta}\}$$

$$= -\frac{2M^2}{(2\pi)^3} \frac{k'}{k} \sum_{l,m} \overline{\alpha_l \alpha_m} \frac{\operatorname{Im} \langle\!\langle \mathrm{e}^{i\boldsymbol{q}\boldsymbol{x}_m}; \mathrm{e}^{-i\boldsymbol{q}\boldsymbol{x}_l} \rangle\!\rangle_{\omega = \varepsilon - \varepsilon'}}{\mathrm{e}^{\beta(\varepsilon - \varepsilon')} - 1} . \tag{13.2.21}$$

Die Berechnung des magnetischen Anteils der Neutronenstreuung ist wegen der im Vergleich zur Neutron-Kern-Wechselwirkung (13.2.13) viel komplizierteren Kopplung zwischen Neutronen und Atomhülle (13.2.15) erheblich schwieriger. Wir sehen deshalb von einer Ableitung des Streuquerschnitts für die magnetische Streuung ab und verweisen auf die Darstellung in der Spezialliteratur.[13.3] Im folgenden geben wir das Ergebnis einer verhältnismäßig umfangreichen Rechnung für den wichtigen Spezialfall an, in dem der von der Bahnbewegung der Elektronen herrührende Anteil im Stromoperator $\boldsymbol{j}(\boldsymbol{x}_i)$ vernachlässigt werden kann. Die Matrixelemente des Wechselwirkungsoperators haben in dieser Näherung die Gestalt

$$\langle n' | V_M^{\boldsymbol{k}'\boldsymbol{k}} | n \rangle = -\frac{4\pi}{M} r_0 g_n \sum_i \langle n' | S_i^\mu | n \rangle \, f_i(\boldsymbol{q}) \, (S_n^\mu - e^\nu S_n^\nu e^\mu) \, \mathrm{e}^{i\boldsymbol{q}\boldsymbol{x}_i} , \tag{13.2.22}$$

wobei $f_i(\boldsymbol{q})$ der sogenannte magnetische Atomformfaktor ist, der die Spindichteverteilung im Atom charakterisiert. Weiterhin ist S_i^μ der Operator für die μ-Komponente des Gesamtspins der nichtabgeschlossenen Elektronenschalen, $r_0 = e^2/m_0 c^2$ (m_0: Elektronenmasse) und $e^\mu = q^\mu/q = (k^\mu - k'^\mu)/|\boldsymbol{k} - \boldsymbol{k}'|$. Durch Einsetzen von (13.2.22) in (13.2.10) bzw. (13.2.3) erhalten wir den doppelt-differentiellen Wirkungsquerschnitt für die magnetische Streuung

$$\frac{\partial^2 \sigma^M}{\partial \Omega \, \partial \varepsilon'} = (r_0 g_n)^2 \frac{k'}{k} \sum_{i,j} f_i(\boldsymbol{q}) \, f_j(\boldsymbol{q}) \frac{2}{\pi} \int \mathrm{d}t \, \mathrm{e}^{i(\varepsilon - \varepsilon')t}$$

$$\cdot \langle S_i^\mu(0) \, \mathrm{e}^{-i\boldsymbol{q}\boldsymbol{x}_i(0)} \, \mathrm{e}^{i\boldsymbol{q}\boldsymbol{x}_j(t)} \, S_j^\nu(t) \rangle \, \overline{(S_n^\mu - e^\lambda S_n^\lambda e^\mu)(S_n^\nu - e^\varkappa S_n^\varkappa e^\nu)} . \tag{13.2.23}$$

[13.3] Siehe Ю. А. Изюмов, Р. П.Озеров (Ju. A. Isjumow, R. P. Oserow), „Магнитная нейтронография", Наука, Moskau 1966.

Da wir vorausgesetzt hatten, daß die Neutronen im Primärstrahl nicht polarisiert sein sollten, ist

$$\overline{(S_n^\mu - e^\lambda S_n^\lambda e^\mu)(S_n^\nu - e^\varkappa S_n^\varkappa e^\nu)} = \frac{1}{4}(\delta_{\mu\nu} - e^\mu e^\nu) \tag{13.2.24}$$

und folglich

$$\frac{\partial^2 \sigma^M}{\partial\Omega\, \partial\varepsilon'} = -(r_0 g_n)^2 \frac{k'}{k} \sum_{i,j} f_i(\boldsymbol{q})\, f_j(\boldsymbol{q})\, (\delta_{\mu\nu} - e^\mu e^\nu) \cdot \frac{1}{\pi} \frac{\operatorname{Im} \langle\!\langle e^{i\boldsymbol{q}\boldsymbol{x}_j} S_j^\nu ; S_i^\mu e^{-i\boldsymbol{q}\boldsymbol{x}_i} \rangle\!\rangle_{\omega = \varepsilon - \varepsilon'}}{e^{\beta(\varepsilon - \varepsilon')} - 1}. \tag{13.2.25}$$

Beim Übergang von (13.2.23) nach (13.2.25) haben wir noch das Spektraltheorem (3.3.36) eingesetzt. Werden in (13.2.25) die Gitterschwingungen vollständig vernachlässigt, so geht diese Formel in (12.6.15) über.

Aus Gründen der Übersichtlichkeit hatten wir die magnetische und die Kernstreuung getrennt behandelt. Aus den Ausdrücken für die Matrixelemente (13.2.19) und (13.2.22) geht jedoch hervor, daß eine gemeinsame Ableitung des gesamten Wirkungsquerschnitts für die Streuung unpolarisierter Neutronen zu dem Resultat führt

$$\frac{\partial^2 \sigma^{\text{gesamt}}}{\partial\Omega\, \partial\varepsilon'} = \frac{\partial^2 \sigma^M}{\partial\Omega\, \partial\varepsilon'} + \frac{\partial^2 \sigma^K}{\partial\Omega\, \partial\varepsilon'}, \tag{13.2.26}$$

da der „gemischte" Anteil bei der Mittelung über die Polarisationsrichtungen der Neutronenspins verschwindet.

Die detaillierte Auswertung der erhaltenen Streuquerschnitte würde den Rahmen des Buches überschreiten. Wir machen uns daher — ähnlich wie in Abschnitt 12.6. für die Magnonen — qualitativ klar, daß (13.2.21) die Messung der Phononendispersionsrelation gestattet. Die in (13.2.20) oder (13.2.21) auftretenden Operatoren exp $(i\boldsymbol{q}\boldsymbol{x}_i)$ sind nach (13.1.2) auch in der Gestalt

$$e^{i\boldsymbol{q}\boldsymbol{x}_i} = e^{i\boldsymbol{q}(\boldsymbol{x}_{i0} - \boldsymbol{u}_i)} \tag{13.2.27}$$

darstellbar. Diese Operatorfunktion können wir in eine Reihe nach $\boldsymbol{u}_i$ entwickeln und in (13.2.20) oder (13.2.21) einsetzen. In der niedrigsten Ordnung, die zur inelastischen Streuung führt, tritt dann die GREENsche Funktion (13.1.9) auf, deren Pole direkt zu Polen im doppelt-differentiellen Wirkungsquerschnitt führen und Einphononenprozesse beschreiben. Die höheren Glieder in der Reihenentwicklung entsprechen Vielphononenstreuprozessen.

Abschließend sei noch darauf hingewiesen, daß die inelastische Neutronenstreuung trotz der komplizierten Auswertung der experimentellen Daten heute die genaueste Methode auch zur Messung der Phononendispersionsrelation ist. Aus der gemessenen Phononendispersionsrelation läßt sich dann das thermodynamische Verhalten (s. Abschnitt 13.1.) eines konkreten Kristalls berechnen. Somit kann die Methode der inelastischen Neutronenstreuung sowohl zum direkten Test als auch zur Anpassung theoretischer Modelle nutzbar gemacht werden.

13.3. Elektron-Phonon-Kopplung

Die Wechselwirkung der Phononen mit anderen Teilchen oder Quasiteilchen spielt in vielen Erscheinungen eine wichtige Rolle. In Abschnitt 13.2. haben wir bereits die Bedeutung der Phonon-Neutron-Wechselwirkung für die inelastische Neutronenstreuung kennengelernt. Als Beispiel für die vielen anderen durch die Wechselwirkung mit Phononen hervorgerufenen Effekte leiten wir in diesem Abschnitt die für die BCS-Theorie grundlegenden Gleichungen (7.4.7) und (7.4.12) auf der Basis der Elektron-Phonon-Wechselwirkung ab. Diese Ableitung rechtfertigt nachträglich den im Abschnitt 7.4. (vgl. auch Abschnitt 5.5.) für die Diskussion der Supraleitung zum Ausgangspunkt gewählten BCS-Operator.

Zunächst benötigen wir einen Operator, der die Wechselwirkung der Elektronen mit dem Gitter beschreibt. Im Grunde genommen ist diese Wechselwirkung bereits in den Ausdrücken für die HAMILTON-Operatoren der Elektronensysteme, wie sie in den Kapiteln 4., 5., 6., 7. und 8. verwendet wurden, enthalten, da die dort aufgeschriebenen Matrixelemente

$$t_{ij} = \int \mathrm{d}\boldsymbol{x}\, \Phi_i^*(\boldsymbol{x})\, h(\boldsymbol{x})\, \Phi_j(\boldsymbol{x}) \tag{13.3.1}$$

die Kopplung der Elektronen an das Gitter beinhalten. Allerdings wurde in jenen Kapiteln vorausgesetzt, daß die Gitterbausteine unbeweglich sein sollten. Von dieser Näherung gehen wir jetzt ab, indem wir die Auslenkungen der Gitterionen aus den Gleichgewichtslagen in erster Ordnung berücksichtigen. Die früheren Rechnungen stellen demnach eine nullte Näherung zur Elektron-Phonon-Wechselwirkung dar.

In ausführlicher Schreibweise lautet der mit (4.1.3) eingeführte Ein-Teilchen-HAMILTON-Operator

$$h(\boldsymbol{x}) = -\frac{1}{2m}\Delta + \sum_j u(\boldsymbol{x} - \boldsymbol{x}_j), \tag{13.3.2}$$

wobei mit $\boldsymbol{x}_j$ die momentane Position des Ions j bezeichnet wird. Für kleine Auslenkungen aus der Ruhelage kann das Potential durch eine TAYLOR-Entwicklung bis zur ersten Ordnung angenähert werden:

$$u(\boldsymbol{x} - \boldsymbol{x}_j) \approx u(\boldsymbol{x} - \boldsymbol{x}_{j0}) + \frac{\partial}{\partial x_j^\mu} u(\boldsymbol{x} - \boldsymbol{x}_j)\big|_{\boldsymbol{x}_j = \boldsymbol{x}_{j0}}\, u_j^\mu . \tag{13.3.3}$$

Wir erhalten daher in zweiter Quantisierung folgenden HAMILTON-Operator:

$$H = \sum_{lm\sigma} t_{lm} c_{l\sigma}^+ c_{m\sigma} + \sum_{lmj\sigma} \frac{\partial}{\partial x_j^\mu} V_{lmj} u_j^\mu c_{l\sigma}^+ c_{m\sigma}, \tag{13.3.4}$$

wobei

$$t_{lm} \int \mathrm{d}\boldsymbol{x}\, \Phi_l^*(\boldsymbol{x}) \left(-\frac{1}{2m} \Delta + \sum_j u(\boldsymbol{x} - \boldsymbol{x}_{j0}) \right) \Phi_m(\boldsymbol{x}) \tag{13.3.5}$$

ist, und

$$V_{lmj} = \int \mathrm{d}\boldsymbol{x}\, \Phi_l^*(\boldsymbol{x}) \ u(\boldsymbol{x} - \boldsymbol{x}_{j0})\, \Phi_m(\boldsymbol{x}) \tag{13.3.6}$$

gilt. $\Phi_l^*(x)$ und $\Phi_m(x)$ sind WANNIER-Funktionen. Zu (13.3.4) fügen wir noch den das wechselwirkungsfreie Phononensystem beschreibenden HAMILTON-Operator (13.1.34) hinzu und erhalten

$$\begin{aligned} H &= \sum_{lm\sigma} t_{lm} c_{l\sigma}^+ c_{m\sigma} + \sum_{lmj\sigma} \frac{\partial}{\partial x_j^\mu} V_{lmj} u_j^\mu c_{l\sigma}^+ c_{m\sigma} + \sum_{\boldsymbol{k},\alpha} \varepsilon^\alpha(\boldsymbol{k}) \left(n_{\boldsymbol{k}}^\alpha + \frac{1}{2} \right) \\ &= H_e + H_{ep} + H_p . \end{aligned} \tag{13.3.7}$$

Dieser Operator stellt ein stark vereinfachtes Modell der Elektron-Phonon-Wechselwirkung dar. Wie in den Kapiteln 4. bis 9. wird auch hier für die Elektronen ein einzelnes Band angenommen, und es werden die Elektron-Elektron- und die Phonon-Phonon-Wechselwirkung vernachlässigt. Außerdem wird — wie oben betont — die Elektron-Phonon-Wechselwirkung nur in linearer Näherung berücksichtigt. In (13.3.7) werden in den einzelnen Termen noch unterschiedliche Koordinatensysteme verwendet; wir transformieren deshalb einheitlich auf BLOCH-Koordinaten und führen mit Hilfe der Transformation (13.1.32) die Phononenoperatoren auch in den Wechselwirkungsterm ein:

$$\begin{aligned} H = \sum_{\boldsymbol{k}\sigma} \varepsilon(\boldsymbol{k})\, n_{\boldsymbol{k}\sigma} + \sum_{\substack{lmj\sigma \\ \alpha\boldsymbol{k}\boldsymbol{k}_1\boldsymbol{k}_2\boldsymbol{k}_3\boldsymbol{k}_4}} \frac{(-ik_2^\mu)}{N^2} \mathrm{e}^{i\boldsymbol{k}_1(\boldsymbol{R}_l - \boldsymbol{R}_m) + i\boldsymbol{k}_2(\boldsymbol{R}_m - \boldsymbol{R}_j)} V_{\boldsymbol{k}_1\boldsymbol{k}_2} \\ \cdot \frac{1}{N} \mathrm{e}^{-i\boldsymbol{k}_3\boldsymbol{R}_l + i\boldsymbol{k}_4\boldsymbol{R}_m} c_{\boldsymbol{k}_3\sigma}^+ c_{\boldsymbol{k}_4\sigma} (2NM\varepsilon^\alpha(\boldsymbol{k}))^{-1/2} \mathrm{e}^{i\boldsymbol{k}\boldsymbol{R}_j} \mathrm{e}^{\mu\alpha}(\boldsymbol{k}) (a_{\boldsymbol{k}}^\alpha + a_{-\boldsymbol{k}}^{\alpha+}) + H_p \end{aligned} \tag{13.3.8}$$

mit

$$V_{lmj} = \frac{1}{N^2} \sum_{\boldsymbol{k}_1\boldsymbol{k}_2} V_{\boldsymbol{k}_1\boldsymbol{k}_2} \mathrm{e}^{i\boldsymbol{k}_1(\boldsymbol{R}_l - \boldsymbol{R}_m) + i\boldsymbol{k}(\boldsymbol{R}_m - \boldsymbol{R}_j)} \tag{13.3.9}$$

Die im zweiten Term von (13.3.8) auftretenden Exponentialfunktionen lassen sich zu KRONECKER-Symbolen zusammenfassen, mit deren Hilfe wir die $\boldsymbol{k}_3$- und $\boldsymbol{k}_4$-Summation ausführen können:

$$\begin{aligned} H = H_e + H_p + \sum_{\alpha\boldsymbol{k}\boldsymbol{k}_1\boldsymbol{k}_2\sigma} (-ik_2^\mu)\, V_{\boldsymbol{k}_1\boldsymbol{k}_2} \mathrm{e}^{\mu\alpha}(\boldsymbol{k})\, (2NM\varepsilon^\alpha(\boldsymbol{k}))^{-1/2} c_{\boldsymbol{k}_1\sigma}^+ c_{\boldsymbol{k}_1 - \boldsymbol{k}_2\sigma} \\ \cdot (a_{\boldsymbol{k}}^\alpha + a_{-\boldsymbol{k}}^{\alpha+})\, \delta_{\boldsymbol{k},\boldsymbol{k}_2 + 2\pi\boldsymbol{g}}, \end{aligned} \tag{13.3.10}$$

wobei g ein Vektor des reziproken Gitters ist. Zum Zweck der weiteren Vereinfachung lassen wir in (13.3.10) die Umklapp-Prozesse ($g \neq 0$) weg, so daß die Elektron-Phonon-Wechselwirkung auf die Wechselwirkung der Elektronen mit den longitudinalen Phononen eingeschränkt ist:

$$H = H_e + H_p + \sum_{kq} (-ik^\mu) V_{qk} e^{\mu l}(k) (2NM\varepsilon^l(k))^{-1/2} c^+_{q\sigma} c_{q-k\sigma} (a^l_k + a^{l+}_{-k}). \tag{13.3.11}$$

Diesen Operator nähern wir weiter, indem wir im Wechselwirkungsterm in den Koeffizienten die Abhängigkeit von den Impulsen vernachlässigen. Es ist zu beachten, daß sich dabei wegen der Hermitezität des HAMILTON-Operators und der Proportionalität zu k^μ eine Vorzeichenänderung in der Klammer mit den Phononenoperatoren ergeben muß:

$$H = H_e + H_p + H_{ep} = H_e + H_p + i\sqrt{\frac{\bar{\gamma}}{N}} \sum_{kq} c^+_{q\sigma} c_{q+k\sigma} (a^{l+}_k - a^l_{-k}). \tag{13.3.12}$$

Die durch (13.3.12) beschriebenen Streuprozesse lassen sich einfach interpretieren. Die Vernichtung eines Elektrons mit dem Quasi-Impuls $q + k$ und die Erzeugung eines Elektrons des Quasi-Impulses q ist entweder von der Erzeugung eines Phonons mit dem Quasi-Impuls k oder der Vernichtung eines Phonons mit dem Quasi-Impuls $-k$ begleitet. Der Modelloperator (13.3.12) wird als FRÖHLICH-Operator bezeichnet.

Mit Hilfe des FRÖHLICH-Operators leiten wir nun die Gleichungen (7.4.7) und (7.4.12) der BCS-Theorie ab. Gemäß Abschnitt 7.4. haben wir die GREENsche Funktion

$$G_{k\sigma}(\omega) = \langle\langle c_{k\sigma}; c^+_{k\sigma}\rangle\rangle_\omega, \qquad \eta = -1 \tag{13.3.13}$$

zu berechnen (vgl. Formel (4.2.3) sowie die Ausführungen in den Kapiteln 4. bis 9.). Die Bewegungsgleichung für diese GREENsche Funktion lautet

$$(\omega - \varepsilon(k) + \mu) \langle\langle c_{k\sigma}; c^+_{k\sigma}\rangle\rangle_\omega = 1 + i\sqrt{\frac{\bar{\gamma}}{N}} \sum_q \langle\langle c_{k+q\sigma} (a^{l+}_q - a^l_{-q}); c^+_{k\sigma}\rangle\rangle_\omega. \tag{13.3.14}$$

In dieser Gleichung tritt die Differenz der beiden GREENschen Funktionen $\langle\langle c_{k+q\sigma} a^{l+}_q; c^+_{k\sigma}\rangle\rangle_\omega$ und $\langle\langle c_{k+q\sigma} a^l_{-q}; c^+_{k\sigma}\rangle\rangle_\omega$ auf, für die wir wieder die Bewegungsgleichungen aufschreiben:

$$\begin{aligned}(\omega - \varepsilon(k+q) + \varepsilon^l(q) + \mu) &\langle\langle c_{k+q\sigma} a^{l+}_q; c^+_{k\sigma}\rangle\rangle_\omega \\ = i\sqrt{\frac{\bar{\gamma}}{N}} \Bigg[&\sum_{k'\sigma'} \langle\langle \underline{c_{k+q\sigma} c^+_{k'\sigma'}} \underline{c_{k'-q\sigma'}}; c^+_{k\sigma}\rangle\rangle_\omega \\ &+ \sum_{q'} \langle\langle c_{k+q+q'\sigma} (a^{l+}_{q'} - \underline{a^l_{-q'}}) \underline{a^{l+}_q}; c^+_{k\sigma}\rangle\rangle_\omega \Bigg]\end{aligned} \tag{13.3.15}$$

und

$$(\omega - \varepsilon(\boldsymbol{k} + \boldsymbol{q}) - \varepsilon^l(\boldsymbol{q}) + \mu) \langle\langle c_{\boldsymbol{k}+\boldsymbol{q}\sigma} a^l_{-\boldsymbol{q}}; c^+_{\boldsymbol{k}\sigma} \rangle\rangle_\omega$$

$$= i \sqrt{\frac{\bar{\gamma}}{N}} \left[\sum_{\boldsymbol{k}'\sigma'} \langle\langle \underline{c_{\boldsymbol{k}+\boldsymbol{q}\sigma} c^+_{\boldsymbol{k}'\sigma'}} \underline{c_{\boldsymbol{k}'-\boldsymbol{q}\sigma'}}; c^+_{\boldsymbol{k}\sigma} \rangle\rangle_\omega \right.$$

$$\left. + \sum_{\boldsymbol{q}'} \langle\langle c_{\boldsymbol{k}+\boldsymbol{q}+\boldsymbol{q}'\sigma} (\underline{a^{l+}_{\boldsymbol{q}'}} - a^l_{-\boldsymbol{q}'}) \underline{a^l_{-\boldsymbol{q}}}; c^+_{\boldsymbol{k}\sigma} \rangle\rangle_\omega \right]. \tag{13.3.16}$$

Um diese Gleichungen weiter auswerten zu können, müssen die GREENschen Funktionen auf den rechten Seiten der Gleichungen mit Hilfe geeigneter Näherungen durch GREENsche Funktionen niedrigerer Ordnung dargestellt werden. Wir ersetzen daher in (13.3.15) und (13.3.16) jeweils die Produkte der unterstrichenen Operatoren durch die Mittelwerte dieser Produkte. Hinsichtlich der Entkopplung der Phononenoperatoren entspricht diese Näherung einem RPA-Verfahren. Die Entkopplung der Elektronenoperatoren mit Hilfe der „anomalen" Mittelwerte dagegen ist als eine der physikalischen Fragestellung angepaßte Modifizierung der RPA-Methode anzusehen. In Abschnitt 7.4. findet sich eine ausführliche Begründung für diese Näherung. Wir setzen also

$$c_{\boldsymbol{p}\sigma} c_{\boldsymbol{p}'\sigma'} \approx \delta_{\boldsymbol{p}',-\boldsymbol{p}} \delta_{\sigma',-\sigma} \langle c_{\boldsymbol{p}\sigma} c_{-\boldsymbol{p}-\sigma} \rangle \tag{13.3.17}$$

und erhalten anstelle von (13.3.15) und (13.3.16) die genäherten Gleichungen

$$(\omega - \varepsilon(\boldsymbol{k} + \boldsymbol{q}) + \varepsilon^l(\boldsymbol{q}) + \mu) \langle\langle c_{\boldsymbol{k}+\boldsymbol{q}\sigma} a^{l+}_{\boldsymbol{q}}; c^+_{\boldsymbol{k}\sigma} \rangle\rangle_\omega$$

$$\approx i \sqrt{\frac{\bar{\gamma}}{N}} [\langle c_{\boldsymbol{k}+\boldsymbol{q}\sigma} c_{-\boldsymbol{k}-\boldsymbol{q}-\sigma} \rangle \Gamma_{\boldsymbol{k}\sigma}(\omega) - (1 + \langle n^l_{\boldsymbol{q}} \rangle) \langle\langle c_{\boldsymbol{k}\sigma}; c^+_{\boldsymbol{k}\sigma} \rangle\rangle_\omega] \tag{13.3.18}$$

sowie

$$(\omega - \varepsilon(\boldsymbol{k} + \boldsymbol{q}) - \varepsilon^l(\boldsymbol{q}) + \mu) \langle\langle c_{\boldsymbol{k}+\boldsymbol{q}\sigma} a^l_{-\boldsymbol{q}}; c^+_{\boldsymbol{k}\sigma} \rangle\rangle_\omega$$

$$\approx i \sqrt{\frac{\bar{\gamma}}{N}} [\langle c_{\boldsymbol{k}+\boldsymbol{q}\sigma} c_{-\boldsymbol{k}-\boldsymbol{q}-\sigma} \rangle \Gamma_{\boldsymbol{k}\sigma}(\omega) + \langle n^l_{\boldsymbol{q}} \rangle \langle\langle c_{\boldsymbol{k}\sigma}; c^+_{\boldsymbol{k}\sigma} \rangle\rangle_\omega], \tag{13.3.19}$$

wobei

$$\Gamma_{\boldsymbol{k}\sigma}(\omega) = \langle\langle c^+_{-\boldsymbol{k}-\sigma}; c^+_{\boldsymbol{k}\sigma} \rangle\rangle_\omega \tag{13.3.20}$$

(vgl. (7.4.9)) und

$$\langle n^l_{\boldsymbol{q}} \rangle = \langle a^{l+}_{\boldsymbol{q}} a^l_{\boldsymbol{q}} \rangle \tag{13.3.21}$$

der Anzahloperator für longitudinale Phononen des Impulses $\boldsymbol{q}$ ist. Die Lösungen der Gleichungen (13.3.18) und (13.3.19) setzen wir in Gleichung (13.3.14) zur Bestimmung der GREENschen Funktion $G_{k\sigma}(\omega)$ ein:

$$(\omega - \varepsilon(\boldsymbol{k}) + \mu)\, G_{k\sigma}(\omega) = 1 + \frac{\bar{\gamma}}{N} \sum_{q} \frac{2\varepsilon^l(\boldsymbol{q}) \langle c_{k+q\sigma} c_{-k-q-\sigma} \rangle}{(\omega - \varepsilon(\boldsymbol{k} + \boldsymbol{q}) + \mu)^2 - \varepsilon^l(\boldsymbol{q})^2} \Gamma_{k\sigma}(\omega)$$

$$+ \frac{\bar{\gamma}}{N} \sum_{q} \frac{(\omega - \varepsilon(\boldsymbol{k} + \boldsymbol{q}) + \mu)(2\langle n_q^l \rangle + 1) - \varepsilon^l(\boldsymbol{q})}{(\omega - \varepsilon(\boldsymbol{k} + \boldsymbol{q}) + \mu)^2 - \varepsilon^l(\boldsymbol{q})^2} G_{k\sigma}(\omega) . \tag{13.3.22}$$

Auf der rechten Seite dieser Gleichung vernachlässigen wir den zweiten Term vollständig und ersetzen im ersten Term den Koeffizienten vor der GREENschen Funktion für $\boldsymbol{q}$-Werte, für die der Nenner negativ ist, in folgender Weise:

$$\frac{\bar{\gamma}}{N} \sum_{q} \frac{2\varepsilon^l(\boldsymbol{q}) \langle c_{k+q\sigma} c_{-k-q-\sigma} \rangle}{(\omega - \varepsilon(\boldsymbol{k} + \boldsymbol{q}) + \mu)^2 - \varepsilon^l(\boldsymbol{q})^2} \approx \frac{\gamma}{N} \sum_{q}^{(\bar{\omega})} \langle c_{q\sigma} c_{-q-\sigma} \rangle \equiv -\Delta \tag{13.3.23}$$

(vgl. Abschnitt 7.4.); die anderen Beiträge in der $\boldsymbol{q}$-Summe werden nicht berücksichtigt. Diese Näherung, die der Annahme entspricht, daß ein Bereich $2\bar{\omega}$ der $\boldsymbol{q}$-Werte existiert, in dem zwischen den Elektronen auf Grund der Wechselwirkung mit den Phononen anziehende Kräfte auftreten, führt Gleichung (13.3.22) in die gesuchte Gleichung (7.4.7) über:

$$(\omega - \varepsilon(\boldsymbol{k}) + \mu)\, G_{k\sigma}(\omega) = 1 - \Delta \Gamma_{k\sigma}(\omega) . \tag{13.3.24}$$

Wir benötigen nun noch eine Gleichung zur Bestimmung der GREENschen Funktion (13.3.20); dies besagt in anderen Worten, daß noch Gleichung (7.4.12) abzuleiten ist. Da sich die durchzuführenden Rechnungen nur unwesentlich von den obigen unterscheiden, geben wir nur die wichtigsten Schritte an. Die Bewegungsgleichung für $\Gamma_{k\sigma}(\omega)$ lautet

$$(\omega + \varepsilon(\boldsymbol{k}) - \mu)\, \Gamma_{k\sigma}(\omega) = -i \sqrt{\frac{\bar{\gamma}}{N}} \sum_{q} \langle\langle c^+_{-k-q-\sigma}(a_q^{l+} - a^l_{-q}); c^+_{k\sigma} \rangle\rangle_\omega . \tag{13.3.25}$$

Für die auf der rechten Seite neu auftretenden GREENschen Funktionen lassen sich durch Entkopplungen, die den oben durchgeführten analog sind, folgende genäherte Bewegungsgleichungen aufschreiben:

$$(\omega + \varepsilon(-\boldsymbol{k} - \boldsymbol{q}) - \mu + \varepsilon^l(\boldsymbol{q}))\, \langle\langle c^+_{-k-q-\sigma} a_q^{l+}; c^+_{k\sigma} \rangle\rangle_\omega$$

$$\approx i \sqrt{\frac{\bar{\gamma}}{N}} [\langle c^+_{-k-q-\sigma} c^+_{k+q\sigma} \rangle G_{k\sigma}(\omega) + (1 + \langle n_q^l \rangle)\, \Gamma_{k\sigma}(\omega)] \tag{13.3.26}$$

und

$$(\omega + \varepsilon(-\boldsymbol{k} - \boldsymbol{q}) - \mu + \varepsilon^l(\boldsymbol{q}))\, \langle\langle c^+_{-k-q-\sigma} a^l_{-q}; c^+_{k\sigma} \rangle\rangle_\omega$$

$$\approx i \sqrt{\frac{\bar{\gamma}}{N}} [\langle c^+_{-k-q-\sigma} c^+_{k+q\sigma} \rangle G_{k\sigma}(\omega) - \langle n_q^l \rangle\, \Gamma_{k\sigma}(\omega)] . \tag{13.3.27}$$

Setzen wir nun (13.3.26) und (13.3.27) in (13.3.25) ein, so ergibt sich nach Wiederholung ähnlicher Näherungen wie oben

$$(\omega + \varepsilon(\boldsymbol{k}) - \mu)\, \Gamma_{\boldsymbol{k}\sigma}(\omega) = -\Delta^* G_{\boldsymbol{k}\sigma}(\omega)\,. \tag{13.3.28}$$

Diese Gleichung ist identisch mit (7.4.12).

Mit (13.3.24) und (13.3.28) haben wir die grundlegenden Gleichungen der BCS-Theorie mit Hilfe der GREENschen Funktionen direkt aus der Elektron-Phonon-Wechselwirkung abgeleitet. Das hier benutzte Verfahren rechtfertigt somit einerseits den Ersatz des FRÖHLICH-Operators (13.3.12) durch den effektiven BCS-Operator (7.4.1) und zeigt andererseits, welche Näherungsschritte im Rahmen des Formalismus der GREENschen Funktionen mit dem Übergang vom FRÖHLICH-Operator zum BCS-Operator verbunden sind. Ferner erweist sich auch hier die praktische Verwendbarkeit der GREENschen Funktionen: Üblicherweise wird der BCS-Operator unter Benutzung einer kanonischen Transformation aus dem FRÖHLICH-Operator abgeleitet, während hier lediglich Bewegungsgleichungen und Entkopplungen verwendet wurden.

14. Grundlagen der Störungstheorie

14.1. Entwicklung nach kleinen Parametern

In allen bisherigen Kapiteln wurden die zur Beschreibung von Meßgrößen benötigten GREENschen Funktionen berechnet, indem von der Bewegungsgleichung (3.1.23) ausgegangen und die entstehende Gleichungshierarchie durch irgendein Näherungsverfahren abgebrochen wurde (wenn nicht, wie z. B. im wechselwirkungsfreien Fall, von vornherein nur ein abgeschlossenes Gleichungssystem entstand). Eine andere Möglichkeit zur Berechnung GREENscher Funktionen, die in diesem und den nächsten Kapiteln besprochen werden soll, besteht darin, eine Entwicklung nach Potenzen der Wechselwirkung durchzuführen. Hierzu wird der HAMILTON-Operator des Systems in einen „ungestörten" Anteil H^0 und eine „Störung" V aufgeteilt:

$$H = H^0 + V. \tag{14.1.1}$$

H^0 ist der HAMILTON-Operator eines Modell-Systems, dessen Lösungen leichter zugänglich sind als die Lösungen von H. Gewöhnlich wird für H^0 ein wechselwirkungsfreies System verwendet, so daß V die gesamte Wechselwirkung enthält.

Um die Entwicklung durchführen zu können, wird in V ein dimensionsloser Parameter λ gemäß

$$H \to H_\lambda = H^0 + \lambda V \tag{14.1.2}$$

eingeführt. Werden nun irgendwelche interessierenden Meßgrößen a unter Verwendung des Operators H_λ berechnet, dann ergeben sich Funktionen $a(\lambda)$, die für $\lambda = 1$ mit der Meßgröße a zusammenfallen, d. h., es gilt $a(1) = a$. Eine Entwicklung nach Potenzen der Störung bedeutet

$$a(\lambda) = \sum_{n=0}^{\infty} a_n \lambda^n, \tag{14.1.3}$$

wobei die Koeffizienten a_n zu berechnen sind.

Es existieren drei prinzipiell voneinander verschiedene Fälle. Der einfachste Fall liegt vor, wenn (14.1.3) konvergiert und der Konvergenzradius den Punkt $\lambda = 1$ einschließt. Dann kann die Reihe nach endlich vielen Summanden abgebrochen werden, so daß zur Berechnung von a die Kenntnis weniger Koeffizienten a_n genügt, deren Anzahl durch die erforderliche Genauigkeit bestimmt wird. Dies ist z. B. bei verschiedenen Streuprozessen verwirklicht, wenn die Teilchenenergien genügend groß sind. Eine andere Möglichkeit besteht darin, daß (14.1.3) zwar konvergiert, aber der Punkt $\lambda = 1$ außerhalb des Konvergenzkreises liegt. Dann muß nach näherungsweiser Berechnung der a_n die Reihe zu einer Funktion $\tilde{a}(\lambda)$ zusammengefaßt werden, die dann bis $\lambda = 1$ analytisch fortgesetzt wird. Schließlich ist es möglich, daß überhaupt kein endlicher Konvergenzradius existiert, d. h., daß sich $a(\lambda)$ bei $\lambda = 0$ nicht analytisch verhält und daher eine Entwicklung nach Potenzen von λ unmöglich ist. Gerade diese Situation treffen wir bei praktisch wichtigen Problemen häufig an.

Zuweilen tritt der Fall auf, daß die ersten Terme der Reihenentwicklung (14.1.3) eine ausgezeichnete Übereinstimmung mit dem Experiment liefern, obwohl die Reihe divergiert. Ein bekanntes Beispiel ist die Quantenelektrodynamik. So ergibt sich z. B. für den gyromagnetischen Faktor des Elektrons

$$g(\lambda) = 2\left(1 + \frac{\alpha}{2\pi} \cdot \lambda - 0{,}32848 \frac{\alpha^2}{\pi^2} \lambda^2 + \mathcal{O}(\lambda^3)\right), \tag{14.1.4}$$

wobei $\alpha = 1/137{,}0388$ die SOMMERFELDsche Feinstrukturkonstante ist. Hieraus folgt bei Berücksichtigung der Terme bis λ^2

$$g^{\text{theor}} = g(1) = 2{,}00231923 + \mathcal{O}(\alpha^3) \tag{14.1.5}$$

als theoretisch berechneter Wert. Experimentell wurde nach den neuesten Ergebnissen

$$g^{\text{exp}} = 2{,}002319315 \pm 7 \cdot 10^{-9} \tag{14.1.6}$$

erhalten. Wie man sieht, ist die Differenz von g^{theor} und g^{exp} vergleichbar mit dem experimentellen Meßfehler, obwohl die Reihenentwicklung (14.1.4) für $g(\lambda)$ divergiert. (Es läßt sich zeigen, daß die Beiträge der höheren Ordnungen in λ zunächst immer kleiner werden, jedoch ab einer bestimmten Ordnung rasch wieder anwachsen, so daß sich, wenn man die Berechnungen bis zu diesen Ordnungen führt, die Übereinstimmung mit dem Experiment immer mehr verschlechtert, je mehr Terme berücksichtigt werden. Ein solches Verhalten wird als semi-konvergent bezeichnet; eine Begründung dafür, warum die Übereinstimmung der ersten Terme mit dem Experiment so gut ist, ist nicht bekannt.)

Ein analoges Verhalten zeigen die Wirkungsquerschnitte für die Streuung von Teilchen niedriger Energie. Die erste Ordnung einer Entwicklung nach dem Streupotential liefert in der Regel recht gute Ergebnisse (BORNsche Näherung). Diese können durch Berücksichtigung der nächsten Ordnungen meist noch verbessert werden, obwohl die zugrunde liegende Reihenentwicklung nur bei hinreichend großen Teilchenenergien konvergiert (E muß größer als der größtmögliche Betrag der Bindungsenergie des Teilchens in einem gleichartigen anziehenden Potential sein).

In den meisten Fällen ergibt sich jedoch keine näherungsweise Übereinstimmung zwischen den ersten Termen der Störungsentwicklung und den experimentellen Resultaten. Die Situation kann durch ein einfaches Beispiel veranschaulicht werden. Wir betrachten die eindimensionale Bewegung eines Teilchens in einem Kastenpotential (Abbildung 14.1.1 a). Der HAMILTON-Operator lautet

$$h(x) = -\frac{1}{2m}\frac{d^2}{dx^2} + v(x), \quad v(x) = \begin{cases} -v_0 & \text{für } -\frac{a}{2} < x < \frac{a}{2}, \\ 0 & \text{sonst}. \end{cases} \tag{14.1.7}$$

Nach Einführung eines Entwicklungsparameters λ durch $v \to \lambda v$ kann die Energie des niedrigsten gebundenen Zustandes als Funktion von λ berechnet werden, indem die SCHRÖDINGER-Gleichung (ohne Verwendung der Störungstheorie) gelöst wird. Es ergibt sich

$$E(\lambda) = \theta(\lambda)\, e(\lambda)\,. \tag{14.1.8}$$

$e(\lambda)$ ist eine analytische Funktion von λ, deren Reihenentwicklung nach λ für jeden Wert von λ konvergiert. Die θ-Funktion in (14.1.8) bringt zum Ausdruck, daß bei abstoßendem Potential ($\lambda < 0$) kein gebundener Zustand vorliegt und die Bindungsenergie somit den Wert 0 besitzt. Der Verlauf von $E(\lambda)$ ist in Abbildung 14.1.2a dargestellt.

Versucht man jetzt, $E(\lambda)$ durch Entwicklung nach λ zu berechnen, dann ist dies offenbar unmöglich, da die θ-Funktion bei $\lambda = 0$ nicht analytisch ist und daher nicht entwickelt werden kann (auch nicht für $\lambda > 0$!). Wird die Entwicklung dennoch formal durchgeführt, dann entstehen Entwicklungskoeffzienten, deren Beträge unendlich groß sind. Trotz dieser Schwierigkeiten läßt sich auch dieses Problem mittels der Störungsentwicklung behandeln. Die Auf-

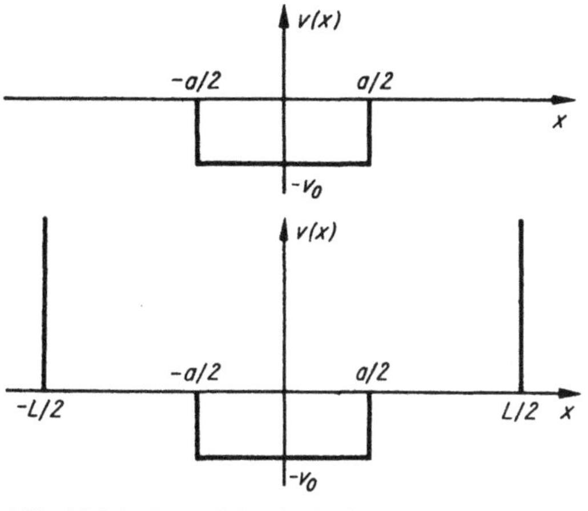

Abb. 14.1.1. Potentialverlauf bei eindimensionaler Bewegung
a) Unbegrenztes Problem
b) Begrenzung durch Potentialtopf

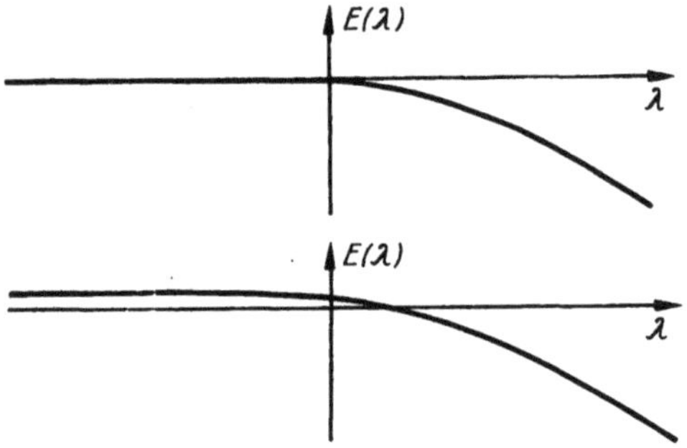

Abb. 14.1.2. Energie des Grundzustandes als Funktion des Enwicklungsparameters λ (schematisch)
a) Unbegrenztes Problem
b) Durch Potentialtopf begrenztes Problem

gabe besteht darin, die bei Berechnung der Koeffizienten auftretenden Anteile mit unendlichen Beträgen als Entwicklungskoeffizienten der θ-Funktion zu erkennen und entsprechend zusammenzufassen. Die verbleibenden Beiträge bilden dann eine konvergente Reihe, deren näherungsweise Berechnung $e(\lambda)$ mit der jeweils erforderlichen Genauigkeit liefert.

Zur Zusammenfassung der divergenten Anteile zur θ-Funktion müssen Beiträge jeder Ordnung berücksichtigt werden. Dies entspricht einer Umordnung der Potenzreihe. Für das betrachtete Beispiel bedeutet dies

$$E(\lambda) = \sum_{n=0}^{\infty} A_n \lambda^n = \sum_{m=0}^{\infty} \overline{A_m} \lambda^m \sum_{l=0}^{\infty} a_l \lambda^l = \theta(\lambda) \sum_{l=0}^{\infty} a_l \lambda^l , \tag{14.1.9}$$

wobei sowohl die Koeffizienten $|A_n|$ als auch $|\overline{A_m}|$ unendlich groß sind, a_l dagegen endlich. Derartige Reihenumordnungen sind nur für absolut konvergente Reihen erlaubt, auf keinen Fall aber für divergente. Hier ist aber die Situation so, daß $E(\lambda)$ eine eindeutig definierte physikalische Größe ist, so daß eine Umordnung der Reihe mit Zusammenfassung zur θ-Funktion physikalisch vernünftig ist. Die divergente Reihe ist demnach nur das Ergebnis einer nichtzulässigen Entwicklung, hat aber nichts mit einer Divergenz der Meßgröße zu tun. Für die konvergenten Anteile — hier die Funktion $e(\lambda)$ — ist ein Abbruch nach endlich vielen Gliedern möglich, wobei die erforderliche Genauigkeit die Anzahl der zu berücksichtigenden Terme festlegt.

Im allgemeinen Fall ist es schwierig, die „richtige" Reihenumordnung zu finden. Eine Möglichkeit dazu ist, das eigentliche Problem in ein anderes zu überführen, das konvergente Reihenentwicklungen liefert. Im gerade untersuchten Beispiel kann dies dadurch erfolgen, daß zusätzlich ein Potentialtopf der Breite $L(L \gg a)$ mit unendlich hohen Wänden eingeführt wird (Abbildung 14.1.1b). Dann kann die Energie des untersten Zustandes in eine konvergente Reihe nach Potenzen von λ entwickelt werden, da keine θ-Funktion auftritt (Abbildung 14.1.2b). Nach Abschluß der Rechnungen wird der Grenzübergang $L \to \infty$ durchgeführt, wobei sich Übereinstimmung mit (14.1.8) ergibt.

14.2. Die S-Matrix

Die zeitliche Entwicklung eines Systems wird durch den HAMILTON-Operator H bestimmt. Nach (14.1.1) kann dieser in einen ungestörten Anteil H^0 und eine Störung V aufgeteilt werden. H^0 liefert dann die zeitliche Entwicklung eines Modell-Systems. Die Unterschiede zwischen diesen beiden Systemen werden durch die Störung V hervorgerufen. Es ist daher zweckmäßig, den Einfluß von V auf die zeitliche Entwicklung eines Systems gesondert zu untersuchen (Wechselwirkungsdarstellung). Zu diesem Zweck wird eine Matrix $S(t, t')$ durch

$$e^{-i\mathscr{H}(t-t')} = e^{-i\mathscr{H}^0 t} S(t, t')\, e^{i\mathscr{H}^0 t'}, \tag{14.2.1}$$

$$\mathscr{H} = H - \mu\check{N}, \quad \mathscr{H}^0 = H^0 - \mu\check{N},$$

eingeführt. (Wir verwenden wieder die großkanonische Beschreibung; siehe Abschnitt 2.1.). Für die Zeitabhängigkeit eines beliebigen Operators A in HEISENBERG-Darstellung gilt dann

$$\begin{aligned} A(t) = e^{i\mathscr{H}t} A\, e^{-i\mathscr{H}t} &= S^+(t, 0)\, e^{i\mathscr{H}^0 t} A\, e^{-i\mathscr{H}^0 t} S(t, 0) \\ &= S^+(t, 0)\, \tilde{A}(t)\, S(t, 0), \end{aligned} \tag{14.2.2}$$

wobei

$$\tilde{A}(t) = e^{i\mathscr{H}^0 t} A\, e^{-i\mathscr{H}^0 t} \tag{14.2.3}$$

die Zeitabhängigkeit von A im Modell-System beschreibt.

Der Zusammenhang zwischen $S(t, t')$ und der Störung V kann unmittelbar aus (14.2.1) durch Differentiation nach t gewonnen werden:

$$\begin{aligned} \frac{\partial}{\partial t} S(t, t') &= e^{i\mathscr{H}^0 t} (i\mathscr{H}^0 - i\mathscr{H})\, e^{-i\mathscr{H}(t-t')}\, e^{-i\mathscr{H}^0 t'} \\ &= -i\, e^{i\mathscr{H}^0 t}\, V\, e^{-i\mathscr{H}^0 t}\, e^{i\mathscr{H}^0 t}\, e^{-i\mathscr{H}(t-t')}\, e^{-i\mathscr{H}^0 t'} = -i\tilde{V}(t)\, S(t, t'). \end{aligned} \tag{14.2.4}$$

Die Lösung dieser Differentialgleichung ergibt sich durch Entwicklung nach kleinen Zeitintervallen dt. Da nach (14.2.1) für gleiche Zeiten ($t = t'$)

$$S(t, t) = 1 \tag{14.2.5}$$

gilt, folgt

$$S(t+\mathrm{d}t, t) = S(t,t) + \mathrm{d}t \frac{\partial}{\partial t} S(t,t) = 1 - i\tilde{V}(t)\,\mathrm{d}t = \mathrm{e}^{-i\tilde{V}(t)\,\mathrm{d}t} . \tag{14.2.6}$$

Bei wiederholter Anwendung erhält man

$$S(t,t') = {}'\prod{}' \, \mathrm{e}^{-i\tilde{V}(t'')\,\mathrm{d}t} = T\,\mathrm{e}^{-i\int_{t'}^{t}\mathrm{d}t''\,\tilde{V}(t'')} . \tag{14.2.7}$$

Das Zeichen 'Π'' bedeutet dabei, daß die Exponentialfunktionen in geordneter Reihenfolge, von rechts beginnend mit der am weitesten zurückliegenden Zeit, angeordnet werden müssen, da die $\tilde{V}(t)$ zu verschiedenen Zeiten nicht kommutieren:

$$[\tilde{V}(t_1), \tilde{V}(t_2)]_- \neq 0 \qquad \text{für} \qquad t_1 \neq t_2 . \tag{14.2.8}$$

Dies liegt daran, daß $\tilde{V}$ den Operator $\mathscr{H}^0$ enthält. Die erforderliche Zeitordnung kann auch durch den Zeitordnungsoperator T erzwungen werden, dessen Eigenschaften durch (3.1.7) gegeben sind. (Im Unterschied zu T_η ist hier die Wahl von $\eta(\pm 1)$ nicht willkürlich, sondern muß in Abhängigkeit von der Statistik erfolgen.) Dann können die einzelnen Faktoren formal zu einer gemeinsamen Exponentialfunktion zusammengefaßt werden, entsprechend dem letzten Ausdruck von (14.2.7).

Einige spezielle Eigenschaften von $S(t, t')$ können direkt aus (14.2.1) abgeleitet werden. Es gilt

$$S^+(t,t') = S(t',t) \tag{14.2.9}$$

und

$$S(t_1,t_2)\,S(t_2,t_3) = S(t_1,t_3) . \tag{14.2.10}$$

Wegen (14.2.5) folgt hieraus die Unitaritätseigenschaft

$$S^{-1}(t,t') = S(t',t) . \tag{14.2.11}$$

Unter Verwendung von (14.2.9) kann (14.2.2) in der Form

$$A(t) = S(0,t)\,\tilde{A}(t)\,S(t,0) \tag{14.2.12}$$

geschrieben werden.

Durch (14.2.12) wird die Zeitabhängigkeit eines beliebigen Operators A im System H (HEISENBERG-Darstellung) durch die S-Matrix mit der Zeitabhängigkeit von A im System H^0 verknüpft (Wechselwirkungs-Darstellung). Eine analoge Beziehung läßt sich auch für die Wellenfunktionen ableiten, wobei hier nur der Grundzustand betrachtet wird. Wir nehmen an, daß die Störung V in unendlich ferner Vergangenheit ($t \to -\infty$) nicht vorhanden gewesen ist und erst allmählich eingeschaltet wurde (adiabatisches Einschalten, Einschaltdauer $\tau \to \infty$). Dann stimmt die zeitabhängige Wellenfunktion $\Psi(t)$, die den Grundzustand von

H beschreibt, für $t \to -\infty$ mit der Wellenfunktion $\Psi^0(t)$ des Systems H^0 überein:

$$\Psi(t) \to \Psi^0(t) \qquad \text{für} \qquad t \to -\infty\,. \tag{14.2.13}$$

Damit durch den Einschaltprozeß für die interessierenden endlichen Zeiten t keine störenden Einflüsse entstehen, muß dieser vor genügend langer Zeit t_0 abgeschlossen sein. Man setzt also

$$V \to V g_t\,, \tag{14.2.14}$$

wobei die Schaltfunktion g_t den in Abbildung 14.2.1 dargestellten Verlauf besitzt. Dann entsteht zu Zeiten t mit $|t| \ll t_0$ eine stationäre Lösung Φ, die vom Einschaltprozeß unabhängig ist, falls die Bedingung

$$t_0 \gg \tau \to \infty\,, \quad |t| \ll t_0 \tag{14.2.15}$$

erfüllt wird.

Die stationären Lösungen Φ (des Systems H) und Φ^0 (zu H^0) sind mit den Wellenfunktionen $\Psi(t)$ bzw. $\Psi^0(t)$ durch

$$\Psi(t) = \mathrm{e}^{-i\mathscr{H}t}\Phi, \qquad \Psi^0(t) = \mathrm{e}^{-i\mathscr{H}^0 t}\Phi^0 \tag{14.2.16}$$

verknüpft. Wegen (14.2.13) folgt daher[14.1]

$$\begin{aligned}\Phi &= \lim_{t\to-\infty} \mathrm{e}^{i\mathscr{H}t}\,\Psi(t) = \lim_{t\to-\infty} \mathrm{e}^{i\mathscr{H}t}\,\Psi^0(t) = \lim_{t\to-\infty} \mathrm{e}^{i\mathscr{H}t}\,\mathrm{e}^{-i\mathscr{H}^0 t}\,\Phi^0 \\ &= \lim_{t\to-\infty} S(0,t)\,\Phi^0 = S(0,-\infty)\,\Phi^0\,.\end{aligned} \tag{14.2.17}$$

Damit ist der Zusammenhang zwischen Φ und Φ^0 ebenfalls durch $S(t, t')$ gegeben.

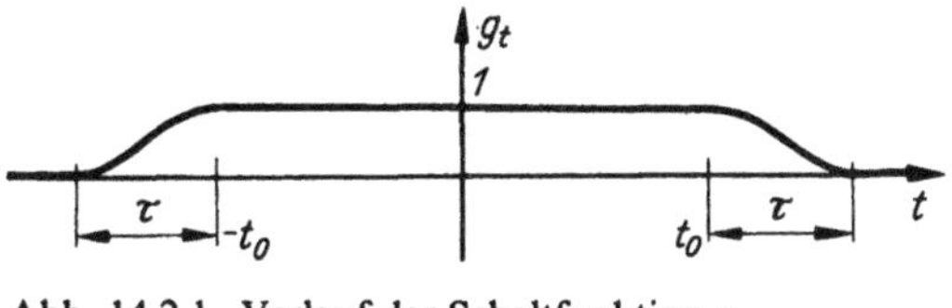

Abb. 14.2.1. Verlauf der Schaltfunktion g_t

[14.1] Die Ableitung wurde hier etwas vereinfacht. Da $\mathscr{H}$ infolge der Schaltfunktion g_t explizit zeitabhängig wird, ist der Zusammenhang zwischen $\Psi(t)$ und Φ komplizierter als in (14.2.16). Wird jedoch wie in (14.2.17) der Grenzübergang $t \to -\infty$ erst in der S-Matrix durchgeführt, entsteht gerade die richtige Beziehung zwischen Φ und Φ^0. Siehe hierzu auch А. А. Абрикосов, Л. П. Горьков, И. Е. Дзялошинский(A. A. Abrikossow, L. P. Gorkow, I. J. Dsjaloschinski), „Методы квантовой теории поля в статической физике", Физматгиз, Moskau 1962.

In Abbildung 14.2.1 geht g_t für $t \to +\infty$ wieder gegen Null, d. h. die Störung V wird in ferner Zukunft wieder ausgeschaltet. Dies hat zur Folge, daß eine zu (14.2.13) analoge Relation auch für $t \to +\infty$ gilt. (Die Schaltfunktion g_t muß dabei nicht notwendig symmetrisch sein.) Jedoch wird $\Psi(t)$ nicht völlig mit $\Psi^0(t)$ übereinstimmen, sondern es tritt eine Phasendifferenz α auf, die durch die unterschiedliche Zeitabhängigkeit zu endlichen Zeiten entsteht. Anstelle von (14.2.13) gilt daher

$$\Psi(t) \to e^{-i\alpha}\Psi^0(t) \qquad \text{für} \qquad t \to +\infty\,. \tag{14.2.18}$$

Analog zu (14.2.17) folgt hieraus

$$\Phi = e^{-i\alpha}S(0, +\infty)\,\Phi^0\,. \tag{14.2.19}$$

Die Phase α kann aus der Normierung der Wellenfunktionen bestimmt werden. Es gilt

$$\begin{aligned} 1 &= (\Phi, \Phi) = (e^{-i\alpha}S(0, +\infty)\,\Phi^0, S(0, -\infty)\,\Phi^0) \\ &= e^{i\alpha}(\Phi^0, S^+(0, +\infty)\,S(0, -\infty)\,\Phi^0) = e^{i\alpha}(\Phi^0, S\Phi^0) \end{aligned} \tag{14.2.20}$$

mit

$$S \equiv S(+\infty, -\infty) = T\,e^{-i\int_{-\infty}^{+\infty} dt\,\tilde{V}(t)}\,. \tag{14.2.21}$$

Das Zeitintegral in (14.2.21) ist infolge der Eigenschaften der Schaltfunktion g_t beschränkt. Auflösung von (14.2.20) liefert

$$e^{-i\alpha} = \langle S\rangle_0\,, \tag{14.2.22}$$

wobei

$$\langle A\rangle_0 = (\Phi^0, A\Phi^0) \tag{14.2.23}$$

den Erwartungswert von A in Grundzustand von H^0 bedeutet.

Nunmehr können beliebige Erwartungswerte im Grundzustand von H mittels der S-Matrix auf Erwartungswerte im System H^0 zurückgeführt werden:

$$\begin{aligned} \langle A(t)\rangle &= (\Phi, A(t)\,\Phi) = (e^{-i\alpha}S(0, +\infty)\,\Phi^0, S(0, t)\,\tilde{A}(t)\,S(t, 0)\,S(0, -\infty)\Phi^0) \\ &= e^{i\alpha}(\Phi^0, S(+\infty, t)\,\tilde{A}(t)\,S(t, -\infty)\,\Phi^0)\,. \end{aligned} \tag{14.2.24}$$

Unter Beachtung von (14.2.22) und (14.2.23) folgt hieraus

$$\langle A(t)\rangle = \frac{\langle S(+\infty, t)\,\tilde{A}(t)\,S(t, -\infty)\rangle_0}{\langle S\rangle_0}\,. \tag{14.2.25}$$

Der Einfluß der Störung V ist in dieser Darstellung nur noch in der S-Matrix enthalten.

14.3. Die kausale Greensche Funktion

In (3.1.1) wurde die kausale GREENsche Funktion

$$G^k(t, t') = -i\langle TA(t)\, B(t')\rangle \tag{14.3.1}$$

eingeführt. In den bisherigen Kapiteln sind jedoch vorwiegend retardierte und avancierte GREENsche Funktionen betrachtet worden. Die Ursache hierfür war einmal der direkte Zusammenhang dieser Funktionen mit Meßgrößen, zum anderen das einfache analytische Verhalten dieser Funktionen in der komplexen ω-Ebene (siehe Abschnitt 3.3.). Für den Aufbau der Störungstheorie ist jedoch die kausale GREENsche Funktion geeigneter, da bestimmte Eigenschaften des Zeitordnungsoperators herangezogen werden können. Nachteilig ist, daß $G^k(t, t')$ nur bei der Temperatur $T = 0$ eine einfache Struktur besitzt. Die Eigenschaften von $G^k(t, t')$ für $T = 0$ werden im vorliegenden Abschnitt ausführlich untersucht. Dabei kann die Kennzeichnung k entfallen, da keine Verwechslungen mit G^r bzw. G^a entstehen können.

Für $T = 0$ ist anstelle der Mitteilung über die großkanonische Gesamtheit der Erwartungswert im Grundzustand zu bilden. Bei Verwendung der im vorigen Abschnitt eingeführten S-Matrix entsteht

$$\begin{aligned} G(t, t') &= -i(\Phi, TA(t)\, B(t')\, \Phi) \\ &= -i\,(\mathrm{e}^{-i\alpha} S(0, +\infty)\, \Phi^0, TS(0, t)\, \tilde{A}(t)\, S(t, 0)\, S(0, t') \\ &\quad \cdot \tilde{B}(t')\, S(t', 0)\, S(0, -\infty)\, \Phi^0) \\ &= -i\, \frac{\langle S(+\infty, 0)\, TS(0, t)\, \tilde{A}(t)\, S(t, t')\, \tilde{B}(t')\, S(t', -\infty)\rangle_0}{\langle S\rangle_0}. \end{aligned} \tag{14.3.2}$$

Der Nenner $\langle S\rangle_0$ entsteht, indem der Phasenfaktor durch (14.2.22) ausgedrückt wurde. Da nach (14.2.7) die S-Matrix bereits zeitgeordnet ist und andererseits innerhalb einer zeitgeordneten Folge von Operatoren deren Anordnung beliebig gewählt werden kann (bei Berücksichtigung etwaiger Vorzeichenwechsel), folgt

$$G(t, t') = -i\, \frac{\langle T\tilde{A}(t)\, \tilde{B}(t')\, S\rangle_0}{\langle S\rangle_0}, \qquad S = S(+\infty, -\infty). \tag{14.3.3}$$

(Bei Überprüfung von (14.3.3) betrachte man die Fälle $t > t'$ und $t < t'$ zweckmäßigerweise getrennt!) Diese Darstellung hat den Vorteil, daß der gesamte Einfluß der Störung V nur noch in S enthalten ist.

Für die kausale GREENsche Ein-Teilchen-Funktion gilt dementsprechend

$$G(x, x') = -i\, \frac{\langle T\tilde{\psi}(x)\, \tilde{\psi}^+(x')\, S\rangle_0}{\langle S\rangle_0}, \tag{14.3.4}$$

wobei x stellvertretend für Orts-, Zeit- und Spin-Koordinaten steht:

$$x = (\boldsymbol{r}, \sigma, t), \quad \int \mathrm{d}x = \sum_{\sigma} \int \mathrm{d}\boldsymbol{r} \int \mathrm{d}t \,. \tag{14.3.5}$$

Weiterhin gilt

$$\tilde{\psi}(x) = \mathrm{e}^{i\mathscr{H}^0 t} \psi_\sigma(\boldsymbol{r})\, \mathrm{e}^{-i\mathscr{H}^0 t}, \quad \tilde{\psi}^+(x) = \mathrm{e}^{i\mathscr{H}^0 t} \psi_\sigma^+(\boldsymbol{r})\, \mathrm{e}^{-i\mathscr{H}^0 t} \,. \tag{14.3.6}$$

Durch FOURIER-Transformation kann von der Orts-Zeit-Darstellung zur Impuls-Energie-Darstellung übergangen werden:

$$G(p, p') = \frac{1}{2\pi\mathscr{V}} \int \mathrm{d}\boldsymbol{r}\, \mathrm{d}\boldsymbol{r}'\, \mathrm{d}t\, \mathrm{d}t'\, \mathrm{e}^{-i(px - p'x')}\, G(x, x') \tag{14.3.7}$$

mit

$$p = (\boldsymbol{k}, \sigma, \omega), \quad \int \mathrm{d}p = \sum_{\boldsymbol{k}\sigma} \int \mathrm{d}\omega \tag{14.3.8}$$

sowie

$$px = \boldsymbol{k}\boldsymbol{r} - \omega t \,. \tag{14.3.9}$$

Infolge der Gültigkeit der Erhaltungssätze für Energie, Impuls und Spin ist $G(p, p')$ diagonal, und es gilt (bei Translationsinvarianz)

$$G(p, p') = G_{\boldsymbol{k}\sigma}(\omega)\, \delta_{\boldsymbol{k}\boldsymbol{k}'} \delta(\omega - \omega')\, \delta_{\sigma\sigma'} \,. \tag{14.3.10}$$

$G_{\boldsymbol{k}\sigma}(\omega)$ entspricht der bisher verwendeten Form der kausalen GREENschen Ein-Teilchen-Funktion, d. h.

$$G_{\boldsymbol{k}\sigma}(\omega) = \langle\langle c_{\boldsymbol{k}\sigma}; c_{\boldsymbol{k}\sigma}^+ \rangle\rangle_\omega \,. \tag{14.3.11}$$

Für die Ortsdarstellung folgt somit nach Umkehrung von (14.3.7)

$$G(x, x') = \frac{1}{\mathscr{V}} \sum_{\boldsymbol{k}} \int \frac{\mathrm{d}\omega}{2\pi}\, \mathrm{e}^{i\boldsymbol{k}(\boldsymbol{r} - \boldsymbol{r}')}\, \mathrm{e}^{-i\omega(t - t')}\, G_{\boldsymbol{k}\sigma}(\omega)\, \delta_{\sigma\sigma'} \,. \tag{14.3.12}$$

Es interessiert die Lösung für $G_{\boldsymbol{k}\sigma}(\omega)$ im Modell-System H^0. Da bei Abwesenheit der Störung V nach (14.2.21) die S-Matrix die einfache Form $S = 1$ besitzt, folgt

$$G^0(x, x') = -i\langle T\tilde{\psi}(x)\, \tilde{\psi}^+(x')\rangle_0 \,. \tag{14.3.13}$$

bzw.

$$G^0_{\boldsymbol{k}\sigma}(\omega) = -i \int \mathrm{d}t\, \mathrm{e}^{i\omega(t - t')}\, \langle T\tilde{c}_{\boldsymbol{k}\sigma}(t)\, \tilde{c}_{\boldsymbol{k}\sigma}^+(t')\rangle_0 \,. \tag{14.3.14}$$

Als Modell-System wird ein System näherungsweise freier Elektronen verwendet, so daß H^0 die Gestalt

$$H^0 = \sum_{\boldsymbol{k}\sigma} \varepsilon_{\boldsymbol{k}} c_{\boldsymbol{k}\sigma}^+ c_{\boldsymbol{k}\sigma}, \quad \varepsilon_{\boldsymbol{k}} = \boldsymbol{k}^2/2m^* \,, \tag{14.3.15}$$

erhält. Wegen $[H^0, c_{k\sigma}]_- = -\varepsilon_k c_{k\sigma}$ sowie $\mu = \varepsilon_F^0$ bei $T = 0$ folgt

$$\tilde{c}_{k\sigma}(t) = e^{i\mathscr{H}^0 t} c_{k\sigma} e^{-i\mathscr{H}^0 t} = e^{-i(\varepsilon_k - \varepsilon_F^0)t} c_{k\sigma}, \quad \tilde{c}^+_{k\sigma}(t) = e^{i(\varepsilon_k - \varepsilon_F^0)t} c^+_{k\sigma} \tag{14.3.16}$$

und somit

$$\begin{aligned} G^0_{k\sigma}(\omega) &= -i \int dt\, e^{i\omega(t-t') - i(\varepsilon_k - \varepsilon_F^0)(t-t')} [\theta(t-t') \langle c_{k\sigma} c^+_{k\sigma}\rangle_0 \\ &\quad - \theta(t'-t) \langle c^+_{k\sigma} c_{k\sigma}\rangle_0] \\ &= -i \int dt\, e^{i(\omega - \varepsilon_k + \varepsilon_F^0)(t-t')} [\theta(t-t')\,\theta(\varepsilon_k - \varepsilon_F^0) - \theta(t'-t)\,\theta(\varepsilon_F^0 - \varepsilon_k)]. \end{aligned} \tag{14.3.17}$$

Die letzte Beziehung entsteht, da im Grundzustand des ungestörten Systems alle Zustände mit $\varepsilon_k < \varepsilon_F^0$ besetzt sind, Zustände mit $\varepsilon_k > \varepsilon_F^0$ dagegen unbesetzt. ε_F^0 ist die FERMI-Energie, die mit dem chemischen Potential μ für $T = 0$ übereinstimmt. Daher gilt in Übereinstimmung mit (4.4.2)

$$\begin{aligned} \langle c^+_{k\sigma} c_{k\sigma}\rangle_0 &= \langle n_{k\sigma}\rangle_0 = \theta(\varepsilon_F^0 - \varepsilon_k), \\ \langle c_{k\sigma} c^+_{k\sigma}\rangle_0 &= 1 - \langle c^+_{k\sigma} c_{k\sigma}\rangle_0 = \theta(\varepsilon_k - \varepsilon_F^0). \end{aligned} \tag{14.3.18}$$

Nunmehr kann die Zeitintegration in (14.3.17) ausgeführt werden; sie liefert (mit infinitesimal kleinem positivem δ, vgl. (3.3.6))

$$G^0_{k\sigma}(\omega) = \frac{1}{\omega - \varepsilon_k + \varepsilon_F^0 + i\delta\,\mathrm{sgn}\,(\varepsilon_k - \varepsilon_F^0)}, \tag{14.3.19}$$

in Übereinstimmung mit dem in (3.3.14) geforderten analytischen Verhalten der kausalen GREENschen Funktion.

Durch FOURIER-Transformation kann in den Ortsraum übergegangen werden. Wir erhalten

$$G^0_\sigma(\mathbf{r}, \mathbf{r}'; \omega) = \frac{1}{\mathscr{V}} \sum_k e^{i\mathbf{k}(\mathbf{r}-\mathbf{r}')} G^0_{k\sigma}(\omega) = \int \frac{d\mathbf{k}}{(2\pi)^3} \frac{e^{i\mathbf{k}(\mathbf{r}-\mathbf{r}')}}{\omega - \varepsilon_k + \varepsilon_F^0 + i\delta\,\mathrm{sgn}\,(\varepsilon_k - \varepsilon_F^0)}. \tag{14.3.20}$$

Im letzten Ausdruck wurde dabei zu einem kontinuierlichen $\mathbf{k}$-Raum übergegangen. Mit ε_k aus (14.3.15) folgt nach Ausführung der $\mathbf{k}$-Integration

$$G^0_\sigma(\mathbf{r}, \mathbf{r}'; \omega) = -2m^* \frac{e^{i\sqrt{2m^*(\omega + \varepsilon_F^0)}\,|\mathbf{r}-\mathbf{r}'|\,\mathrm{sgn}\,\omega}}{4\pi|\mathbf{r} - \mathbf{r}'|}. \tag{14.3.21}$$

Analog kann auch die Impuls-Zeit-Darstellung angegeben werden. Infolge

$$G^0_{k\sigma}(t, t') = \int \frac{d\omega}{2\pi} e^{-i\omega(t-t')} G^0_{k\sigma}(\omega) \tag{14.3.22}$$

ergibt sich

$$G^0_{k\sigma}(t,t') = -i\, e^{-i(\varepsilon_k - \varepsilon^0_F)(t-t')}\left[\theta(t-t')\,\theta(\varepsilon_k - \varepsilon^0_F) - \theta(t'-t)\,\theta(\varepsilon^0_F - \varepsilon_k)\right]. \tag{14.3.23}$$

Hieraus folgt schließlich die Ort-Zeit-Darstellung

$$G^0(x,x') = -\frac{i}{\mathscr{V}}\sum_k e^{i[k(r-r')-(\varepsilon_k-\varepsilon^0_F)(t-t')]}\left[\theta(t-t')\,\theta(\varepsilon_k-\varepsilon^0_F) - \theta(t'-t)\,\theta(\varepsilon^0_F-\varepsilon_k)\right]\delta_{\sigma\sigma'}\,. \tag{14.3.24}$$

14.4. Normalordnung und Wicksches Theorem

Bei der Berechnung der kausalen GREENschen Funktionen ist nach (14.3.3) der Erwartungswert zeitgeordneter Operatorenprodukte im Grundzustand des Systems H^0 zu bilden. Wird das Modell-System in der Form (14.3.15) gewählt, dann entspricht der Grundzustand der vollbesetzten FERMI-Kugel, d. h., es gilt

$$n_{k\sigma}\Phi^0 = \Phi^0\,\theta(\varepsilon^0_F - \varepsilon_k)\,. \tag{14.4.1}$$

ε^0_F ist die FERMI-Energie, die die Grenze zwischen den besetzten und den unbesetzten Zuständen des Modell-Systems bildet.

(14.4.1) legt es nahe, von der Beschreibung durch Elektronenoperatoren $c^+_{k\sigma}$ und $c_{k\sigma}$ zu einer Teilchen-Loch-Beschreibung überzugehen. Dies kann durch

$$c^+_{k\sigma} = a^+_{k\sigma} + b_{-k-\sigma}, \qquad c_{k\sigma} = a_{k\sigma} + b^+_{-k-\sigma} \tag{14.4.2}$$

mit

$$\begin{aligned} a^+_{k\sigma} &= c^+_{k\sigma}\,\theta(\varepsilon_k - \varepsilon^0_F), & a_{k\sigma} &= c_{k\sigma}\,\theta(\varepsilon_k - \varepsilon^0_F)\,, \\ b^+_{k\sigma} &= c_{-k-\sigma}\,\theta(\varepsilon^0_F - \varepsilon_k), & b_{k\sigma} &= c^+_{-k-\sigma}\,\theta(\varepsilon^0_F - \varepsilon_k) \end{aligned} \tag{14.4.3}$$

erfolgen. Die Teilchen-Operatoren a^+, a sind also nur außerhalb der FERMI-Kugel erklärt und dort mit den Elektronenoperatoren identisch; dagegen treten die Loch-Operatoren b^+, b nur innerhalb der FERMI-Kugel auf, wobei die Erzeugung eines Loches der Vernichtung eines Elektrons mit entgegengesetztem Impuls und Spin entspricht. Der Vorteil dieser Beschreibung ist, daß der Grundzustand nunmehr durch

$$a_{k\sigma}\Phi^0 = 0, \qquad b_{k\sigma}\Phi^0 = 0 \tag{14.4.4}$$

charakterisiert ist, also dem Vakuum bezüglich der Teilchen-Loch-Beschreibung entspricht (es wird auch die Bezeichnung physikalisches Vakuum oder FERMI-Vakuum verwendet, im Gegensatz zum tatsächlichen Vakuum, das keine Elektronen enthält). Die Vertauschungsrelationen folgen unmittelbar aus (14.4.3):

$$[a_{k\sigma}, a^+_{k'\sigma'}]_+ = \delta_{kk'}\delta_{\sigma\sigma'}\theta(\varepsilon_k - \varepsilon^0_F), \quad [b_{k\sigma}, b^+_{k'\sigma'}]_+ = \delta_{kk'}\delta_{\sigma\sigma'}\theta(\varepsilon^0_F - \varepsilon_k) \; ; \tag{14.4.5}$$

alle anderen Vertauschungen, auch zwischen a- und b-Operatoren, liefern den Wert Null.

Aus (14.4.2) erhält man durch FOURIER-Transformation die Darstellung

$$\psi^+_\sigma(r) = \alpha^+_\sigma(r) + \beta_{-\sigma}(r), \quad \psi_\sigma(r) = \alpha_\sigma(r) + \beta^+_{-\sigma}(r) \tag{14.4.6}$$

mit

$$\alpha^+_\sigma(r) = \frac{1}{\sqrt{\mathscr{V}}} \sum_k \mathrm{e}^{-ikr} a^+_{k\sigma} = \frac{1}{\sqrt{\mathscr{V}}} \sum_k^{\varepsilon_k > \varepsilon^0_F} \mathrm{e}^{-ikr} c^+_{k\sigma},$$

$$\beta^+_\sigma(r) = \frac{1}{\sqrt{\mathscr{V}}} \sum_k \mathrm{e}^{-ikr} b^+_{k\sigma} = \frac{1}{\sqrt{\mathscr{V}}} \sum_k^{\varepsilon_k < \varepsilon^0_F} \mathrm{e}^{ikr} c_{k-\sigma} \, . \tag{14.4.7}$$

Auch in dieser Darstellung ist

$$\alpha_\sigma(r)\, \Phi^0 = 0, \qquad \beta_\sigma(r)\, \Phi^0 = 0 \, . \tag{14.4.8}$$

Analoge Formulierungen ergeben sich beim Übergang in beliebige andere Darstellungen.

Betrachten wir nunmehr ein beliebiges Produkt von Erzeugungs- und Vernichtungsoperatoren. Jeder Operator kann in Teilchen- und Loch-Operatoren zerlegt werden, also z. B.

$$\begin{aligned} \tilde{c}_{k\sigma}(t)\, \tilde{c}^+_{k'\sigma'}(t') &= (\tilde{a}_{k\sigma}(t) + \tilde{b}^+_{-k-\sigma}(t))\, (\tilde{a}^+_{k'\sigma'}(t') + \tilde{b}_{-k'-\sigma'}(t')) \\ &= \tilde{a}_{k\sigma}(t)\, \tilde{a}^+_{k'\sigma'}(t') + \tilde{a}_{k\sigma}(t)\, \tilde{b}_{-k'-\sigma'}(t') + \tilde{b}^+_{-k-\sigma}(t)\, \tilde{a}^+_{k'\sigma'}(t') \\ &\quad + \tilde{b}^+_{-k-\sigma}(t)\, \tilde{b}_{-k'-\sigma'}(t') \end{aligned} \tag{14.4.9}$$

mit

$$\begin{aligned} \tilde{a}_{k\sigma}(t) &= \mathrm{e}^{i\mathscr{H}^0 t}\, a_{k\sigma}\, \mathrm{e}^{-i\mathscr{H}^0 t} = \mathrm{e}^{-i(\varepsilon_k - \varepsilon^0_F)t}\, a_{k\sigma}\,, \\ \tilde{a}^+_{k\sigma}(t) &= \mathrm{e}^{i\mathscr{H}^0 t}\, a^+_{k\sigma}\, \mathrm{e}^{-i\mathscr{H}^0 t} = \mathrm{e}^{i(\varepsilon_k - \varepsilon^0_F)t}\, a^+_{k\sigma} \end{aligned} \tag{14.4.10}$$

sowie analoge Beziehungen für $\tilde{b}_{k\sigma}(t)$.

Ordnet man jetzt das Operatorenprodukt (14.4.9) so um, daß in allen Termen die Erzeugungsoperatoren links von den Vernichtungsoperatoren stehen, ohne die durch erforderliche Vertauschungen auftretenden Beiträge mit geringerer Operatorenanzahl zu berücksichtigen, dann entsteht das „Normalprodukt" bzw. die „Normalordnung" bezüglich Φ^0. Der Normalordnungsoperator N wird so definiert, daß er bei Anwendung auf ein Operatorenprodukt die Normalordnung dieser Operatoren erzeugt. Er besitzt die Eigenschaften

$$\begin{aligned} N\varphi^+_1\varphi_2 &= \varphi^+_1\varphi_2, \; N\varphi_1\varphi^+_2 = \eta\varphi^+_2\varphi_1\,, \\ N\varphi^+_1\varphi^+_2 &= \varphi^+_1\varphi^+_2 = \eta\varphi^+_2\varphi^+_1, \; N\varphi_1\varphi_2 = \varphi_1\varphi_2 = \eta\varphi_2\varphi_1\,, \end{aligned} \tag{14.4.11}$$

wobei φ_1, φ_2 Teilchen- oder Loch-Operatoren in einer beliebigen Darstellung bedeuten ($\eta = \pm 1$, entsprechend der Statistik). Damit gilt z. B. (mit $\eta = -1$)

$$N\tilde{c}_{k\sigma}(t)\,\tilde{c}^+_{k'\sigma'}(t') = -\tilde{a}^+_{k'\sigma'}(t')\,\tilde{a}_{k\sigma}(t) + \tilde{a}_{k\sigma}(t)\,\tilde{b}_{-k'-\sigma'}(t') + \tilde{b}^+_{-k-\sigma}(t)\,\tilde{a}^+_{k'\sigma'}(t') + \tilde{b}^+_{-k-\sigma}(t)\,\tilde{b}_{-k'-\sigma'}(t') \tag{14.4.12}$$

sowie

$$\tilde{c}_{k\sigma}(t)\,\tilde{c}^+_{k'\sigma'}(t') = N\tilde{c}_{k\sigma}(t)\,\tilde{c}^+_{k'\sigma'}(t') + [\tilde{a}_{k\sigma}(t), \tilde{a}^+_{k'\sigma'}(t')]_+ = N\tilde{c}_{k\sigma}(t)\,\tilde{c}^+_{k'\sigma'}(t') + \mathrm{e}^{-i(\varepsilon_k - \varepsilon_F^0)(t-t')}\,\theta(\varepsilon_k - \varepsilon_F^0)\,\delta_{kk'}\delta_{\sigma\sigma'} \tag{14.4.13}$$

und

$$\tilde{c}^+_{k'\sigma'}(t')\,\tilde{c}_{k\sigma}(t) = N\tilde{c}^+_{k'\sigma'}(t')\,\tilde{c}_{k\sigma}(t) + [\tilde{b}_{-k'-\sigma'}(t'), \tilde{b}^+_{-k-\sigma}(t)]_+ = -\,N\tilde{c}_{k\sigma}(t)\,\tilde{c}^+_{k'\sigma'}(t') + \mathrm{e}^{-i(\varepsilon_k - \varepsilon_F^0)(t-t')}\,\theta(\varepsilon_F^0 - \varepsilon_k)\,\delta_{kk'}\delta_{\sigma\sigma'}\,. \tag{14.4.14}$$

Wegen (14.4.4), (14.4.8) und analogen Formen in anderen Darstellungen besitzt das Normalprodukt beliebiger Operatoren die Eigenschaft

$$\langle N\{\ldots\}\rangle_0 = 0\,, \tag{14.4.15}$$

wobei innerhalb der geschweiften Klammern beliebige Kombinationen von Erzeugungs- und Vernichtungsoperatoren auftreten können. Bei der Berechnung von Erwartungswerten ist es daher zweckmäßig, die entsprechenden Operatoren in Normalordnung zu bringen, so daß nur operatorenfreie Anteile — als Folge der erforderlichen Vertauschungen — verbleiben. Dies kann unter anderem bei der Berechnung der kausalen GREENschen Funktionen angewendet werden.

In den kausalen GREENschen Funktionen treten nach (14.3.3) zeitgeordnete Operatoren auf. Es muß daher untersucht werden, welcher Zusammenhang zwischen zeitgeordneten und normalgeordneten Operatorenprodukten bestehen. Wir betrachten z. B. den Ausdruck

$$T\tilde{c}_{k\sigma}(t)\,\tilde{c}^+_{k'\sigma'}(t') = \theta(t - t')\,\tilde{c}_{k\sigma}(t)\,\tilde{c}^+_{k'\sigma'}(t') - \theta(t' - t)\,\tilde{c}^+_{k'\sigma'}(t')\,\tilde{c}_{k\sigma}(t)\,. \tag{14.4.16}$$

Nach (14.4.13) und (14.4.14) kann hierfür

$$T\tilde{c}_{k\sigma}(t)\,\tilde{c}^+_{k'\sigma'}(t') = N\tilde{c}_{k\sigma}(t)\,\tilde{c}^+_{k'\sigma'}(t') + \mathrm{e}^{-i(\varepsilon_k - \varepsilon_F^0)(t-t')}[\theta(t - t')\,\theta(\varepsilon_k - \varepsilon_F^0) - \theta(t' - t)\,\theta(\varepsilon_F^0 - \varepsilon_k)]\,\delta_{kk'}\delta_{\sigma\sigma'} \tag{14.4.17}$$

geschrieben werden. Der Vergleich mit (14.3.23) liefert

$$T\tilde{c}_{k\sigma}(t)\,\tilde{c}^+_{k'\sigma'}(t') = N\tilde{c}_{k\sigma}(t)\,\tilde{c}^+_{k'\sigma'}(t') + iG^0_{k\sigma}(t, t')\,\delta_{kk'}\delta_{\sigma\sigma'}\,. \tag{14.4.18}$$

Der Unterschied zwischen zeitgeordnetem und normalgeordnetem Produkt zweier Operatoren wird also (bis auf einen Faktor i) gerade durch die kausale GREENsche Funktion dieser beiden Operatoren im System H^0 beschrieben. Durch FOURIER-Transformation erhält man in gleicher Weise

$$T\tilde{\psi}(x)\,\tilde{\psi}^+(x') = N\tilde{\psi}(x)\,\tilde{\psi}^+(x') + iG^0(x, x')\,. \tag{14.4.19}$$

Dies ist wegen (14.4.15) in Übereinstimmung mit (14.3.13).

Die Beziehungen (14.4.18) bzw. (14.4.19) können auf beliebige Produkte von Erzeugungs- und Vernichtungsoperatoren verallgemeinert werden. Für 4 Operatoren gilt z. B.

$$\begin{aligned} T\tilde{\psi}(x_1)\,\tilde{\psi}(x_2)\,\tilde{\psi}^+(x_3)\,\tilde{\psi}^+(x_4) &= N\tilde{\psi}(x_1)\,\tilde{\psi}(x_2)\,\tilde{\psi}^+(x_3)\,\tilde{\psi}^+(x_4) \\ &+ iG^0(x_1, x_4)\,N\tilde{\psi}(x_2)\,\tilde{\psi}^+(x_3) + iG^0(x_2, x_3)\,N\tilde{\psi}(x_1)\,\tilde{\psi}^+(x_4) \\ &- iG^0(x_1, x_3)\,N\tilde{\psi}(x_2)\,\tilde{\psi}^+(x_4) - iG^0(x_2, x_4)\,N\tilde{\psi}(x_1)\,\tilde{\psi}^+(x_3) \\ &+ i^2G^0(x_1, x_4)\,G^0(x_2, x_3) - i^2G^0(x_1, x_3)\,G^0(x_2, x_4) \end{aligned} \tag{14.4.20}$$

sowie

$$\begin{aligned} &\langle T\tilde{\psi}(x_1)\,\tilde{\psi}(x_2)\,\tilde{\psi}^+(x_3)\,\tilde{\psi}^+(x_4)\rangle_0 \\ &= i^2G^0(x_1, x_4)\,G^0(x_2, x_3) - i^2G^0(x_1, x_3)\,G^0(x_2, x_4)\,. \end{aligned} \tag{14.4.21}$$

Um den allgemeinen Zusammenhang zwischen zeit- und normalgeordnetem Produkt beliebiger Operatoren angeben zu können, führen wir den Begriff der Kontraktion zweier Operatoren ein, gekennzeichnet durch eine Klammerverbindung dieser Operatoren:

$$\text{Kontraktion } \{AB\} = \underbrace{AB}\,. \tag{14.4.22}$$

Mit

$$\begin{aligned} &\underbrace{\tilde{\psi}(x)\,\tilde{\psi}^+(x')} = iG^0(x, x')\,, \quad \underbrace{\tilde{\psi}^+(x)\,\tilde{\psi}(x')} = -iG^0(x', x)\,, \\ &\underbrace{\tilde{\psi}(x)\,\tilde{\psi}(x')} = 0\,, \quad \underbrace{\tilde{\psi}^+(x)\,\tilde{\psi}^+(x')} = 0 \end{aligned} \tag{14.4.23}$$

folgt in Verallgemeinerung von (14.4.19) und (14.4.20)

$$T\{ABC\ldots Z\} = \sum_{\text{alle Kontraktionen}} N\{\overbrace{A\underbrace{BC}\ldots Z}\}\,. \tag{14.4.24}$$

Dabei ist die Summe in (14.4.24) über alle möglichen Verbindungen zwischen je zwei Operatoren zu führen; alle verbleibenden Operatoren sind in normalgeordneter Form anzuordnen. Der Vergleich von (14.4.24) und (14.4.20) zeigt eindeutig, wie diese Summation auszuführen ist. Bei Bildung des Grundzustand-Erwartungswertes verschwinden wegen (14.4.15) alle Summanden, die noch nicht kontrahierte Operatoren enthalten, so daß nur diejenigen Anteile verbleiben, bei denen alle Operatoren kontrahiert wurden:

$$\langle T\{ABC\ldots Z\}\rangle_0 = \sum_{\text{alle Kontraktionen}}^{\text{alle Operatoren}} \{ABC\ldots Z\}. \tag{14.4.25}$$

(14.4.24) wird als WICKsches Theorem bezeichnet; der Beweis kann durch Anwendung der vollständigen Induktion geführt werden.[14.2] Bei der Bildung der Kontraktionen ist zu beachten, daß die zu kontrahierenden Operatoren nebeneinanderstehen müssen; die dazu erforderlichen Änderungen der Reihenfolge führen zu entsprechenden Vorzeichenänderungen, die zu berücksichtigen sind. Das WICKsche Theorem erleichtert in der Form (14.4.25) ganz wesentlich die Aufgabe, Erwartungswerte zeitgeordneter Operatoren zu berechnen. Daher kann dieses Theorem bei der Berechnung der kausalen GREENschen Funktionen (14.3.3) bzw. (14.3.4) nutzbringend angewendet werden.

[14.2] Die Durchführung des Beweises ist nicht kompliziert, aber relativ umfangreich und soll daher hier übergangen werden. Eine ausführliche Darstellung ist z. B. enthalten in R. D. MATTUCK, „A Guide to Feynman Diagrams in the Many-Body Problem“, Mc Graw-Hill Publ. Comp., London 1967 (russ. Übersetzung: Verlag „Mir“, Moskau 1969).

15. Störungstheorie bei $T = 0$

15.1. Graphendarstellung

In Abschnitt 14.4. wurde untersucht, auf welche Weise zeitgeordnete Operatorenprodukte in Normalordnung überführt werden können. Die wesentliche Aufgabe besteht dabei darin, alle möglichen Kontraktionen zu bilden, wobei die Kontraktionen nach (14.4.23) direkt mit den ungestörten GREENschen Funktionen zusammenhängen. Bei komplizierteren Operatorenprodukten ist diese Aufgabe nur mit großem Aufwand zu lösen. Durch Einführung einer „Bildersprache" kann der Aufwand jedoch beträchtlich gesenkt werden. Hierzu werden Graphen (auch als FEYNMAN-Diagramme bezeichnet) eingeführt, die nach bestimmten Regeln angeordnet und zusammengesetzt werden. Historisch haben sich verschiedene Systeme herausgebildet, die im wesentlichen gleichberechtigt sind und bei konkreten Anwendungen bestimmte Vor- und Nachteile aufweisen. Wir werden uns auf die am häufigsten verwendete Form beschränken. Außerdem betrachten wir bei der Diskussion von Beispielen stets nur die GREENsche Ein-Teilchen-Funktion; die Übertragung auf andere GREENsche Funktionen bzw. Erwartungswerte beliebiger Operatoren erfolgt ganz analog.

Wir definieren folgende Bauelemente:

$$\underset{x}{\longrightarrow} \equiv \tilde{\psi}(x), \quad \underset{x}{\longrightarrow} \equiv \tilde{\psi}^+(x), \quad \underset{x \quad x'}{\longrightarrow} \equiv \tilde{\psi}(x)\,\tilde{\psi}^+(x') = iG^0(x, x'),$$

$$\underset{x \qquad x'}{\sim\sim\sim} \equiv -iv(x, x') \equiv -iv(\boldsymbol{r}, \boldsymbol{r}')\,\delta(t - t'), \quad \underset{x}{\cdot} \equiv \int \mathrm{d}x \equiv \sum_\sigma \int \mathrm{d}\boldsymbol{r} \int \mathrm{d}t\,. \tag{15.1.1}$$

Ein beliebiger Graph ergibt sich durch Zusammenfügen dieser Symbole. Z. B. gilt für die im weiteren betrachtete Elektron-Elektron-Wechselwirkung

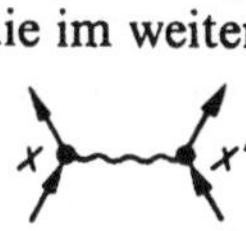

$$= -i \int \mathrm{d}x\,\mathrm{d}x'\,\tilde{\psi}^+(x)\,\tilde{\psi}(x)\,v(x, x')\,\tilde{\psi}^+(x')\,\tilde{\psi}(x')$$
$$= -i \int \mathrm{d}t\,e^{i\mathscr{H}^0 t} \sum_{\sigma\sigma'} \int \mathrm{d}\boldsymbol{r}\,\mathrm{d}\boldsymbol{r}'\,\psi_\sigma^+(\boldsymbol{r})\,\psi_\sigma(\boldsymbol{r})\,v(\boldsymbol{r}, \boldsymbol{r}')\,\psi_{\sigma'}^+(\boldsymbol{r}')\,\psi_{\sigma'}(\boldsymbol{r}')\,e^{-i\mathscr{H}^0 t}$$
$$= -2i \int \mathrm{d}t\,\tilde{V}(t)\,. \tag{15.1.2}$$

(Im letzten Gleichheitszeichen wurde $v(\boldsymbol{r}, \boldsymbol{r}) = 0$ benutzt; diese Wahl ist möglich, da jede andere Festlegung nur zu einer uninteressanten Verschiebung des Energie-Nullpunkts führt.) Damit folgt für S aus (14.2.21)

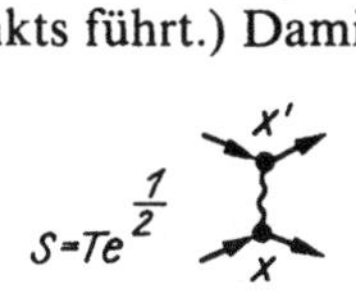

(15.1.3)

Für die GREENsche Ein-Teilchen-Funktion (14.3.4) entsteht die Darstellung

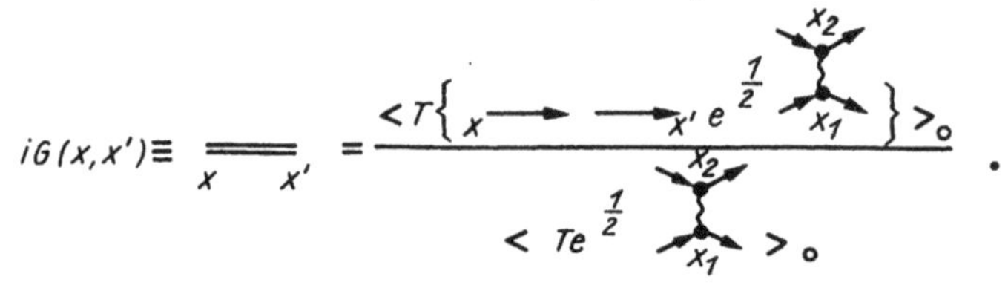
(15.1.4)

Es sei betont, daß jedem Graphenelement entsprechend (15.1.1) eine ganz bestimmte mathematische Bedeutung zukommt und jeder Graph nur eine besonders bequeme Darstellung eines mathematischen Ausdrucks beinhaltet. Jedoch kann den Graphen auch eine anschauliche Bedeutung zugeordnet werden, wobei die G^0-Linien als Ausbreitung eines Teilchens und die v-Linien als Wechselwirkung zwischen Teilchen interpretiert werden.

Der Vorteil der Graphenschreibweise besteht unter anderem darin, daß das WICKsche Theorem eine sehr übersichtliche Form erhält. Da nach (15.1.1) die Kontraktion der Operatoren $\tilde{\psi}(x)$ und $\tilde{\psi}^+(x')$ gerade durch Verschiebung der entsprechenden Pfeile zu einer durchgehenden Linie gebildet wird, kann (14.4.24) in der Form

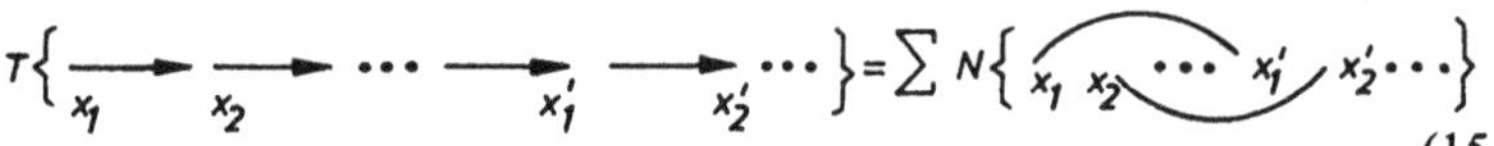
(15.1.5)

dargestellt werden. Dabei sind alle Verbindungsmöglichkeiten zu berücksichtigen; die verbleibenden Operatoren (unverbundene Pfeile) sind in Normalform anzuordnen. (14.4.25) erhält die Gestalt

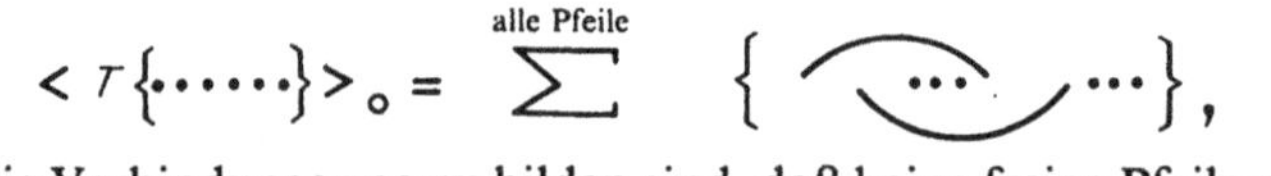

(15.1.6)

wobei die Verbindungen so zu bilden sind, daß keine freien Pfeile mehr verbleiben. Eine rein geometrische Verformung der entstehenden Graphen ist ohne Einfluß auf deren Wert, solange der Zusammenhang der Elemente dabei nicht geändert wird. Beim Auftreten geschlossener Linienzüge treten zusätzliche Vorfaktoren (-1) auf, wie bei der Berechnung von Beispielen in Abschnitt 15.2. gezeigt werden wird.

Die Graphenbildung gemäß (15.1.6) soll nun an einigen Beispielen erläutert werden. Es gelten die Beziehungen (vgl. (14.3.13) und (14.4.21))

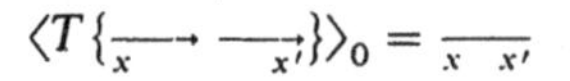
(15.1.7)

sowie

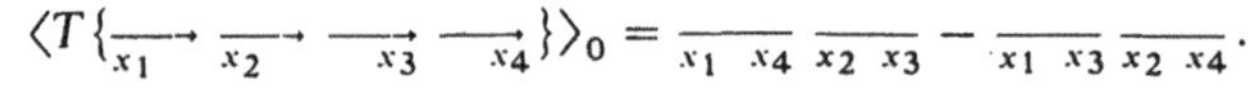
(15.1.8)

Das Minuszeichen vor dem letzten Summanden von (15.1.8) entsteht, da zur Ausführung der Verbindungen zunächst $\tilde{\psi}(x_1)$ und $\tilde{\psi}(x_2)$ vertauscht werden müssen.

Weiterhin ergibt sich

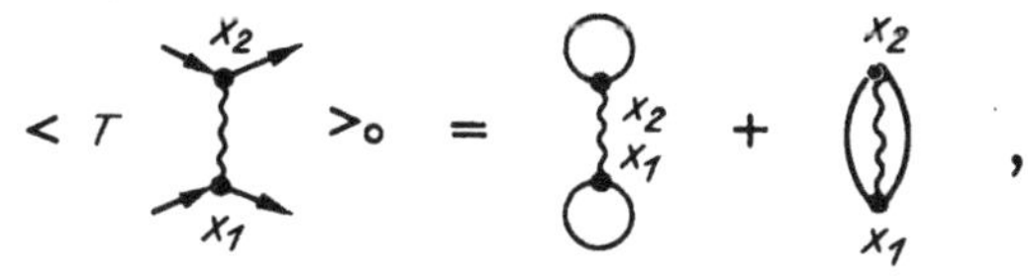

(15.1.9)

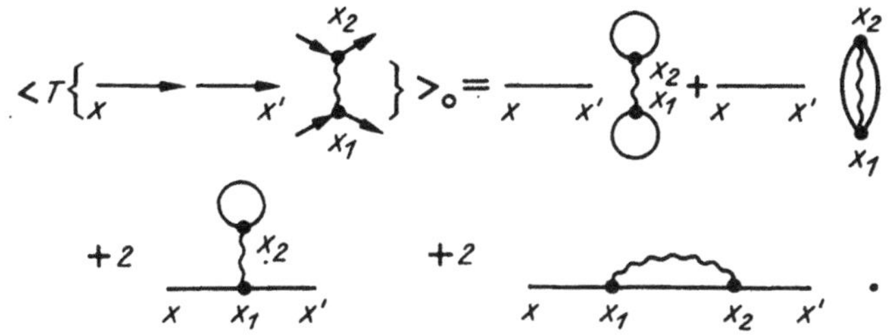

(15.1.10)

Die Faktoren 2 in den letzten beiden Termen entstehen durch Umbenennung der Integrationsvariablen sowie geometrische Verformung der Graphen:

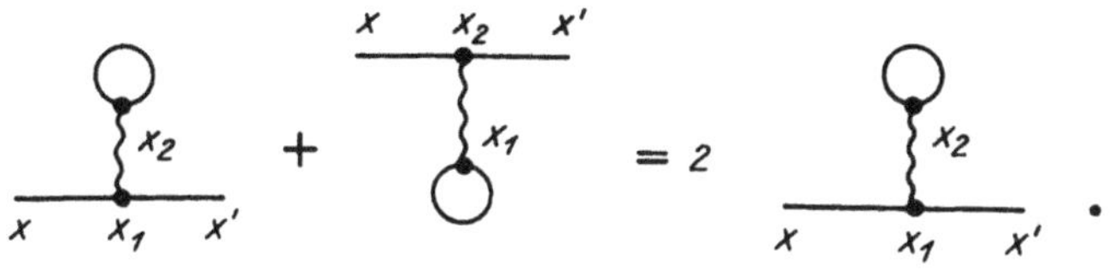

(15.1.11)

Da die Bezeichnung der Integrationsvariablen willkürlich ist, kann auf deren explizite Angabe verzichtet werden. Ebenso können die Kennzeichnungen der äußeren Variablen (hier x und x') weggelassen werden, wenn keine Verwechslungen möglich sind.

Nun betrachten wir die Graphendarstellung der GREENschen Ein-Teilchen-Funktion (15.1.4). Die S-Matrix (15.1.3) wird durch Entwicklung nach der Störung v (siehe Abschnitt 14.1.) als Potenzreihe dargestellt. Die Anwendung des WICKschen Theorems (15.1.6) liefert dann

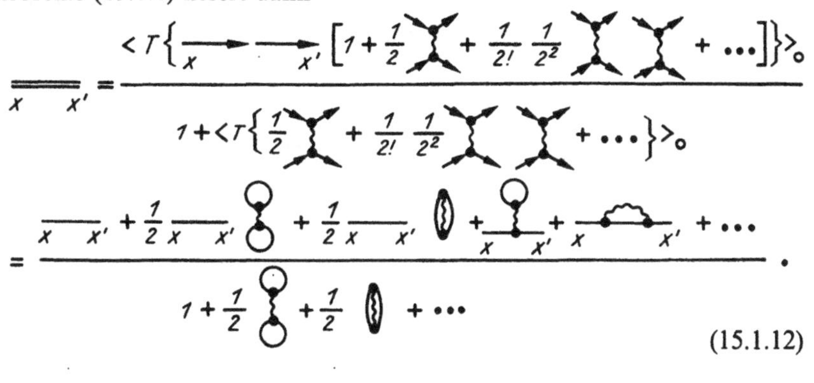

(15.1.12)

Entwicklung des Nenners ergibt

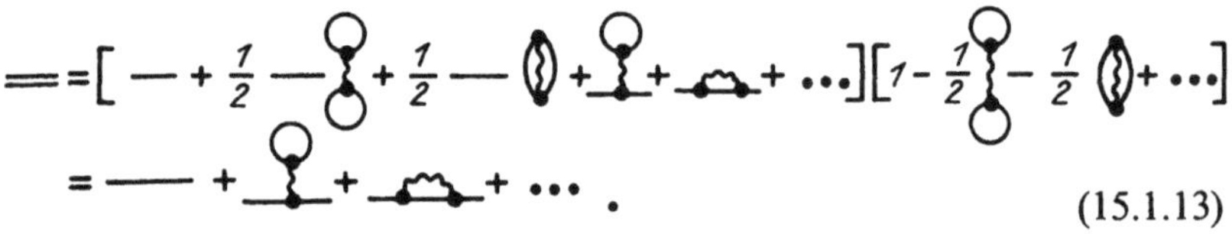

(15.1.13)

Nach Ausmultiplizieren kompensieren sich alle diejenigen Graphen, die aus nichtverbundenen Teilen bestehen. Dies kann auch für die höheren Ordnungen bewiesen werden und ist eine spezielle Folge des sogenannten Verbundgraphen-Theorems, das die allgemeine Form

$$\langle T\{\ldots S\}\rangle_0 = \sum_{\text{alle Graphen}}^{(V)} \{\ldots S\}\,\langle S\rangle_0 \tag{15.1.14}$$

besitzt. Die Kennzeichnung (V) bedeutet dabei, daß die Summe nur über die Verbundgraphen läuft, d. h. diejenigen Graphen, bei denen alle Bestandteile durch Teilchen- oder Wechselwirkungslinien miteinander verbunden sind.[15.1]

Insgesamt ergibt sich damit für die GREENsche Ein-Teilchen-Funktion bis zur zweiten Ordnung in der Störung v die Darstellung

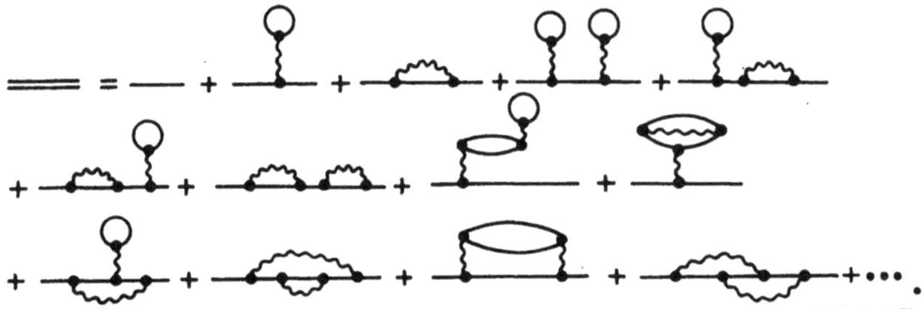

(15.1.15)

15.2. Berechnung einfacher Graphen

Im vorliegenden Abschnitt sollen die Graphenregeln an einigen einfachen Beispielen erläutert werden. Dazu betrachten wir die Beiträge erster Ordnung zu $G(x, x')$:

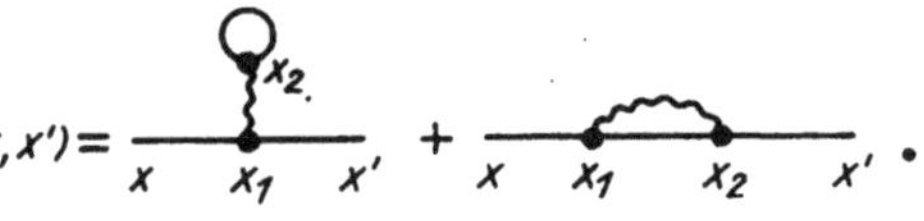

(15.2.1)

Im ersten Graph tritt eine geschlossene Linie auf, die durch die Kontraktion der Operatoren $\tilde{\psi}(x_2)$ und $\tilde{\psi}^+(x_2)$ zur GREENschen Funktion $G^0(x_2, x_2)$ ent-

[15.1] Zum Beweis des Verbundgraphen-Theorems siehe z. B. W. PARRY, „The Many-Body Problem", Clarendon Press, Oxford 1973 oder P. ZIESCHE, Commun. math. Phys. 5, 301 (1967).

standen ist. Im Wechselwirkungsoperator (15.1.2) sind diese Operatoren aber stets in der Reihenfolge $\tilde{\psi}^+(x_2)\,\tilde{\psi}(x_2)$ angeordnet, so daß gemäß (14.4.23) bei der Kontraktion ein zusätzlicher Faktor (-1) auftritt. Dies kann bei Auswertung eines gegebenen Graphen einfach dadurch berücksichtigt werden, daß jeder geschlossenen G^0-Linie der Vorfaktor (-1) zugeordnet wird. Insgesamt trägt damit jeder Graph den Faktor $(-1)^c$, wobei c die Zahl der geschlossenen G^0-Linien (closed loops) angibt.

Der erste Term von (15.2.1) besitzt daher die Bedeutung

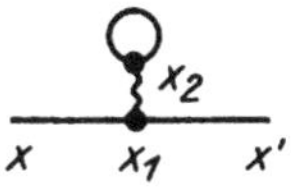

$$= (-1)\int dx_1\, dx_2\, iG^0(x,x_1)\, iG^0(x_1,x')\,(-i)\,v(x_1,x_2) \cdot iG^0(x_2,x_2)\,. \tag{15.2.2}$$

Für $G^0(x_2, x_2)$ ergibt sich nach (14.3.12) (mit N_e = Elektronenzahl)

$$G^0(x_2,x_2) = \frac{1}{\mathscr{V}}\sum_{\boldsymbol{k}}\int\frac{d\omega}{2\pi}\,G^0_{\boldsymbol{k}\sigma_2}(\omega) = \frac{i}{\mathscr{V}}\sum_{\boldsymbol{k}}\Theta(\varepsilon_F^0-\varepsilon_{\boldsymbol{k}}) = \frac{i}{\mathscr{V}}\cdot\frac{N_e}{2}\,. \tag{15.2.3}$$

Das Integral über die Wechselwirkung in (15.2.2) liefert

$$\int dx_2\, v(x_1,x_2) = \sum_{\sigma_2}\int d\boldsymbol{r}_2\, dt_2\, v(\boldsymbol{r}_1,\boldsymbol{r}_2)\,\delta(t_1-t_2) = 2\int d\boldsymbol{r}'\, v(0,\boldsymbol{r}') = 2\mathscr{V}\,v(0)\,. \tag{15.2.4}$$

$v(0)$ ist die FOURIER-Transformierte des Wechselwirkungspotentials zum Impuls $\boldsymbol{q} = 0$. Damit folgt

$$= iv(0)\,N_e\int dx_1\, G^0(x,x_1)\, G^0(x_1,x')$$
$$= iv(0)\,\frac{N_e}{\mathscr{V}}\sum_{\boldsymbol{k}}\int\frac{d\omega}{2\pi}\,G^0_{\boldsymbol{k}\sigma}(\omega)\,G^0_{\boldsymbol{k}\sigma}(\omega)\,e^{i\boldsymbol{k}(\boldsymbol{r}-\boldsymbol{r}')}\,e^{-i\omega(t-t')}\,\delta_{\sigma\sigma'} \tag{15.2.5}$$

mit $G^0_{\boldsymbol{k}\sigma}(\omega)$ aus (14.3.19). Für den zweiten Graph von (15.2.1) ergibt sich

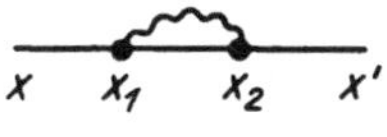

$$= \int dx_1\, dx_2\, iG^0(x,x_1)\, iG^0(x_1,x_2)\, iG^0(x_2,x')\,(-i)\,v(x_1,x_2)$$
$$= -\frac{1}{\mathscr{V}}\sum_{\boldsymbol{k}}\int\frac{d\omega}{2\pi}\,G^0_{\boldsymbol{k}\sigma}(\omega)\,G^0_{\boldsymbol{k}\sigma}(\omega)\,e^{i\boldsymbol{k}(\boldsymbol{r}-\boldsymbol{r}')}\,e^{-i\omega(t-t')} \cdot\sum_{\boldsymbol{k}'}\int\frac{d\omega'}{2\pi}\,v(\boldsymbol{k}-\boldsymbol{k}')\,G^0_{\boldsymbol{k}'\sigma}(\omega')\,\delta_{\sigma\sigma'}$$
$$= -\frac{i}{\mathscr{V}}\sum_{\boldsymbol{k}}\int\frac{d\omega}{2\pi}\,G^0_{\boldsymbol{k}\sigma}(\omega)\,G^0_{\boldsymbol{k}\sigma}(\omega)\,e^{i\boldsymbol{k}(\boldsymbol{r}-\boldsymbol{r}')}\,e^{-i\omega(t-t')} \cdot\sum_{\boldsymbol{k}'}v(\boldsymbol{k}-\boldsymbol{k}')\,\Theta(\varepsilon_F^0-\varepsilon_{\boldsymbol{k}'})\,\delta_{\sigma\sigma'}\,. \tag{15.2.6}$$

Insgesamt entsteht damit in erster Ordnung

$$G^{(1)}(x, x') = \frac{1}{\mathcal{V}} \sum_{\boldsymbol{k}} \int \frac{d\omega}{2\pi} G^0_{\boldsymbol{k}\sigma}(\omega)\, G^0_{\boldsymbol{k}\sigma}(\omega)\, e^{i\boldsymbol{k}(\boldsymbol{r}-\boldsymbol{r}')}\, e^{-i\omega(t-t')}$$

$$\cdot \left[v(0)\, N_e - \sum_{\boldsymbol{k}'} v(\boldsymbol{k}-\boldsymbol{k}')\, \theta(\varepsilon^0_F - \varepsilon_{\boldsymbol{k}'})\right] \delta_{\sigma\sigma'} \tag{15.2.7}$$

bzw. nach FOURIER-Transformation

$$G^{(1)}_{\boldsymbol{k}\sigma}(\omega) = G^0_{\boldsymbol{k}\sigma}(\omega)\, G^0_{\boldsymbol{k}\sigma}(\omega) \left[v(0)\, N_e - \sum_{\boldsymbol{k}'} v(\boldsymbol{k}-\boldsymbol{k}')\, \theta(\varepsilon^0_F - \varepsilon_{\boldsymbol{k}'})\right]$$

$$= G^0_{\boldsymbol{k}\sigma}(\omega)\, G^0_{\boldsymbol{k}\sigma}(\omega) \sum_{\boldsymbol{k}'\sigma'} \left[v(0) - v(\boldsymbol{k}-\boldsymbol{k}')\, \delta_{\sigma\sigma'}\right] \theta(\varepsilon^0_F - \varepsilon_{\boldsymbol{k}'})\,. \tag{15.2.8}$$

Die Berechnung der Graphen kann auch unmittelbar im Impulsraum erfolgen. Die entsprechenden Graphenregeln ergeben sich durch FOURIER-Transformation aus (15.1.1):

$$\underset{p}{═══} \equiv iG(p) \equiv iG_{\boldsymbol{k}\sigma}(\omega)\,, \qquad \underset{p}{—} \equiv iG^0(p) \equiv iG^0_{\boldsymbol{k}\sigma}(\omega)\,,$$

$$\underset{q}{\sim\sim\sim} \equiv -iv(q) \equiv -\,iv(\boldsymbol{q})\,, \qquad \underset{p}{\cdot} \equiv \int \frac{dp}{2\pi} \equiv \sum_{\boldsymbol{k}\sigma} \int \frac{d\omega}{2\pi}\,. \tag{15.2.9}$$

Geschlossene G^0-Linienzüge ergeben zusätzlich einen Vorfaktor (-1). Außerdem ist zu beachten, daß infolge der Erhaltungssätze für Energie und Impuls Gesamtenergie und Gesamtimpuls stets konstant sein müssen; ebenso darf sich der Spin längs einer durchgehenden Linie nicht ändern. Integrationen und Summationen werden dementsprechend nur über die unabhängig veränderlichen Größen ausgeführt. Es gilt also z. B. für folgenden Graph dritter Ordnung

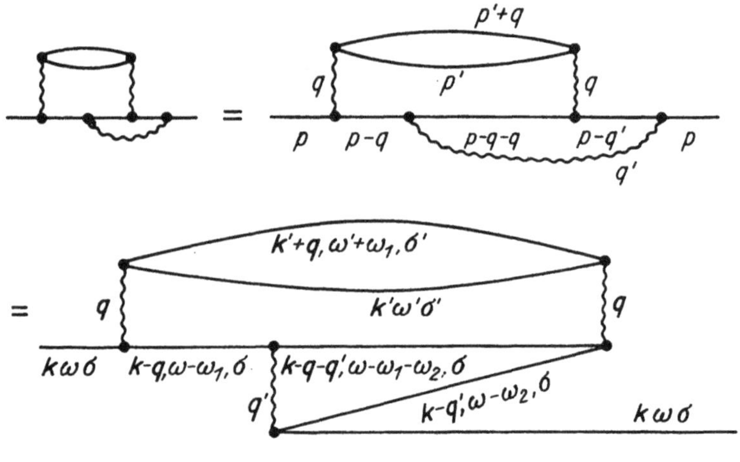

$$
= (-1) \sum_{qq'k'\sigma'} \int \frac{d\omega_1\, d\omega_2\, d\omega'}{(2\pi)^3}\, i^7(-i)^3\, G^0_{k\sigma}(\omega)\, G^0_{k-q\sigma}(\omega - \omega_1) \cdot
$$

$$
\cdot\, G^0_{k-q-q'\sigma}(\omega - \omega_1 - \omega_2)\, G^0_{k-q'\sigma}(\omega - \omega_2)\, G^0_{k\sigma}(\omega)\, G^0_{k\sigma'}(\omega') \cdot
$$

$$
\cdot\, G^0_{k'+q\sigma'}(\omega' + \omega_1)\, v(q)\, v(q)\, v(q') \,. \tag{15.2.10}
$$

Die Beziehungen für Energie, Impuls und Spin findet man am einfachsten, wenn die Graphen mit senkrecht laufenden Wechselwirkungslinien gezeichnet werden, wie es die letzte Darstellung zeigt. Dann muß die Summe aller Argumente untereinander angeordneter G^0-Linien an jeder Stelle stets den gleichen Wert besitzen, wobei die Argumente „rückläufiger" Linien negativ zu zählen sind (man stelle sich hierbei anschaulich vor, daß sich ein Elektron längs der G^0-Linien bewegt).

Speziell für die Beiträge erster Ordnung zur GREENschen Ein-Teilchen-Funktion ergibt sich

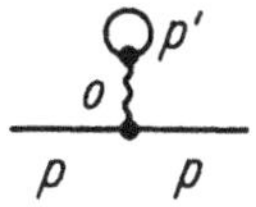

$$
= (-1)\, i^3(-i)\, v(0)\, G^0(p)\, G^0(p) \int \frac{dp'}{2\pi}\, G^0(p')
$$

$$
= v(0)\, G^0_{k\sigma}(\omega)\, G^0_{k\sigma}(\omega) \sum_{k'\sigma'} \int \frac{d\omega'}{2\pi}\, G^0_{k'\sigma'}(\omega') = iG^0_{k\sigma}(\omega)\, G^0_{k\sigma}(\omega)\, v(0)\, N_e \tag{15.2.11}
$$

sowie

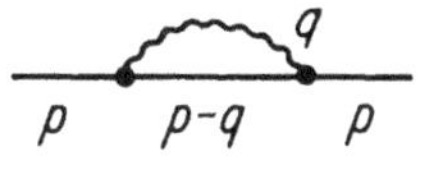

$$
= -G^0_{k\sigma}(\omega)\, G^0_{k\sigma}(\omega) \sum_{k'} \int \frac{d\omega'}{2\pi}\, G^0_{k'\sigma}(\omega')\, v(k - k')
$$

$$
= -iG^0_{k\sigma}(\omega)\, G^0_{k\sigma}(\omega) \sum_{k'} v(k - k')\, \theta(\varepsilon^0_F - \varepsilon_{k'})\,, \tag{15.2.12}
$$

so daß das gleiche Ergebnis wie in (15.2.8) entsteht. In (15.2.11) und (15.2.12) wurde in Übereinstimmung mit (15.2.3)

$$
\int \frac{d\omega}{2\pi}\, G^0_{k\sigma}(\omega) = i\theta(\varepsilon^0_F - \varepsilon_k), \qquad N_e = \sum_{k\sigma} \theta(\varepsilon^0_F - \varepsilon_k) \tag{15.2.13}
$$

verwendet. Die Berechnung der Graphen im Energie-Impuls-Raum ist infolge der Diagonalität der GREENschen Ein-Teilchen-Funktion (vgl. (14.3.10)) einfacher als die Auswertung in der Ort-Zeit-Darstellung.

15.3. Die Dyson-Gleichung

Bei der Darstellung der GREENschen Ein-Teilchen-Funktion durch Störungsentwicklung entsteht eine sehr große Anzahl verschiedenartiger Beiträge, da die Menge der nach dem WICKschen Theorem durchzuführenden Verbindungen mit zunehmender Ordnung immer umfangreicher wird. Entstehen nach (15.1.15) in erster Ordnung nur zwei Graphen, so sind es in zweiter Ordnung bereits 10. Es ist nun möglich, die entstehende Reihe so umzuordnen, daß die Anzahl der verschiedenartigen Graphen wesentlich verringert wird. Auf die Berechtigung für derartige Reihenumordnungen wurde in Abschnitt 14.1. hingewiesen.

Bei der Aufstellung der Graphenreihe entstehen in höheren Ordnungen Graphen, die als Zusammensetzung von Graphen niederer Ordnungen aufgefaßt werden können. Wird in solchen Graphen eine G^0-Linie aufgeschnitten, dann zerfallen die Graphen in zwei getrennte Bestandteile. Beispiele dafür sind die ersten vier Beiträge zweiter Ordnung in (15.1.15). Als charakteristisches Beispiel betrachten wir die Terme vom Typ (15.2.2) in verschiedenen Ordnungen:

(15.3.1)

Die hier dargestellten Graphen bilden eine geometrische Reihe und können in der Form

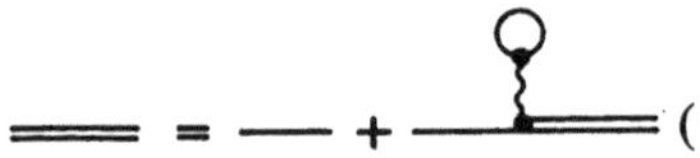 (+ Beiträge anderen Typs) (15.3.2)

zusammengefaßt werden. (15.3.1) entsteht aus (15.3.2) durch Iteration. Analoge Beziehungen ergeben sich für alle anderen Beiträge, so daß zusammenfassend

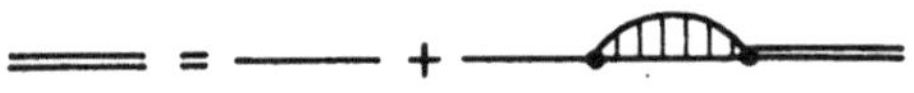 (15.3.3)

mit

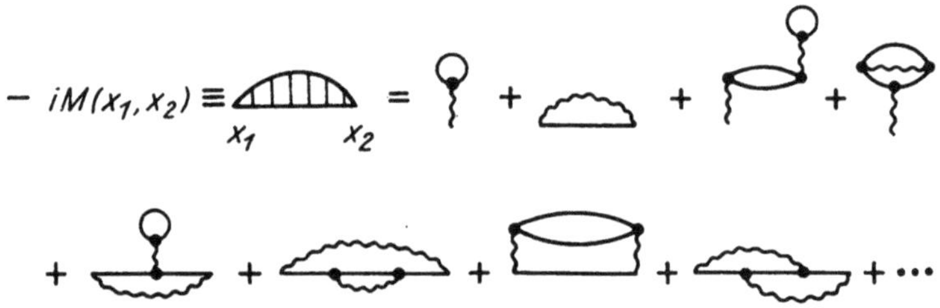

(15.3.4)

geschrieben werden kann. Formelmäßig bedeutet (15.3.3)

$$G(x, x') = G^0(x, x') + \int dx_1\, dx_2 G^0(x, x_1)\, M(x_1, x_2)\, G(x_2, x') \tag{15.3.5}$$

bzw.

$$G(p) = G^0(p) + G^0(p)\, M(p)\, G(p) \tag{15.3.6}$$

mit

$$M(p) \equiv M_{k\sigma}(\omega) = \int dx\, e^{-ip(x-x')}\, M(x, x')\,. \tag{15.3.7}$$

(15.3.3) stimmt also mit der DYSON-Gleichung (5.2.6) überein; (15.3.4) ist die störungstheoretische Darstellung des Massenoperators.

An dieser Stelle soll noch einmal auf die prinzipielle Problematik der Störungsentwicklung eingegangen werden, die bereits in Abschnitt 14.1. behandelt wurde. (15.3.3) entstand durch Umordnung einer unendlichen Reihe, wobei die Konvergenz der Ausgangsreihe (15.1.15) bisher nicht bewiesen wurde. Dementsprechend ist die Gültigkeit der erhaltenen Darstellung nicht gesichert. Andererseits ist das gewonnene Ergebnis (15.3.5) bzw. (15.3.6) in Abschnitt 5.2. auf ganz anderem Wege — nämlich über die Methode der Bewegungsgleichungen — erhalten worden, wozu keine Entwicklung nach der Störung erforderlich war. Daher kann das Ergebnis (15.3.3) als unabhängig von der Anwendung der Störungstheorie angesehen werden, und (15.3.4) liefert eine spezielle Darstellung des in Abschnitt 5.2. eingeführten Massenoperators.

Auch die Reihe (15.3.4) enthält noch Elemente, die einfachere Bestandteile aufweisen. Zum Herauslösen dieser Anteile ist jedoch die Auftrennung von zwei G^0-Linien erforderlich. Als Beispiel betrachten wir die Beiträge

 (+ Beiträge anderen Typs), (15.3.8)

die durch Ersetzung der inneren G^0-Linien durch eine G-Linie zusammengefaßt werden können. Dies entspricht einer weiteren Reihenumordnung. Insgesamt entsteht damit für den Massenoperator

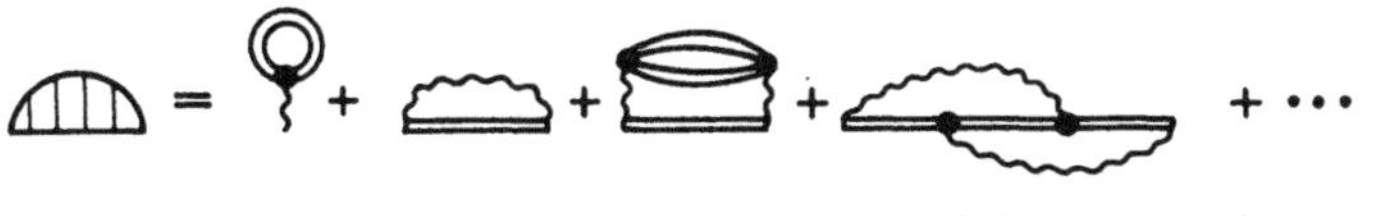 (15.3.9)

Hier treten im Innern der Graphen nur noch G-Linien auf. Die einzelnen Bestandteile besitzen eine solche Struktur, daß eine Zerlegung in Terme niedrigerer Ordnung durch Auftreten von G-Linien nicht möglich ist. Man bezeichnet (15.3.9) als Skelett-Graphen-Darstellung des Massenoperators. Analoge Reduktionen sind auch bei den Störungsentwicklungen anderer Größen (z. B. GREENsche Mehr-Teilchen-Funktionen) möglich.

15.4. Partialsummationen

Um physikalisch wichtige Größen wie Zustandsdichte und Grundzustandsenergie berechnen zu können, ist nach Abschnitt 5.3. die Kenntnis des Massenoperators $M_{k\sigma}(\omega)$ erforderlich. Zur Bestimmung von $M_{k\sigma}(\omega)$ müßten die Graphen der

Reihenentwicklung (15.3.9) ausgewertet und aufsummiert werden. Da diese Reihe jedoch unendlich viele Beiträge enthält, ist die Aufsummation aller Terme unmöglich. Bei praktischen Rechnungen beschränkt man sich auf wenige Graphen oder auf wenige Typen von Graphen und erhält so einen Näherungswert für $M_{k\sigma}(\omega)$. Die Auswahl der zu berücksichtigenden Graphen wird durch die Eigenschaften des betrachteten Systems sowie die erforderlichen Genauigkeitsanforderungen bestimmt — außerdem jedoch auch von den vorhandenen technischen Möglichkeiten, die Auswertungen tatsächlich durchführen zu können.

Die einfachste Näherung von (15.3.9) besteht darin, nur die beiden ersten Graphen zu berücksichtigen. Wir erhalten dann

(15.4.1)

bzw.

$$M_{k\sigma}(\omega) = -iv(0) \sum_{k'\sigma'} \int \frac{d\omega'}{2\pi} G_{k'\sigma'}(\omega') + i \sum_{k'} \int \frac{d\omega'}{2\pi} v(k')\, G_{k-k',\sigma}(\omega - \omega')$$

$$= -i \sum_{k'\sigma'} \int \frac{d\omega'}{2\pi} G_{k'\sigma'}(\omega')[v(0) - v(k - k')\, \delta_{\sigma\sigma'}]. \qquad (15.4.2)$$

Wegen

$$\int \frac{d\omega}{2\pi} G_{k\sigma}(\omega) = \lim_{\delta \to 0^+} \int \frac{d\omega}{2\pi} \int dt\, e^{i\omega t} (-i) \langle T c_{k\sigma}(t)\, c^+_{k\sigma}(\delta)\rangle$$

$$= - \lim_{\delta \to 0^+} \int dt\, \delta(t) \langle T c_{k\sigma}(t)\, c^+_{k\sigma}(\delta)\rangle = i\langle c^+_{k\sigma} c_{k\sigma}\rangle = i\langle n_{k\sigma}\rangle \qquad (15.4.3)$$

(vgl. (15.2.13)) folgt

$$M_{k\sigma}(\omega) = \sum_{k'\sigma'} [v(0) - v(k - k')\, \delta_{\sigma\sigma'}] \langle n_{k'\sigma'}\rangle. \qquad (15.4.4)$$

In dieser Näherung erhält man also gerade das Hartree-Fock-Ergebnis (6.1.9). Es muß betont werden, daß (15.4.1) Beiträge beliebig hoher Störungsordnungen enthält, da die vollständige G-Funktion auftritt. Daher ist (15.4.4) nicht als Ergebnis der ersten Störungsordnung aufzufassen, sondern entspricht einer einfachen Partialsummation. Das Resultat der ersten Störungsordnung ist durch (15.2.8) gegeben, wo die tatsächliche Besetzungsfunktion $\langle n_{k\sigma}\rangle$ durch die ungestörte Verteilung $\theta(\varepsilon_F^0 - \varepsilon_k)$ ersetzt ist.

Für Elektronensysteme ist die Coulomb-Wechselwirkung wichtig. Nach (7.3.4) gilt dafür

$$v(q) = \frac{e^2}{\varepsilon_0 q^2 \mathscr{V}}. \qquad (15.4.5)$$

Infolge der spziellen $\boldsymbol{q}$-Abhängigkeit liefern alle Graphen, bei denen zwei oder mehrere Wechselwirkungen zum gleichen Übergangsimpuls auftreten, einen unendlich großen Beitrag. Z. B. gilt

$$= -i \sum_{\boldsymbol{q}\boldsymbol{k}'\sigma'} \int \frac{d\omega'\, d\omega_1}{(2\pi)^2}\, G_{\boldsymbol{k}-\boldsymbol{q}\sigma}(\omega - \omega_1)\, G_{\boldsymbol{k}'\sigma'}(\omega')\, G_{\boldsymbol{k}'+\boldsymbol{q}\sigma'}(\omega' + \omega_1)\, v^2(\boldsymbol{q})\,. \tag{15.4.6}$$

Die Summation über $\boldsymbol{q}$ divergiert wegen $v^2(\boldsymbol{q}) \sim 1/q^4$. Die gleiche Eigenschaft besitzen die Graphen vom Typ

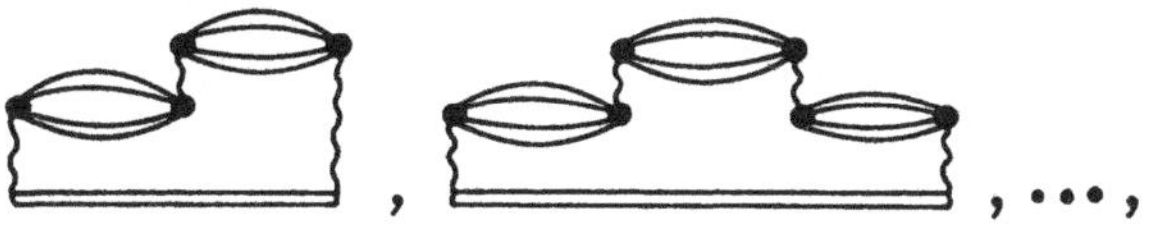

(15.4.7)

die als Ring-Graphen bezeichnet werden. Nun ist erfahrungsgemäß das Elektronensystem stabil, so daß ein endlicher Wert für die GREENsche Ein-Teilchen-Funktion und damit für $M_{\boldsymbol{k}\sigma}(\omega)$ existieren muß. Die unendlich großen Beiträge der einzelnen Terme sind offenbar durch eine unzulässige Entwicklung nach Potenzen der Wechselwirkung entstanden. Es ist zu vermuten, daß nach Aufsummation aller divergierenden Anteile ein endlicher Wert für die Summe erhalten wird (siehe Abschnitt 14.1.).

Die Aufsummation aller Graphen vom Typ (15.4.6) und (15.4.7) ist formal sehr einfach durchführbar. Wir führen eine effektive Wechselwirkung durch

(15.4.8)

ein. Damit gilt

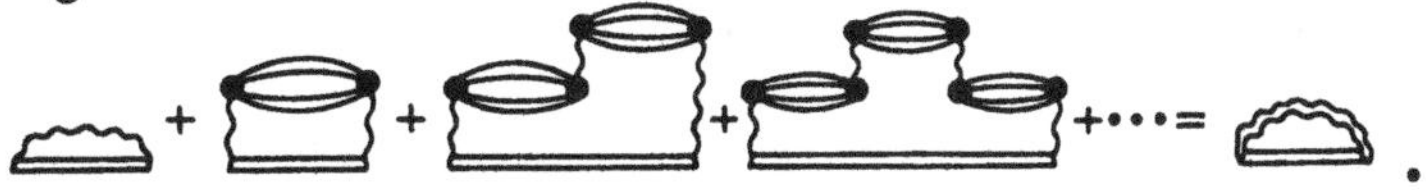

(15.4.9)

Formelmäßig ergibt sich für (15.4.8)

$$v^{\text{eff}}(q) \equiv v^{\text{eff}}(\boldsymbol{q}, \omega) = v(\boldsymbol{q}) - v(\boldsymbol{q})\, \Pi(q)\, v^{\text{eff}}(q) = \frac{v(\boldsymbol{q})}{1 + v(\boldsymbol{q})\, \Pi(q)} \tag{15.4.10}$$

mit

$$-i\Pi(q) \equiv -\, i\Pi\,(\boldsymbol{q}, \omega) =$$  $$= (-1)\, i^2 \sum_{\boldsymbol{k}\sigma} \int \frac{d\omega'}{2\pi}\, G_{\boldsymbol{k}\sigma}(\omega')\, G_{\boldsymbol{q}+\boldsymbol{k}\sigma}(\omega + \omega')\,. \tag{15.4.11}$$

$\Pi(q)$ wird als Polarisation bezeichnet. Dieser Graph läßt sich näherungsweise auswerten, indem in (15.4.11) G durch G^0 ersetzt wird:

$$\begin{aligned} \Pi(\boldsymbol{q}, \omega) &= i \sum_{\boldsymbol{k}\sigma} \int \frac{d\omega'}{2\pi}\, G^0_{\boldsymbol{k}\sigma}(\omega')\, G^0_{\boldsymbol{q}+\boldsymbol{k}\sigma}(\omega + \omega') \\ &= -\sum_{\boldsymbol{k}\sigma} \frac{\Theta(\varepsilon_F^0 - \varepsilon_{\boldsymbol{k}}) - \Theta(\varepsilon_F^0 - \varepsilon_{\boldsymbol{k}+\boldsymbol{q}})}{\omega - (\varepsilon_{\boldsymbol{k}+\boldsymbol{q}} - \varepsilon_{\boldsymbol{k}})} = 2 \sum_{\boldsymbol{k}\sigma} \frac{(\varepsilon_{\boldsymbol{k}+\boldsymbol{q}} - \varepsilon_{\boldsymbol{k}})\, \Theta(\varepsilon_F^0 - \varepsilon_{\boldsymbol{k}})}{(\varepsilon_{\boldsymbol{k}+\boldsymbol{q}} - \varepsilon_{\boldsymbol{k}})^2 - \omega^2}\,. \end{aligned} \tag{15.4.12}$$

Aus (15.4.10) folgt, daß die effektive Wechselwirkung $v^{\text{eff}}(\boldsymbol{q}, \omega)$ für $|\boldsymbol{q}| \to 0$ nicht mehr divergiert: Setzen wir

$$\Pi(\boldsymbol{q}, \omega) \equiv \frac{\varepsilon_0 \mathcal{V}}{e^2} \varkappa^2, \tag{15.4.13}$$

dann gilt

$$v^{\text{eff}}(\boldsymbol{q}, \omega) = \frac{e^2}{\varepsilon_0 \mathcal{V}(\boldsymbol{q}^2 + \varkappa^2)}, \tag{15.4.14}$$

wobei $\varkappa$ noch von $\boldsymbol{q}$ und ω abhängt. FOURIER-Transformation liefert (bei Vernachlässigung der $\boldsymbol{q}$-Abhängigkeit von $\varkappa$)

$$v^{\text{eff}}(\boldsymbol{r}, \boldsymbol{r}'; \omega) = \frac{e^2\, \mathrm{e}^{-\varkappa|\boldsymbol{r}-\boldsymbol{r}'|}}{4\pi\varepsilon_0 |\boldsymbol{r} - \boldsymbol{r}'|}. \tag{15.4.15}$$

Anstelle der COULOMB-Wechselwirkung entsteht durch Aufsummation ein Potential mit endlicher Reichweite. Physikalisch entspricht dies einer Abschirmung der COULOMB-Kräfte zwischen zwei Elektronen infolge einer Polarisation des Elektronensystems. Diese Abschirmung ist ein Viel-Teilchen-Effekt, der durch die Wechselwirkung aller Elektronen des Systems verursacht wird. Übrigens hängt die hier besprochene Polarisation eng mit den in Abschnitt 7.3. behandelten Plasmaschwingungen zusammen. Man vergleiche hierzu (15.4.12) mit (7.3.18); eine einfache Umrechnung liefert mit der dielektrischen Funktion (7.3.14)

$$v^{\text{eff}}(\boldsymbol{q}, \omega) = \frac{1}{\varepsilon(\boldsymbol{q}, \omega)}\, v(\boldsymbol{q}). \tag{15.4.16}$$

Für den Massenoperator ergibt sich bei Berücksichtigung der Graphen vom Typ der Ring-Graphen

(15.4.17)

Dieses Ergebnis wird als GELL-MANN-BRUECKNER-Summation bezeichnet. (Das Verfahren geht auf eine Idee von MACKE zurück.) Bei praktischer Auswertung werden zumeist innere G-Linien durch G^0-Linien ersetzt.

Die GELL-MANN-BRUECKNER-Summation ist wichtig für Systeme mit sehr langer Reichweite der Wechselwirkung. Eine Partialsummation ganz anderen Typs ist bei sehr starker, kurzreichweitiger Wechselwirkung von Bedeutung. Solche Potentiale treten z. B. in Atomkernen auf (hard-core-Potentiale), aber auch das HUBBARD-Modell (5.5.2) zeigt für großes U derartiges Verhalten. Die starke abstoßende Wechselwirkung bewirkt einen solchen Verlauf der Wellenfunktionen, daß kein Eindringen in den hard-core-Bereich erfolgt. Bei Anwendung der Störungsentwicklung wird jedoch von den ungestörten Wellenfunktionen ausgegangen, so daß die einzelnen Graphen unendliche Beiträge liefern. Durch eine Aufsummation der entsprechenden Terme muß diese Entwicklung teilweise wieder rückgängig gemacht werden, wobei die Divergenzen verschwinden (siehe Abschnitt 14.1.). Bei geringer Teilchendichte (mittlerer Abstand groß gegen die Reichweite der Wechselwirkung) ist vor allem der Beitrag zweier herausgegriffener Teilchen im Feld aller übrigen wichtig, wobei Terme der verschiedenen Störungsordnungen aufzusummieren sind:

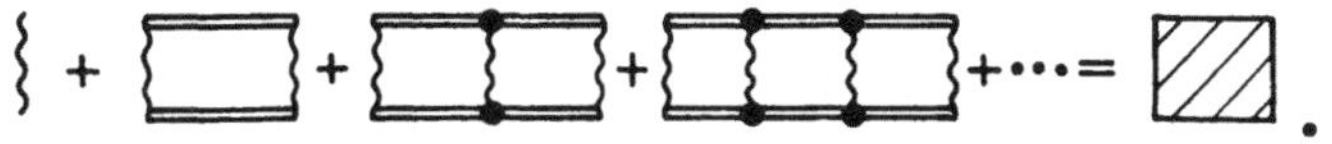

(15.4.18)

Zwischen den Wechselwirkungsprozessen bewegen sich die Teilchen im mittleren Potential aller übrigen, was durch die durchgehenden G-Linien beschrieben wird. Die durch die Aufsummation entstehende Wechselwirkung

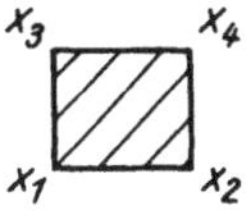

$$\equiv -iK(x_1, x_2, x_3, x_4) = -\frac{i}{\mathscr{V}} \sum_{kqq'} \int \frac{d\omega\, d\omega_1\, d\omega_2}{(2\pi)^3} K_{\sigma\sigma'}(\boldsymbol{q}\omega_1, \boldsymbol{q}'\omega_2, \boldsymbol{k}\omega)$$
$$\cdot\, e^{i\boldsymbol{q}(\boldsymbol{r}_3-\boldsymbol{r}_1)} e^{-i\omega_1(t_1-t_3)} e^{i\boldsymbol{q}'(\boldsymbol{r}_2-\boldsymbol{r}_4)} e^{-i\omega_2(t_2-t_4)} e^{i\boldsymbol{k}(\boldsymbol{r}_1-\boldsymbol{r}_2)} e^{-i\omega(t_1-t_2)} \tag{15.4.19}$$

wird als BRUECKNERsche K-Matrix bezeichnet. Für diese folgt aus (15.4.18) die Bestimmungsgleichung

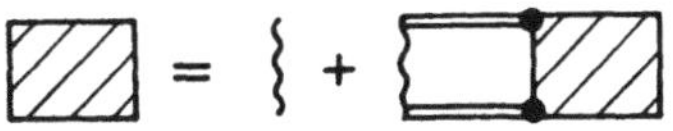

(15.4.20)

bzw.

$$K_{\sigma\sigma'}(\boldsymbol{q}_1\omega_1, \boldsymbol{q}_2\omega_2, \boldsymbol{k}\omega) = v(\boldsymbol{q}_2 - \boldsymbol{q}_1) + i\sum_{k'} \int \frac{d\omega'}{2\pi} v(\boldsymbol{k}' - \boldsymbol{q}_1)\, G_{\boldsymbol{k}-\boldsymbol{k}',\sigma}(\omega - \omega')$$
$$\cdot\, G_{\boldsymbol{k}'\sigma'}(\omega')\, K_{\sigma\sigma'}(\boldsymbol{k}'\omega', \boldsymbol{q}_2\omega_2, \boldsymbol{k}\omega)\,. \tag{15.4.21}$$

Auflösung dieser Gleichung ist nur unter Verwendung von Zusatzannahmen über die Abhängigkeit der K-Matrix von den einzelnen Impulsen und Energien möglich.[15.2] Jedoch ist bereits an der impliziten Form (15.4.21) zu erkennen, daß K endlich bleibt, auch wenn $v(\boldsymbol{q})$ unendlich groß wird (man dividiere beide Seiten von (15.4.21) durch $v(\boldsymbol{q})$!) Die Summation (15.4.20) wird als BRUECKNER- oder Leiter-Summation bezeichnet. Sie ist besonders gut anwendbar, wenn die Teilchendichte gering ist, da dann das gleichzeitige Zusammentreffen dreier Teilchen

[15.2] Siehe z. B. K. A. BRUECKNER, in C. DEWITT (Hrsg.), „The Many-Body Problem", Dunod, Paris 1959, oder N. H. MARSH, W. H. YOUNG und S. SAMPANTHAR, „The Many-Body Problem in Quantum Mechanics", University Press, Cambridge 1967 (russ. Übersetzung: Verlag „Mir", Moskau 1969).

relativ unwahrscheinlich ist, so daß die Graphen vom Typ (15.4.18) den größten Beitrag liefern. Für den Massenoperator folgt bei Beschränkung auf diese Graphen

(15.4.22)

Die Auswertung ist numerisch sehr aufwendig, da infolge der Verknüpfung der Gleichungen (15.4.22), (15.4.20) und (15.3.3) ein nichtlineares Gleichungssystem entsteht.

Neben den hier besprochenen Beispielen gibt es weitere Möglichkeiten für Partialsummationen. Insgesamt ist durch diesen Formalismus eine wichtige Methode gegeben, den Massenoperator $M_{k\sigma}(\omega)$ berechnen zu können. Dieser Zugang ist prinzipiell verschieden von der Methode der Bewegungsgleichungen, auch wenn in einigen Fällen übereinstimmende Resultate auftreten.

16. Störungstheorie bei endlichen Temperaturen

16.1. Matsubara-Funktionen

In Abschnitt 14.4. wurde gezeigt, daß die kausalen GREENschen Funktionen infolge der speziellen Form (14.4.25) des WICKschen Theorems sehr gut für den Aufbau einer Störungstheorie geeignet sind. Jedoch sind die kausalen GREENschen Funktionen bei endlichen Temperaturen nach (3.3.11) nicht analytisch. Es ist daher erforderlich, eine solche Verallgemeinerung der kausalen GREENschen Funktionen zu finden, die eine Anwendung des WICKschen Theorems in zweckmäßiger Form erlaubt, gleichzeitig jedoch zu einem günstigen analytischen Verhalten bei endlichen Temperaturen führt.

Wir definieren eine Funktion

$$\mathcal{G}(\tau, \tau') = -\langle T_\tau A(\tau) B(\tau') \rangle \tag{16.1.1}$$

mit

$$A(\tau) = \mathrm{e}^{\tau \mathcal{H}} A\, \mathrm{e}^{-\tau \mathcal{H}}\,, \tag{16.1.2}$$

$$\langle \ldots \rangle = \frac{1}{Q} \operatorname{Sp}(\mathrm{e}^{-\beta \mathcal{H}} \ldots), \quad Q = \operatorname{Sp} \mathrm{e}^{-\beta \mathcal{H}}, \quad \mathcal{H} = H - \mu \check{N}, \quad \beta = \frac{1}{k_B T} \tag{16.1.3}$$

(k_B = BOLTZMANN-Konstante, μ = chemisches Potential) sowie

$$T_\tau A(\tau)\, B(\tau') = \begin{cases} A(\tau)\, B(\tau') \\ \eta B(\tau')\, A(\tau) \end{cases} \text{für } \tau \gtrless \tau'\,. \tag{16.1.4}$$

η ist hierbei $+1$ oder -1, wobei $\eta = -1$ zweckmäßigerweise zu wählen ist, wenn A und B FERMI-Operatoren sind, in allen anderen Fällen dagegen $\eta = +1$.

Wie der Vergleich von (16.1.2) mit der HEISENBERG-Darstellung des Operators A erkennen läßt, ist die in der kausalen GREENschen Funktion auftretende Zeit t formal gemäß

$$t \to -i\tau \tag{16.1.5}$$

durch eine fiktive Größe τ ersetzt worden, die die Bedeutung einer veränderlichen reziproken Temperatur besitzt. Entsprechend (16.1.3) wird eine großkanonische Gesamtheit betrachtet. Für die formale Anwendung der Störungsentwicklung ist von Bedeutung, daß mit T_τ ein Ordnungsparameter auftritt, der die Anwendung des WICKschen Theorems in einer zu Abschnitt 14.4. analogen Form ermöglicht. Das analytische Verhalten in der komplexen ω-Ebene sowie der Zusammenhang mit experimentell meßbaren Größen werden weiter unten untersucht. (16.1.1) wird als MATSUBARA-Funktion bezeichnet. Ihre Temperaturabhängigkeit ist von prinzipiell anderer Art als die der bisher betrachteten zweizeitigen GREENschen Funktionen.

Die mathematische Struktur der MATSUBARA-Funktionen ist ähnlich der der kausalen GREENschen Funktionen. Dementsprechend treten auch analoge Eigenschaften auf. Wegen

$$\mathrm{Sp}(e^{-\beta\mathscr{H}} e^{\tau\mathscr{H}} A\, e^{-\tau\mathscr{H}} e^{\tau'\mathscr{H}} B\, e^{-\tau'\mathscr{H}}) = \mathrm{Sp}(e^{-\beta\mathscr{H}} e^{(\tau-\tau')\mathscr{H}} A\, e^{-(\tau-\tau')\mathscr{H}} B) \tag{16.1.6}$$

gilt in Analogie zu (3.1.9)

$$\mathscr{G}(\tau, \tau') = \mathscr{G}(\tau - \tau', 0) = \mathscr{G}(0, \tau' - \tau) \equiv \mathscr{G}(\tau - \tau')\,. \tag{16.1.7}$$

Eine weitere wichtige Eigenschaft der MATSUBARA-Funktionen ist ihre Periodizität. Wegen der zyklischen Vertauschbarkeit der Operatoren innerhalb einer Spur gilt für $\beta > \tau + n\beta > 0$

$$\begin{aligned}\mathscr{G}(\tau + n\beta) &= -\frac{1}{Q}\,\mathrm{Sp}\{e^{-\beta\mathscr{H}}\, T_\tau A(\tau + n\beta)\, B(0)\}\\ &= -\frac{1}{Q}\,\mathrm{Sp}\{e^{(\tau+(n-1)\beta)\mathscr{H}} A\, e^{-(\tau+n\beta)\mathscr{H}} B\}\\ &= -\frac{1}{Q}\,\mathrm{Sp}\{e^{-\beta\mathscr{H}} B\, e^{(\tau+(n-1)\beta)\mathscr{H}} A\, e^{-(\tau+(n-1)\beta)\mathscr{H}}\}\\ &= -\frac{1}{Q}\,\mathrm{Sp}\{e^{-\beta\mathscr{H}}\, T_\tau B(0)\, A(\tau + (n-1)\beta)\}\\ &= -\frac{\eta}{Q}\,\mathrm{Sp}\{e^{-\beta\mathscr{H}}\, T_\tau A(\tau + (n-1)\beta)\, B(0)\} = \eta\mathscr{G}(\tau + (n-1)\beta)\,.\end{aligned} \tag{16.1.8}$$

Hieraus folgt

$$\mathscr{G}(\tau + \beta) = \eta\mathscr{G}(\tau)\,. \tag{16.1.9}$$

Infolge $\eta^2 = 1$ ist $\mathscr{G}(\tau)$ periodisch mit einem Periodizitätsintervall 2β. Die Berechnung von $\mathscr{G}(\tau)$ kann auf den Grundbereich $0 < \tau < \beta$ beschränkt werden.

Für praktische Anwendungen ist die FOURIER-Entwicklung von $\mathscr{G}(\tau)$ wichtig. Infolge der Periodizität von $\mathscr{G}(\tau)$ ergibt sich eine FOURIER-Reihe mit diskreten Frequenzen ω_n:

$$\mathscr{G}(\tau) = \frac{1}{\beta}\sum_n e^{-i\omega_n\tau}\,\mathscr{G}(\omega_n) \tag{16.1.10}$$

mit

$$\mathscr{G}(\omega_n) = \frac{1}{2} \int_{-\beta}^{\beta} d\tau\, e^{i\omega_n \tau}\, \mathscr{G}(\tau), \qquad \omega_n = \frac{n\pi}{\beta}. \tag{16.1.11}$$

Mit (16.1.9) kann (16.1.11) in folgender Weise umgeformt werden:

$$\begin{aligned} \mathscr{G}(\omega_n) &= \frac{1}{2} \int_0^{\beta} d\tau\, e^{i\omega_n \tau}\, \mathscr{G}(\tau) + \frac{1}{2} \int_{-\beta}^{0} d\tau\, e^{i\omega_n \tau}\, \mathscr{G}(\tau) \\ &= \frac{1}{2} \int_0^{\beta} d\tau\, e^{i\omega_n \tau}\, \mathscr{G}(\tau) + \frac{1}{2} \eta \int_{-\beta}^{0} d\tau\, e^{i\omega_n \tau}\, \mathscr{G}(\tau + \beta) \\ &= \frac{1}{2} (1 + \eta\, e^{-i\omega_n \beta}) \int_0^{\beta} d\tau\, e^{i\omega_n \tau}\, \mathscr{G}(\tau). \end{aligned} \tag{16.1.12}$$

Hieraus ergibt sich

$$\mathscr{G}(\omega_n) = \int_0^{\beta} d\tau\, e^{i\omega_n \tau}\, \mathscr{G}(\tau) \tag{16.1.13}$$

mit

$$\omega_n = \begin{cases} 2n\pi/\beta \\ (2n+1)\,\pi/\beta \end{cases} \quad \text{für} \quad \eta = \begin{matrix} +1 \text{ (Bosonen)}, \\ -1 \text{ (Fermionen)}. \end{matrix} \tag{16.1.14}$$

Diese Werte für ω_n werden als MATSUBARA-Frequenzen bezeichnet. Die Summation in (16.1.10) braucht nur über diese Frequenzen geführt zu werden.

Wir untersuchen nun die Spektraldarstellung der Funktion (16.1.1). Bei Übertragung des Vorgehens von Abschnitt 3.2. (Φ_l und E_l haben die gleiche Bedeutung wie dort) erhält man

$$\begin{aligned} \langle B(\tau')\, A(\tau)\rangle &= \frac{1}{Q} \sum_{lm} e^{-\beta E_l} (\Phi_l, B\Phi_m)(\Phi_m, A\Phi_l)\, e^{-(\tau-\tau')(E_l - E_m)} \\ &= \int \frac{d\omega}{2\pi} J_{BA}(\omega)\, e^{-\omega(\tau-\tau')}, \\ \langle A(\tau)\, B(\tau')\rangle &= \int \frac{d\omega}{2\pi} J_{BA}(\omega)\, e^{\beta\omega}\, e^{-\omega(\tau-\tau')} \end{aligned} \tag{16.1.15}$$

mit $J_{BA}(\omega)$ aus (3.2.10). Wegen

$$\begin{aligned} \mathscr{G}(\omega_n) &= -\int_0^{\beta} d\tau\, e^{i\omega_n \tau} \langle T_\tau A(\tau)\, B(0)\rangle = -\int_0^{\beta} d\tau\, e^{i\omega_n \tau} \langle A(\tau)\, B\rangle \\ &= -\int \frac{d\omega}{2\pi} J_{BA}(\omega)\, e^{\beta\omega} \int_0^{\beta} d\tau\, e^{(i\omega_n - \omega)\tau} \end{aligned} \tag{16.1.16}$$

folgt

$$\mathscr{G}(\omega_n) = \int \frac{\mathrm{d}\bar{\omega}}{2\pi} \frac{J_{BA}(\bar{\omega})}{i\omega_n - \bar{\omega}} (\mathrm{e}^{\beta\bar{\omega}} - \eta) \tag{16.1.17}$$

für die Spektraldarstellung von $\mathscr{G}(\omega_n)$. Wie der Vergleich mit (3.3.7) zeigt, stimmt dies mit der Spektraldarstellung der retardierten GREENschen Funktion überein, wenn wir die Ersetzung

$$i\omega_n \to \omega + i\delta, \qquad \delta \to 0+ \tag{16.1.18}$$

durchführen. Die retardierten GREENschen Funktionen — und damit die mit diesen unmittelbar zusammenhängenden Meßgrößen — erhält man daher aus den MATSUBARA-Funktionen durch analytische Fortsetzung von der imaginären Achse in die obere Hälfte der komplexen ω-Ebene. Somit sind die MATSUBARA-Funktionen zur Beschreibung physikalischer Vorgänge in gleicher Weise geeignet wie die in den früheren Kapiteln besprochenen retardierten und avancierten GREENschen Funktionen. Außerdem besitzen sie den Vorteil, daß durch die Anwendbarkeit des WICKschen Theorems in ähnlicher Weise wie für die kausalen GREENschen Funktionen eine störungstheoretische Berechnung möglich ist.

16.2. Die temperaturabhängige Ein-Teilchen-Funktion

Wir betrachten die spezielle MATSUBARA-Funktion

$$\mathscr{G}_\sigma(\boldsymbol{r}, \tau) = -\langle T_\tau \psi_\sigma(\boldsymbol{r}, \tau)\, \bar{\psi}_\sigma(0, 0)\rangle \tag{16.2.1}$$

mit

$$\psi_\sigma(\boldsymbol{r}, \tau) = \mathrm{e}^{\tau\mathscr{H}}\, \psi_\sigma(\boldsymbol{r})\, \mathrm{e}^{-\tau\mathscr{H}}, \qquad \bar{\psi}_\sigma(\boldsymbol{r}, \tau) = \mathrm{e}^{\tau\mathscr{H}} \psi_\sigma^+(\boldsymbol{r})\, \mathrm{e}^{-\tau\mathscr{H}} \tag{16.2.2}$$

sowie $\eta = -1$. Die FOURIER-Darstellung von (16.2.1) liefert

$$\mathscr{G}_{\boldsymbol{k}\sigma}(\tau) = \int \mathrm{d}\boldsymbol{r}\, \mathrm{e}^{-i\boldsymbol{k}\boldsymbol{r}} \mathscr{G}_\sigma(\boldsymbol{r}, \tau) = -\langle T_\tau c_{\boldsymbol{k}\sigma}(\tau)\, \bar{c}_{\boldsymbol{k}\sigma}(0)\rangle \tag{16.2.3}$$

sowie

$$\mathscr{G}_{\boldsymbol{k}\sigma}(\omega_n) = \int_0^\beta \mathrm{d}\tau\, \mathrm{e}^{i\omega_n\tau}\, \mathscr{G}_{\boldsymbol{k}\sigma}(\tau) = -\int_0^\beta \mathrm{d}\tau\, \mathrm{e}^{i\omega_n\tau} \langle c_{\boldsymbol{k}\sigma}(\tau)\, c_{\boldsymbol{k}\sigma}^+\rangle \tag{16.2.4}$$

mit ω_n aus (16.1.14). Da in (16.2.4) das Integral nur über positive Werte von τ läuft, ist der Ordnungsparameter T_τ nicht erforderlich.

Im vorigen Abschnitt wurde gezeigt, daß die interessierenden Meßgrößen durch den Übergang zur retardierten GREENschen Funktion mittels der analytischen Fortsetzung (16.1.18) berechnet werden können. Es existiert jedoch auch ein direkter Zusammenhang zwischen der temperaturabhängigen Ein-Teilchen-Funktion und einigen Ein-Teilchen-Eigenschaften. So gilt für die mittlere Teilchenzahl

$$\langle n_{k\sigma}\rangle = \langle c^+_{k\sigma} c_{k\sigma}\rangle = -\lim_{\delta\to 0^+} \langle T_\tau c_{k\sigma}(-\delta)\,\bar{c}_{k\sigma}(0)\rangle$$

$$= \lim_{\delta\to 0^+} \mathscr{G}_{k\sigma}(-\delta) = \frac{1}{\beta}\sum_n \mathscr{G}_{k\sigma}(\omega_n)\,. \tag{16.2.5}$$

Bei der Berechnung von Erwartungswerten aus MATSUBARA-Funktionen zu $\eta = +1$ (Kommutatorfunktionen) gelten die Einschränkungen von Abschnitt 3.3. in analoger Weise.

Zur störungstheoretischen Berechnung wird gemäß (14.1.1) der HAMILTON-Operator H in einen ungestörten Anteil H^0 und die Störung V aufgeteilt. Im System H^0 ergibt sich die „ungestörte“ MATSUBARA-Funktion

$$\mathscr{G}^0_{k\sigma}(\omega_n) = -\int_0^\beta d\tau\, e^{i\omega_n\tau} \langle \tilde{c}_{k\sigma}(\tau)\,\bar{\tilde{c}}_{k\sigma}(0)\rangle_0 \tag{16.2.6}$$

mit

$$\tilde{c}_{k\sigma}(\tau) = e^{\tau\mathscr{H}^0} c_{k\sigma}\, e^{-\tau\mathscr{H}^0}, \qquad \bar{\tilde{c}}_{k\sigma}(\tau) = e^{\tau\mathscr{H}^0} c^+_{k\sigma}\, e^{-\tau\mathscr{H}^0},$$

$$\langle A\rangle_0 = \frac{\mathrm{Sp}\{e^{-\beta\mathscr{H}^0} A\}}{\mathrm{Sp}\, e^{-\beta\mathscr{H}^0}}, \qquad \mathscr{H}^0 = H^0 - \mu\check{N}\,. \tag{16.2.7}$$

Wird für H^0 wie in (14.3.15) ein System freier Elektronen verwendet, dann gilt analog zu (14.3.16)

$$\tilde{c}_{k\sigma}(\tau) = e^{-(\varepsilon_k-\mu)\tau} c_{k\sigma}, \qquad \bar{\tilde{c}}_{k\sigma}(\tau) = e^{(\varepsilon_k-\mu)\tau} c^+_{k\sigma}\,. \tag{16.2.8}$$

(Infolge der Verwendung imaginärer Zeiten ist $\tilde{c}^+ \neq \bar{\tilde{c}}$.) Mit $\eta = -1$ ergibt sich hiermit

$$\mathscr{G}^0_{k\sigma}(\omega_n) = -\int_0^\beta d\tau\, e^{i\omega_n\tau} e^{-(\varepsilon_k-\mu)\tau} \langle c_{k\sigma} c^+_{k\sigma}\rangle_0$$

$$= \frac{1 + e^{-\beta(\varepsilon_k-\mu)}}{i\omega_n - \varepsilon_k + \mu}\,(1 - \langle n_{k\sigma}\rangle_0), \tag{16.2.9}$$

woraus mit $\langle n_{k\sigma}\rangle_0$ aus (4.3.3) die Lösung

$$\mathscr{G}^0_{k\sigma}(\omega_n) = \frac{1}{i\omega_n - \varepsilon_k + \mu} \tag{16.2.10}$$

folgt. Bei analytischer Fortsetzung gemäß (16.1.18) geht diese Lösung in (4.2.5) über.

Andere Darstellungen können aus (16.2.10) durch FOURIER-Transformation abgeleitet werden. Es ergibt sich

$$\mathscr{G}^0_\sigma(r, \omega_n) = \frac{1}{\mathscr{V}}\sum_k e^{ikr}\, \mathscr{G}^0_{k\sigma}(\omega_n) = \int \frac{dk}{(2\pi)^3}\,\frac{e^{ikr}}{i\omega_n - \varepsilon_k + \mu}$$

$$= -\frac{2m^*}{4\pi r}\, e^{\sqrt{m^*}\left[i\sqrt{\sqrt{\omega_n^2+\mu^2}+\mu} - \sqrt{\sqrt{\omega_n^2+\mu^2}-\mu}\right] r} \tag{16.2.11}$$

sowie

$$\mathscr{G}^0_{k\sigma}(\tau) = \frac{1}{\beta}\sum_n e^{-i\omega_n\tau}\,\mathscr{G}^0_{k\sigma}(\omega_n) = \frac{1}{\beta}\sum_n \frac{e^{-i\omega_n\tau}}{i\omega_n - \varepsilon_k + \mu}\,. \tag{16.2.12}$$

Statt die Summe über n auszuwerten, kann $\mathscr{G}^0_{k\sigma}(\tau)$ einfacher direkt aus der Definitionsgleichung der MATSUBARA-Funktion berechnet werden:

$$\begin{aligned}\mathscr{G}^0_{k\sigma}(\tau) &= -\langle T_\tau \tilde{c}_{k\sigma}(\tau)\,\bar{\tilde{c}}_{k\sigma}(0)\rangle_0 \\ &= -e^{-(\varepsilon_k-\mu)\tau}\left[\langle c_{k\sigma}c^+_{k\sigma}\rangle_0\,\theta(\tau) - \langle c^+_{k\sigma}c_{k\sigma}\rangle_0\,\theta(-\tau)\right] \\ &= -\left[\frac{\theta(\tau)}{1+e^{-\beta(\varepsilon_k-\mu)}} - \frac{\theta(-\tau)}{e^{\beta(\varepsilon_k-\mu)}+1}\right]e^{-(\varepsilon_k-\mu)\tau}.\end{aligned} \tag{16.2.13}$$

Bei niedrigen Temperaturen bilden die ω_n nach (16.1.14) eine dichte Folge, so daß von der Summation zur Integration übergegangen werden kann:

$$\frac{1}{\beta}\sum_n f(\omega_n) \to \int \frac{d\omega}{2\pi} f(\omega) \quad \text{für} \quad T \to 0\,. \tag{16.2.14}$$

Jedoch existiert auch bei endlichen Temperaturen eine Integraldarstellung. Wegen der speziellen Gestalt der MATSUBARA-Frequenzen gilt

$$\frac{1}{\beta}\sum_n f(i\omega_n) = \eta \oint_c \frac{d\omega}{2\pi i}\,\frac{f(\omega)}{e^{\beta\omega}-\eta}\,, \tag{16.2.15}$$

wobei der Integrationsweg entsprechend Abbildung 16.2.1 zu wählen ist. (16.2.15) kann durch Anwendung des Residuensatzes bewiesen werden.

16.3. $\mathscr{S}$-Matrix und Wicksches Theorem bei $T \neq 0$

Analog zum Vorgehen bei $T = 0$ (Abschnitt 14.2.) soll jetzt der Einfluß der Störung V auf die τ-Abhängigkeit beliebiger statistischer Mittelwerte durch eine $\mathscr{S}$-Matrix dargestellt werden. Hierzu definieren wir

$$\mathscr{S}(\tau,\tau') \equiv e^{\tau\mathscr{H}^0}\,e^{-(\tau-\tau')\mathscr{H}}\,e^{-\tau'\mathscr{H}^0} = T_\tau\, e^{-\int_{\tau'}^{\tau} d\tau''\,\tilde{V}(\tau'')} \tag{16.3.1}$$

mit

$$\tilde{V}(\tau) = e^{\tau\mathscr{H}^0}\,V\,e^{-\tau\mathscr{H}^0}\,. \tag{16.3.2}$$

Für einen beliebigen Operator A erhalten wir dann

$$\begin{aligned}A(\tau) &= e^{\tau\mathscr{H}}A\,e^{-\tau\mathscr{H}} = e^{\tau\mathscr{H}}e^{-\tau\mathscr{H}^0}e^{\tau\mathscr{H}^0}A\,e^{-\tau\mathscr{H}^0}e^{\tau\mathscr{H}^0}e^{-\tau\mathscr{H}} \\ &= \mathscr{S}(0,\tau)\,\tilde{A}(\tau)\,\mathscr{S}(\tau,0)\end{aligned} \tag{16.3.3}$$

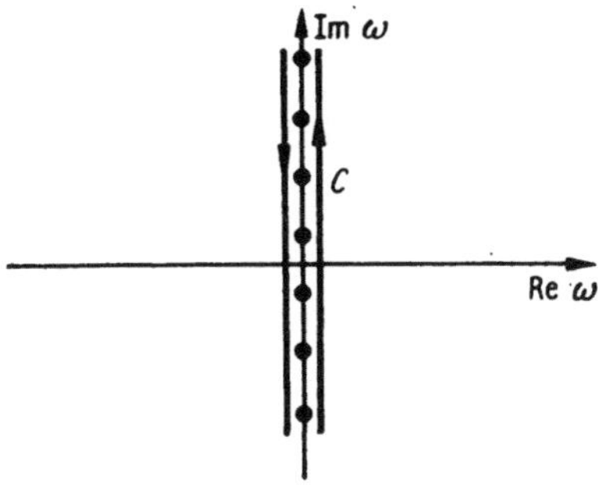

Abb. 16.2.1. Integrationsweg C in der komplexen ω-Ebene. Die Pole auf der imaginären ω-Achse entsprechen dem Fall $\eta = -1$

in Analogie zu (14.2.12). Bei der Bildung der Mittelwerte benutzen wir weiterhin

$$e^{-\beta\mathcal{H}} = e^{-\beta\mathcal{H}^0} e^{\beta\mathcal{H}^0} e^{-\beta\mathcal{H}} = e^{-\beta\mathcal{H}^0} \mathcal{S}(\beta, 0) . \tag{16.3.4}$$

Damit folgt

$$\begin{aligned}\mathcal{G}(\tau, \tau') &= -\langle T_\tau A(\tau)\, B(\tau')\rangle \\ &= -\frac{\operatorname{Sp}(e^{-\beta\mathcal{H}^0} \mathcal{S}(\beta, 0)\, T_\tau \mathcal{S}(0, \tau)\, \tilde{A}(\tau)\, \mathcal{S}(\tau, \tau')\, \tilde{B}(\tau')\, \mathcal{S}(\tau', 0))}{\operatorname{Sp}(e^{-\beta\mathcal{H}^0} \mathcal{S}(\beta, 0))} .\end{aligned} \tag{16.3.5}$$

Nach Umordnung (man betrachte getrennt die Fälle $\tau > \tau'$ und $\tau < \tau'$) ergibt sich

$$\mathcal{G}(\tau, \tau') = -\frac{\langle T_\tau \tilde{A}(\tau)\, \tilde{B}(\tau')\, \mathcal{S}\rangle_0}{\langle \mathcal{S}\rangle_0} \tag{16.3.6}$$

mit

$$\mathcal{S} \equiv \mathcal{S}(\beta, 0) = T_\tau\, e^{-\int_0^\beta d\tau\, \tilde{V}(\tau)} \tag{16.3.7}$$

sowie

$$\langle A\rangle_0 = \frac{1}{Q^0} \operatorname{Sp}(e^{-\beta\mathcal{H}^0} A), \qquad Q^0 = \operatorname{Sp} e^{-\beta\mathcal{H}^0} . \tag{16.3.8}$$

(16.3.6) ist die zu (14.3.3) analoge Darstellung der MATSUBARA-Funktion. Speziell für die Ein-Teilchen-Funktion gilt

$$\mathcal{G}_{k\sigma}(\tau) = -\frac{\langle T_\tau \tilde{c}_{k\sigma}(\tau)\, \bar{\tilde{c}}_{k\sigma}(0)\, \mathcal{S}\rangle_0}{\langle \mathcal{S}\rangle_0} . \tag{16.3.9}$$

Der gesamte Einfluß der Störung V ist in der $\mathcal{S}$-Matrix (16.3.7) zusammengefaßt. Durch Reihenentwicklung der Exponentialfunktion ergibt sich die Störungsentwicklung für $T \neq 0$ in der Form

$$\mathscr{G}_{\boldsymbol{k}\sigma}(\tau) = -\frac{1}{\langle\mathscr{S}\rangle_0} \sum_{n=0}^{\infty} \frac{(-1)^n}{n!} \langle T_\tau \tilde{c}_{\boldsymbol{k}\sigma}(\tau)\, \bar{\tilde{c}}_{\boldsymbol{k}\sigma}(0) \int_0^\beta \mathrm{d}\tau_1\, \tilde{V}(\tau_1) \dots \int_0^\beta \mathrm{d}\tau_n\, \tilde{V}(\tau_n)\rangle_0 \tag{16.3.10}$$

mit

$$\int_0^\beta \mathrm{d}\tau\, \tilde{V}(\tau) = \frac{1}{2} \int \mathrm{d}y\, \mathrm{d}y'\, \bar{\tilde{\psi}}(y)\, \bar{\tilde{\psi}}(y')\, v(y, y')\, \tilde{\psi}(y')\, \tilde{\psi}(y)\,. \tag{16.3.11}$$

Hierin bedeuten

$$y = (\boldsymbol{r}, \sigma, \tau)\,, \quad \int \mathrm{d}y = \sum_\sigma \int \mathrm{d}\boldsymbol{r} \int_0^\beta \mathrm{d}\tau \tag{16.3.12}$$

sowie

$$v(y, y') = v(\boldsymbol{r}, \boldsymbol{r}')\, \delta(\tau - \tau')\,. \tag{16.3.13}$$

Die ungestörte Funktion $\mathscr{G}^0_{\boldsymbol{k}\sigma}(\tau)$ ergibt sich durch $V = 0$ bzw. $\mathscr{S} = 1$ zu

$$\mathscr{G}^0_{\boldsymbol{k}\sigma}(\tau) = -\langle T_\tau \tilde{c}_{\boldsymbol{k}\sigma}(\tau)\, \bar{\tilde{c}}_{\boldsymbol{k}\sigma}(0)\rangle_0\,, \tag{16.3.14}$$

in Übereinstimmung mit (16.2.13).

Bei der Auswertung der einzelnen Beiträge der Störungsentwicklung wurde in Abschnitt 14.4. das WICKsche Theorem benutzt, das den Zusammenhang zwischen zeitgeordneten und normalgeordneten Operatorenprodukten herstellte. Es muß nun untersucht werden, ob sich eine analoge Beziehung auch für die temperaturgeordneten Operatorenprodukte, die in (16.3.10) auftreten, ableiten läßt. Hierzu definieren wir analog zu (14.4.23) die Kontraktion zweier Operatoren:

$$\underbrace{\tilde{\psi}(y)\, \bar{\tilde{\psi}}(y')} \equiv -\mathscr{G}^0(y, y')\,, \quad \underbrace{\bar{\tilde{\psi}}(y)\, \tilde{\psi}(y')} = \mathscr{G}^0(y', y)\,, \quad \underbrace{\tilde{\psi}(y)\, \tilde{\psi}(y')} = 0\,,$$

$$\underbrace{\bar{\tilde{\psi}}(y)\, \bar{\tilde{\psi}}(y')} = 0\,. \tag{16.3.15}$$

Dann gilt wegen (16.3.14) (bzw. der entsprechenden FOURIER-transformierten Form)

$$T_\tau \tilde{\psi}(y)\, \bar{\tilde{\psi}}(y') = -\underbrace{\tilde{\psi}(y)\, \bar{\tilde{\psi}}(y')} + \mathscr{A}(\tilde{\psi}(y)\, \bar{\tilde{\psi}}(y')) \tag{16.3.16}$$

mit

$$\langle \mathscr{A}(\tilde{\psi}(y)\, \bar{\tilde{\psi}}(y'))\rangle_0 = 0\,. \tag{16.3.17}$$

(16.3.16) und (16.3.17) entsprechen (14.4.19) bzw. (14.4.15), wobei in Abschnitt 14.4. dem normalgeordneten Produkt eine konkrete physikalische Bedeutung zukam; eine analoge Interpretation für den durch $\mathscr{A}$ gekennzeichneten Ausdruck in (16.3.16) kann jedoch nicht so einfach gegeben werden.

Zur Ableitung des WICKschen Theorems (14.4.25) wurden in Abschnitt 14.4. nur die Gleichungen (14.4.19) und (14.4.15) benötigt. Da diese äquivalent zu den hier erhaltenen Beziehungen (16.3.16) und (16.3.17) sind, können alle Folgerungen sofort übertragen werden. Das bedeutet, daß auch bei $T \neq 0$ das WICKsche Theorem in der Form

$$\langle T_\tau\{\ldots\}\rangle_0 = \sum_{\text{alle Kontraktionen}}^{\text{alle Operatoren}} \{\ldots\} \qquad (16.3.18)$$

gilt.[16.1] Speziell für die temperaturabhängige Zwei-Teilchen-Funktion folgt hieraus

$$\begin{aligned}&-\langle T_\tau \tilde{\psi}(y_1)\,\tilde{\psi}(y_2)\,\bar{\tilde{\psi}}(y_3)\,\bar{\tilde{\psi}}(y_4)\rangle_0 \\ &= -\mathscr{G}^0(y_1, y_4)\,\mathscr{G}^0(y_2, y_3) + \mathscr{G}^0(y_1, y_3)\,\mathscr{G}(y_2, y_4)\,. \end{aligned} \qquad (16.3.19)$$

Damit sind nunmehr alle methodischen Grundlagen der temperaturabhängigen Störungstheorie zusammengestellt.

16.4. Temperaturabhängige Störungsentwicklung

Die Auswertung der temperaturgeordneten Operatorenprodukte kann durch Einführung einer Graphenschreibweise wesentlich übersichtlicher gestaltet werden. In Analogie zu (15.1.1) definieren wir

$$\underset{y}{\longrightarrow} \equiv \tilde{\psi}(y)\,, \quad \underset{y}{\longrightarrow} \equiv \bar{\tilde{\psi}}(y)\,, \quad \underset{y\;\;y'}{\longrightarrow} \equiv -\mathscr{G}^0(y, y')\,,$$

$$\underset{y\;\;y'}{\cdots} \equiv -v(y, y')\,, \quad \underset{y}{\bullet} \equiv \int \mathrm{d}y \equiv \sum_\sigma \int \mathrm{d}\boldsymbol{r} \int_0^\beta \mathrm{d}\tau\,. \qquad (16.4.1)$$

Meist ist die Verwendung von Impuls und MATSUBARA-Frequenzen anstelle von Ort und Temperatur günstig. Dafür gilt entsprechend

$$\underset{k\sigma\,\omega_n}{\longrightarrow} \equiv -\mathscr{G}^0_{k\sigma}(\omega_n)\,, \quad \}\,\boldsymbol{q} \equiv -v(\boldsymbol{q})\,, \quad \bullet \equiv \frac{1}{\beta}\sum_{k\sigma n}\,. \qquad (16.4.2)$$

Bei Benutzung dieser Graphenelemente können die Graphenregeln von Abschnitt 15.1. unmittelbar übertragen werden. Beim Auftreten geschlossener Linien entsteht wiederum ein Vorfaktor $(-1)^c$, wobei c die Zahl der geschlossenen Linien ist. Auch das Verbundgraphentheorem ist gültig. Die Störungsreihe für die temperaturabhängige Ein-Teilchen-Funktion besitzt somit die Gestalt

$$,\quad \underset{k\sigma\,\omega_n}{=\!=\!=} \equiv -\mathscr{G}_{k\sigma}(\omega_n) \qquad (16.4.3)$$

[16.1] Einen von diesen Überlegungen unabhängigen Beweis findet man bei А. А. Абрикосов, Л. П. Горьков, И. Е. Дзялошинский (A. A. ABRIKOSSOW, L. P. GORKOW, I. J. DSJALOSCHINSKI), „Методы квантовой теории поля в статистической физике", Физматгиз, Moskau 1962.

mit

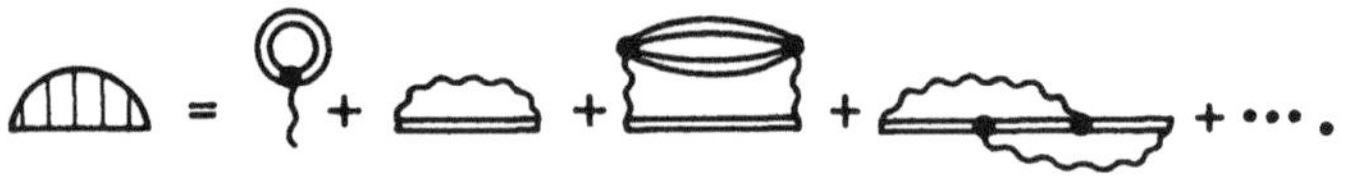

(16.4.4)

Für die Kennzeichnung der inneren Teilchen-Linien sowie die auszuführenden Summationen gelten die in Abschnitt 15.2. abgeleiteten Regeln. Zur Erläuterung betrachten wir den Graphen

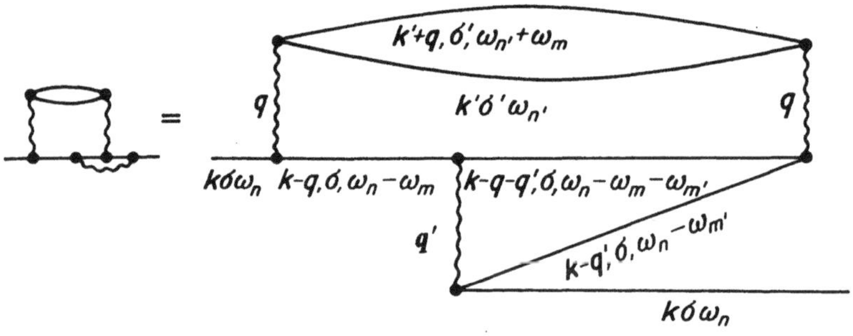

$$= (-1) \sum_{\sigma'} \sum_{k'qq'} \frac{1}{\beta^3} \sum_{n'mm'} (-1)^7 \, \mathscr{G}^0_{k\sigma}(\omega_n) \, \mathscr{G}^0_{k-q,\sigma}(\omega_n - \omega_m)$$

$$\cdot \mathscr{G}^0_{k-q-q',\sigma}(\omega_n - \omega_m - \omega_{m'}) \, \mathscr{G}^0_{k-q',\sigma}(\omega_n - \omega_{m'}) \, \mathscr{G}^0_{k\sigma}(\omega_n)$$

$$\cdot \mathscr{G}^0_{k'\sigma'}(\omega_{n'}) \, \mathscr{G}^0_{k'+q,\sigma'}(\omega_{n'} + \omega_m) \, (-1)^3 \, v(q) \, v(q) \, v(q') \,. \qquad (16.4.5)$$

Als Beispiel sollen die ersten beiden Graphen der Entwicklung (16.4.4) berechnet werden, d. h.

$$-M_{k\sigma}^{(1)}(\omega_n) =$$ 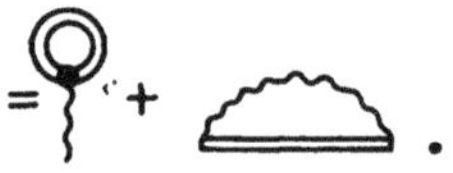 (16.4.6)

Der erste Term liefert unter Verwendung von (16.2.5)

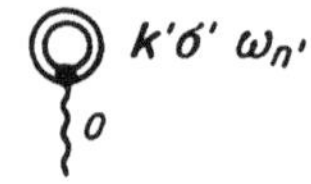

$$= (-1)(-1) \, v(0) \frac{1}{\beta} \sum_{k'\sigma'n'} (-1) \, \mathscr{G}_{k'\sigma'}(\omega_{n'}) = -v(0) \sum_{k'\sigma'} \langle n_{k'\sigma'} \rangle \,. \qquad (16.4.7)$$

Für den zweiten Beitrag folgt

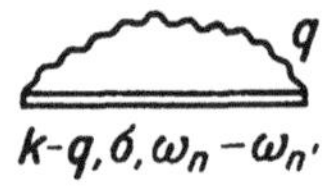

$$= \frac{1}{\beta} \sum_{qn'} (-1) \, v(q) \, (-1) \, \mathscr{G}_{k-q,\sigma}(\omega_n - \omega_{n'}) = \frac{1}{\beta} \sum_{k'm} v(k-k') \, \mathscr{G}_{k'\sigma}(\omega_m)$$

$$= \sum_{k'} v(k-k') \, \langle n_{k'\sigma} \rangle \,. \qquad (16.4.8)$$

Insgesamt ergibt sich daher

$$M^{(1)}_{k\sigma}(\omega_n) = \sum_{k'\sigma'} \left[v(0) - v(k - k')\,\delta_{\sigma\sigma'}\right] \langle n_{k'\sigma'} \rangle \,, \tag{16.4.9}$$

woraus nach analytischer Fortsetzung entsprechend (16.1.18) das HARTREE-FOCK-Ergebnis (6.1.9) entsteht. Der Unterschied zum Resultat (15.4.4) besteht darin, daß hier die temperaturabhängige Besetzungsfunktion

$$\langle n_{k\sigma} \rangle = \frac{1}{e^{\beta(\varepsilon_k - \mu)} + 1} \tag{16.4.10}$$

auftritt, während (15.4.4) die Verteilung bei $T = 0$ enthält.

Wie die betrachteten Beispiele zeigen, sind bei der störungstheoretischen Berechnung der MATSUBARA-Funktionen im Prinzip die gleichen Operationen auszuführen wie für die kausalen GREENschen Funktionen bei $T = 0$ in Kapitel 15. Eine zusätzliche Schwierigkeit entsteht lediglich dadurch, daß anstelle von ω-Integrationen Summationen über die diskreten MATSUBARA-Frequenzen (16.1.14) auftreten. Mit (16.2.15) ist aber auch hierfür eine Integraldarstellung möglich. Der Zusammenhang mit den experimentellen Größen ergibt sich, indem durch die analytische Fortsetzung (16.1.18) zu den retardierten GREENschen Funktionen übergegangen wird. Damit sind nunmehr auch quantenmechanische Systeme bei endlichen Temperaturen einer störungstheoretischen Berechnung zugänglich.

17. Einige spezielle Anwendungen Greenscher Funktionen

17.1. Potentialstreuung

Zur Untersuchung physikalischer Systeme wird häufig die Streuung von Teilchenstrahlen betrachtet. Ein Beispiel hierfür ist die Streuung von Neutronen an Festkörpern, die in den Kapiteln 12. und 13. behandelt wurde. Aber auch die Elektronenstreuung sowie die Streuung von Photonen wird zur Aufklärung innerer Systemeigenschaften herangezogen.

Wir betrachten zunächst die Streuung an einem einzelnen Streuzentrum, charakterisiert durch das Potential $u(\boldsymbol{r})$. Der HAMILTON-Operator für ein Teilchen der Masse m lautet entsprechend (4.1.1) und (4.1.3)

$$H = \sum_{\sigma} \int \mathrm{d}\boldsymbol{r}\, \psi_{\sigma}^{+}(\boldsymbol{r})\, h(\boldsymbol{r})\, \psi_{\sigma}(\boldsymbol{r}) \tag{17.1.1}$$

mit

$$h(\boldsymbol{r}) = -\frac{1}{2m}\Delta + u(\boldsymbol{r}). \tag{17.1.2}$$

Die prinzipielle experimentelle Anordnung ist in Abbildung 17.1.1 dargestellt. Ein einfallender Teilchenstrom, charakterisiert durch die stationäre Wellenfunktion

$$\varphi^{0}(\boldsymbol{r}) = \mathrm{e}^{i\boldsymbol{k}\boldsymbol{r}}, \tag{17.1.3}$$

fällt auf das Streuzentrum, das sich in der Umgebung von $\boldsymbol{r} = 0$ befinden soll. Der Streuprozeß führt nun dazu, daß der einlaufenden ebenen Welle Streuwellen überlagert werden, die vom Streuzentrum nach außen laufen. In großem Abstand vom Streuzentrum ($r \to \infty$) gilt

$$\varphi(\boldsymbol{r}) = \varphi^{0}(\boldsymbol{r}) + f(\boldsymbol{e})\,\frac{\mathrm{e}^{ikr}}{r}; \tag{17.1.4}$$

$f(\boldsymbol{e})$ wird als Streuamplitude bezeichnet. $\varphi(\boldsymbol{r})$ muß der SCHRÖDINGER-Gleichung

$$h(\boldsymbol{r})\,\varphi(\boldsymbol{r}) = \varphi(\boldsymbol{r})\,\varepsilon, \quad \varepsilon = \frac{k^{2}}{2m}, \tag{17.1.5}$$

genügen. Die Energie wird während des Streuvorgangs nicht geändert, d. h., die Streuung verläuft elastisch. (Zur inelastischen Streuung siehe (17.1.24).)

Die Amplitude $f(\boldsymbol{e})$ der auslaufenden Welle ist von der Richtung $\boldsymbol{e}$ abhängig, in die die Teilchen gestreut werden. Nach (17.1.4) besitzt $f(\boldsymbol{e})$ die Dimension einer Länge, so daß für $-f(\boldsymbol{e})$ auch die Bezeichnung Streulänge ver-

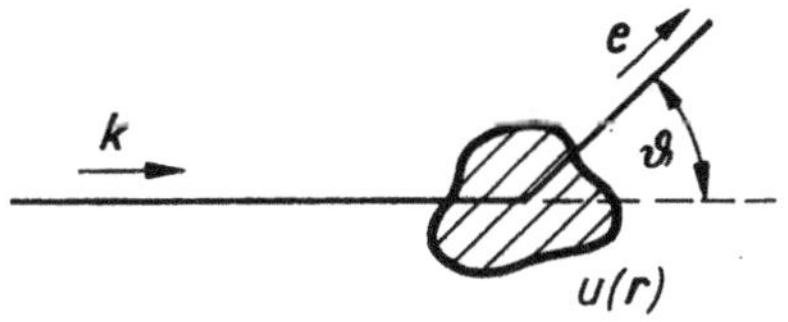

Abb. 17.1.1. Streuung von Teilchen an einem Potential $u(\boldsymbol{r})$. $\boldsymbol{k}$ = Impuls der einlaufenden ebenen Welle, $\boldsymbol{e}$ = Richtung, in der die emittierten Teilchen beobachtet werden, ϑ = Streuwinkel

wendet wird. Die Zahl der in den Raumwinkel $\mathrm{d}\Omega$ um $\boldsymbol{e}$ emittierten Teilchen, bezogen auf die Stromdichte der einfallenden Teilchen, wird durch den partiellen Streuquerschnitt

$$\frac{\mathrm{d}\sigma}{\mathrm{d}\Omega} = |f(\boldsymbol{e})|^2 \tag{17.1.6}$$

angegeben. σ besitzt die Dimension einer Fläche.

Zur Berechnung von $f(\boldsymbol{e})$ benutzen wir den Ansatz

$$\varphi(\boldsymbol{r}) = \varphi^0(\boldsymbol{r}) + \int \mathrm{d}\boldsymbol{r}'\, G(\boldsymbol{r}, \boldsymbol{r}'; \varepsilon)\, u(\boldsymbol{r}')\, \varphi(\boldsymbol{r}') \tag{17.1.7}$$

für die gesuchte Wellenfunktion $\varphi(\boldsymbol{r})$. Dieser Ansatz berücksichtigt, daß bei verschwindendem Potential φ mit φ^0 übereinstimmt. Für die in (17.1.7) auftretende GREENsche Funktion folgt wegen (17.1.5)

$$u(\boldsymbol{r})\,\varphi(\boldsymbol{r}) = \left[\varepsilon + \frac{1}{2m}\,\Delta\right]\varphi(\boldsymbol{r}) = 0 + \int \mathrm{d}\boldsymbol{r}' \left[\varepsilon + \frac{1}{2m}\,\Delta\right] G(\boldsymbol{r}, \boldsymbol{r}'; \varepsilon)\, u(\boldsymbol{r}')\, \varphi(\boldsymbol{r}') \tag{17.1.8}$$

und somit

$$\left[\varepsilon + \frac{1}{2m}\,\Delta\right] G(\boldsymbol{r}, \boldsymbol{r}'; \varepsilon) = \delta(\boldsymbol{r} - \boldsymbol{r}')\,. \tag{17.1.9}$$

Wie der Vergleich mit (4.2.15) zeigt, stimmt G mit der in Kapitel 4. betrachteten GREENschen Ein-Teilchen-Funktion des wechselwirkungsfreien Systems überein. Eine Lösung von (17.1.9) ist

$$G(\boldsymbol{r}, \boldsymbol{r}'; \varepsilon) = -\frac{2m}{4\pi}\,\frac{\mathrm{e}^{ik|\boldsymbol{r}-\boldsymbol{r}'|}}{|\boldsymbol{r} - \boldsymbol{r}'|}\,. \tag{17.1.10}$$

(Vgl. hierzu auch (14.3.21) mit $\varepsilon_F = 0$, $\omega = k^2/2m$.) Da das Potential $u(\boldsymbol{r})$ nur eine begrenzte Reichweite besitzt, ist die Integration in (17.1.7) auf einen entsprechenden Bereich um $\boldsymbol{r}' = 0$ beschränkt. Für große Abstände vom Streuzentrum kann daher eine Entwicklung nach r'/r erfolgen:

$$\begin{aligned} |\boldsymbol{r} - \boldsymbol{r}'| &= \sqrt{r^2 - 2\boldsymbol{r}\boldsymbol{r}' + r'^2} = r\sqrt{1 - 2\boldsymbol{r}\boldsymbol{r}'/r^2 + (r'/r)^2} \\ &\approx r(1 - \boldsymbol{r}\boldsymbol{r}'/r^2) = r - \boldsymbol{r}'\boldsymbol{r}/r = r - \boldsymbol{e}\boldsymbol{r}'\,. \end{aligned} \tag{17.1.11}$$

$\boldsymbol{e} = \boldsymbol{r}/r$ gibt die Richtung an, in der die emittierten Teilchen beobachtet werden (siehe Abb. 17.1.1). Mit (17.1.11) erhalten wir für $r \to \infty$

$$G(\boldsymbol{r}, \boldsymbol{r}'; \varepsilon) = -\frac{2m}{4\pi} \frac{e^{ikr}}{r} e^{-ik\boldsymbol{e}\boldsymbol{r}'} \tag{17.1.12}$$

(alle anderen Beiträge gehen mit $r'/r \to 0$) und somit

$$\varphi(\boldsymbol{r}) = \varphi^0(\boldsymbol{r}) - 2m \frac{e^{ikr}}{r} \int \frac{d\boldsymbol{r}'}{4\pi} e^{-ik\boldsymbol{e}\boldsymbol{r}'} u(\boldsymbol{r}') \varphi(\boldsymbol{r}') . \tag{17.1.13}$$

Vergleich mit (17.1.4) liefert

$$f(\boldsymbol{e}) = -2m \int \frac{d\boldsymbol{r}}{4\pi} e^{-ik\boldsymbol{e}\boldsymbol{r}} u(\boldsymbol{r}) \varphi(\boldsymbol{r}) . \tag{17.1.14}$$

(17.1.7) stellt eine Integralgleichung zur Bestimmung von $\varphi(\boldsymbol{r})$ dar, die durch Iteration gelöst werden kann. Für viele Fälle genügt es, nur die erste Ordnung bezüglich des Streupotentials zu berechnen (BORNsche Näherung). Dies ist dann möglich, wenn $u(\boldsymbol{r})$ einen geringen Einfluß besitzt oder wenn sehr große Teilchenenergien betrachtet werden. Dies bedeutet, daß in (17.1.14) $\varphi(\boldsymbol{r})$ näherungsweise durch $\varphi^0(\boldsymbol{r})$ ersetzt werden kann. Damit ergibt sich

$$f(\boldsymbol{e}) = -2m \int \frac{d\boldsymbol{r}}{4\pi} e^{i\boldsymbol{q}\boldsymbol{r}} u(\boldsymbol{r}) \tag{17.1.15}$$

mit

$$\boldsymbol{q} = \boldsymbol{k} - k\boldsymbol{e}, \qquad q = |\boldsymbol{q}| = 2k \sin \vartheta/2 . \tag{17.1.16}$$

ϑ ist der Winkel zwischen Einfallsrichtung $\boldsymbol{k}$ und Emissionsrichtung $\boldsymbol{e}$. Für sphärische Potentiale kann die Winkelintegration in (17.1.15) ausgeführt werden. Man erhält

$$f(\boldsymbol{e}) = -\frac{2m}{q} \int dr \; r \sin qr \, u(r) . \tag{17.1.17}$$

Wird statt eines einzelnen Streuzentrums die Streuung an einem Kristall betrachtet (wir beschränken uns zur Vereinfachung auf ein BRAVAIS-Gitter), dann gilt

$$u(\boldsymbol{r}) \to \sum_i u(\boldsymbol{r} - \boldsymbol{R}_i) . \tag{17.1.18}$$

Dementsprechend folgt

$$\begin{aligned} f(\boldsymbol{e}) &= -2m \int \frac{d\boldsymbol{r}}{4\pi} e^{i\boldsymbol{q}\boldsymbol{r}} \sum_i u(\boldsymbol{r} - \boldsymbol{R}_i) \\ &= -2m \int \frac{d\boldsymbol{r}}{4\pi} e^{i\boldsymbol{q}\boldsymbol{r}} u(\boldsymbol{r}) \sum_i e^{i\boldsymbol{q}\boldsymbol{R}_i} \equiv -a \sum_i e^{i\boldsymbol{q}\boldsymbol{R}_i} . \end{aligned} \tag{17.1.19}$$

a ist dabei die Streulänge eines einzelnen Kristallbausteins; die Gittersymmetrie wird durch

$$\sum_i e^{i\boldsymbol{q}\boldsymbol{R}_i} = N \sum_m \delta_{\boldsymbol{q},\,\boldsymbol{K}_m} \tag{17.1.20}$$

beschrieben. $\boldsymbol{K}_m$ sind die Vektoren des reziproken Gitters, multipliziert mit 2π. Für den Wirkungsquerschnitt folgt daraus

$$\frac{d\sigma}{d\Omega} = a^2 N^2 \sum_m \delta_{\boldsymbol{q},\,\boldsymbol{K}_m}. \tag{17.1.21}$$

Eine Streuung erfolgt also nur unter ganz bestimmten Winkeln (BRAGG-Winkel), die durch $\boldsymbol{q} = \boldsymbol{K}_m$ gegeben sind; die elastische Streuung an einem Kristall wird auch als BRAGG-Reflexion bezeichnet. Da infolge (17.1.16) $|\boldsymbol{q}| \leqq 2k$ gilt, ist die Summation in (17.1.21) auf Beiträge mit $|\boldsymbol{K}_m| \leqq 2k$ beschränkt.

Bisher wurde nur die elastische Streuung betrachtet, bei der die Energie der Teilchen während des Streuprozesses nicht geändert wird. Kann das Streuzentrum infolge innerer Freiheitsgrade Energie aufnehmen oder abgeben, ist die Streuung inelastisch. Beispiele hierfür sind die Magnonen-Streuung (Abschnitt 12.6.) sowie die Streuung an Phononen (Abschnitt 13.2.). Zur Berechnung des Wirkungsquerschnittes für die inelastische Streuung muß von der zeitabhängigen SCHRÖDINGER-Gleichung

$$i \frac{\partial}{\partial t} \psi(\boldsymbol{r}, t) = h(\boldsymbol{r})\, \psi(\boldsymbol{r}, t) \tag{17.1.22}$$

ausgegangen werden.[17.1] Der einfallende Teilchenstrom wird durch die Wellenfunktion

$$\psi^0(\boldsymbol{r}, t) = e^{i(\boldsymbol{k}\boldsymbol{r} - \varepsilon t)}, \qquad \varepsilon = k^2/2m\,, \tag{17.1.23}$$

beschrieben. Nach dem Streuprozeß können Beiträge zu anderen Energien ε' auftreten, so daß anstelle von (17.1.4)

$$\psi(\boldsymbol{r}, t) = \psi^0(\boldsymbol{r}, t) + \sum_{\varepsilon'} f_{\varepsilon'}(\boldsymbol{e}) \frac{e^{ik'r}}{r} e^{-i\varepsilon' t}, \quad \varepsilon' \equiv \frac{k'^2}{2m}\,, \tag{17.1.24}$$

geschrieben werden muß. Das Spektrum der Energien ε' kann dabei sowohl diskret als auch kontinuierlich sein.

Zur Berechnung der Amplituden $f_{\varepsilon'}(\boldsymbol{e})$ wird der zu (17.1.7) analoge Ansatz

$$\psi(\boldsymbol{r}, t) = \psi^0(\boldsymbol{r}, t) + \int d\boldsymbol{r}'\, dt' G(\boldsymbol{r}, \boldsymbol{r}'; t, t')\, u(\boldsymbol{r}', t')\, \psi(\boldsymbol{r}', t') \tag{17.1.25}$$

[17.1] In Abschnitt 13.2. wird eine traditionellere Ableitung des inelastischen Wirkungsquerschnitts besprochen.

benutzt. Die Zeitabhängigkeit des Streupotentials soll dabei zum Ausdruck bringen, daß im System innere Prozesse ablaufen, die die inelastische Streuung bewirken. Spezielle Ansätze hierfür wurden in den Kapiteln 12. und 13. besprochen. Die GREENsche Funktion muß der Gleichung

$$\left[i\frac{\partial}{\partial t} + \frac{1}{2m}\Delta\right] G(\boldsymbol{r}, \boldsymbol{r}'; t, t') = \delta(\boldsymbol{r} - \boldsymbol{r}')\,\delta(t - t') \tag{17.1.26}$$

genügen, in Übereinstimmung mit (4.2.15). Im Falle eines kontinuierlichen Spektrums der Streuenergien ε' besitzt eine spezielle Lösung von (17.1.26) die Gestalt

$$G(\boldsymbol{r}, \boldsymbol{r}'; t, t') = \frac{1}{T}\sum_{\varepsilon'} \mathrm{e}^{-i\varepsilon'(t-t')}\, G(\boldsymbol{r}, \boldsymbol{r}'; \varepsilon') \tag{17.1.27}$$

mit $G(\boldsymbol{r}, \boldsymbol{r}'; \varepsilon)$ aus (17.1.10). Damit ergibt sich

$$f_{\varepsilon'}(\boldsymbol{e}) = -2m \int \frac{\mathrm{d}t}{T}\, \mathrm{e}^{i\varepsilon' t} \int \frac{\mathrm{d}\boldsymbol{r}}{4\pi}\, \mathrm{e}^{-ik'\boldsymbol{e}\boldsymbol{r}}\, u(\boldsymbol{r}, t)\, \psi(\boldsymbol{r}, t)\,. \tag{17.1.28}$$

Gegenüber (17.1.14) tritt hier zusätzlich eine „Mittelung“ über eine Zeit T auf, die als charakteristische Meßzeit aufgefaßt werden kann. Entsprechend der HEISENBERGschen Unbestimmtheitsrelation hängt T mit der möglichen Energieauflösung $\mathrm{d}\varepsilon'$ zusammen, mit der die Energien ε' der gestreuten Teilchen gemessen werden können:

$$\mathrm{d}\varepsilon' \approx 2\pi/T\,. \tag{17.1.29}$$

Im Rahmen der BORNschen Näherung kann in (17.1.28) $\psi(\boldsymbol{r}, t)$ durch $\psi^0(\boldsymbol{r}, t)$ ersetzt werden, und man erhält

$$f_{\varepsilon'}(\boldsymbol{e}) = -2m \int \frac{\mathrm{d}t}{T} \int \frac{\mathrm{d}\boldsymbol{r}}{4\pi}\, \mathrm{e}^{i(\boldsymbol{q}\boldsymbol{r} - \omega t)}\, u(\boldsymbol{r}, t) \tag{17.1.30}$$

mit

$$\boldsymbol{q} = \boldsymbol{k} - k'\boldsymbol{e}, \qquad \omega = \varepsilon - \varepsilon'\,. \tag{17.1.31}$$

$\boldsymbol{q}$ und ω sind die vom gestreuten Teilchen an das System übertragenen Werte für Impuls und Energie.

Für den Wirkungsquerschnitt der Teilchen mit der Endenergie ε' ergibt sich

$$\frac{\mathrm{d}\sigma_{\varepsilon'}}{\mathrm{d}\Omega} = \frac{k'}{k}\, |f_{\varepsilon'}(\boldsymbol{e})|^2\,. \tag{17.1.32}$$

Der Vorfaktor k'/k muß berücksichtigt werden, da das Verhältnis von emittiertem und einlaufendem Teilchenstrom zu bilden ist, der Strom aber der Geschwindigkeit proportional ist. Mit (17.1.30) folgt

$$\frac{d\sigma_{\varepsilon'}}{d\Omega} = \frac{k'}{k}\left(\frac{2m}{4\pi}\right)^2 \int \frac{dt\, dt'}{T^2} e^{i\omega(t-t')} \int dr_1\, dr_2\, e^{-iq(r_1-r_2)} u(r_2, t')\, u^*(r_1, t)$$

$$= \frac{k'}{k} \frac{2\pi}{T}\left(\frac{2m}{4\pi}\right)^2 \int \frac{dt}{2\pi} e^{i\omega t} \int dr_1\, dr_2\, e^{-iq(r_1-r_2)} \int_{-T/2}^{T/2} \frac{dt'}{T} u(r_2, t')$$

$$\cdot\, u^*(r_1, t + t')\,. \tag{17.1.33}$$

Die Zeitmittelung über die charakteristische Meßzeit T kann durch eine Mittelung über eine statistische Gesamtheit (Scharmittel) ersetzt werden. Mit (17.1.29) ergibt sich dann für den Wirkungsquerschnitt pro Energieintervall $d\varepsilon'$

$$\frac{\partial^2\sigma}{\partial\Omega\,\partial\varepsilon'} = \frac{k'}{k}\left(\frac{2m}{4\pi}\right)^2 \int \frac{dt}{2\pi} e^{i\omega t} \int dr_1\, dr_2\, e^{-iq(r_1-r_2)} \langle u(r_2, 0)\, u^*(r_1, t)\rangle\,. \tag{17.1.34}$$

$\partial^2\sigma/\partial\Omega\partial\varepsilon'$ wird als „doppelt-differentieller" oder „inelastischer" Wirkungsquerschnitt bezeichnet.

Die Beziehung (17.1.34) für den inelastischen Wirkungsquerschnitt ($\omega \neq 0$) kann durch Anwendung des Spektraltheorems (3.3.36) umgeformt werden. Wegen

$$\langle u(r_2, 0)\, u^*(r_1, t)\rangle = \frac{i}{2\pi} \lim_{\delta\to 0+} \int \frac{d\omega\, e^{-i\omega t}}{e^{\beta\omega} - \eta} [\langle\langle u^*(r_1); u(r_2)\rangle\rangle_{\omega+i\delta} - \langle\langle u^*(r_1); u(r_2)\rangle\rangle_{\omega-i\delta}]$$

$$= -\frac{1}{\pi} \int \frac{d\omega\, e^{-i\omega t}}{e^{\beta\omega} - \eta} \operatorname{Im} \langle\langle u^*(r_1); u(r_2)\rangle\rangle_\omega \tag{17.1.35}$$

(zur Schreibweise Im$\langle\langle A; B\rangle\rangle_\omega$ siehe Abschnitt 4.3.) ergibt sich

$$\frac{\partial^2\sigma}{\partial\Omega\,\partial\varepsilon'} = -\frac{1}{\pi}\frac{k'}{k}\left(\frac{2m}{4\pi}\right)^2 \int dr_1\, dr_2\, e^{-iq(r_1-r_2)} \frac{\operatorname{Im}\langle\langle u^*(r_1); u(r_2)\rangle\rangle_\omega}{e^{\beta\omega} - \eta}\,. \tag{17.1.36}$$

In dieser Form wird der inelastische Wirkungsquerschnitt durch eine spezielle Greensche Funktion gegeben, in der lediglich das Wechselwirkungspotential zwischen Geschoß und Streuzentrum auftritt. Auf die Möglichkeit, Wirkungsquerschnitte durch Greensche Funktionen darzustellen, wurde bereits in Kapitel 1. hingewiesen (Meßgrößen der 3. Gruppe). Anwendungen von (17.1.36) wurden in den Abschnitten 12.6. und 13.2. betrachtet.

17.2. Elektronen im Kristallpotential

In Kapitel 4. wurde ein System wechselwirkungsfreier Elektronen behandelt. Die Wellenfunktionen $\varphi_k^\nu(r)$ (Bloch-Funktionen) sowie die Bandenergien ε_k^ν wurden dabei als bekannt angesehen. Tatsächlich bereitet jedoch deren Berechnung beträchtliche numerische Schwierigkeiten, insbesondere, wenn — wie bei den Übergangsmetallen — eine große Zahl sich überlappender Bänder auftritt. Im vorliegenden Abschnitt soll gezeigt werden, wie die Einführung GREENscher Funktionen zu einer geeigneten Formulierung dieses Problems führt.

Wechselwirkungsfreie Elektronen im Kristallpotential werden nach Abschnitt 4.1. durch den HAMILTON-Operator

$$H = \sum_{\sigma} \int \mathrm{d}\boldsymbol{r}\, \psi_{\sigma}^{+}(\boldsymbol{r})\, h(\boldsymbol{r})\, \psi_{\sigma}(\boldsymbol{r}) \tag{17.2.1}$$

mit

$$h(\boldsymbol{r}) = -\frac{1}{2m}\Delta + U(\boldsymbol{r}), \quad U(\boldsymbol{r}) = \sum_{i} u(\boldsymbol{r} - \boldsymbol{R}_i) \tag{17.2.2}$$

beschrieben. (Zur Vereinfachung werden nur BRAVAIS-Gitter betrachtet.) Das Kristallpotential $U(\boldsymbol{r})$ besitzt die Translationssymmetrie

$$U(\boldsymbol{r}) = U(\boldsymbol{r} + \boldsymbol{R}_l), \tag{17.2.3}$$

wobei $\boldsymbol{R}_l$ irgendein Gittervektor ist.

Die Wellenfunktionen $\varphi_{\boldsymbol{k}}^{\nu}(\boldsymbol{r})$ genügen der SCHRÖDINGER-Gleichung

$$h(\boldsymbol{r})\, \varphi_{\boldsymbol{k}}^{\nu}(\boldsymbol{r}) = \varphi_{\boldsymbol{k}}^{\nu}(\boldsymbol{r})\, \varepsilon_{\boldsymbol{k}}^{\nu} \tag{17.2.4}$$

bzw.

$$\left[\varepsilon_{\boldsymbol{k}}^{\nu} + \frac{1}{2m}\Delta\right] \varphi_{\boldsymbol{k}}^{\nu}(\boldsymbol{r}) = U(\boldsymbol{r})\, \varphi_{\boldsymbol{k}}^{\nu}(\boldsymbol{r}). \tag{17.2.5}$$

Infolge der Translationseigenschaft (17.2.3) besitzen die $\varphi_{\boldsymbol{k}}^{\nu}(\boldsymbol{r})$ die Eigenschaft

$$\varphi_{\boldsymbol{k}}^{\nu}(\boldsymbol{r} + \boldsymbol{R}_l) = \mathrm{e}^{i\boldsymbol{k}\boldsymbol{R}_l} \varphi_{\boldsymbol{k}}^{\nu}(\boldsymbol{r}). \tag{17.2.6}$$

Das Kristallpotentials $U(\boldsymbol{r})$ besitzt offenbar zwei wesentliche Eigenschaften. Einmal bringt es durch (17.2.3) die Translationssymmetrie des Kristalls zum Ausdruck, andererseits enthält es mit $u(\boldsymbol{r})$ das Potential des einzelnen Gitterbausteins. Es ist zweckmäßig, diese beiden Eigenschaften bei der Berechnung der Wellenfunktionen getrennt zu behandeln. Dazu wird zur Lösung von (17.2.5) der Ansatz

$$\varphi_{\boldsymbol{k}}^{\nu}(\boldsymbol{r}) = \int \mathrm{d}\boldsymbol{r}' G(\boldsymbol{r}, \boldsymbol{r}'; \varepsilon_{\boldsymbol{k}}^{\nu})\, U(\boldsymbol{r}')\, \varphi_{\boldsymbol{k}}^{\nu}(\boldsymbol{r}') \tag{17.2.7}$$

verwendet. (Vgl. (17.1.7); eine einlaufende ebene Welle $\varphi^0(\boldsymbol{r})$ existiert im hier betrachteten Fall nicht.) Die GREENsche Funktion $G(\boldsymbol{r}, \boldsymbol{r}'; \varepsilon_{\boldsymbol{k}}^{\nu})$ muß der Bedingungsgleichung

$$\left[\varepsilon_{\boldsymbol{k}}^{\nu} + \frac{1}{2m}\Delta\right] G(\boldsymbol{r}, \boldsymbol{r}'; \varepsilon_{\boldsymbol{k}}^{\nu}) = \delta(\boldsymbol{r} - \boldsymbol{r}') \tag{17.2.8}$$

genügen. Eine spezielle Lösung dieser Gleichung ist (siehe (17.1.10))

$$G(\boldsymbol{r}, \boldsymbol{r}'; \varepsilon_{\boldsymbol{k}}^{\nu}) = -\frac{2m}{4\pi} \frac{e^{i\varkappa|\boldsymbol{r}-\boldsymbol{r}'|}}{|\boldsymbol{r}-\boldsymbol{r}'|}, \quad \varkappa \equiv \sqrt{2m\varepsilon_{\boldsymbol{k}}^{\nu}}. \tag{17.2.9}$$

Beim Einsetzen von (17.2.9) in (17.2.7) wird nun die Symmetrie des Kristalls berücksichtigt:

$$\begin{aligned} \varphi_{\boldsymbol{k}}^{\nu}(\boldsymbol{r}) &= -2m \int \frac{d\boldsymbol{r}'}{4\pi} \frac{e^{i\varkappa|\boldsymbol{r}-\boldsymbol{r}'|}}{|\boldsymbol{r}-\boldsymbol{r}'|} \sum_i u(\boldsymbol{r}'-\boldsymbol{R}_i)\, \varphi_{\boldsymbol{k}}^{\nu}(\boldsymbol{r}') \\ &= -2m \sum_i \int \frac{d\boldsymbol{r}'}{4\pi} \frac{e^{i\varkappa|\boldsymbol{r}-\boldsymbol{r}'+\boldsymbol{R}_i|}}{|\boldsymbol{r}-\boldsymbol{r}'+\boldsymbol{R}_i|} u(\boldsymbol{r}')\, \varphi_{\boldsymbol{k}}^{\nu}(\boldsymbol{r}'+\boldsymbol{R}_i) \\ &= -2m \sum_i e^{i\boldsymbol{k}\boldsymbol{R}_i} \int \frac{d\boldsymbol{r}'}{4\pi} \frac{e^{i\varkappa|\boldsymbol{r}-\boldsymbol{r}'+\boldsymbol{R}_i|}}{|\boldsymbol{r}-\boldsymbol{r}'+\boldsymbol{R}_i|} u(\boldsymbol{r}')\, \varphi_{\boldsymbol{k}}^{\nu}(\boldsymbol{r}'). \end{aligned} \tag{17.2.10}$$

Dies kann in der Form

$$\varphi_{\boldsymbol{k}}^{\nu}(\boldsymbol{r}) = -2m \int \frac{d\boldsymbol{r}'}{4\pi} \tilde{G}(\varkappa, \boldsymbol{k}, \boldsymbol{r}-\boldsymbol{r}')\, u(\boldsymbol{r}')\, \varphi_{\boldsymbol{k}}^{\nu}(\boldsymbol{r}') \tag{17.2.11}$$

mit

$$\tilde{G}(\varkappa, \boldsymbol{k}, \boldsymbol{r}) = \sum_i e^{i\boldsymbol{k}\boldsymbol{R}_i} \frac{e^{i\varkappa|\boldsymbol{r}+\boldsymbol{R}_i|}}{|\boldsymbol{r}+\boldsymbol{R}_i|} \tag{17.2.12}$$

geschrieben werden. $\tilde{G}$ wird als GREENsche Funktion des Kristallgitters bezeichnet. $\tilde{G}$ ist von den Eigenschaften des Potentials $u(\boldsymbol{r})$ unabhängig, enthält dagegen die vollständige Translationssymmetrie des Kristalls. Für jeden Kristalltyp kann daher $\tilde{G}$ unabhängig von $u(\boldsymbol{r})$ berechnet werden, indem die Summation über die Gitterplätze $\boldsymbol{R}_i$ ausgeführt wird. Dies ist für verschiedene einfache Kristallgitter numerisch durchgeführt worden. Mit bekanntem $\tilde{G}$ kann über (17.2.11) die Wellenfunktion berechnet werden, wofür das Potential $u(\boldsymbol{r})$ benötigt wird. Über den hier beschriebenen Formalismus ergibt sich übrigens auch ein einfacher Zugang zu speziellen Ein-Teilchen-Methoden für die Berechnung des Energiespektrums von Kristallelektronen, wie z. B. das Streukonzept und die Methode von KORRINGA, KOHN und ROSTOKER (KKR).

18. Anhang: Zweite Quantisierung

Unter der zweiten Quantisierung versteht man die Verwendung eines bestimmten — besonders zweckmäßigen — HILBERT-Raumes und Satzes von Operatoren für große Systeme identischer Mikroteilchen.[18.1] Die Operatorenalgebra wird ausschließlich aus Erzeugungs- und Vernichtungsoperatoren aufgebaut, deren Vertauschungsrelationen von der jeweiligen Statistik bestimmt werden. Im folgenden geben wir ohne Beweis[18.2] die Transformationen für die Operatoren aus der üblichen Darstellung in die der zweiten Quantisierung an, erklären die Wirkungsweise der Erzeugungs- und Vernichtungsoperatoren auf die Wellenfunktionen und illustrieren diese Methode an einigen einfachen Beispielen.

Wir setzen die Existenz eines vollständigen Satzes orthonormierter Einteilchenfunktionen $\psi_i(x)$ voraus; die Reihenfolge der Funktionen ist zunächst willkürlich, soll aber dann in der einmal festgelegten Weise beibehalten werden. Ein beliebiger Einteilchenoperator

$$A^{(1)} = \sum_{i=1}^{N} A^{(1)}(x_i) \tag{18.1}$$

hat dann in der Darstellung der zweiten Quantisierung die Gestalt

$$A^{(1)\,2.Q.} = \sum_{l,\,m} A^{(1)}_{lm} a_l^+ a_m, \tag{18.2}$$

wobei

$$A^{(1)}_{lm} = \int \mathrm{d}x \psi_l^*(x)\, A^{(1)}(x) \psi_m(x) \tag{18.3}$$

ist. Die Veränderliche x steht hier abkürzend für einen vollständigen Variablensatz, wie z. B. die drei Ortskoordinaten und eine Spinkoordinate oder die drei Impulskoordinaten und eine Spinkoordinate usw. Entsprechend ist das Integral

[18.1] Der Begriff „zweite Quantisierung“ ist historisch in der relativistischen Quantentheorie entstanden. Bei nichtrelativistischen Problemen stellt dieser Formalismus eine äquivalente Formulierung der Viel-Teilchen-SCHRÖDINGER-Theorie dar, bedeutet also keine „nochmalige“ Quantisierung der Wellenfunktionen. Zur Vermeidung möglicher Mißdeutungen wird daher mitunter von „Wellenquantelung“ oder „Feldquantelung“ gesprochen, obwohl diese Begriffe ebenfalls den physikalischen Inhalt nicht korrekt zum Ausdruck bringen.

[18.2] Einen ausführlichen Beweis des Theorems findet man z. B. in L. D. LANDAU und E. M. LIFSCHITZ, „Lehrbuch der Theoretischen Physik III, Quantenmechanik“, 5. Auflage, Akademie-Verlag, Berlin 1974.

$\int dx$ als ein mehrfaches Integral, gegebenenfalls kombiniert mit einer Summation, zu verstehen. Ein beliebiger Zweiteilchenoperator

$$A^{(2)} = \sum_{i \neq j = 1}^{N} A^{(2)}(x_i, x_j) \tag{18.4}$$

lautet in der Darstellung der zweiten Quantisierung

$$A^{(2)\,2.Q.} = \sum_{lmno} A^{(2)}_{lmno} a_l^+ a_m^+ a_n a_o \,, \tag{18.5}$$

wobei für die Matrixelemente

$$A^{(2)}_{lmno} = \int dx \int dx' \;\; \psi_l^*(x) \psi_m^*(x') \; A^{(2)}(x, x') \; \psi_n(x') \, \psi_o(x) \tag{18.6}$$

gilt. Die in den Formeln (18.2) und (18.5) auftretenden Operatoren a_i^+ und a_j werden als Erzeugungs- und Vernichtungsoperatoren bezeichnet. Sie genügen den Vertauschungsrelationen

$$[a_i, a_j^+]_\mp = a_i a_j^+ \mp a_j^+ a_i = \delta_{ij} \tag{18.7}$$

sowie

$$[a_i, a_j]_\mp = 0 \tag{18.8}$$

und

$$[a_i^+, a_j^+]_\mp = 0 \,. \tag{18.9}$$

Die Auswahl der Vorzeichen in den Kommutatoren (18.7) bis (18.9) erfolgt in Abhängigkeit von der betrachteten Teilchensorte: Für Bose-Teilchen gilt das Minuszeichen und für Fermi-Teilchen das Pluszeichen.

Man kann die Formeln (18.2) und (18.5) auch erhalten, wenn man formal die Matrixelemente der Operatoren auf den rechten Seiten von (18.1) und (18.4) mit „operatorwertigen“ Wellenfunktionen

$$\Psi(x) = \sum_i \psi_i(x) \, a_i \tag{18.10}$$

und

$$\Psi^+(x) = \sum_i \psi_i^*(x) \, a_i^+ \tag{18.11}$$

bildet. Die Ausdrücke (18.10) und (18.11) sind Operatoren, die den Vertauschungsrelationen

$$[\Psi(x), \Psi^+(x')]_\mp = \delta(x - x') \tag{18.12}$$

genügen. Die Gestalt dieser Operatoren motiviert die Bezeichnung „zweite Quantisierung“: Man erhält formal die Operatorenalgebra der zweiten Quantisierung, wenn man für die Wellenfunktion der Schrödingerschen Quantenmechanik die Vertauschungsrelationen (18.12) vorschreibt, wobei der „Operatorencharakter“ der Ψ-Operatoren von den Entwicklungskoeffizienten a_i bzw. a_i^+ in (18.10) und (18.11) getragen wird. Mit (18.10) und (18.11) erhalten die Formeln (18.2) und (18.5) die kompakte Form

$$A^{(1)\,2.Q.} = \int \mathrm{d}x\, \Psi^+(x)\, A^{(1)}(x)\, \Psi(x) \tag{18.13}$$

bzw.

$$A^{(2)\,2.Q.} = \int \mathrm{d}x \int \mathrm{d}x'\, \Psi^+(x)\, \Psi^+(x')\, A^{(2)}(x, x')\, \Psi(x')\, \Psi(x)\,. \tag{18.14}$$

Die Operatoren a_i^+ und a_j wirken auf Wellenfunktionen Φ, deren Veränderliche die Teilchenzahlen in den Einteilchenzuständen sind:

$$\Phi = \Phi(N_1, N_2, \ldots, N_i, \ldots)\,. \tag{18.15}$$

Für Bose-Teilchen gilt

$$a_i\Phi(N_1, N_2, \ldots, N_i, \ldots) = \sqrt{N_i}\,\Phi(N_1, N_2, \ldots, N_i - 1, \ldots) \tag{18.16}$$

und

$$a_i^+\Phi(N_1, N_2, \ldots, N_i, \ldots) = \sqrt{N_i + 1}\,\Phi(N_1, N_2, \ldots, N_i + 1, \ldots)\,. \tag{18.17}$$

An diesen Relationen wird die Bezeichnung der a_i und a_i^+ als Vernichtungs- und Erzeugungsoperatoren anschaulich klar: a_i bzw. a_i^+ vernichtet bzw. erzeugt ein Teilchen im Zustande i; genauer: a_i bzw. a_i^+ vermindert oder erhöht die Zahl der Teilchen im Zustande i um eins. Dem Produkt der Operatoren a_i^+ und a_i kommt nach (18.16) und (18.17) die Bedeutung eines Anzahloperators zu, da die Eigenwerte dieses Operators mit den Besetzungszahlen des Zustandes i zusammenfallen:

$$n_i = a_i^+ a_i\,, \tag{18.18}$$
$$n_i\Phi(N_1, N_2, \ldots, N_i, \ldots) = N_i\Phi(N_1, N_2, \ldots, N_i, \ldots)\,. \tag{18.19}$$

Für Fermi-Operatoren gibt es erhebliche Unterschiede zu den obigen Formeln. Es ist

$$a_i\Phi(N_1, N_2, \ldots, N_i, \ldots) = \sqrt{N_i}(-1)^{\sum\limits_{j<i} N_j}\,\Phi(N_1, N_2, \ldots, N_i - 1, \ldots) \tag{18.20}$$

und

$$a_i^+\Phi(N_1, N_2, \ldots, N_i, \ldots) = \sqrt{1 - N_i}(-1)^{\sum\limits_{j<i} N_j}\,\Phi(N_1, N_2, \ldots, N_i + 1, \ldots)\,. \tag{18.21}$$

Die Besetzungszahlen N_i nehmen hier nur die Werte 0 und 1 an, während für Bose-Teilchen beliebige natürliche Zahlen möglich sind. Außerdem hängt für Fermi-Teilchen die Wirkung des Erzeugungs- oder Vernichtungsoperators a_i^+ bzw. a_i auf die Wellenfunktion Φ von der Besetzung der Zustände $\psi_j(x)$ $(j < i)$ ab. Dieser Sachverhalt ist eine Folge des Pauli-Prinzips. Auch für Fermi-

Teilchen hat

$$n_i = a_i^+ a_i \tag{18.22}$$

die Bedeutung eines Anzahloperators für die Zahl der Teilchen im Zustand $\psi_i(x)$:

$$n_i \Phi(N_1, N_2, \ldots, N_i, \ldots) = N_i \cdot \Phi(N_1, N_2, \ldots, N_i, \ldots)\,. \tag{18.23}$$

Man beachte, daß sich diese Eigenwertgleichung aus (18.20) und (18.21) nur dann ergibt, wenn die N_i auf die Werte 0 und 1 beschränkt sind.

Wir betrachten nun noch einige Beispiele. Die Ladungsdichte eines aus N_e Elektronen bestehenden Systems ist in der ersten Quantisierung durch

$$\varrho(\boldsymbol{x}) = e \sum_i \delta(\boldsymbol{x} - \boldsymbol{x}_i) \tag{18.24}$$

gegeben, wobei e die Elektronenladung darstellt und $\boldsymbol{x}$ ein Vektor im dreidimensionalen Raum ist. In der Darstellung der zweiten Quantisierung erhalten wir gemäß (18.2) und (18.3)

$$\begin{aligned}\varrho(\boldsymbol{x})^{2.Q.} &= e \sum_{lm} \sum_{\sigma\sigma'} \sum_{s} \int \mathrm{d}\boldsymbol{x}'\, \psi_l^*(\boldsymbol{x}')\, \delta(\boldsymbol{x} - \boldsymbol{x}')\, \psi_m(\boldsymbol{x}')\, \chi_\sigma^*(s)\, \chi_{\sigma'}(s)\, a_{l\sigma'}^+ a_{m\sigma} \\ &= e \sum_{lm\sigma} \psi_l^*(\boldsymbol{x})\, \psi_m(\boldsymbol{x})\, a_{l\sigma}^+ a_{m\sigma} \\ &= e \sum_{\sigma} \Psi_\sigma^+(\boldsymbol{x})\, \Psi_\sigma(\boldsymbol{x})\,. \end{aligned} \tag{18.25}$$

In (18.25) haben wir die Einteilchenwellenfunktion als Produkt aus Ortsanteil-Wellenfunktion und Spinanteil-Wellenfunktion dargestellt. Für die Ortsanteil-Wellenfunktionen könnten wir im Falle eines Festkörpers z. B. BLOCH-Funktionen verwenden. Es ergibt sich dann

$$\varrho(\boldsymbol{x})^{2.Q.} = e \sum_{\sigma} \sum_{\boldsymbol{k}\nu} \sum_{\boldsymbol{k}'\nu'} \psi_{\boldsymbol{k}\nu}^*(\boldsymbol{x})\, \psi_{\boldsymbol{k}'\nu'}(\boldsymbol{x})\, a_{\boldsymbol{k}\sigma\nu}^+ a_{\boldsymbol{k}'\sigma\nu'}\,. \tag{18.26}$$

Die Operatoren $a_{\boldsymbol{k}\sigma\nu}^+$ und $a_{\boldsymbol{k}\sigma\nu}$ erzeugen bzw. vernichten Elektronen in den BLOCH-Zuständen mit dem Wellenzahlvektor $\boldsymbol{k}$, der Bandnummer ν und dem Spin σ. In WANNIER-Darstellung erhalten wir ein formal gleichlautendes Resultat, wenn wir die Indizes $\boldsymbol{k}$ und $\boldsymbol{k}'$ als WANNIER-Plätze auffassen.

Eine analoge Formel können wir für die Spindichte ableiten; allerdings kann das Resultat nicht mehr diagonal in den Spinindizes sein. Setzen wir

$$\varrho^\sigma(\boldsymbol{x}) = \sum_i \delta(\boldsymbol{x} - \boldsymbol{x}_i)\, \hat{\sigma}_i\,, \tag{18.27}$$

so erhalten wir in der Darstellung der zweiten Quantisierung

$$\begin{aligned}\varrho^\sigma(\boldsymbol{x})^{2.Q.} &= \sum_{lm} \sum_{\sigma\sigma'} \sum_{s} \int \mathrm{d}\boldsymbol{x}'\, \psi_l^*(\boldsymbol{x}')\, \chi_\sigma^*(s)\, \delta(\boldsymbol{x} - \boldsymbol{x}')\, \hat{\sigma}\chi_{\sigma'}(s)\, \psi_m(\boldsymbol{x}')\, a_{l\sigma}^+ a_{m\sigma'} \\ &= \sum_{lm} \sum_{\sigma\sigma'} \psi_l^*(\boldsymbol{x})\, \psi_m(\boldsymbol{x})\, \hat{\sigma}_{\sigma\sigma'} a_{l\sigma}^+ a_{m\sigma'}\,. \end{aligned} \tag{18.28}$$

Weitere Beispiele — insbesondere für die Transformation von Zweiteilchenoperatoren — findet man in den Kapiteln 4. und 5.

Abschließend weisen wir darauf hin, daß bei einigen Systemen eine Darstellung in zweiter Quantisierung gewissermaßen von vornherein vorliegt. So wurde in den Kapiteln 10., 11. und 12. benutzt, daß die Transformation der Transversalkomponenten der Spinoperatoren

$$S_i^x \pm iS_i^y = S_i^\pm \tag{18.29}$$

der Einführung von Erzeugungs- und Vernichtungsoperatoren entspricht. Auch das System der Gitterschwingungen (s. Kapitel 13.) ließ sich durch die Koordinatentransformationen

$$u_i^\mu = \sqrt{\frac{1}{NM}} \sum_{\boldsymbol{k}\alpha} (2\varepsilon^\alpha(\boldsymbol{k}))^{-1/2} \, e^{\mu\alpha}(\boldsymbol{k}) \, \mathrm{e}^{i\boldsymbol{k}\boldsymbol{R}_i} \, (a_{\boldsymbol{k}}^\alpha + a_{-\boldsymbol{k}}^{\alpha +}) \tag{18.30}$$

und

$$p_i^\mu = \sqrt{\frac{M}{N}} \sum_{\boldsymbol{k}\alpha} (\varepsilon^\alpha(\boldsymbol{k})/2)^{1/2} \, e^{\mu\alpha}(\boldsymbol{k}) \, \mathrm{e}^{i\boldsymbol{k}\boldsymbol{R}_i} \, (a_{\boldsymbol{k}}^{\alpha +} - a_{-\boldsymbol{k}}^\alpha) \tag{18.31}$$

direkt auf die Operatorenalgebra der zweiten Quantisierung zurückführen.

Sachverzeichnis